中国酒器之美

The Beauty of Chinese Wine Vessels

◎ 陈小林 著

清华大学出版社
北京

图书在版编目（CIP）数据

中国酒器之美 / 陈小林著. –– 北京 : 清华大学出
版社，2024. 9.–– ISBN 978-7-302-67277-7

Ⅰ. TS972.23

中国国家版本馆CIP数据核字第202481GM63号

责任编辑：宋丹青
封面设计：王红卫　程　蓉
责任校对：王荣静
责任印制：杨　艳

出版发行：清华大学出版社
　　　　网　　　址：https://www.tup.com.cn，https://www.wqxuetang.com
　　　　地　　　址：北京清华大学学研大厦A座　　　邮　　编：100084
　　　　社 总 机：010-83470000　　　　　　　　邮　　购：010-62786544
　　　　投稿与读者服务：010-62776969，c-service@tup.tsinghua.edu.cn
　　　　质量反馈：010-62772015，zhiliang@tup.tsinghua.edu.cn
印 装 者：天津裕同印刷有限公司
经　　销：全国新华书店
开　　本：185mm×260mm　　**印　张**：24.25　　**字　数**：408千字
版　　次：2024年9月第1版　　　　　　　　**印　次**：2024年9月第1次印刷
定　　价：189.00元

产品编号：105779-01

陈小林

四川大学艺术学院教授（博士生导师）

中国美术家协会平面设计委员会委员

中国包装联合会设计委员会副主任

著有《陈小林教设计》《极致的平淡》等，并发表学术文章数十篇。

设计作品获国家专利 30 余项。

设计作品获国际、国内大赛金奖 20 余次。

2023 年获全国设计事业卓越贡献奖。

开篇

在我国悠久的文明历史中，"酒"一直扮演着重要的角色，作为每个历史时期社会文化的重要载体，酒的历史几乎与人类文明史同样久远，中国文化的许多特质通过酒文化得以凝聚和传承。酒作为古老历史文化的遗存，展示了它对上古时代至今社会生活方方面面的深刻影响，产生了无可估量的价值与作用。1995 年，中美两国考古工作者在山东日照两城镇发现了龙山文化遗址，其中出土的陶瓷内壁有一层白色物质，它与两河文明发源地发现的陶坛中残存物质酒石酸（钙盐）相同，证明了我国在距今4000 年前的新石器时期已有葡萄酒。

"酒以饮用"的物质形态之"器"升华为"酒以成礼"的精神之"道"，酒的灵魂融于文化之中，成为一种高度凝练的物质与精神形式，演绎成历史文明的物化表征。

西亚文明史中，"酒"也是不可忽视的重要话题。在伊朗西北部的西阿塞拜疆省（West Azerbaijan）的哈吉·菲鲁兹·泰佩遗址（Hajji Firuz Tepe）中，考古学家在距今 8000 年前新石器时期的泥砖建筑中发现了 6 个陶器，陶器内有黄色沉积物，经鉴定残留有酒石酸等物质，被认为是世界上已知最早的葡萄酒存在的证明[1]。酒与酒神文化更对古希腊哲学产生了深远的影响。公元前 416 年的一次酒会被载入史册，参与者涵盖了一众名人，包括苏格拉底（哲学家）、阿里斯托芬（戏剧家）、柏拉图（哲学家）、费德鲁斯（修辞学家）、阿尔西比亚德斯（雅典政治军事领袖）以及当时的一些社会名流[2]。在这次酒会的 30 年后，苏格拉底的弟子柏拉图在《会饮篇》中详细描写了当晚的场景[3]，在长篇的描述中，我们可

1　Patrick E. McGovern, Donald L. Glusker, Lawrence J. Exner, Mary M.Voigt. Neolithic Resinated Wine[J]. Nature, 1996, 381, pp. 480–481.
2　后世称为"苏格拉底会饮"。"会饮"是古希腊社会普遍流行的一种习俗，即人们在宴会上通过歌颂诸神和饮酒进行庆祝。
3　[古希腊] 柏拉图. 会饮篇 [M]. 王太庆，译. 北京：商务印书馆，2013.

以了解到在古希腊人的生活中，不论是宗教、政治还是社会层面，酒都占有近乎神圣的地位，也是重要仪式中所不可缺少的。众多的名人逸事通过"酒"这种特殊的载体被历史记录下来，对整个西方文明发展产生了推进作用。

西方的酒神精神以葡萄种植业和酿酒业之神狄俄尼索斯为象征，尼采用一个"醉"字比拟酒神的本质，在醉的经验里，可以使万物复苏，生灵欢唱，狄俄尼索斯的激情唤醒。他在《悲剧的诞生》中给予酒神精神以高度的赞扬，并且认为张扬酒神精神就可以超越理性主义对人的束缚，张扬真实生命的存在和意义。[1]他将诗歌与雕塑比作太阳神的艺术，庄严、宏伟、肃穆、充满秩序，同时又有一部分仿佛是梦境般模糊而易被忽略。这种不清晰和稍纵即逝的感觉，犹如饮酒后的体验，令人飘然若仙，就像音乐能够表现出的陶醉感觉一样。完美的艺术应该融合这两种元素，这或许就是酒神艺术的本质。

苏联文化学者卡冈曾经说过："每一件艺术品包含两种信息，一个是社会信息，一个是艺术信息。"[2]社会信息指"物"在社会中的文化含义、功能价值、历史根源、造型动机以及表现出来的民俗特征；而艺术信息则是指造型、色彩及形态的美感、艺术个性和美学价值。"酒"明显兼具这两种属性。

2300多年前，《韩非子》中就有记载："宋人有酤酒者……为酒甚美……悬帜甚高。"[3]帜就是酒幌，不同历史时期有不同的叫法，如绣饰、

1　自尼采《悲剧的诞生》开始，酒神登上了哲学的舞台，在尼采此后生活中，酒神一直是他的精神支柱和象征。[德]弗里德里希·尼采. 悲剧的诞生[M]. 孙周兴，译. 北京：商务印书馆，2012：25.

2　[苏]莫·萨·卡冈. 作为系统的艺术文化[A]. 胡经之，张首映，主编. 西方二十世纪文论选. 北京：中国社会科学出版社，1989：76.

3　（清）王先慎. 韩非子集解[M]. 钟哲，点校. 北京：中华书局，1998：322.

酒帘、青帘、青帜、青旗等。其具有告知的功能与文化意义，可见我国早有了信息传播的意识和方法，借助传播需要介入艺术信息。酒幌的形式及视觉效果明确证明了它在传播信息方面的功能，组成了酒文化的一部分，即社会信息与艺术信息的具象展示。再观酒、酒器以及包裹酒的包装，三者无疑关联紧密又具有功能上的差异，但是它们都指向一个方向：艺术的深刻融入。

酒是社会发展的必然产物，"饮惟祀"，尊祖敬宗、祈求保佑、神化王权、彰显尊严，这是酒的精神功能；酒作为"礼"的承载物，集天地灵秀之精华，是通神之物，是标榜礼仪之物；"酒以成礼"，以酒祭天、祭地、祭神、祭祖都是国之要事。然酒是无形之水，需容器盛之方可聚形。

清代段玉裁在许慎《说文》中注曰"器乃凡器统称"[1]，就是可以盛物的容器。"器"是会意字，后来本义消失，假借为器具。由于盛酒液，故而为"酒器"。它是酒的外化特征，酒借其器来塑型并彰显个性，宣示特质。酒因水造而塑型难，故而视酒器为一体。抽象意味的"酒"居上，其意与形一致。"器"则具象而下。这里的"器"所指涵盖与之关联的容器包装和配套产物，采用各种材料制造，一起述说着酒的前世今生。

《考工记》提出了"天有时，地有气，材有美，工有巧，合此四者，然后可以为良"[2]的观点，认为顺应天时、适合地气、材料优良、工艺精湛，四者相结合，才能制作出优良的器物。酒器借自然之物，聚工者巧技，实乃"天人合一"。造酒造器皆有规律可循，而审美形式则是伴着造物者的观念和情感而行。

从古至今，酒具有"水的外形，火的性格"，既是理性物质的存在，更是感性情绪的流淌。相较绘画用视觉形象来呈现美的感受，诗词歌赋用

---

1 （清）段玉裁. 说文解字注 [M]. 上海：上海古籍出版社，1988：86.
2 （清）阮元校刻. 十三经注疏 [M]. 北京：中华书局，2009：1958.

文字、旋律来宣扬情怀与才气，酒虽然是一种流淌的液体，却能让君王领袖振奋、消沉，直鉴国事，能让历代文人、艺术家灵感喷涌，才思敏捷，也能让普通百姓寻找到现实生活之外的另一种精神世界……从这个角度上来看，酒似乎是高于任何一种文化艺术形式的历史感性之物，徜徉千年，亦幻亦真。

酒，打破了地域、国家、种族、语言的界限，在世界各地文化中有着惊人的相似之处。在中国，酒神精神以道家哲学为源头。庄周主张"物我合一""天人合一"，高唱绝对自由之歌，倡导"乘物以游""游乎四海之外""无何有之乡"[1]。庄子宁愿选择自由的、毫无体面可言的卑微生活，也不愿意做受人束缚的昂首阔步的千里马。追求绝对自由、忘却生死利禄及荣辱，是中国酒神意义的精髓所在。在古希腊悲剧中，酒神精神上升到理论高度，而德国哲学家尼采的哲学又使这种酒神精神得以升华。尼采认为，酒神精神寓示情绪的宣泄，是抛弃传统束缚回归原始状态的生存体验，人类在消失个体与世界合一的绝望痛苦的哀号中获得生的极大快意[2]，这与庄周的"物我合一"主张也有高度契合之处。

中国酒在历史上并非孤立存在与发展，它与中国的政治、人文、艺术、社会、经济等方面息息相关。纵观政治经济、社会文化、器物演变、包装更迭、文学艺术、人文风俗等事物的发展，几乎都与酒形影相随，紧密关联。与酒相关的视觉艺术与人文风俗，为我们的现代审美及人文探索提供了丰富的素材和灵感。

一个民族需要具有自尊、自信、自强的民族文化意识。文化是维系一个民族生存和发展的强大动力，而文化的构建又是极其复杂和多元的。一个民族的存在依赖文化，文化的解体就是一个民族的消亡。社会生活就是

1 （清）郭庆藩. 庄子集释 [M]. 王孝鱼，点校. 北京：中华书局，1961：160,28,293.
2 ［德］弗里德里希·尼采. 悲剧的诞生 [M]. 孙周兴，译. 北京：商务印书馆，2012.

文化的载体，一切文化、行为、制度、物质都会在某种生活方式中得到体现，且都以人为中心。创造新器物不仅可以满足生活需要，更是在创新文化和丰富精神世界。同时，器物的演变过程也反映出了社会意识形态的变革，经济的强弱，社会文化及审美水平。而判断和评价文化的价值，无疑是以社会生活中人对文化的态度、立场、意识观念与其发展为标准的。

本书以中国造物历史中的酒器包装为轴线，以历史发展为经纬，梳理各时期及各地有代表性的酒器包装及饮酒习俗，窥一斑而知全豹，解读历史文化进程，从中获得民族文化的自我认同，进一步强化文化自觉与文化自信。鉴于器物创新往往出现在社会开明、经济强盛、文化发达的黄金时期，因而着重于盛唐时期。唐代酒文化相关的文献史料及文物相对丰富，与酒相生的逸闻趣事较多，纵向比较具有典型性，特征外显，社会形态及审美样式丰富，能比较全面地反映出器物演变与社会生活环境的内在逻辑关系。本书尝试通过对酒文化及历史变迁和社会文化习俗的深刻解读，以酒器包装的双重功能及视觉审美的人文习俗视角，探寻其背后的成因，揭示中国文明的博大与精深，从另一角度审视华夏民族数千年的文化及习俗发展，理解文化延绵不绝的根本性之依据，以期获得社会文化不断创新的滋养，继而更优质服务于今日社会文明进步之所需。

几千年的悠悠酒史延续至今，各类畅述中国酒发展的通史不在少数，或关乎中国酒的起源传说、兴衰历程，或讨论酒的社会功能、风俗习惯、酿酒工艺以及饮酒心理学，也有较多以中国酒文化为基础，探讨历朝历代酒与文艺并肩发展的研究。但鲜有见到以中国酒文化中的酒器包装视觉部分为基准，聚焦酒器包装历史风貌及变迁、功能转型、审美及人文风俗探究的专著。皆因微醺助胆，故而笔者动启心念探寻尝试。

本书主要内容涉及酒器物的历史文化进程及审美形式，酒器造型、材料和工艺，酒器与包装之间转化发展的历史源流，酒文化与文艺的共同前行以及酒的文化圈层，人文风俗变化等。根据酒文化的显象艺术表现：酒器、酒包装、饮酒习俗等在不同历史阶段的具体事件，不同时代语境差异及审美范式，酒器包装制造工艺，酒器包装设计与市场消费方面都作了较为具体的梳理和分析，但也仅是酒文化浩瀚之海的一部分。同时，选取与酒相关的代表性历代书画作品，呈现它们的艺术信息和社会信息，为社会大众提供另一视角的酒文化面貌。本书在器物外在的视觉符号、文艺、人文圈层这几个方面，引用有历史文化传承的茅台、五粮液、剑南春、泸州老窖等名酒为典型案例，探索分析这些视觉文化背后的人文风俗发展以及从古至今围绕酒文化的社会审美趣味变化，鉴评当下酒器包装在外来艺术设计风潮影响下的发展趋势，可谓"古为今用，洋为中用"。

书中所提及"酒器包装"是近现代因酒产品转化为酒商品而产生的专属名词，泛指酒容器及封口盖，是销售包装及运输包装的统称。本书撰写过程中，多以文史引入或摘录古人词句，故语言半文半白，而论近现代之事则以白话表述，目的是让阅读者进入不同时空维度，更容易感受到氛围及场域的差异，不知妥否？还望读者点评。

另外，笔者准备为多年探究酒文化所创作的数百件酒器包装出版设计作品集，以观照本书所论述观点。本书意在尊先祖之"道"，借今日之"术"，造适用之"器"，沿中国酒文化脉络，承继传统文化之精髓，践行理论与实践而创造社会所需产品，为中国酒文化发扬光大贡献一份绵薄之力。

目录

源起——酒说

　　酒是一种发酵食品，它是由一种被称为酵母菌的微生物分解糖类产生的。酵母菌是分布较广泛的菌类，在大自然中随处可见。特别是在一些含糖量较高的水果中，极易繁衍生长。高糖水果又是猿猴喜爱的食物，它们吃剩后扔在岩洞中的果实腐烂，糖分受到空气中酵母菌的作用发酵，生成为酒浆，形成天然的果酒。这是一种自然现象，也被称为"猿酒"。人类发现了这一现象并利用之。酒虽以物质形式呈现，但作用于人的精神，沿着这一演进过程，人与人、人与神及人与社会之间不断生发出轶闻趣事，酒文化肇始。

　　中国古代十二地支[1]（子、丑、寅、卯、辰、巳、午、未、申、酉、戊、亥）中，有一个酉字，在古时候代指酒。秦汉以前将"酉"的本意解释为酒或酒器。《说文解字》讲："酉，就也。八月黍成，可为酎酒。"[2]酉代表八月，此时节黍已成熟，可以酿制醇酒。丣是古文写法的"酉"字，其字形采用"卯"作偏旁，"卯"表示春门已开，万物已从地下冒出。"酉"表示秋门已闭，万物已入门内，"酉"字内的一横"一"，是闭门的形象，可见它是一个象形字，整体就像一个酒坛子的形状，而甲骨文"酉"字是一个尖底的酒坛，金文中也是如此。后篆文经字体整齐化写成楷书变为"酉"，后人又据此将"酉"直接释为"酒"：既然"酉"的本意是酒或者酒坛，再给它加上三点水偏旁，"酒"字便以水合酉，变成了一个会意字。

　　由于酉与酒的直接关系，与酒或酒器有关的文字都带有"酉"作为偏旁或者部首，如酝酿、酪、酊、醉、醒、醇等。

　　酒能成为中国人用来计时纪年的地支，足以说明其在古人社会生活与精神世界中的重要地位。同时，酒与政治也有着千丝万缕的联系："酉"字上加两点变为"酋"字，"酋"的本意便是指陈酒[3]。《说文解字》曰：

1　与天干共同构成中国传统的历法纪年，用来表示年、月、日、时的次序。
2　（汉）许慎. 说文解字[M]. 北京：中华书局，2013：311.
3　《周礼·天官·酒正》贾公彦疏："昔酒，今之酋久白酒。"意指酋就是老酒。（清）阮元校刻. 十三经注疏[M]. 北京：中华书局，2009：1439.

"酋，绎酒也。从酉，水半见于上。"[1] 实际上，酋字也是一个象形字，上面两点像酒坛满后溢出的酒，表示有酒水出现在酒坛"酉"之上。《仪礼》上提到"大酋"一职，为专职酿酒的官员。与酒相关的字都采用"酋"作偏旁，而酋同时又指首席大酒官。首领、头目、上司被称为酋长，由此可见掌管酒事也代表着地位与权力。酋字又引申到尊字，足以说明酒与人的社会地位密不可分。

祭祀在古人看来是头等大事，这与宗教有关。在"酋"字上加一个大字，即为"奠"字，置祭也。社会生活中的红白事都离不开酒这一媒介，酒在宗教活动中是一个重要的视觉图腾。古人治病也需用酒，繁体的"醫"字是指给病人用酒治疗，这可能与宗教巫医有关。酒不仅可以消毒，还是生发药力的药引。《周礼·天官·酒正》曰："辨四饮之物，一曰清，二曰医，三曰浆，四曰酏（酏：古时酒的称谓）。"[2] 提及的便是一种含酒精的汤剂。

甲骨文中的"福"字为双手举酒祭天的象形图形，寓意是捧一樽酒向先祖的神灵祭献，以求神主保佑。祭祀后把祭品分送给别人也即"致福""归福"，这是我国古人祭祀时的希望，是一种美好的祝福。

祭祀高潮和狂欢时都需要酒的帮助，当人与神要进入精神上的合体时，一般需要借助外力来唤起，这也是创造祭祀仪式感的目的。只有人神之间达成高度一致时，祭祀活动才被视为有效。粮食的精华及维系生命的方式统合，就是"酒"，只有它能调适参与者的精神与情绪的步调，激活群体性氛围，继而实现意识统一。祭祀仪式中有萨满（或称巫），他们是一群格外需要酒来助力的人，把饮酒后的疯狂与神圣、荣耀联系在一起。其中一部分巫师坚定地相信，唯有酒可以成为人神沟通的媒介，以饮酒进入神灵的世界，能够获得天意，美酒可以帮助他们贿赂神灵和魔鬼，赐予他们无边的魔法。

酒在早期还被不同地域的民族视为一种劳动报酬，或作奖励或作为聘礼，是一种支付手段。社会文明及文字的诞生都与酒的出现有着千丝万缕的联系，它催生了一种货币形式的分配方式，继而产生了文字记录。在大英博物馆里有一美索不达米亚的泥板，上面写满了楔形文字，讲述了以啤

1　（汉）许慎. 说文解字 [M]. 北京：中华书局，2013：313.

2　（清）阮元校刻. 十三经注疏 [M]. 北京：中华书局，2009：1440.

酒替代工资结算的故事，距今已有 5000 年。[1] 由此可见酒与社会生活的密切关系。

早在新石器时代文化早期，中国人就酿制出了世界上最早的粮食酒。近年来，利用科技手段进行陶器残留物分析，使我们获得史前时期酿酒技术的直接考古学证据。对淮河流域的舞阳贾湖遗址（距今 9000～7500 年）出土的小口鼓腹罐上残留物的化学分析表明，这些器物用于酿造以稻米、蜂蜜和水果为主要原料的酒饮料。[2] 对渭河流域的临潼零口和宝鸡关桃园出土的前仰韶文化（距今 7900～7000 年）小口鼓腹罐的微植物和微生物分析，发现这类器物用于酿造以黍为主、包括多种谷物和块根植物的酒饮料，包括谷芽酒和麹酒。此外，小口鼓腹罐经小口平底瓶演化为小口尖底瓶，多项研究已证明平底瓶和尖底瓶亦为酿酒器，说明小口鼓腹罐可能是最早的酿酒陶器。[3] 对山东王因新石器时代遗址和西夏侯遗址出土的 4 件大汶口文化时期的陶器进行微植物和微生物分析，初步揭示了海岱地区在距今 6200～4600 年前的酿酒传统。[4] 在河姆渡文化遗址中有 400 平方米的谷物堆积层，同时还发现了陶盉、陶杯等酒具。[5] 到了商代中期，中国人将曲、蘖分离，单独制曲酿酒，实现了酿酒工艺上的重大突破。谷物酒是酒类的主体，唯有发达的农业生产才能为酒的酿制奠定坚实的基础，因此，酿酒的出现巩固了中国作为世界三大农业起源中心之一的地位。当然，此时的酒是以发酵酒形式出现，也被称为"混酒""醅酒"，其酒糟与酒液是混合的，饮酒时需要经过滤清，或用芦苇一类的管状茎饮酒。人们对酒文化源头的探索从未停止，从神话到传说，从轶闻至信史。基于中华文明的天人合一思想，古老的先民最先将酒的诞生与天上星宿彼此联系在一处。

宋窦苹《酒谱》云："天有酒星，酒之作也。"[6] 上古先民崇尚天象，认

1 ［英］詹姆斯·苏兹曼. 工作的意义：从史前到未来的人类变革 [M]. 蒋宗强，译. 北京：中信出版社，2013：232.

2 Patrick E. McGovern, Juzhong Zhang and Jigen Tang et al. Fermented Beverages of Pre-and Proto-historic China[J]. PNAS, 2004, 101(51), pp. 17593-17598.

3 刘莉，王佳，邸楠. 从平地瓶到尖底瓶——黄河中游新石器时期酿酒器的演化和酿酒方法的传承 [J]. 中原文物，2020，（3）：94-104.

4 刘莉，王佳静，陈星灿，梁中合. 山东大汶口文化酒器初探 [J]. 华夏考古，2021，（1）：49-60.

5 陈靖显. 河姆渡陶盉与长江流域酿酒史. [J]. 酿酒，1994，（3）：41-42.

6 （宋）窦苹. 酒谱 [M]. 北京：中华书局，2010：3.

为冥冥中自有星宿教化人间造酒，酒实非凡间之物，乃是上天的赐予。这无疑体现了华夏先民最早的宇宙观。

相传周公作《周礼》，酒旗星是天宫二十八星宿中之一，专司教导世人酿造美酒。"天若不爱酒，酒星不在天"[1]，酒星的神话，既是华夏先民对宇宙的哲思，也是后世文人酒情怀的寄托。当中国酿酒文化由哲思的酒星神话，转入浪漫的"酒猿"传说，古人对美酒起源的认识亦由天上转入人间。中国先哲眼中，酒的历史不仅比文字早，甚至比人类历史更久远。

先秦史官所撰的《世本》一书言："仪狄始作酒醪，变五味……少康（少康即杜康）作秫酒。"[2]仪狄和杜康两位先贤对中华酒文明的缔造功不可没。在中国人眼里，他们是酒文化的鼻祖；在酿酒人的心中，他们更是酒行当的祖师。造酒之术，非一人之功，一时一举，是先祖们有发现之眼、具远见，长期积累和共同智慧的结晶。

汉代《淮南子·说林训》中提到："清醠之美，始于耒耜"[3]，醠，指酒；耒耜，指农具。大意是"美味的清酒，是从种地翻土的农具耒耜开始的"。道出了酒文化的源远流长。

及至唐代，宫廷饮酒及酿造已有相对完备的体系，御酒的酿制设宣徽院专门负责。宣徽院成立以后专设有宣徽酒坊，负责生产酒。1979年西安西郊出土了"宣徽酒坊"银酒注一件，器底刻有铭文："宣徽酒坊，咸通十三年六月二十日别敕造七升，地字号酒注一枚重一百两，匠臣李存实等造，监造番头品官臣冯金泰，都知高品臣张景谦，使高品臣宋师贞。"[4]这件器物足以证明当时酒造已具管理系统和规模。

中国白酒可谓生于汉而长于唐，起源于华中而成熟于西南。从白酒发明到流行，中间经历了漫长的改良和推广的过程。中国白酒最早诞生的时代是公元前1世纪的东汉。在今天的上海博物馆里陈列着一件古代青铜蒸馏器，由甑、釜、盖三部分组成，但盖已丢失，或因木制而腐烂。该器物通高53.9厘米，甑内壁的下部有一圈环形槽，顺壁而下的液体可储存于此，顺排管流出。经鉴定，它是公元前1世纪的器皿。上海博物馆的研究人员曾用这件蒸馏器做过酿酒实验，结果证明，这件沉睡两千余年的蒸

1　（唐）李白，（清）王琦注. 李太白全集[M]. 北京：中华书局，1977：1063.

2　（汉）宋衷注，（清）秦嘉谟，等辑. 世本八种[M]. 北京：中华书局，2008：40.

3　何宁. 淮南子集释[M]. 北京：中华书局，1996：1216.

4　实物现藏于陕西历史博物馆. 秦浩编著. 隋唐考古[M]. 南京：南京大学出版社，1996：287.

馏器可以蒸馏出酒精度在 20.4% ~ 26.6% 之间的佳酿。[1] 这一实验结果证明
中国自古有蒸馏白酒的说法。《中国科技史》作者、英国剑桥大学东方科
学技术史图书馆馆长李约瑟博士看见此论证后，表示要对其著作中关于蒸
馏器是元代传入中国的部分内容重新修正。2003 年 4 月在安徽滁州黄泥
乡也出土了一件几乎一模一样的青铜蒸馏器[2]。2006 年 12 月西安张家堡汉
墓出土了一件王莽时期的青铜蒸馏器，相比阿拉伯人在 13 世纪发明的蒸
馏设备，这件器皿早了一千多年。[3] 唐开元年间，《本草拾遗》中已有"甑
（蒸）气水"[4] 的记载。诗人白居易有诗云"荔枝新熟鸡冠色，烧酒初开琥
珀香"[5]，他还在《早春招张宾客》中写道："池色溶溶蓝染水，花光焱焱火
烧春"[6]。北宋苏东坡在《物类相感志》中记载"酒中火焰，以青布拂之自
灭"[7]。两位诗人都提到了当时的酒可以燃烧，大概率已是蒸馏酒。

　　陶雍（唐大和大中年间人）的诗句"自到成都烧酒熟，不思身更入长
安"[8]，也曾提到烧酒之说。而隋唐时期文物中出现了 15 ~ 20 毫升的饮酒
器，只有高度酒才会使用如此容量的器皿，或许也能证明蒸馏酒在唐代出
现的可能。历史上蒸馏酒器大多使用木制工具，存留至今几乎无可能。也
有不同观点认为，青铜蒸馏器缺少上部顶盖，无法完成酒的蒸馏。在笔者
看来，顶盖有可能不为青铜所造，而是木质、竹制等，历经几千年埋藏，
已腐蚀不复。且古人祭祀之时常有将一物分埋多地的习惯，未见完整器物
也属常理。而汉代的蒸馏技术未得到推广，或许是由于当时兵荒马乱、年
年征战，所以在战乱的三国两晋南北朝时期都未成时尚。直到唐代，社会
安定、粮食丰裕、百姓富足，白酒才得以发展。有观点认为，唐代已有蒸
馏技术，当时的文献并未记载的原因是当时的农耕并不是很发达，粮食是
国家稳定的根基，酿酒需要大量粮食，不可纵酒而废国。纵观历史上多次
戒酒令的颁布，足以证明酒事误国。《尚书》和《诗经》说到饮酒需德，

1　马承源. 汉代青铜蒸馏器的考古考察和实验 [J]. 上海博物馆集刊，1992，（1）：
180-182.

2　王洪渊，孟宝主编. 中国白酒文化与产业 [M]. 成都：四川大学出版社，2021：12.

3　李喜萍. 新莽蒸馏器考释 [J]. 农业考古，2019，（3）：20-25.

4　（唐）陈藏器. 本草拾遗辑释 [M]. 尚志钧，辑释. 合肥：安徽科学技术出版社，
2002：131.

5　（唐）白居易. 白居易诗集校注 [M]. 谢思炜，校注. 北京：中华书局，2006：1477.

6　（唐）白居易. 白居易诗集校注 [M]. 谢思炜，校译. 北京：中华书局，2006：2399.

7　（宋）苏轼. 苏轼文集编年笺注 [M]. 李之亮，笺注. 成都：巴蜀书社，2011：503.

8　（清）彭定求，等编. 全唐诗 [M]. 北京：中华书局，1960：5915.

也即"酒德"，不能像夏商纣王那样，"颠覆厥德，荒湛于酒"[1]，《尚书·酒诰》中集中体现了儒家的酒德，即"饮惟祀"，只有在祭祀时才能饮酒；"无彝酒"，不要经常饮酒，平常少饮酒。在生产力不发达的古代社会，粮食产量有限，酒是较为奢侈的粮食制品，为了节约粮食，宜只在有病时才少饮；"执群饮"，禁止民众聚众饮酒，以免酒后失态，引发冲突与矛盾，导致社会治安事件；"禁沉湎"，饮酒过度绝不可取，会对身体健康有损[2]。儒家并不反对饮酒，用酒祭祀敬神，养老奉宾，都是德行。

2017 年江西海昏侯墓出土了最大的组合器物，由天锅、蒸馏筒和釜组成的蒸馏器。也是我国迄今为止发现最早的蒸馏器。它的出土再一次证明我国蒸馏技术出现应是汉代时期。

时至今日，酒的种类已很难细数，简单地概括就是三种：发酵酒、蒸馏酒、配制酒。地域和物产各有差异，风土人情也千差万别，故而酒的酿造方法也有所不同，其特点与风格迥异，但酒予人的作用不改本初，且有被强化和扩大之势。与酒关联的酒器与包装更是日新月异，更迭频繁，让人目不暇接。

酒是一柄"双刃剑"，世界历史中无数政权更迭，祸福因果都因酒而起。统治者视其为安抚民众的一剂良药，也可说是麻醉大众的迷魂汤。酒肉声色之中意志渐渐消磨，安于现状而更利于统治。另外，酒是大量税收的来源，给官衙及军饷提供了支持，这也是被统治者看重的特别之处。

酒到底是什么？有哲学家曾经说过，酒反映了人类文明史上的许多东西，展示了生命、宗教、肉体、哲学等。它涉及了生与死、性与爱、政治、社会等多方面的内容，从古人对酒的称谓上就可见酒与文化之间紧密的联系，以及古人对酒的喜爱。如欢伯：《易林·坎之兑》"酒为欢伯，除忧来乐"。杯中物：孔融名言"座上客常满，樽中酒不空"，杜甫《戏题寄上汉中王》写道"忍断杯中物，祇看座右铭"。金波：张养浩《普天乐·大明湖泛舟》写有"杯斟的金波滟滟"。秬鬯：《诗经·大雅·江汉》云"秬鬯一卣"，即古人用黑黍和香草酿造的酒，多用于祭祀。冻醪：即春酒。《诗经·豳风·七月》记载"十月获稻，为此春酒，以介眉寿。"酌：原本是斟酒或饮酒之意，后引申为"便酌、小酌"。李白《月下独酌》写道："花间一壶酒，独酌无相亲。"酤：酒也。《诗经·商颂·烈祖》记：

1　（清）阮元校刻. 十三经注疏 [M]. 北京：中华书局，2009：1440.
2　（清）阮元校刻. 十三经注疏 [M]. 北京：中华书局，2009：437-441.

"既载清酤，赉我思成。"酤：本意为滤酒去渣，后作美酒代称。李白《送别》写道："惜别倾壶酤，临分赠马鞭。"杨万里《小蓬莱酌酒》写道："餐菊为粮露为酤。"醍醐：特指美酒。白居易《将归一绝》诗中道："更怜家酝迎春熟，一瓮醍醐待我归。"黄封：多指皇帝赐酒，也叫宫酒。苏轼《与欧育等六人饮酒》写道："苦战知君便白羽，倦游怜我忆黄封。"又据《书言故事·酒类》记载："御赐酒曰黄封。"清酌：古代称祭祀用酒。据《礼·曲礼》记载："凡祭宗庙之礼……酒曰清酌。"昔酒：指久酿之酒。《周礼·天宫酒正》记载："辩三酒之物，一曰事酒，二曰昔酒，三曰清酒。"贾公彦注释为："昔酒者，久酿乃孰，故以昔酒为名，酌无事之人饮之。"青州从事：是美酒的隐语。苏轼《章质夫送酒六壶书至酒不达戏作小诗问之》写有："岂意青州六从事，化为乌有一先生。"曲道士：这是对酒的戏称。陆游《初夏幽居》中有："瓶竭重招曲道士，床空新聘竹夫人。"黄庭坚在《杂诗》之五写道："万事尽还曲居士，百年常在大槐宫。"曲蘖：本意指酒母。《尚书·说命》记载，"著作酒醴，尔惟曲蘖。"杜甫《归来》诗中有："凭谁给曲蘖，细酌老江干。"苏轼在《浊醪有妙理赋》中写道："曲蘖有毒，安能发性。"春：在《诗经·豳风·七月》中有"十月获稻，为此春酒，以介眉寿"，唐时常以"春"来代表酒。陈子昂："射洪春酒寒仍绿。"苏轼《洞庭春色》中写道："今年洞庭春，玉色疑非酒。"绿蚁、碧蚁：酒面上的绿色泡沫，也被视为酒的代称。白居易《问刘十九》诗中道："新绿新醅酒，红泥小火炉。"清圣、浊贤：陆游《溯溪》诗中写道，"闲携清圣浊贤酒，重试朝南暮北风"。椒浆：即椒酒，用椒浸制作而成的酒。《楚辞·九歌·东皇太一》写道："奠桂酒兮椒浆。"[1]酒的别称之多，足见其影响之广泛。

酒在当今生活中稀松平常，可在历史中多现于祭祀先祖、国宴之时，需要饮者衣冠楚楚，抬头仰望、默默祈愿，在一派虔诚下方可饮之。酒器与包装则是对饮前的视觉聚焦及心理助跑，看似无关紧要的容器与包装，却盛装着无形无色，蕴涵乾坤的"魔水"。

站在世界文明史角度来看，东西方文明中都绕不开酒的价值与作用，特别是它与艺术发展不得不说的故事。酒与酒器合为一体，互相成就，故而说酒也避不开酒器包装，文化的纽带交织绵延，最终构成了历史的重要篇章。

1　杨辰. 可以品味的历史 [M].西安：陕西师范大学出版社，2012：19-21.

第一章

重礼之邦到实用主义——酒器文化的变迁之路

人群聚居一地，发展出农业与牧业，相对固定，且温饱无忧，有余力启发心智活动，逐渐形成了生活方式，并具备一定的特色，被谓之"文化"。[1] 而文化的积累和演变又促成造物活动的频繁，围绕生活衣食起居的需要，各种工具逐渐形成，之后便顺理成章构造出新的文化，酒器文化便是其中之一。

饮酒需持器，古人有云："非器无以饮酒，饮酒之器大小有度。"[2] 中国酒的历史从仰韶文化起便有记载，相伴而生的便是中国千年来酒器文化的繁荣发展。作为伴随酒文化发生发展的物质、视觉文化，它不光具有作为器物的实用功能，更承载了众多的信仰、历史、艺术、宗教价值。酒器作为酒文化的一部分，千姿百态，欧阳修"觥筹交错"，王羲之"曲水流觞"，李白"举杯邀明月"，杜甫"十觞亦不醉"，苏东坡"一尊还酹江月"，李清照"三杯两盏淡酒"……皆与酒器相关。

古人使用的酒器种类繁多，早在商周时，贵族的饮酒器皿就有严格的规定，据《礼记·礼器》载："贵者献以爵，贱者献以散；尊者举觯；卑者举角；五献之尊，门外缶，门内壶，君尊瓦甒，此以小为贵也。"[3] 而早期的酒器实为祭祀用具，有祈祷功能，图腾活动、原始歌舞（原始歌舞是图腾的演示形式）都以祭酒和颂词为中心。此活动到后代逐渐分离为礼乐制度（礼是指政刑典章，乐是指文化艺术）。

历史上诸子百家对造物观有许多论述，主要集中在"用于美""文与质""美的客观性"和"美的社会性"等方面。老子的"天人合一"提倡一种不背离自然规律的目的追求。孔子主张"文质兼备"。荀子认为"雕琢刻镂，黼黻文章，所以养目也"[4]，这是人的自然属性。而墨子以"器完而不饰"为评判标准，以"质真而素朴"的造物审美意趣为其追求目标。[5] 可见先辈哲人对自然改造的哲思和愿望，同时也反映出审美的取向，这给历代器物塑造奠定了基本思想和发展方向。

5000年前的原始社会，我国出现了最早的饮酒工具——陶制酒杯。

1 许倬云. 万古江河：中国历史文化的转折与开展 [M]. 上海：上海文艺出版社，2006：66-68.

2 （宋）王与之. 周礼订义 [M]. 影印文渊阁《四库全书》第84册. 上海：上海古籍出版社，1987：508.

3 （清）阮元校刻. 十三经注疏 [M]. 北京：中华书局，2009：3103.

4 （清）王先谦. 荀子集解 [M]. 沈啸寰，王星贤，点校. 北京：中华书局，1988：347.

5 夏燕靖选编. 中国古代设计经典论著选读 [M]. 南京：南京师范大学出版社，2018：63.

在远古时期，盛酒虽有器，但没有酒器与水器之分，专用酒器自然无从谈起。初始的食器也是酒器（盛水器），今天不少地方还存留用食器大碗饮酒的习俗。盛器依原始祭祀活动的需要而逐渐分离，"礼器"由此而来。陶制酒器则功能合一，大多器物都具有兼用性。上古时期以陶制水器与酒器为主，借动植物自然形态而成的酒器为辅（果壳、动物内脏）。中国的酒器，从古至今，按材质主要分为天然物酒器、陶制酒器、青铜酒器、漆制酒器、玉制酒器、瓷制酒器、金银酒器、玻璃酒器、塑料酒器、金属酒器。从酒器的用途来讲，大致可以分为三类：盛酒之器、温酒之器、饮酒之器（分酒器）。按功能区分为储存酒器、运输酒器、销售酒器。尽管历史更迭几千年，但是酒器的使用分类并没有太大的变化，只是在原基础上融进了每个时代的社会生产力与工艺水平，有了造型上的多元化发展，拥有了不同时代的审美特质。

酒器造型都以人为参照，酒器尺度与人手的大小关联密切。为人所用之物有远近之分，远主要满足观看的需要，身体无法接触；而近无疑是贴身的，在手臂伸展的范围内，满足拿在手上反复观察和使用的需要。以人的生理尺寸开展的造型设计，在不同时间和地点都隐含着一种趋同特征，即以手臂与身高为准。近现代设计以人机工学为基础，酒器的设计更多考虑的是人体的活动范围，运动方向的便利，视觉感受的愉悦以及精神的满足等因素，这一演变过程证明酒器与造物文化的社会属性与社会发展是一致的。

我国古代的盛酒之器非常讲究，不仅种类繁多，而且样式丰富，堪称各个时代难得的珍品，青铜所造酒器尤盛，从名称上，据不完全统计，有：尊（贮备酒、斟酒的酒器，方形或圆形腹，口大）；觚（饮酒器，口似喇叭形，细腰高足）；爵（盛酒与温酒器，敞口，有流、两柱、三足、鋬）；彝（大的盛酒器，多为方形，平底有盖）；罍（léi，酿酒与盛酒器，有圆形与方形，口小腹深，圈足有盖）；瓿（盛酒器，圆口鼓腹，圈足）；斝（jiǎ，盛酒与温酒器，口大，有三足和流、柱鋬）；卣（yǒu，储运酒器，圆口，鼓腹，圈足，有盖和提梁）；盉（温酒、盛酒、备酒器，圆口鼓腹，有长流、鋬和盖）；觥（盛酒、饮酒器，器型各异，鼓腹带流和鋬，四足或圈足，有盖为兽头造型）；角（饮酒器，也用于量酒，大口有三足）；壶（盛酒、贮酒器，长颈、大腹，圈足）；鐎（温酒器，也称鐎盉，形似盉，圆腹小口，有三足和喙）；缶（盛酒器，形似壶，大腹圆身，有盖，腹部有四个环）；卮（饮酒器，筒状，有盖和鋬，三足较短）；舟（饮酒器，椭圆形，平底，腹部各有一环耳）等。这些盛酒之器在外形上也各有特色，往往在器皿表面都铸造或镌刻有各种各样精美的纹饰，具有极高的艺术价值，也是时代文明的实物佐证。

所以，我国古代大量做工精美的酒器，除去盛酒和观赏功能之外，还兼具着其他社会功能。一方面，酒器的装饰纹饰具有社会属性，也可说"打上了阶级的烙印"，是社会历史发展过程中统治者加强统治的一种工具，显示着使用阶层的社会地位，代表着权利和专属。这也是夏商周社会转型期，具有浓厚部族色彩的各族群开始演变至国家形式过程中的一种表征，统治者以物质的富足来体现各阶层在社会中的地位及其自身的强势。因此，酒器被聚焦为一种物的符号，这也是这段历史时期青铜酒器繁盛的原因之一。另一方面，大型青铜器物的铸造需要更高的技术和更广阔的展示空间，无疑会受到一定的制约。而中小型的酒器不仅利于铸造，更有利于随身携带，这也给此类酒器物件带来了更多的可能。到近古时期，由于酒业的普及和日渐增长的饮酒之众，更轻和更便利的各种材质酒器不断出现。特别是近现代，随着工业技术的发展，盛酒器遵循功能至上的原则，开始淡化旧有的权力与阶级之分，更加强调安全、便捷、经济、精巧、质感与审美。装饰过分精美的盛酒器不仅不适合现代工业生产，也无法满足社会大众的普遍需求，逐渐被批量生产的现代容器所替代。储酒器则朝着容量大、安全性强、耐腐蚀、易运输等方向发展，其造型多为罐、桶、坛、酒海等，材料多为不锈钢、铝材、陶瓷、竹纸混合物等。

储酒器就是以储存为目的的容器，以陶坛为主，因其存储方便，成本较低，对酒质有提升作用。各地根据地域特点和易得材料发明了无数的盛酒容器，材质包括木质、藤编、竹编、石质等，形制有彝、罍、缸等。

所谓温酒酒器，即今天烫酒用的酒壶。它相比盛酒器和饮酒器要少很多，主要用在气候比较寒冷的地区，或用于多见于南方的发酵酒。一般来讲有两种，即盛酒之器皿中的斝、盉。这两种器皿身兼二用，既是盛酒器，又是温酒器。

饮酒酒器在古代有爵、角、觥、觯、觚等，到后来发展有盏、盅、杯等。从象征意义和艺术价值的角度来看，古代饮酒酒器有较为突出的优势，以器物来体现精神的意义和身份，具有很强的展示特质，但饮用的便利性略显不足。从实用、便捷的角度来看，后来发展出来的各种现代材质的饮酒酒器更加符合大众的需要。

我国酒器可按功能、材质、出现及使用时间等不同标准进行划分。酒器的诞生由实用功能需求而起，得益于社会生产力的提高而发展，至因能体现拥有器物者的社会地位，与之建立精神层面的联系而扩展规模。材质上乘稀有、做工精细奇绝的酒器少之又少，必然会得到精英阶层的青睐，与此同时，它也提供了一种审美的介质，即"美酒美器"。

本书以时间为基本线索，按照上古、中古、近古、现当代四个历史时期，对酒器发展、审美特点及饮酒风俗等多方面问题展开论述。

第一节
重器之时 礼器之道——材料与工艺的变迁

《易经·系辞》曰："形而上者谓之道，形而下者谓之器。"[1] 其中"形而上"是无形的道体层面；"形而下"是万物各表层的相，是物的表层方面。"形而上"指的是意识形态范畴，是一种用思维去认知世间万物的方式，也就是本源性的"思考"；"形而下"是指具体的、可以看得见摸得着的、具有实物性质的事物，中国文化称之为"器"。道、器之间可以相互转化及作用，其中又生出"器"的精气神。在以"道"为核心的思想体系中，对"形""神"关系进行了深入阐释，《庄子·德充符》认为，"形"与"神"之间，"神"绝对高于"形"，是"形"的主宰。"神"之所以重要，是因为它与"道"相连，强调的最高境界是精神与"道"的合一。[2]而造物是一个有意识的过程，"道"与精神对"物"的作用显而易见，而"礼器"是最具代表性的。

华夏文明从原始社会到魏晋南北朝时期，经历了历史上颇为重要的"礼器"时代，因此这一时期又被称为"重器之时"。在这个时代里，大多数器物除了本身的实用功能之外，同时肩负了"礼器"的功能，"器"的象征意义更加重要。器型是为了匹配不同的"礼制"和等级，是借其形式而传达"礼"的内涵。因此，更加注重器之"礼"的酒器在整个社会生活中相当普及，不只在社会的中上层流行，平民也风行使用酒器。

本书中参考史学通用的界定，将这段时期划分为上古时期，即从原始

---

1 （清）阮元校刻. 十三经注疏 [M]. 北京：中华书局，2009：171.

2 （清）郭庆藩. 庄子集释 [M]. 王孝鱼，点校. 北京：中华书局，1961：209-212.

社会起，经历夏、商、周、春秋、战国、秦、西汉、东汉、三国、西晋、东晋列国到南北朝为止。在这个时期内的酒器，主要包含了陶制酒器、青铜酒器、玉制酒器和瓷制酒器的初始阶段。陶制酒器代表着"礼"的起源和发展，青铜酒器代表了"礼器"的鼎盛时期，玉制酒器及其他类型的酒器也在礼器的功能中扮演着不同的角色。

"礼"是随着原始公社解体，阶级出现而萌芽的。《周礼》记载，礼仪制度共"五礼"：吉礼、凶礼、嘉礼、军礼、宾礼[1]。吉礼是五礼之冠，主要是对天神、地祇、人鬼的祭祀典礼，是古代神权思想在宗法等级制度中的物化。

在普遍的概念中，似乎一提到"礼器"便直接与青铜器画上等号，实际不然。"礼"起源于陶器时代，实为宗教用具。远古祭祀礼仪制度中，陶制酒器是最早也是首要的礼器，后来与青铜酒器并用。但青铜器只有少数贵族才能够使用，在整个青铜器时代，平民日常使用的也都是陶制酒器。

一、古拙的原始工艺文明萌芽——陶制酒器文化功能及审美

陶器制作起源于旧石器时代晚期。新石器时代，陶器制造已在国内独立发展。陶以黏性较高，可塑性较强的黏土为主要原料制成，不透明、有细微气孔和微弱的吸水性，击之声浊。在远古的原始社会，我们的祖先就已经摸索到制陶的方式，距今 6000 多年时，在黄河流域、长江流域的中下游，陶器已经普遍使用于日常生活中，其中也包括酒器。新石器时代的陶器工艺，是原始手工业的重要部分，具有出色成就的一种工艺美术，有灰陶、彩陶、黑陶、几何印纹陶等多种样式。

（一）酒器的陶制时代

距今 7000 年至 4000 年前的大汶口文化留下的陶制酒器有盉、罂、小壶、单耳杯、双耳杯、高脚杯等，它们是已知最早的酒器。其中有一种陶胎极薄、质地较坚硬、表面漆黑的陶器，被称为黑陶。从新石器时代到商代，出现了白陶酒器。它是以高岭土（瓷土）为原料，经过 1000℃左右的高温烧成的陶器。

---

1 （清）阮元校刻. 十三经注疏 [M]. 北京：中华书局，2009：1630.

二里头文化礼器的核心便是酒器。二里头文化的陶制鬶、盉、爵、斝，都可以溯源自黄河下游地区盛行的陶鬶。二里头文化的陶鬶等陶酒器的体态，比黄河下游地区的更显苗条轻盈。陶鬶、陶盉、陶爵、陶盉常出现于较高级别的墓葬中，显然是礼器，是礼制的物化表现，具有"明贵贱、辨等列"的作用。

龙山文化晚期，造型优美的黑陶鬶、白陶鬶、高柄杯三者，组成了成套的酒礼器，盛酒器（黑陶鬶）、调酒器（白陶鬶）、饮酒器（高柄杯）三合一，功能俱全。

在商早期，礼制采取系列化配置，礼器有成套的规定。商朝的国君、贵族酗酒成风。这个时期的礼器以酒器斝、爵为核心。

商代还出现了釉陶，这是一种表面带油的陶器，有光泽、质坚硬，兼有陶和瓷的特点，所以也被称为"原始瓷器"。1953年河南郑州出土了一件原始瓷尊，是我国目前出土最早的瓷器。考古中发现，商代的制陶业已经很发达，今日出土的陶制酒器有相当数量都是出自该时期，商晚期是我国白陶器烧制技术的顶峰时期。

在之后漫长的历史过程中，陶器作为人类生活和生产的工具，发挥了重要的作用。早期的陶器大多形制简单，用途较多，属于通用器具。后来出现了一些特征比较明显的器具，其中有些储水器构造奇特，显示出比一般储水器更加明显的神秘色彩，因而有些考古学者认为，它其实是用于祭祀的专用器具，而器具内应是盛放具有某种特殊用途的液体——或者是酒，或者是"明水"。

至大汶口时代，专为饮酒而制成的酒器明白无误地显示出酒器的基本特征，而且制作精美，分布较广，以至于历史上出现了一个以黑陶命名的时代——"黑陶文化"。龙山文化遗址出土了很多精美的陶酒器。黑陶器是山东龙山文化的代表器之一，其里外皆黑，器腹皆经抛光，亮可照人。精美的黑陶容器多出土在规格较高的墓葬中。（图1-1）

春秋战国时期的工艺水平已能烧制出几何印纹硬陶和原始青瓷。到了秦汉，我国已经比较熟练地掌握了施釉技术和烧制工艺。

随着社会的进步和人类对生活与艺术的追求，陶器的品种、数量都在不断增加，质量也不断提高，逐步完成了由陶到瓷的演变，酒器就是其中显著的例证。

图 1-1　兽形灰陶鬶（新石器大汶口文化）

（二）陶制酒器的文化功能及审美特征

陶制酒器的审美主要集中于陶器的器型和纹饰，以及陶器所具有的古朴质感上。

早期陶器的装饰相对简单，多为绳纹等纹饰，一般作为辅助陶器成型的工艺出现，也用作掩盖陶器表面制作不平整、工艺粗糙等问题，便于对不同陶器制作进行识别。新石器时代早期陶器上大量压印纹成为陶器装饰的主体纹样，还有少量戳印纹和堆塑纹。陶器在实用性的基础上萌生了装饰的意识。

彩陶文化时期[1]是陶制酒器审美最丰富的阶段。半坡类型彩陶上的纹样多以鱼为主体，这可能是半坡氏族以鱼类为始祖的观念的体现。除此之外，此时期陶器还常用鹿纹、猪面纹、植物纹、人面纹等纹饰，并且经常与直线、三角形、圆点等几何形组成相连的图案带，这与手工绘制的速度和难易程度有关。（图 1-2）

1　彩陶文化时期起源于新石器时期，距今已有 8000 年的历史，在世界彩陶历史中艺术成就最高。

图 1-2　船形彩陶壶（新石器半坡文化）

庙底沟[1]类型彩陶上的纹样流行写实的鸟纹、蛙纹、四瓣式或多瓣式花瓣纹、圆点纹、圆圈纹、回旋纹、"西阴纹"、连弧纹、叠弧纹、网格纹等，其中以鸟纹为代表。这些纹饰多以二方连续的形式构图，分成二、四、六、八等分。地纹方式也广泛流行。除少量网格纹与平行线纹外，以圆点、勾叶、弧边三角组成几何图案，构图严谨、线条流畅。

后岗类型[2]的彩陶陶器以红彩居多，黑彩较少。常在器物的口沿下绘以成组的平行短斜线，组成相间的三角折线纹。大河村类型[3]早期彩陶纹样与庙底沟类型近似，彩陶上多施以白色或者淡黄色的陶衣。大河村类型晚期彩陶纹样主要有太阳纹、六角星纹、网纹、星月纹、X形纹等。

总的来说，陶制酒器时代，审美因素的变化主要遵循以下几个特点。

（1）陶制酒器上的装饰纹饰以写实纹样和几何纹样为主。

（2）由独立图形纹样到等分、重复的纹样单位出现。

（3）黑陶、红陶、彩陶等形式多样，色彩纷呈。

（4）陶器上的纹样主要以流动的线条为主，极具二维的东方美感。

1　庙底沟遗址，位于河南三门峡陕州古城南，是一处仰韶文化和早期龙山文化遗址。苏明辰，宋海超，董祖权，樊温泉. 庙底沟遗址陶器制作研究.[J]. 华夏考古，2021（5）：43-51.

2　后岗类型是仰韶文化的一种地方类型，所属年代距今 6000 多年。主要分布在河南北部、河北南部. 丁清贤. 仰韶文化后岗类型的来龙去脉 [J]. 中原文物，1981（3）：33-34.

3　大河村文化是仰韶文化的一种地方类型，华夏文明源头之一. 廖永民. 大河村遗址的发掘与研究 [J]. 中原文物，1989（3）：22-24.

在本时期陶器的发展进程中，纹饰基本上遵循了一种由写实的、生动的、多样化的动物形象演化成抽象的、符号的、不断重复的几何纹饰的总趋势和规律。同时，这些从动物形象到几何图案的陶器纹饰并不是纯粹的"装饰""审美"，而是具有某种图腾的神圣含义。人的审美感受之所以不同于动物性的纯粹感官愉悦，正在于其中包含有观念、想象的成分在内。（图1-3）

图 1-3　蛙纹彩陶罐

"陶器几何纹饰是以线条的构成、流转为主要旋律。线条和色彩是造型艺术中两大因素。比起来，色彩是更原始的审美形式……总之，从再现到表现，从写实到象征，从形到线的历史过程中，人们不自觉地创造和培育了比较纯粹（线比色要纯粹）的美的形式和审美的形式感。劳动、生活和自然对象与广大世界中的节奏、韵律、对称、均衡、连续、间隔、重叠、单独、粗细、疏密、反复、交叉、错综、一致、变化、统一等种种形式规律，逐渐被自觉掌握和集中表现在这里。"[1]

古代人们通过巫术礼仪，将似乎僵化了的陶器抽象纹饰符号，赋予了各种神圣的含义和精神寄托，使这种线的形式中充满了大量社会历史的原始内容和丰富含义。线条在刻画着客观事物的同时，也加入了主观情绪的

1　李泽厚. 美的历程 [M]. 北京：生活·读书·新知三联书店，2009：28-29.

流动，似乎比西方绘画中的逼真透视更能够链接创作者的情感。

陶器上纹饰的发展，也从侧面映射着彼时的社会形态意识，如在新石器早期，纹饰的特征是古朴、活泼、自由，以及不经意而为之，而随着原始社会的逐渐解体，战乱和变革动荡不断开始，到新石器时代后期，陶器纹饰开始逐渐趋于规整、重复、尖锐和神秘威严。可以说，从原始社会开始，任何的"物"和装饰都是时代精神的产物，不可能脱离时代而为之。

陶器纹饰的演变发展在根本上受制于社会结构和原始意识形态的发展变化。比如，新石器时代晚期的抽象几何纹，要远比早期的更为神秘和恐怖。早期的抽象几何纹较为生动、活泼、自由、舒畅、开放、流动，后期则更为僵硬、严峻、静止、封闭、威严。具体表现在形式上，后期更明显是直线压倒曲线、封闭重于连续，弧形、波纹减少，直线、三角凸出，圆点弧角让位于直角方块。即使是同样的锯齿、三角纹，半坡、庙底沟不同于龙山，马家窑也不同于半山、马厂等，红黑相间的锯齿纹是半山、马厂彩陶的基本纹饰之一，却未见于马家窑彩陶。剥削、压迫，社会斗争在急剧增长，在陶器纹饰中，前期那种生态盎然、稚气可掬、婉转曲折、流畅自如的写实几何纹饰逐渐消失。在后期的几何纹饰中，人们可以清晰地感受到权威统治力量的加重。至于著名的山东龙山文化晚期的日照石锛纹样，以及东北出土的陶器纹饰，则更是极为明显地与殷商青铜器靠近，性质开始起根本变化了，它们成为青铜纹饰的前导。由此可见，造物与装饰或隐或显地折射出当时的社会风貌基调和时代主要精神，社会意识形态在任何一个时期都对日常生活及艺术审美产生不可低估的影响。

在这一时期，酒早于酒器而出现，而水器与酒器属同源且共用。因此，陶器的使用处于混沌状态，什么东西都可以装，可以说这个时期的陶器都是酒器。而造物的不易决定了所有原始器物的特点：质料单一、制作粗糙、功能欠缺等。这些人造物都有其发展演化的历史过程，功能上以渐进方式由简单逐步走向复杂多元。

我国古代早期使用陶器一般都放置于地面上，盘坐于地上的人视角高于地平线，视觉斜角呈45°，因而器物的装饰内容大多放置在器物的上半部分或顶部，以实现观赏理解之目的。造型多为上部大，底部小而尖，部分埋于土中起稳定作用。陶器的出现最早因为原始智人在利用火的过程中，发现火烧烤的泥土变硬，且可用于盛水不漏，后被不断改进成环绕竖壁内空的容器，逐渐广泛承继使用。

由于社会历史发展的阶段所需，随着社会变革与生产力的发展，特别是制瓷技术的出现，在陶与瓷相互成就中酒器有增无减。由于原料与烧制技艺不断革新和社会大众的日常需要，青铜酒器后期也逐渐开始转向于陶瓷酒器。陶瓷材料易得到丰富的色彩，造型简约、釉色温润，把青铜酒器的神性转变为人性，得到了社会大众的欢迎。而大量酿酒使得饮酒人群扩大，形成不同层级的文化习俗，酒的神性开始世俗化，酒器阶级的属性也随之淡出，因制造工艺的便利而被大量烧造，成本低廉又推动了广泛使用，普通社会人群也可享用。特别是大批文人雅士的喜好更推动了酒器及文化的普及，使酒具造物与诗意和雅致相关联，体量也开始缩小，酒具变得轻盈，与人更亲和。而使酒具从大体量到小型化的深层原因之一，是坐具的发明使人从"席地而坐"的生活方式改变，坐姿的变化让饮酒器具也彻底转变。另一个因素是酿酒技艺改进，酒精度不断提升。继而玻璃酒容器出现，又续写了一段段波澜壮阔的酒器发展历史。

二、狞厉庄严之器——商周战国时期青铜酒器文化功能及审美

从陶器至青铜酒器，酒器类型与造型可谓琳琅满目、千姿百态。极具代表性的青铜器以它精湛的工艺、种类的多样及生动活泼、栩栩如生的造型当之无愧地成为中华酒器文化中的重要组成部分，是尊严与权力的象征。

青铜器文化是在陶器文化高度发达的基础上发展起来的又一崭新的物质文明。青铜酒器是商周和春秋战国时期最常见的酒器，其出现开创了中国历史文化灿烂辉煌的新时代。对中国酒文化来说，青铜器标志着酒文化已经成为一种独立的社会文化现象，因而青铜器显示出比陶器更加鲜明和突出的民族特征和意识形态。青铜器的繁荣发展，不仅是因为这是一种新的生产需要，而且对于统治阶级来说，他们需要借助这种新的物质形式来帮助巩固政权，以造型形式的狞狰来恐吓人心，征服广大民众。于是青铜器被视为权威和意志的体现，成为"在祀与戎"[1]的重要象征——礼器。作为礼器的青铜酒器用于在不同场合祭祀鬼神以及其他诸神，器物的首要任务不是为人服务，而是服务于鬼神，这形成了一种显著文化现象——"殷人尊神，率民以事神，先鬼而后礼"[2]。

---

1 《左传·成公十三年》："国之大事，在祀与戎"，意为国家的大事，在于祭祀和战争。（清）阮元校刻. 十三经注疏 [M]. 北京：中华书局，2009：4149.
2 （清）阮元校刻. 十三经注疏 [M]. 北京：中华书局，2009：3563.

（一）青铜酒器的历史沿革

中国青铜器时代自公元前 2000 年至公元前 500 年，整整持续了 15 个世纪。战国以后，礼崩乐坏，以致礼器名存实亡，青铜器使用范围扩大，以日常生活用品为主，包括酒器、食器、乐器、水器等 50 个种类，且每个种类都含有不同形式，因而中国青铜器之丰富多彩，已成蔚然大观。值得注意的是，酒器在青铜礼器中占有相当大的比例，突出说明了酒器文化本身的社会价值和社会地位，从侧面也反映出酒在社会发展的进程中所承载的历史角色。

夏王朝的建立，标志着我国奴隶制的开始，到成汤灭夏桀而建商王朝时，则处于奴隶制发展阶段。奴隶制使生产协作规模扩大，社会分工更为详细，促使生产技术水平有了较大的提高。因为大批奴隶被强制投入生产部门，进行艰苦的生产活动，所以在商代，生产水平和文化水平都空前发达起来。到了西周和春秋战国时期，青铜铸造业已经进入鼎盛时期。从出土文物来看，除农具、手工工具、兵器及大量青铜礼器外，还发现了大量青铜酒器。这都说明其时青铜器冶炼技术水平是相当高超的。

青铜器最早被发现在甘肃东乡林家马家窑[1]遗址中，考古工作者发现了陶范铸造的青铜小刀，这很可能是中国地区最早的青铜器实物。[2]其演变可分为形成期、鼎盛期、转变期和更新期。形成期为商代早期，此时期所制青铜器造型比较原始。装饰花纹亦比较简单，酒器有觚、爵、角、斝、盉、广肩尊、卣等，出现了成套的青铜礼器。鼎盛期为商代晚期到西周早期，此时期的奴隶主们生活奢靡，饮酒成风，因而酒器品类繁多。这些酒器的造型奇特（有各种鸟、兽、羊、虎的形象），纹饰复杂（有蝉纹、鸟纹、蚕纹、云雷纹等二三层的花纹装饰），有鸟兽尊、觥等。

1. 夏代青铜器（公元前 21 世纪—前 16 世纪）

此时代青铜器出土和传世的数量不多，多以酒器为主，形制有爵、斝、盉等，依用途分为斟酒器、灌酒器和调酒器，均属于礼器，从朴素的器型和简单的纹饰看，夏代应是青铜器发展的初始阶段。虽然中国的青铜

1　马家窑文化是仰韶文化庙底沟类型向西发展的一种地方类型，曾经称为甘肃仰韶文化，出现于距今 5700 多年前的新石器时代晚期。张强禄. 马家窑文化与仰韶文化的关系 [J]. 考古，2002（1）：47-48.

2　许倬云. 万古江河：中国历史文化的转折与开展 [M]. 上海：上海文艺出版社，2006：40.

器出土地点遍及全国各地，但从考古的情况来看，年代较早的青铜器多出现在二里头遗址[1]中，因此一般说二里头遗址是中国青铜器文化的源头。

夏代晚期（公元前18世纪—前16世纪）青铜酒器形制有束腰爵、管流爵和斝。束腰爵的流与尾浑然一体，没有明显分界线，器型扁，腹体很小。爵在以前被认为是从流口啜酒的饮酒器，实际上古代祭祀需用香酒，香料是用郁金草捣烂的汁，以爵盛汁，通过爵的槽形流将汁掺入酒中，使酒的气味芳香。管流爵，斟酒器，形似角，口呈尖瓣状，向两侧张开，前端有一向上的斜支管流，扁体平底，下有腹部但无底，周围有一周圆孔，是假腹，腹下边缘有三条三棱形细长足。管流爵与一般爵的槽流作用相同，只是形式不同，流的作用是倾注而不是啜饮。（图1-4）斝是盛放香酒的器，在祭祀中用以献神，也可在宴会中献酒于客，为灌酒器。

图1-4　管流爵（商周时期酒器）

2. 商周时期青铜器（公元前16世纪—前771年）

商代崇尚祭祀，精制祭器，因此钟鼎尊彝之制大兴，酒器的形制也特别多。商代青铜器可分为早中期和晚期两个阶段，早中期商周青铜器在已有形式的基础上出现了一些新的器型，如瓿、大口折肩尊、小口折肩尊和壶等。晚期则是青铜器艺术发展的高峰时期，各种用途的酒器已经相当

1　二里头遗址，其年代约为距今3800—3500年，相当于夏商时期，对研究早期青铜器研究有着重要的参考价值。陈国梁. 二里头文化铜器研究 [A]. 杜金鹏，编. 中国早期青铜文化：二里头文化专题研究. 北京：科学出版社，2008：124-127.

齐备：斟酒器有爵、角；饮酒器有觚、觯、杯；灌酒器有斝；调酒器有盉；挹酒器有斗、勺和一些大型盛酒器，如壶、尊、方彝、卣、罍等。有的盛酒器以动物作为器物的造型，如觥、鸮卣[1]、鸮尊[2]、象尊、豕尊等。此时，青铜酒器不仅"花样翻新""小巧玲珑"，而且"古拙敦厚""纹饰繁缛"。其中主要的盛酒器具有尊、觚、彝、罍、瓿、斝、盉、壶8种青铜制品。

商代以酒器为主要礼器，与祭祀活动流行及嗜酒之风有关。殷商人相信万物有灵，非常相信依赖可以支配自然和社会的鬼神，祭祀和占卜是文化活动的中心，青铜器皿则是此类活动的重要工具。商代人认为其祖先是天的儿子，"天命玄鸟，降而生商"[3]，殷商人民赋予了天命以人格的特征。他们从野蛮年代慢慢过渡到人类文明时代，笼罩在祭坛的一片迷雾之中。面对自然或外界不可控的威胁，不得不把自身的安乐寄托在种种神灵庇护之上。

西周时期统治者对酒采取了节制的措施，以致青铜器的数量显著减少。该时期专设司尊彝来掌管六尊，按规定严格使用不同等级的酒器，不同职位大小、级别高低、场合不同所使用的酒器也不同。西周酒政是西周统治阶级为了巩固政权，从禁酒、设置酒馆、生产酒、用酒、酒器管理等方面制定的政令，对后世相关用酒制度产生了深远的影响。西周早期主要盛酒器有盉、直筒形尊、觥、卣、罍等器型。到中晚期由于商文化的影响逐渐消失，形式上出现较大变革，酒器在青铜器中的比例逐渐减少，角、斝、爵、觚等器形完全消失。壶、卣、方彝等器还在继续使用，同时出现了新形式的爵、壶和醽（líng）。青铜器已由精巧华丽转向质朴厚重。

本时期代表性盛酒器型有如下几种。

尊，类似圆柱形，口部外移，腹部为鼓形，底部也外移，如"三羊饕餮纹尊"。通常口部直径大于底部直径，也有底部直径大于口部直径的。上面通常有"兽形"纹饰，如"饕餮""牛""羊"等，饕餮纹最为常见。所谓"饕餮"，传说是一种古时的怪兽，有鼻子、眼睛和眉毛，奇怪的是有上颌无下颚，所以吃再多的东西都没有办法满足肠胃的需求，后来用以

1　形如两鸮相背而立，盖为首，器为身，圆眼钩喙，凛然威武。不仅是实用器，更是商代晚期精美的艺术品。

2　鸮，俗称猫头鹰。在古代，鸮是人们最喜爱和崇拜的神鸟。古代艺术品经常采用鸮的形象作为原型。

3　（清）阮元校刻．十三经注疏［M］．北京：中华书局，2009：1343．

比喻贪得无厌。同时，饕餮纹视觉效果狰狞，还具有威慑功能，表现出了器物拥有者的威严与权力。尊除圆柱形外，也有极少方柱形的。据传，商代用尊盛酒，限制非常严格，除国王外，仅"相邦"[1]或相当于这一级人物方可用尊盛酒。由于这部分人地位很高，人们对他们不得不尊重，加上他们以尊盛酒，故后世有"尊敬""尊重"等说法，其中"尊"的含义便从此而来。

爵，我国目前最早发现的青铜酒器是在洛阳的郊区二里头发现的乳丁纹青铜爵，高22.5厘米，长31.3厘米，有一小细腰，流很长很细，尾则较短，底部是平底。一般青铜爵底部是圆的。器型中间有一小束腰，表面几乎无纹饰，只剩下五颗小丁丁，所以谓之"乳丁纹青铜器"。下部有三个细腿。器身带有一把手。爵属于礼器，并不是实际饮酒之器物，而是上层人士祭祀时的一种工具。因其形制所决定，长长的流和两个小柱都不适宜用于饮酒。它实际的用途是给酒加热，三个细腿支撑下可炭火加温，使酒散发出酒香。《说文解字》中"歆"意思是"神食气也"[2]，即祭祀时让神来闻香。而上面的小柱就是方便用竹筷或其他工具拿住的结构，待冷却后，手举酒爵念颂祝词，然后用流口将酒倾倒地上，以示祭天地。后世也常见祭祀时主人用手蘸酒弹向空中，释放酒香气。（图1-5）

图1-5　乳钉纹青铜爵（二里头遗址）

1　相国，起源于春秋晋国，又称相邦，是战国及秦汉朝廷中臣子的最高职务。

2　（汉）许慎. 说文解字 [M]. 北京：中华书局，2013：180.

觚，亦类似于圆柱形，口部外扩，腹部稍呈鼓形，但不明显，底部外延，与尊大同小异。但不同的是尊较矮而粗，觚较高而细，多呈喇叭形，俗称"哑铃形"。觚有大小两种，大的可盛酒，小的可用于饮酒。在商周时是酒器也是礼器。作为酒器时它显得很不一般。古时有"不能操觚自为"这一典故，在当时有两种含义。一是，觚是饮酒酒器，当你操起觚的时候，是否知道自己的酒量如何？在不清楚自己是否善饮之时应量力而行。另外一种说法是，在商周时期，不能随便向对方敬酒，要有一定的身份地位才可以，所以在身份与对方相对匹配时方可对饮，否则，不可"操觚自为"。

彝，器身较高，多为方形，有盖，盖上有钮，有起脊状，个别的盖顶上还带有扉棱，腹有直的，有凸的，有的在腹两旁还出现两个耳朵，这种盛酒器多产生于商与西周，春秋战国时期便渐渐地没落了。

罍，类似坛子形，既可盛水也可盛酒。《诗经·国风·卷耳》有"我姑酌彼金罍"[1]的记载。《仪礼·少牢馈食礼》谓："司宫设罍水于洗东，有枓。"[2]可见，罍不仅是盛酒器，也是礼器。有方、圆两种：方形宽肩，有盖，圆形大腹，圈足，方圆两种均有双耳。两种形状的罍，一般来讲，在两侧的下部，都有一个系用的鼻钮。如"卷体夔纹罍"，即一例。这种盛酒器主要盛行于商和西周。方形多为商代器，圆形在商与西周时都有。罍在西周晚期便基本消失了。

瓶，类似大腹罐，盛水又可以盛酒，圆腹，敛口（也有外侈的），圈足，少有双耳，极个别的为方形，如1976年河南安阳殷墟妇好墓出土瓶即一例。

斝，类似爵，因为是盛酒的酒器，所以比爵要大很多。口部没有流，为圆形，唇上有相对的两个立柱，腹部略有凸起，但不十分明显。底部与三足的铜鼎相似，但多为平底，三足外侈，足上实心，足末端为尖状。有的一侧在腹与肩之中有鋬，主要用于商代。《礼记·明堂位》载："灌尊，夏后氏以鸡夷，殷以斝，周以黄目。"[3]有的是三足，个别的腹部下呈方形的，因此，极少数也有四足的。

卣，腹部呈圆形或椭圆形两种，腹比较深，圈足，有盖，双耳，有梁，梁两端可套在两侧耳子上面，可提可落。

1 （清）阮元校刻. 十三经注疏 [M]. 北京：中华书局，2009：583.
2 （清）阮元校刻. 十三经注疏 [M]. 北京：中华书局，2009：2596.
3 （清）阮元校刻. 十三经注疏 [M]. 北京：中华书局，2009：3229.

盉，形状较多，通常见到的是深腹，圆口，有盖，有梁，有前流（类似于今天的瓷壶壶嘴，但嘴是直的），腹下部为圆形的，则是三足；近于方圆之间的，则是四足。自商至周末流行这种酒器，但多盛行于商和西周。这种酒器较大的可盛酒，略小的是调和酒与水用的。

温酒器在这个时期主要有斝和盉。斝，除盛酒外，由于有三足，成鼎立之势，所以可下部生火温酒。盉，与斝有作用相同的地方，因为有三足，故可在下生火温酒。

饮酒酒器在这个时期主要有爵、角、觥、觯、觚。爵，圆腹，前有倒酒用的流，后有尾（呈尖状柳叶形），口上有两柱，下有外侈三高足，也有极少数单柱或无柱的。还曾出土过罕有的平腹爵。如商代"妇好爵"[1]，便是此时与西周初期典型饮酒器的代表，春秋、战国时期并不多见。商前期爵略呈平底，二柱很短，并且仅靠近折处，商后期和西周的爵，腹下多为凸底，两柱距流折处也较远。爵在商周时，也并非普通酒器，多为上层人物所用。据考"爵"是盛酒礼器，主要用于祭祀。今天往往谈到"爵位"二字，系出自此物而来。不但在我国有此说法，在国外也常常讲到。另有一说法，在诸侯获封赐之时，位高权重之人使用该器物饮酒，故称之为"爵"。

角，形状似爵，前后似尾又似流，没有两柱，部分有盖。目前发现的青铜角，多数属商代时期。有关角的传说，《礼记·礼器》曾载："宗庙之祭……尊者举觯，卑者举角。"[2]可见角是一种仅次于爵、觯，普通人用的饮酒器。

觥，腹部近椭圆形与长方形之间，口部有流，腹下有圈足，有的在腹一端下部至口部有把柄，柄为半桃形。如商代"鸟兽纹觥"，此觥有三足。目前发现的多数觥没有三足，所说圈足居多。觥的传说，《诗经》曾有记载，如《诗经·卷耳》："我姑酌彼兕觥"[3]。觥主要盛行于商和西周。觥有典故，如欧阳修"觥筹交错"[4]一语。按字义解释，觥为饮酒器，筹为行酒令的一种筹码，形容很多人喝酒聚会时的热闹场景。

觯，腹部近椭圆形与长方形之间，下有圈足，侈口，类似小壶，多数

1 现藏于中国历史博物馆。国家文物局主编. 中国文物精华大辞典·青铜卷 [M]. 北京：商务印书馆，1995：49.

2 （清）阮元校刻. 十三经注疏 [M]. 北京：中华书局，2009：3103.

3 （清）阮元校刻. 十三经注疏 [M]. 北京：中华书局，2009：584.

4 （宋）欧阳修. 欧阳修集编年笺注 [M]. 李之亮，笺注. 成都：巴蜀书社，2007：89.

有盖。此种觯多为商代遗物，如"直纹觯"。西周时有方形或四角形两种。春秋时出现立体长身，近于觚的形状。

觚，大者可盛酒，小者可饮酒。商周时期盛酒的酒器，高 40~50 厘米，宽 30~40 厘米。饮酒酒器高 15~20 厘米，比当今饮酒酒器大得多，与当时酒的酒精度有关。

20 世纪重大考古发现之一的三星堆祭祀坑，亦有大量青铜器出土，距今 3200~3000 年，可谓震惊世界。其中的大量酒器更实证蜀国产酒历史之久远，其造型特征虽与中原青铜器型一脉相承，但又另辟蜀地酒器的独特个性，可为蜀国开创长江文明源头佐证。

3. 春秋战国时期青铜器（公元前 770—前 221 年）

自春秋中晚期起中国已进入铁器时代，青铜器铸造技术得到新的发展，诸如失蜡法、印模法、分铸法等已普遍应用于青铜器制造，提高了青铜器工艺铸造的精度和生产效率。当时有一年十二个月的时令记述朝廷祭祀礼务的法令，记载于天文历法著作《月令》之中。其中有一种制度"物勒工名"，就是将器物的制造者刻于器物上，方便管理质量，一旦发现问题可以溯源，"按名索骥"追究其责任。青铜器已不再作为礼器，而是作为提供给诸侯、贵族使用的日常生活用具。这时期青铜酒器主要有尊、壶，器型很大，装饰华丽，纹饰精致。

（二）饕餮为盛的青铜酒器文化及审美

如果说，陶器纹饰的制定、规范和演变，大抵还未脱离物质生产时期的氏族领导之下，体现氏族部落的全民性观念和想象，那么青铜器纹饰的制定规范者，已经是能够"知天道"的宗教性与政治性的大人物：巫、尹、史[1]。尽管青铜器的铸造者是体力劳动者甚至奴隶，某些青铜器纹饰也可溯源于原始图腾和陶器图案，但它们毕竟主要体现了早期宗法制社会统治者的威严、力量和意志。它们与陶器上神秘怪异的几何纹样，在性质上有了明显区别。

以饕餮为突出代表的青铜器纹饰，已不同于神异的几何抽象纹饰，它们属于"真实地想象"出来的"某种东西"，在现实世界并没有对应的这种生物。这些形象是基于统治者的利益需要而想象编造出来的符号或标

1　卜辞所谓"令多尹""其令卿史"，与巫一样，属于"知天道"的宗教性、政治性人物。

记。它们以超世间的神秘威吓的形象，表示出这个初生阶级对自身统治地位的肯定和幻想。借用陶器的自然纹饰在功能上显然力度不够，因为自然与人本身就有内在的关联，具有亲和力，恐吓作用不大。因此必须使用超自然的形式才能实现其目的，夸张、变形、非自然力量成为图形的塑造方向。

　　饕餮纹是青铜器时代最具代表性的装饰性纹样，具有强烈的阶级统治意味，是目前考古研究中研究得最多的古代纹饰之一。饕餮普遍被认为是一种贪婪的神兽，具有神圣的意义和保护功能，它实际是原始祭祀礼仪的符号标记。这种符号不管是在形式还是想象中，都含有巨大的原始力量，是神秘、恐怖、威吓的象征。它们完全是变形、风格化、幻想的、恐怖的生物形象，突破人们习惯认知的边界，呈现出来的是一种神秘的威慑力和狞厉的美。它们之所以具有威吓神秘的力量，不在于这些怪异生物形象本身有如何的威力，而在于以这些怪异形象为象征符号，指向了某种似乎是超世间的权威神力的观念。同时统治者在各种场合表现出对这些图形的虔诚与尊重，无形渲染了这种造型的威严与力量。它们之所以美，不在于这些形象如何具有装饰意味等，而是在于以雄健线条、深沉突出的铸造刻饰，恰到好处地体现了一种无限的、原始的、还不能用概念语言来表达的原始宗教的情感、观念和理想，配上那沉着、坚实、稳定的器物造型，极为成功地反映在进入文明时代前所经历的一段血与火的野蛮年代。[1] 这些器物在被使用时，往往都刻意营造出威严的氛围，由此产生强烈的视觉效果和精神影响。

　　殷商时期的青铜器，包括酒器，大多是作为祭祀的"礼器"存在，多半供献给祖先或铭记自己武力征伐的胜利。与当时大批杀俘以行祭礼吻合，"非我族类，其心必异"[2]，杀掉甚或吃掉本氏族、部落的敌人是原始战争以来的史实，杀俘以祭本氏族的图腾祖先，更是当时的常理。因此，吃人的饕餮倒恰好作为这个时代的标准符号。饕餮一方面是恐怖的化身，另一方面又是保护的神祇。它对异氏族、部落是威惧恐吓的符号，对本氏族、部落则又具备保护的神力。这种双重性的宗教观念、情感和想象便凝聚在此怪异狞厉的形象之中。虽然在今天看来似乎有些残忍，但是在当时

1　李泽厚. 美的历程 [M]. 北京：生活·读书·新知三联书店，2001：38.
2　《左传·成公四年》："史佚之志有之曰：'非我族类，其心必异。'楚虽大，非吾族也，其肯字我乎？公乃止。"（清）阮元校刻. 十三经注疏 [M]. 北京：中华书局，2009：4128.

则有其历史的合理性。[1]

在狰厉可畏的威吓神秘中，积淀着一股深沉的历史力量。饕餮纹的神秘恐怖正是与这种无可阻挡的巨大历史力量相结合，才成为我们现在能够欣赏到的"美"。在那个特殊的历史时代，人类的力量是微薄的，因此选择将一种超越人的能量赋予在了一个可能并不存在的生物形象上，正是这种超人的历史力量才构成了青铜艺术狰厉美的本质。超能力与宗教神秘观念的融合，也使青铜器艺术散发着一种沉重、森严的气氛，加重了它神秘狰厉的风格。

同时，饕餮纹在普遍的神秘、凶狠的感觉之外，又同时保持着一种质朴和稚气。青铜器上的饕餮纹由于铸造工艺，直线造型与粗糙刚烈的质感更强化了力量形式，与肉身产生距离感，使人敬而畏之。特别是在和平年代的今天看来，在饕餮纹故意夸张的狰厉、凶狠之下似乎又保留了一种原始、拙朴和天真的美。

但是，饕餮纹的狰厉美是在社会文明高度发展之后才重新定义的，在宗法制时期，它们并非审美观赏对象，而是人们诚惶诚恐顶礼膜拜的宗教礼器。在封建时代，也有因为害怕这种狰厉形象而销毁它们的史实。在物质文明高度发展的今天，宗教束缚和残酷凶狠已经留在了历史的长河里，只有其中体现的历史前进的力量，才能使之为今天的世人所理解、欣赏和喜爱，成为真正的审美对象。

另外，商代青铜器上的文字是一种记事与装饰兼有的符号，被称为金文、钟鼎文。最早的铜器铭文属于商代。这种图形与文字先期在陶器中有所出现，在黏土和青铜器表面深深刻入，激发出一种阴阳关系，或流畅、转顿、圆方、刚柔、骨肉，或线与面与点凹凸不一的辩证互交，继而将虔诚之心和世间不解之玄妙融为一体，试图表达出混沌的感知世界。

青铜器的形制塑造有别于陶器，虽然两者都采用范模工艺，但由于制造材料不同，特别是强度的差异，陶瓷无法塑造锐角类器型及刻制纹样，青铜器则可实现纹饰的精细与造型的多元，甚至可以分段铸造而后组合，造型巨大。三星堆近期出土的器物铜兽驮跪坐人顶尊铜像通高 1.589 米，由上、中、下三部分构成。铜像由 2021 年三号坑出土的铜顶尊跪坐人像和 1986 年二号坑出土的铜尊口沿、2022 年八号坑出土的铜神兽组合而成，此器物足以证明古代先民的聪明智慧。

1　李泽厚. 美的历程 [M]. 北京：生活·读书·新知三联书店，2009：40.

（三）铁器、玉器与木漆器文化

1. 礼崩乐坏，铁器当道

商周以后，进入春秋战国时期，社会各阶层除继续使用过去的陶制酒器和青铜器外，又增加了铁制酒器。材料的利用反映出一个社会的生产力水准，钟鼎类器物需要有光亮辉煌之效果，斧剑类则需要坚韧锋利，而鉴燧之类需要平滑、光洁，因此，材料成分比例也不同。青铜艺术制品由于多种原因而趋向没落，所制酒器在造型艺术方面，厚度、花纹、形态等都无法与其前代相比拟，较为简陋。

其原因有二。一是封建割据，战乱频繁，周武王即位后，建立了封建庄园制度，原来的商代宗法制受到破坏。后来，由于封建割据势力不断增长，严重地破坏了宗法制度，从而形成了各霸一方的不安定局面，社会生产力消减，战争频繁，天下大乱。原来"五天一奏乐，十日一庆典"时所用各种礼器，已无人筹集，也无地制作了。这就促使铜器衰落，也造成了酒器的衰落。二是铁器的出现，占据了生产工具和生活工具的主体。铁矿石埋藏量比铜矿石埋藏量多且易开采，炼铁、打铁器容易、普遍，器壁可打制较薄以减轻重量，工艺方式是锻造，成本低，硬度又高，表面光滑，耐久性强，极易受人欢迎，而青铜器则是铸造，成本高，制模的表面光滑度决定了器物表面光滑程度，一般不及铁器光滑，也不及铁器惹人喜爱。因而以铁器替代铜器，是自然的发展趋势，这就会间接造成青铜酒器的衰落。

总之，春秋战国时期的青铜艺术，日趋逊色，处于消落的前奏。上述两种主要原因，促使当时所用酒器，不再"敦厚""古拙"，甚至原有那么多的品种，也很难再收集齐全了。春秋战国时期较为普遍的酒器是：觞、羽觞、壶、钫。"羽觞"这种酒器从商周酒器演变而来，虽然样式不那么讲究，美观，然而使用起来却很方便。羽觞两侧有翅膀，便于人们端起酒来一饮而尽。它没有三足，样子像椭圆形杯子，因两侧有耳，所以学名称为"耳杯"。又因像人的面庞，古玩商人称其为"人面洗子"。这种饮酒器，一直延续到隋唐时期。在此时期，玉制的酒器也时而出现在上层人物手中，由于价值较高，所以不可能普遍应用。到这时期酒器仍然保持其精神功能，但逐步开始向使用功能方向转变。

2. 以"舞马衔杯"为代表的金银酒器

中国大约在东周时期起有金银器物，以饰品为多，著名并带有酒器特征的器皿仅有曾侯乙墓出土的金杯和绍兴越人贵族墓出土的"玉耳金舟"等。而"玉耳金舟"可说是开历史先河，当时大量流行的是青铜酒器，未见金器与玉器共同打造。这或许因为古人向往繁花似锦，更渴望温润细密吧。秦汉以后，金银器开始大量出现，金银酒器的制作也随之兴起。1970年10月，在陕西省西安市何家村发现一处唐代窖藏，在现场的两只巨瓮和一件大银罐中发现千余件文物，仅金银器就有265件，其中饮食器和酒器占了一半，著名的"舞马衔杯"银壶就是其中一件珍品。其他各地墓葬、窖藏等发现金银器的数量多不胜数，国外著名博物馆均藏有我国流失的金银器。唐代末期以后，金银器器形种类更趋复杂，真正作为酒器使用的反而不多，但作为历史文物保留到现在的金银酒器仍然不少，均带有鲜明的时代特征，如鸿雁折枝花纹银杯。（图1-6）

图1-6 鸿雁折枝花纹银杯

3. 白玉之精，光明夜照

玉器是指用玉石琢治而成的器具或工艺艺术品。中国新石器时代的各主要文化遗址中，均有精美的玉器出土。玉器可用于礼仪、装饰、祭祀、陈设及饮食器皿等，其中精美的玉酒器不在少数。在西汉早期的南越王（公元前203年）墓中，不仅发现了角形青玉杯，还有承盘高足玉杯，鎏金铜框玉卮等珍贵稀品，令人叹为观止。而制成于至元二年（1265年）的"渎山大玉海"，更以其器形之大，重量之重，堪称有史以来最大的玉制酒器。

东方朔《海内十洲记》载:"周穆王时,西胡献昆吾割玉刀及夜光常满杯,刀长一尺,杯受三升。刀切玉如泥,杯是白玉之精,光明夜照,冥夕出杯于中庭以向天,比明而水汁已满于杯中也,汁甘香而美,斯实灵人之器。"[1]至唐代,又有诗人王翰所作《凉州词》:"葡萄美酒夜光杯,欲饮琵琶马上催。醉卧沙场君莫笑,古来征战几人回。"[2]遂使夜光杯古今闻名。

玉石含有多种矿物质,石性坚洁细腻,厚重温润,可以养性怡情,驱邪避瘟,有益于人身。古有玉制酒器,最宜饮酒,唐徐坚《初学记》云:"瀛洲有玉膏如酒,名曰玉酒,饮数升辄醉,令人长生。"[3]为证实此类传说,荣际凯、付树仁等地质工作者经实地考察,反复检查,发现可以对酒液产生改善效果的"都兰美酒玉"[4]。

玉器在中国有着悠久的历史,其发展可分为四个时期:

(1)原始社会(公元前5000—前2000年):这一时期的玉器所用的玉石,都是就地取材。这一时期的玉器可标志着美石玉器已经脱离了石器,成为独立的手工艺对象。

(2)夏、商、西周时期(公元前2000—前771年):河南安阳殷墟妇好墓出土的用新疆和田玉琢治成的玉器,揭开了和田玉为主要原料的中国玉器史的第一章。商代王室的玉作是当时中国最大的玉器生产中心。西周时期的玉器,以片状为主,造型夸张,装饰简练,线条遒劲流畅,形成独特的风格。

(3)春秋战国时期(公元前771—前221年)玉器在各诸侯国的都邑内纷纷兴起,形成时尚。河南洛阳金村东周墓出土的玉器非常精美,代表当时的艺术水平。河南淅川下寺楚墓、安徽寿县蔡侯墓、湖北隋县曾侯乙墓、河南辉县固围村魏国墓、河北平山中山国王墓等出土的玉器,反映了这一时期的玉器,由繁缛趋向华丽。

河南辉县魏国墓出土的大玉璜是由7片碧玉、两个鎏金饕餮头组成,中间连以铜片。玉片上琢治着卧马、蟠螭、云纹等,并运用了镂空技法。湖北隋县曾侯乙墓出土的玉佩,以5块大小不同的玉,分别琢治为夔龙、夔凤等镂空的13块玉片和24个玉环,相互勾连成套环玉佩,这件玉器,

1 (明)高濂. 遵生八笺[M]. 王大淳,点校. 杭州:浙江古籍出版社,2015:587.

2 (清)彭定求,等编. 全唐诗[M]. 北京:中华书局,1960:1605.

3 (唐)徐坚,等. 初学记[M]. 北京:中华书局,2004:650.

4 赵新年. 都兰美酒玉的发现及开发始末[A]. 柴达木开发研究,2010(4):42-44.

设计精心周密，制作巧妙玲珑，是战国初期的瑰宝。

（4）秦、汉、魏、晋、南北朝时期（公元前221—公元589年），秦汉玉器发展迅速，其代表作品是：西汉河北满城刘胜墓、西汉陕西咸阳昭帝平陵、元帝渭陵、东汉中山简王刘焉墓（河北保定市）、中山穆王刘畅墓（河北定州市）和南越王墓（广州）等处出土的玉器。其中有镂空白玉仙人、奔马、玉熊、玉鹰、龙螭乳丁纹璧、鸡心玉佩、玉人、角形玉佩以及玉剑等。这些玉器，玉质莹润、琢制精巧、气韵生动、姿态自如。

古代人们意识中认为以玉制成的容器饮酒，会使酒变得更加醇美。《周礼》中提到的"玉瓒"[1]就是祭祀时用的酒器。河南安阳妇好墓出土了600余件商代玉器，其中就有饮酒器。西汉时，玉制酒器不多见，角形酒器则更为罕见，其装饰纹样采用阴线刻、浅浮雕、高浮雕及圆雕等多种技法，通体缠绕夔龙纹饰。角形玉杯还有一个与众不同之处，就是无底座，无法直立放置，盛入酒后，只能一饮而尽。这也反映了当时饮酒习俗和器物主人嗜酒的爱好。玉杯呈青白色，有透明感。造型为一椭圆形锥体，微弯，正好与斜着的杯口形成造型体量上的均衡，也符合手拿的便利。杯底圆，有旋纹。杯体下部琢出一小云，似有后世宋穿线带，外形作成丝束，并绕杯体一间，显得自然妥帖，寓意不仅对自己尊重，也是对别人礼貌。环绕杯体表面的浅浮雕纹样为一尖嘴圆眼、身体修长、振翼而立的独角夔龙；下衬有卷云纹和浅刻勾连涡纹。纹样的线条挺拔秀丽，线条间虽有穿插、重叠，却因布局匀称合理而显得层次分明。（图1-7）

汉承秦制，"物勒工名"[2]这一制度又向前推进一步，秦时专设有"大工尹"主管手工和铸造业，实施对象主要仍是官营机构制造的器物。《汉书·百官公卿表》记载，西汉负责皇室之用的少府，旗下就有执掌者为室令，对所有兵器制服，皇室各种器物等都进行全面监督，执行严格的工艺流程，以保证专业技术水平和产品质量，这为玉器制造设置了一道高标准，促使其水平不断提高。（图1-8）

1　（清）阮元校刻. 十三经注疏 [M]. 北京：中华书局，2009：2009.
2　"物勒工名"是指一种要求工匠在自己制作的器物上标明自己名字，方便器物管理，追溯责任人的制度，出现于春秋战国时期。（清）阮元校刻. 十三经注疏 [M]. 北京：中华书局，2009：2992.

图 1-7　角形玉杯　　　　　　　　　图 1-8　玉酒杯

4.起于丹砂，止于木色

"视之九鼎兀，举之一羽轻"[1]，说的是中国漆器饮酒耳杯。木制胎表面施以生漆处理，形制多以椭圆形居多，它的造型以曲线、圆润、饱满为特征。装饰以曲线勾勒为其风格，疏密有致，红底黑线、黑底红线相互映衬，其间也有金线辅之，高贵典雅，极具美感。深腹弧壁、平底、矮圈足。杯沿生出两耳以符合手拿功能需要，斜向上，平添几分意趣，扁窄似羽做飞翔状，实则让三根手指拿捏，另两手指辅助成一优雅肢体造型，整个饮酒之态既儒雅又飘逸，器物与饮者实为一体。耳杯在秦汉时期是较为常见的酒器。这种酒器既不同于陶制品，又不同于青铜器，而是涂漆于木质上制作的。

通过出土文物所见，常是杯外面为黑色，杯内部着有朱彩。红、黑两色具有浓烈的沉稳与饱满之感，当杯中盛入酒液后，极易唤起饮酒者情绪。这种酒器十分讲究，不仅美观大方，而且用起来很轻便。最早出现在新石器时期，即河姆渡朱漆大碗。战国时期，就已经能制造这种酒器。由于胎质原因其只用于饮酒，而不能温酒，更不能存酒。有的富贵之家，用之作为装饰品，直到秦汉时期才得以普遍使用。（图 1-9）

目前，出土文物中木漆制品的酒器年代较早的有：四川青川、湖北江陵战国墓出土的"木制朱漆耳杯"；河南泌阳发现秦代墓葬中出土的"木制漆耳杯"；陕西茂陵、甘肃武威、湖北云梦、湖南马王堆出土的汉代"朱漆木质耳杯"。特别值得提到的是马王堆西汉"软疾墓"发现的"木制

1　郭沫若.题赠福州脱胎漆器厂[A].江崖编著.漆水流觞：中华漆艺导读.北京：中国美术出版社，2014：100.

图 1-9　夹纻胎素面漆耳杯

朱漆耳杯"。虽说距今两千余年不见天日，江南四季又多阴雨，地下潮湿更加厉害，但是，漆色仍然保持"艳丽夺目"，朱、墨分明，不改原来面目。陕西茂陵出土耳杯，附有引人瞩目的铜温酒器。杯，置于铜温酒器之上。温酒器为杓形，杓壁周围有镂孔，制作十分讲究，既有艺术价值，又有实用价值，可见酒器放置于不同材质温酒器上会产生更高贵的效果。这时期青铜制品酒器仍在沿用，不过产品与商周时期不能同日而语。至于那种铜制华美的酒器，已成举世罕见之珍品。

三、火力下的陶艺裂变——中国瓷制酒器文明的开端

（一）酒器与瓷器的"合奏"

众所周知，中华民族的酒文化和瓷文化溯源悠久。酒文化与瓷文化最早可谓是中国几千年文明中的两朵奇葩，各领风骚，没有真正的"合奏"过。酒，有着深厚的人文底蕴和迥异的风格；瓷，有着独特的艺术表现力和不凡品位。陶瓷酒器的出现和发展正是将酒文化注入瓷文化的精髓里，以瓷为容，以酒为里，真正奏响瓷酒共鸣的民族文化。与此同时，瓷与酒两者相结合，瓷亮丽，酒添意。

远古时期人们视土为"生之母"，认为一切生命源于大地。人与自然的泥土有着无法割舍的新生儿与脐带血之间般的联系，特别是中国人，普遍怀有眷念土地的情结。土、水、火三个要素的结合成就了陶和瓷的生生不息，也成全了人与自然对话的精神需要，继而又将人带回自然。器物由头、口、足、腹等组成，与人无异，具有生命特征。而腹的容量最大化是功能的需要，精神层面常被说成"有容乃大"，反观所有陶瓷器物都有这种哲思隐含其中，可视为一种精神维度在物质上的反映。器物的容量与造

型的圆润、饱满是造物者内心张力的外化，表现为淳厚、健康、自由、鲜活的永恒之美。酒器也印证了这种观念，并契合了这一特质。土壤微生物对粮食的催化，水乃酒的形式，而火是酒的性格。这种相遇和一致也是大自然遗留天地血脉中最可贵的质朴和真实，浪漫与纯情。

陶与瓷本身来自泥土，是自然无形和涣散的状态，经水与火的撮合便生出形态，且可为生命与生活注入活力，反之又被人赋予为精神生命的载体。那无言的器物被寄予人的感情和向往，默默述说着几千年的历史沧桑。手捏法、泥条盘筑法、轮制成型法等都变成生命托付的一种方式，借助器物言说当时的生活及愿望，今日细心研读还能嗅出那远古的气息。

瓷器由陶器发展而来，瓷以黏土、长石和石英制成，半透明，不吸水、抗腐蚀，胎质坚硬紧密，叩之声脆。中国最早的瓷器应该是商代的原始瓷器，即以瓷石为制胎原料所制作的具有较低吸水性的带釉陶瓷产品。器型以尊多见，且有多处出土发现。瓷与陶虽属同源，但性质有所区别。从商代遗址中出土的陶瓷器酒具品种丰富多彩，有鬲、彝、卣、罍、尊、瓿、觥、觚、爵、角、盉等。但那时青铜酒器是夏商周三代青铜文明最辉煌的亮点，瓷器还不被人们所特别关注。

早期生产的瓷器是一种青瓷。现今出土年代最早的原始青瓷是两件酒器，即郑州出土的商代青褐釉原始瓷尊和安徽屯溪出土的西周原始瓷尊。这足以说明酒文化与瓷文化有密切历史渊源。此种现象不难理解，据《史书》记载，在商代，饮酒就已经盛行，对酒器的需求量较大，用青铜器做酒器数量毕竟有限，瓷器成本较低，烧制较为容易，能够满足大量的需求。但当时瓷酒器的器型多仿青铜酒器，直到汉代才摆脱了青铜酒器的影响而获得独立发展。特别是东汉时期，浙江地区创造性地烧成了青瓷，它不仅代表中国瓷器的正式诞生，而且也把酒器制作推进到一个新阶段。

到春秋战国时期，瓷器开始摆脱原始生产状态，从陶器生产中分化出来，成为新兴独立的手工业，战国时的酒具不仅数量多，而且质量也高，基本上达到了瓷化的地步，其品种有壶、杯、碗、盅、斗、爵、觥、觚、卮、角、罍、彝、卣、盏、觯等。秦时的酒壶带盖较多，这增加了卫生程度。瓷器的保温保鲜是酒文化的一个闪光点。

由于长期的征战，西汉初期陶瓷品种不多，酒具除了壶就是罐，多见的盘口壶有侈口、细颈、肩部线刻水波纹，西线 S 纹、卷草纹、带兽头或叶脉纹等。东汉时期，酒的制造趋于普及，最盛行的酒具是盘口壶，它的口径较高，口内的盘面很小。那时候，我国成熟瓷的产生、黑釉瓷的出现为陶瓷酒器生产提供了坚实的技术基础，丰富了酒具的品种，用陶瓷器饮酒也从此兴旺了起来。

南北朝时期，瓷器已取代陶器的生产，出现特色鲜明的地方瓷窑。中国瓷器的制造在唐宋时代达到登峰造极的地步，并在对外贸易中担当了重要角色，西方国家大多将"中国"与"瓷器"联系在一起称呼。虽然酒器并非瓷器生产的主要内容，但瓷酒器的多种多样发展，也展现了酒本身的时代特征和文化内涵。

早在商周时期就出现了原始青瓷，历经春秋战国时期的发展，到东汉有了重大突破。两晋时期南方和北方所烧青瓷开始各具特色。其时是我国瓷器产生的成长期，为唐宋时期瓷器的发展铺就了宽阔的道路。

魏晋南北朝时期，是青瓷制酒器的萌芽时期。此时，人们使用的主要饮酒器是"耳杯"[1]。在出土文物中，虽然有朱漆耳杯，但为数不多，出土最多的是青铜耳杯如重庆忠县出土的西蜀"铜耳杯"。（图1-10）

图 1-10　青铜耳杯

安徽马鞍山出土了东吴"犀牛皮黄口耳杯"。南京江宁出土了晋代青瓷耳杯盘，杯粘连在盘上，二者搭配在一起使用，别具一格。这种粘连在一起的杯盘，国内博物馆曾有珍藏。更为感叹的是，在我国南方开放城市深圳，也发现了南朝（宋、齐、梁、陈）的"青釉瓷盏"。

1　又名羽觞杯、羽杯，是中国古代的一种盛酒器具，器具外形椭圆、浅腹、平底，两侧有半月形双耳，有时也有饼形足或高足。因其形状像爵，两侧有耳，就像鸟的双翼，故名"羽觞"。

瓷釉方面，考古还发现了黄釉酒壶[1]，河南省安阳市出土，为北齐武平六年（575年）器物。高19.5厘米，口径6.4厘米，呈上窄下宽扁圆形体，壶腹两面饰有内容相同的胡腾舞图，人物均带有西域人特征，生动表现了少数民族歌舞的场面，反映出当时中原地区与少数民族文化大融合的历史背景。这种造型受到西域文化的影响，方便马上生活需要，易于贴身携带，形态接近于西域皮囊，主要适应游牧需要，而圆形与方形较方便定居之需。（图1-11）

图1-11　黄釉扁壶

（二）瓷制酒器器型与装饰

中国传统美学追求一种闲适、沉稳、悠然、典雅的静态美，在众多的陶瓷酒器之中可见其特质：以一种静雅超然的美面对挑剔的审视，没有过分强烈的运动线条，也无坚硬峭拔的外形，只有圆润的转折和过渡，这正是自然之物显著的特点。天然之物少有锐角和直线，一切都被打磨得圆曲混沌。而人造物为了加工便捷、节约成本，多以直线或平面组成。可见形态与造物是意义与内涵的转译，陶瓷自身的塑造特性决定了器物体态大多呈现出沉稳平和，端庄、含蓄而不外露线、面、体的变化。其实无法在形制上直挺和锐化边缘，也是材质与温度等条件局限了陶瓷的外形。但中国

1　现藏于河南省博物馆。袁剑侠. 河南博物馆藏黄釉扁壶的再审视[J]. 中原文物，2013（3）：74-75.

先民们在这一局限中玩出了韵味和特色，使瓷器走向了世界且备受各国民众的喜爱。正如歌德在《自然和艺术》中说的那样，"在限制中才显大师的本领，只有规律才能够给我们自由。"[1] 就像戏剧，舞台虽小却演绎大千世界，对于传统瓷制酒器来说，其形制似乎常见，平易且形式感不强，但细细品味则会发现常态性中的非常态性特点，体量与质感、弧线与转折、口沿与内凝力、上下左右与整体都散发出一种魅力，甚至器物上留下的瑕疵都充满人的气息与趣味。更特别的是凝含在容器之中的美好意味，让观者惊叹先祖们的聪慧。

将一件几千年历史的陶瓷酒器回溯到那个特定的场域来看，物质条件匮乏，无可参考与借鉴的经验，且还要具有严格、规范、准确的表现力，实属不易，难免让后人感慨万千。这种匠心归于真实的情感和终生的倾心，可以说具有宗教般的虔诚。由于烧制过程中窑变的不确定性，陶瓷往往给创造者心理上造成压力，所有人都期盼着上苍的眷顾，从而获得理想的作品。正是这种无助的渴望及全身心的关注，才让陶器充满生命的精神灵动。

陶与瓷从远古走来，经久不衰，一方面原因是泥土的取之不竭（瓷土是一种高岭土），黏土的可塑性与烧结后的坚固性都给人以质朴无华的美感，这是任何材料都无法比拟的。另一方面原因是人们不断将心中的愿景借助这一载体来表达，丰富自己的心灵，继而获得更多的精神栖息地与慰藉。因此，从造型来说，其结构大多由简洁抽象的几何体构成，把复杂且无法言说的审美意识融入其中。英国著名的艺术理论家赫伯特·里德说："在所有的艺术中，陶器最单纯也最神秘，抽象的形态中表现一种特别的审美感受。"[2]

陶瓷的审美充分调动了圆雕艺术的特点，以质感与材料的特征，运用加工技术美学，促成具有综合装饰性的表现形式，如坯体装饰、色釉装饰、彩绘装饰、贴花复烧等。质感对比、肌理对比、光泽对比等多种手段的介入，带来不断的创新、变化与发展。烧制与装饰秩序前后不同，又会出现很多意想不到的效果，独具魅力而不受人为控制的窑变更增添了陶瓷独有的审美性。神秘、幽微，甚至不可思议，正是这种不确定性带来了好奇和想象空间。泥土经过无数工序后，通过火的洗礼最终实现华丽的转

1　[德] 歌德. 野蔷薇 [M]. 钱春绮，译. 北京：人民文学出版社，1987：132.
2　黄耀武. 陶瓷造型设计与艺术创作研究 [M]. 长春：吉林人民出版社，2020：2.

身，带着高贵的气质和坚硬的触感以及创作者的意趣和心性走进千家万户。从非日常性变为日常性，这是其他艺术形式所不具有的特质。日本学者柳宗悦说，"没有比单纯更能包罗万象的了，也没有比单纯更能表示许多的美德了。"[1]陶瓷之美在它的工艺，大朴不雕，浑然天成。美在魂魄，古拙淳朴又雄浑劲健、含蓄而又温厚谦和。随意、粗放、斑驳，看似粗糙鄙陋，却呈现出一种与精致、细腻、富贵截然不同的审美趣味。

陶与瓷在装饰艺术上分为三大类，按工艺不同有胎装饰、釉装饰、彩绘装饰。胎装饰是在素胎上刻画、捺印、刮划、剔花、堆塑等；釉装饰则是将素胎浸入釉料中或采用喷涂的方式进行涂装，有单色釉、杂色釉、结晶釉、裂纹釉等；彩绘装饰是用专用工具在素胎上进行彩绘，可分数次烧制，温度有所不同。彩绘又分釉上彩、釉中彩、釉下彩方式。现代的装饰大多是彩印贴花纸，分高温和低温两种烧制温度，有统一化、工艺化、标准化、流水化、成本低廉等特点。个别局部也可采用手工点缀，装饰图案以二方连续图案为主，也有用平衡式骨架，自由式纹样。酒器上无专用纹样，大多是一些象征意义的装饰纹，有时就是一个"酒"字，很潇洒、飘逸。

酒容器在初始出现大多被赋予精神的作用和摆饰，借器物造型和体量来显赫身份及地位，区隔阶层的识别方式，也就是说"物"被赋予了神性。而随着社会发展与变革，明显的阶级划分开始模糊。其他造物形式大量出现，一些稀有的材质，如金银、玉器、象牙等做工更讲究的艺术品逐渐取代了部分陶瓷器的功能。由于陶瓷可大批量复制和加工，酒器也就从贵族化、身份化、专制化开始向社会化、平民化、通俗化过渡发展。装饰风格也产生不同特点，世俗化的表达占据主要位置，如使用"福禄寿喜""万寿无疆""紫气东来""金玉满堂"等文字再辅以装饰纹样在器具上出现较多，成为人们喜闻乐见的形式。过去人们大多喜欢对酒器进行展示，如今都是收藏于橱柜中。

我国早期的陶瓷饮酒器具（酒杯）一般都比较大，这与酿造酒的品类与饮用量有关，那时生产的发酵酒度数较低，在饮用的时候需要加热，且饮用量相对比较大。直到蒸馏酒出现之后，器型大小才有了明显的改变和区别，体量逐步变小。瓷酒器的器型主要以保证手感为前提，拇指、食指和中指把控适度，杯口向外阔，杯沿薄，造型上以富有韵味的自由曲线为

1　[日]柳宗悦. 工艺文化 [M]. 徐艺乙，译. 北京：中国轻工业出版社，1991：115.

主，像水一般流畅滑动。体态追求平衡、稳定，而圆形在人们心理与生理感受上容易唤起愉悦、亲和的情绪，因此饮酒器具几乎全部都是以圆形为基本形，圆弧的口沿更适合饮用，不易漏流滴酒。造型形式有写意型、仿生型、两者兼有型等。

瓷酒器装饰在瓷器上体现得最为直接和广泛，饮酒者最直接接触的饮酒器就是酒杯、分酒器、酒瓶，这三者互为一体。但前两个酒器饮酒时才使用，而酒瓶则是市场与消费者的媒介，出现的频率远远高出前两者，因此它需要有更强的艺术感染力。而陶瓷艺术酒器，不仅是酒的载体，还是中国酒文化的一个重要组成部分，酒器作为酒文化的重要见证物，集绘画、书法、民俗典故、陶艺、酒艺等融于一体，综合体现了酒文化的灿烂辉煌和人类的文明史，它是无声的型、立体的画、凝固的音乐、抒情的雕塑。瓷酒瓶有的晶莹洁白，光亮照人；有的质地细腻，釉彩生光；有的玲珑剔透，小巧精致；有的幽靓雅致，古朴优美；有的素胎亚光，质地粗犷；有的形状奇特，古色古香。初始的瓷制酒器与其他的陶瓷器物有着共同的使用属性，没有盛酒或盛水的区分，而是共用。

在酒器上所进行的装饰与符号与当时社会生活紧密相关，反映出社会共同体物质文化的形式，在审美上有一种趋同性。人的审美感受有别于动物，刺激感官愉快的过程同时具有精神性，其中包含有观念、想象的成分在内。而美之所以不是一般的形式，而是"有意味的形式"，是因为它沉淀了社会内容的自然形式。所以，美在形式而不仅是形式。离开形式（自然形体）固然没有美，而只有形式（自然形体）也不成为美。[1] 所以，"美"是形式与内容的统一体，酒器上的装饰与符号都是在着力表达酒的本质属性和外延意味。装饰图形的演变发展仍然在根本上受制于社会结构和意识形态的发展变化。

中国传统图案尤其具有浓烈的象征意味，甚至以文字谐音，代表着某种意义，从 1 数到 9 都可涵盖：1 是龙图形；2 是宗彝（虎、长尾猴）；3 是三多（多子、多福、多寿）；4 是四神（青龙、白虎、玄武、朱雀）；5 是五福（长寿、富裕、康宁、攸好德、考终命）；6 是六合太平；7 是七种重要图案（龙、凤鸟、方胜、雷云纹、莲纹、牡丹纹、文字纹）；8 是暗八仙（葫芦、团扇、宝剑、莲花、花篮、渔鼓、横笛及玉板）；9 是九如（如山、如阜、如陵、如岗、如川之方至、如月之恒、如日之升、如松柏

1　李泽厚. 美的历程 [M]. 北京：生活·读书·新知三联书店，2009：27.

之荫、如南山之寿，也是祝寿之辞）。这些图形在大江南北的建筑与器物上都能见到，无时无刻不在默默影响中国人的日常生活，最终成为一个民族的精神图腾。

瓷制酒器，在装饰风格上带有强烈的社会意识属性，反映出不同社会阶层所需，并以有意味的形式表现，选择权大多掌控在统治者手中。表现形式上分有釉上彩和釉下彩，有釉上粉彩、釉下青花、三彩、开片及各种彩釉装饰手法等，也有通过烧制时的窑变而生成的五彩斑斓效果。用色彩装饰瓷器起源于晋代，首创于北方，后陆续传到景德镇等南方窑场。宋代，吉州窑的釉下彩花瓷很有名气，磁州窑又首创了用毛笔蘸彩色颜料，在烧好的瓷器釉面上绘制花纹，再加以彩烧。酒器借助各种瓷艺把酒的内涵与灵气演绎到了极致，更加唤起品饮者的情绪与审美。

四、精致巧文化，瓷韵盛世传——唐宋瓷制酒器的鼎盛时代

何谓盛世？纵观中国历史上下五千年，能被史家褒为盛世的一般为唐、宋时代。政策开明、思想解放、人才济济、疆域辽阔、国防巩固、民族和睦、文化繁荣、社会和谐，充满包容与自信，在当时世界上是无比繁荣昌盛的存在。我国在上古时期形成了大量"礼制"，周公制礼作乐，创建了一整套具体可操作的礼乐制度，影响到社会生活的方方面面。这种文化的沉淀至唐而鼎盛，无疑是我们借古鉴今的最好参照，也是文化自信的源泉。社会整体的康健必然带来社会造物活动的繁荣，自然富含特定的文化信息与技术特点。唐宋时期凝聚着古人先贤大量的智慧结晶，以此时期为重点来关注不失为居高望远，珍海拾贝。

此时期主要是指我国普遍划分的"中古时期"（公元581—1368年），包括隋、唐、五代、宋、辽、金、元等王朝；这是我国以瓷器为主要酒器的新历史时期。由于各朝的经济、文化发展不平衡，因此每一王朝的瓷制酒器，都具有各自的独特风格，这是我国瓷制酒器方兴未艾的发展时期。

（一）盛世瓷酒器

从魏晋到唐宋元明清，瓷酒器一直稳坐霸主地位，与陶器相比，不管是酿造用酒具还是盛酒或饮酒器具，瓷器的性能都超越了其他材质的器具。美酒与陶瓷都是我国值得大书特书的"国粹"，两者结合，使酒具增添了无穷的文化底蕴和厚重的历史情怀。隋、唐、五代十国时期处于我国封建社会的中期，由于社会生产力提高，封建社会的经济有所增长，所以

酒器较多，尤其以瓷制酒器最为盛行，也最具有划时代意义。

六朝隋唐时期，五谷丰登、食之有余，促进了酒业兴旺发达。此时全国各地作坊密布，白釉瓷精美，白瓷酒具更加显示出酒文化的雅和纯。隋代青、白釉酒具较为丰富，有各式带盖的罐、竹节状粗凸弦纹的盘口壶、双体双龙柄的长腹壶、小桥型系莲纹装饰的收腹瓶、玉壶春瓶、龙栖鸡首壶、贴花带盖尊等，还有各式酒杯。

我国的瓷制品，由古代的陶制品发展而来，在古代制陶业的基础上，经过几千年的经济与文化发展，科技水平提高，逐步向工艺更为复杂、制作难度较大的制瓷业转变。早在商王朝时期，制陶业就已经到了非常成熟的阶段，陶器烧制工坊是重要的手工业生产部门。仅郑州早商遗址，面积仅 1400 平方米，发现的陶窑就有 14 座之多。时至今日发掘出土的陶制酒器，相当数量都是这一时期的产品。

瓷器承继陶瓷的器型和装饰手段，施以各种纹饰，使用画花、印花、贴花、划花、刻花、剔花等多种工艺，其中以剔花的难度最大。

隋王朝统治仅 37 年，在短暂的隋代，出现了"乳白釉"[1]"茶叶末釉"[2]等瓷器，它们的出现是陶制酒器向瓷器酒器的跨越。虽然型制上没有太大的变化，但其中出现的青釉六耳瓷罐是值得称赞的。罐是盛酒用的器具。罐有耳，耳在肩与颈之间；罐上扣有一碗，罐旁留有一小圆杯，可以推断它是一组酒器，上面的杯子是饮酒器，也可说是隋代的一种酒器发明。

唐代是我国历史上的黄金时代，物质基础雄厚，经济条件十分优越，制瓷业异常发达。据明代张谦德、袁宏道《瓶花谱》曰："古无磁瓶，皆以铜为之，至唐始尚窑器，厥后有柴、汝、官、哥、定、龙泉、均州、章生等，品类多矣。"[3] 由此可见陶瓷酒器在这个时期开始发展起来，陶瓷器具的生产在唐非常繁盛，技艺也相当精湛。饮食业和日常生活中大量使用白瓷和青釉器皿，形成了"南青北白"的饮食器文化特点。此时的酒器形式多样、五彩缤纷。其中一种瓷制品主要由酱黄、乳白、葱绿三种釉色组成，中间有翠蓝，给人以一种既典雅、又艳丽鲜明的美感，被称为"唐三彩"。这是一种多色彩的低温釉陶器，以细腻的白色黏土作胎料，用含铅

1　不透明呈乳白色瓷釉的总称。用以遮蔽深色底釉，使制品呈现乳白色。
2　茶叶末釉是我国古代铁结晶釉中重要的品种之一，属高温黄釉，经高温还原焰烧成。茶叶末釉始烧于唐代，当时的耀州窑曾大量烧制，唐宋时期，山西浑源窑和北方地区一些烧黑釉的窑场也有烧造。
3　（明）张谦德，（明）袁宏道. 瓶花谱 [M]. 北京：中国纺织出版社，2018：8.

的氧化物作助熔剂，降低釉料的熔融温度。烧制过程中，用含铜、铁、钴等元素的金属氧化物作着色剂融于铅釉中，形成黄、绿、蓝、白、紫、褐等多种色彩的釉色。唐三彩采用多种陶瓷工艺，如胎釉、彩绘、镶嵌等，使得器物表面呈现出丰富多样的效果。过去有一种误读，认为唐三彩就只有三种色彩，其实三彩是指多彩的意思。这是唐代制瓷业的空前创举，不仅有很高的艺术价值，更重要的还在于其历史价值。

　　唐五代的瓷制酒器，种类繁多，样式新奇。后唐冯贽《云仙散录·酒器九品》中说"饮中八仙"之一的李适之，位居宰相，家中藏有酒器曾达9种之多，即蓬莱盏、海川螺、舞仙盏、瓠子卮、慢卷荷、金蕉叶、玉蟾儿、醉刘伶、东溟样[1]。各种酒器上面，都画有精彩的人物故事，栩栩的飞禽走兽。例如"舞仙"盏，酒注满时，可见盏中有一小仙人出来跳舞，还有瑞香毬子落到杯外来，巧夺天工，精巧至极。

　　唐代的酒器形状也有改变，椭圆形状的不多或者已经逐渐消失，取而代之的多为圆形酒杯，因圆形在视觉上更具饱满感，符合当时的审美趋势，以瓷制而成。而陶瓷拉坯是旋转圆托盘，圆形更适合制造工艺。椭圆和其他造型则依靠铸造或压铸成型，不适合陶瓷材料成型的工艺特点。唐代瓷器在釉色上除三彩外，主要有青瓷、白瓷。当时出产青瓷的名窑地区有越州窑（今浙江余姚）、婺州窑（今浙江金华）、寿州窑（今安徽淮南）、湘阴窑（今湖南湘阴）、秘色窑（今浙江余姚），此外还有其他名窑，如潮安窑（今广东潮安）、丰城窑（今江西丰城）等，可知唐代造瓷水平高超，技巧十分成熟，已为后世制瓷业奠定了坚实的基础。

　　原始的青花瓷在唐代已经开始出现，成熟的青花瓷则是在唐代中期才慢慢出现，到了明代，青花已经变成了瓷器物品的主流品种。青花瓷就是在纯白的瓷器上用青蓝色绘制各种图案，色纯温润。

　　唐代不仅以青瓷享有盛名，而且白瓷也不亚于青瓷。杜诗有云，"大邑烧瓷轻且坚，扣如哀玉锦城传。君家白碗胜霜雪，急送茅斋也可怜。"[2]透过这些真实刻画的诗句，不难发现"唐瓷"工艺已达到惊人的程度。除造瓷水平高超，手工艺术精湛外，瓷釉的技术研发和技巧，都为宋元辽金制瓷业奠定了坚实的基础。

　　五代十国的陶制酒器在继承上一时代的传统外，也有本时期的特色。

1　（后唐）冯贽. 云仙散录 [M]. 张力伟，点校. 北京，中华书局，2008：46.
2　（唐）杜甫，（清）仇兆鳌. 杜诗详注 [M]. 北京，中华书局，1979：734.

但是，这一时期的社会动乱较多，严重影响酒器制造，谈不上有任何发展。到了宋代，社会初步安定下来，才有著名的紫砂陶器问世，紫砂陶的酒器在民间流传甚广。紫砂是陶土的一个种类，任何紫砂陶土所制造的器物，无论何种色彩，其表面都含有一层若隐若现的紫色光，视觉上给人一种雅致的感觉，故而被称为紫砂，是中国宜兴特产的陶土。

在宋、元、辽、金四个朝代，由于农业的发展，酿酒业也相应地得到了提升，所以瓷制酒器也继续有所更新。其中以两宋最为兴盛，居于领先的地位。

宋代瓷业，可与唐代媲美，处于繁荣昌盛的时期。当时整个社会"重文抑武"，军事力量则渐弱，但普遍存在一种对人生意义、文化、价值、境界的追问，注重个体内心的人生感受，这也给艺术创作提供了窗口。制瓷虽因各地材质不同，有一定的特殊性，但在政治理念、文化习俗、工艺水平等方面却具有共通性。宋瓷古朴深沉、素雅简洁，同时又千姿百态，在制瓷工艺上达到了一个新的美学境界。宋瓷形制以前人所创为主，玉壶春瓶较为常见，具有一定的代表性。纹饰上受到整个艺术思潮的影响，审美兴味和美的理想由具体的人与事、仕女、牛马等转到自然对象、山水花鸟，是历史发展和社会变异间接而曲折的反映，与中唐至北宋的社会制度变化相适应，审美趣味和心理状况也在发生变化。喜欢沉溺于晚唐的声色繁华之余，同时陶醉在自然风景的山水花鸟世界之中。[1] 由此龙、凤、鹿、鹤、游鱼、花鸟、婴戏、山水景色等常作为主体纹饰而凸现在各类器形的显著部位，而回纹、卷枝卷叶纹、云头纹、钱纹、莲瓣纹等多用作边饰间饰，用以辅助主题纹饰。酒器纹饰也自然随之。刻、划、剔、画和雕塑等不同技法在器物上与纹饰统一协调。宋瓷中的精品在瓷质上曾被夸誉为："青如天，明如镜，薄如纸，声如磬。"[2] 此时最著名的瓷窑有河北定窑、河南钧窑、河南汝窑等。各窑所制的产品各有特殊招牌，例如定窑以白釉、黑釉、酱釉为主，钧窑以玫瑰紫、海棠红为主，各可给人以"清澈明亮""别具一格"之感。这一时期的瓷器烧制，亦有仿照夏、商、周三代的青铜器造型。除了以上著名的瓷窑，另外还有龙泉窑、德化窑、崇安窑、泉州窑、建阳窑等。最负盛名的地区当数江西景德镇，直到今天一直都是中国制瓷业的重镇。

1　李泽厚. 美的历程 [M]. 北京：生活·读书·新知三联书店，2009：171.
2　（明）高濂. 遵生八笺 [M]. 王大淳，点校. 杭州：浙江古籍出版社，2015：609.

由于宋代城市经济得到高度发展，制瓷业十分兴盛，瓷制酒器大量涌现于市场。流传至今，有许多代表作品，例如江西婺源出土的"影青圆腹瓷杯"。

除了瓷器之外，在宋代，各种酒器都非常盛行，金银酒器尤其多，例如收藏于福建省博物馆的鎏金八角杯（图 1-12）、双鱼银耳杯及江苏溧阳出土的"梅花形银盏""莲花形银盏"等都列为中外珍品。

图 1-12 鎏金八角杯

元代在酒器方面，主要沿用历代王朝所制酒器产品，但在制作方面，也有惊人的成就，不仅"釉彩明亮"，而且还有描金表现。例如安徽歙县发现的白釉描金高足杯和卵白釉高足杯、安徽安庆出土的葵花形瓷盏、河北任丘发现的细白瓷杯、江西乐安出土的青釉高足杯、浙江杭州市发现的卵白釉高足杯等，都可以证明元代造瓷工艺水平已在唐宋制瓷水平上有所提高，而且还丰富了饮酒生活内容。在餐桌上，可以看到青白釉印花高足杯、青花松竹梅花卉杯。这一时期的"注子"是一种新出现的酒器，用金、银、铜或瓷制成，另有相应的"注碗"。将"注子"坐放于"注碗"中，可以用来温酒，对于喜欢饮黄酒的人们而言或是常用的酒具，也多用于北方地区喜饮热酒的人群。"金银注子"是富商或贵族所用，劳动人民则用"铜注子"或"瓷注子"。

辽、金、元三个朝代在酒器方面也有不同程度的发展。出土文物最为丰富的要算辽（契丹族），不仅有大量的瓷制酒器如鸡冠壶（细瓷的盛酒、盛乳两用壶），而且还发现不少的水晶酒器如玛瑙盅、提链水晶杯、带把玻璃杯等。辽宁省法库县叶茂台辽墓中出土的玛瑙盅（收藏于辽宁省博物馆）、内蒙古赤峰市巴林右旗发现的柳斗形银杯，辽宁建昌龟山 1 号辽墓中出土的银杯，都充分地说明辽代的饮酒器制作技艺高超，产品质量上乘，市场售价甚高。据说，那时一个水晶珠可以换一匹马，故称这种珠为"马价珠"。由此推断，这种水晶杯的价值应该是相当高贵的。玛瑙盅高低适中，宽圆相应，小巧玲珑，技艺甚精。这种酒器，价值连城，国之瑰宝，重抵千金。金（女真族）统治时期，重视争战，照顾不到社会文化生活，所以，在出土文物中，很少有金代遗物，更未见到任何酒器。当时所制瓷器，也多为白釉黑花粗瓷，工艺不精，价值不高。

其间，较为有名的瓷器产区，如唐代的长沙窑、宋代的定窑、钧窑、汝窑、耀州窑，都先后得到了恢复和发展。中国瓷都景德镇长时期以来，享誉世界，现在仍为中国瓷器的重要产区之一。景德镇的青花瓷、玲珑瓷、颜色釉瓷以及其他艺术名瓷（包括酒器），仍保持着原有风采。

其他名窑名瓷有：德化瓷，中国福建德化烧造的白色瓷器；浙江省龙泉青瓷；华北地区的唐山陶瓷、邯郸陶瓷；华南地区的醴陵瓷器、潮州瓷器；东北地区的海城陶瓷。瓷器的种类很多，按用途可分为饮食用具和艺术陈列摆件两大类；按原料可分为高岭石瓷、瓷石瓷、滑石质瓷、骨瓷等；按釉色可分为白釉瓷、颜色釉瓷、花釉瓷、结晶釉瓷等；按装饰方法分为釉上彩瓷、釉中彩瓷、釉下彩瓷、雕塑刻瓷等。

（二）盛世瓷酒器造型及装饰审美

唐时代的瓷制酒器，从装饰风格上，都带有强烈的社会意识属性，反映出不同社会阶层所需。在酒器的制造上有严格的贵贱之分，《唐会要·杂录》记载："诸品以下，食器不得用浑金玉，六品以下，不得用浑银。"[1] 官家专门有制作工坊，所产酒器加盖有官印，刻有铭文，以示区别地方所造酒器。造型上圆润丰满、形式多样，器物流露出一种自信、开放、健康的审美气度，显现出唐代崇尚雍容华贵和以胖为美的时代特征。器物装饰上喜满地纹，将酒器通体进行美化，多为宝相花和牡丹缠枝纹。植物纹饰在我国传统装饰图案中占据重要位置，而蓬勃发展的正是唐时代，这与整个社会对自然和生命的认识密不可分。纹饰逐渐从动物转向植物，图案的装饰性也发生了根本性变化，侧重于表达"情"，反映人的真实生活情景，展现出大众对自然的热爱和对生命的感悟。瓷艺上有分釉上彩和釉下彩、釉上粉彩、釉下青花、三彩、开片及各种彩釉装饰手法等，也有通过烧制时的窑变而生成的五彩斑斓效果。这一时期酒器装饰吸收外

---

1 （宋）王溥. 唐会要 [M]. 北京：中华书局，1960：572.

来酒器装饰风格影响，透过纹饰可以直接感受到对外来文化的包容，吸纳与扬弃的态度。特别是新的釉下彩和描金抹银工艺等的出现，使得瓷酒器审美意味更具魅力。

瓷器在唐朝发展迅速，产品丰富，因此在唐代瓷酒器中，青瓷和白瓷酒器亦颇负盛名。可见当时白瓷制造工艺已达到相当高的技术水准。如邢窑白釉壶，造型端庄规整，釉色洁白莹润，体现出邢窑白瓷"似雪类银"的素雅与优美。（图1-13）

图1-13　邢窑白釉壶

各色酒器借助各种瓷艺把酒的内涵与灵气演绎到了极致，更加唤起品饮者的情绪与审美。而随着社会发展和进步，到了近现代，酒器包装被视为酒的属性与魅力展现的窗口，备受各酿酒生产企业和消费者所关注。瓷酒器时常也被作为重要礼品用于馈赠：一是具艺术性，体现了主人的身份及品位；二是充当人情交互的媒介，让人见物思情。

唐时瓷酒器比之前期，造型和体量上也慢慢发生了一些变化，由于改变了南北朝时期席地而饮之风，酒器上了桌，不仅尺度做得小一些，更讲究手感的舒适和姿态的优雅，从饮酒逐步进入品酒，这与酒精度数提高不无关系。生活变得讲究且更加精致。盛酒器俗称"偏提"，其形状似今日之酒壶，有椽、有柄，既能盛酒，又可注酒于酒杯中，取代了以前的樽、勺。带手把的杯形和花式酒杯更显讲究，成为较流行的款式。这一时期产出了不少精美的酒器。从造型上观赏，酒器与雕塑也有密切关系。由于酒文化的深厚底蕴，酒在古人心中的地位极高。追求饮酒的情趣和美妙的感觉，使酒器融入艺术欣赏。许多古代酒器，本身就是雕塑艺术品。对饮酒者来说，在品尝美酒的同时，又感受到了艺术的浸润。可以说酒器为中国古代雕塑艺术提供了另一表现的载体。酒器的造型千姿百态，各有特色。有人物类的，如寿星、观音、仕女、勇士；有动物类的，如龙、狮、虎、鸡、鱼、龟、牛；有植物类的，如葫芦、树头、竹节；有塔形类的，如宝塔、尖塔、圆塔；还有仿古文化类的，如商代的爵、觚，战国时的编钟，汉代的壶等，洋洋大观，形态各异。在唐代盛行的唐三彩陶瓷饮酒器具，不仅造型优雅、色彩纷呈，而且器型也很别致。

（三）炫彩夺目的唐三彩酒器与风俗

经过北齐二彩、隋三彩的发展，唐高宗前后唐三彩开始出现，把铅釉陶器的艺术创造推向了顶峰。唐三彩是一种低温铅釉的陶器。大部分的唐三彩是用白色黏土或瓷土制胎，先经过1100℃的高温素烧，再用铁、铜、锰等元素加入铅釉中作着色剂，如用氧化铜烧成绿色，氧化铁烧成黄褐色，氧化钴烧成蓝色，施在素烧过的陶坯上，再经900℃左右的温度下烧成。

唐代人们崇尚豪华生活及厚葬之风，唐三彩以其绚丽多彩的外表和精美绝伦的造型等优点，成为唐朝统治阶级较重要的奢侈用品和随葬用品。据《旧唐书·舆服志》记载："王公百官，竟为厚葬，偶人像马，雕饰如生。"[1] 唐三彩陶在主要用作随葬品以外，也用于碗、碟、杯、盘等生活用具。

唐王朝的三彩酒器总是负有盛名的，酱黄、浮白、葱绿等色彩通过不同的比例达到融合，间隙中配有部分翠蓝，给人一种既典雅淳朴又鲜明亮丽的美感。

唐代出现的"三彩酒盅"，说明其时酿酒业发达，不但有黄酒还有白酒。酒盅体积较小，适于敬饮白酒，爵、觚体积较大，适于敬饮黄酒。据专家研究，唐代已经发明了白酒，它的酒精度无疑比原来的度数高得多，所以饮酒器变小，出现了与现在相仿的酒盅，这一变化与"酒"的发展是相匹配的。（图1-14、图1-15）

---

1 （后晋）刘昫，等. 旧唐书[M]. 北京：中华书局，1975：1958.

图 1-14　三彩双鱼榼　　　　图 1-15　三彩扁壶瓶

　　在唐三彩酒器中少有模仿动物形象的酒器，三彩双鱼榼是其一，壶扁圆鼓腹，壶体由两条腹部相连的鲤鱼构成。整个设计非常巧妙，突破常规，从侧面看是一条圆浑肥硕的鲤鱼正在跃龙门，从正面看，两鱼相对，鱼嘴形成瓶口，两鱼头顶部各有一拱纽，可以穿绳系提，方便携带。鱼尾朝下形成榼的器足。器型与鱼体结合自然流畅，丝毫没有人工雕琢之气。唐代陶瓷制双鱼形榼是在汉代鱼形陶扁壶的基础上再发展，进而形成的一种独特盛酒器。鱼榼造型以鱼为主要装饰纹样。白居易在《家园三绝》有说："何如家酝双鱼榼，雪夜花时长在前。"[1] 作为盛酒器的"榼"出现时间较早，《左传·成公十六年》记载有："使行人执榼承饮，造于子重。"[2] 至唐代，榼非常流行，文献中常有"瓶榼""壶榼"等记载。我国祖先早就拥有图腾文化，鱼具有多子多福的吉祥寓意，用鱼作为主要纹饰，体现了唐人追求吉祥富足的生活情趣。同时，鱼的谐音"余"，象征着吉庆有余、丰庆有余的求福心理。在唐代，鱼更是一种权力的象征。官员每进出宫门，必须佩戴金鱼袋作为信物查验，能佩戴鱼袋的人其地位高贵显赫。还有更巧妙的说法，唐代最高统治者为李姓，"李"与"鲤"谐音，鲤也是富贵的象征。当然这是一种调侃，但装饰纹样依然是有意味的形式，它不仅仅是简单的一个图案，描绘一幅画卷，更重要的是图案背后所隐藏的象征意义与内涵，是这个时代下人们精神世界的集中反映。另外，唐朝皇室信奉道教，由于道教认为鲤鱼与龙及成仙有关，因此道士一般都忌食鲤

1 （唐）白居易. 白居易诗集校注 [M]. 谢思炜，校注. 北京：中华书局，2006：2497.
2 （清）阮元校刻. 十三经注疏 [M]. 北京：中华书局，2009：4166.

鱼，将鲤鱼奉为圣物。

目前发现的唐三彩大部分出自唐代的墓葬，以唐都长安（今西安）和东都洛阳地区出土的数量最多。其盛行的时间大致为唐高宗至玄宗，有大量的日用器物，中唐之后逐渐减少。另外，我国境内已发现了多座生产唐三彩的窑址，有河北省邢窑、定窑、井陉窑，河南省巩义市黄冶窑，陕西省铜川黄堡窑和西安市郊机场醴泉坊窑，四川邛崃窑等。

长安唐三彩装饰精美，工艺多样，模压印化、贴化、捏塑、雕刻、釉彩、彩绘等装饰手法并用。釉彩装饰常运用黄、绿、蓝、白、褐等色釉进行点染、点绘，色釉注重冷暖、深浅的变化对比，经烧制后釉面会形成色彩相互交融的天然成趣的抽象效果。

唐开元二十年（732 年）、开元二十七年（739 年），分别颁布了《大唐开元礼》和《唐六典》，对官员的葬品进行了限定。安史之乱唐由盛转衰，用唐三彩大量随葬的现象明显减少，带有实用性的三彩生活器皿却依然有较多的生产。另外，唐三彩对奈良三彩、新罗三彩和波斯三彩的产生和发展都有深远的影响。

唐三彩将幻化流动的釉彩、多样的装饰手法、大气的造型巧妙结合起来，彰显出釉陶艺术的辉煌光彩及历史的定格，也是大唐文化的缩影。

（四）盛世时期金、银、玉酒器

隋代玉酒器的遗存较少。西安李静训墓出土的金扣白玉盏，质地温润，金与玉互为衬托，显得富丽典雅。唐代玉器大多富有浓厚的生活情趣。如出土的青玉人物椭圆杯，青玉云形杯以及玉双鹿寿带、玉双凤等，都是那个时候的优秀作品。其他玉器多以动物题材所制，体态丰满，起伏自然，与当时的石刻一脉相通。可见艺术审美的特征势必也影响到酒器的造型。五代玉器很少，主要代表是成都王建墓出土的玉带（体现官职的腰带玉饰），为西蜀王室玉器作坊所制。宋代玉器在继承唐代的风格上，又有所发展。北京房山石椁墓出土的玉双鹤衔草、玉镂竹节等饰件，以及江西上饶南宋墓出土的人物玉带板，反映了宋代玉器形神兼备的风格。

唐代还用金、银制作酒器。唐代是金属工艺品尤其是银器皿的鼎盛时期，创造了浮雕般艺术效果的金银錾凿工艺。同时，唐代由于金属材料的发展，出现了民间生产的手工业，由于冶炼技术的进步，金属材料的增多，金属工艺品类有了很大的发展，不仅有多种金属和多种材料并用的工艺品，而且有多种工艺相结合的工艺品。各种酒器亦不例外，金银器只有皇亲贵胄方可使用，大都在以官方名义开办的官办作坊生产，成器后还需加盖官印。正如元陶宗仪《南村辍耕录·古铜器》记："唐天宝间至南唐后主时，于句容县置官场以铸之，故其上多有监官花押。"[1] 唐代的金银酒器美轮美奂，金杯、金碗，用于温酒的金铛、银杯、银盘、银执壶、银羽觞等都是其中的绝妙之品，这些器物不仅在功能上能够满足所有者的使用，在制作上也反映了唐代最高工艺的制作水平，在审美上更是体现了唐代雍容华贵、富丽堂皇的时代风格。

例如，陕西西安南郊何家村出土的侍女狩猎八瓣银杯、狩猎纹高足银杯、掐丝团花金杯、舞伎八棱金杯、镶金牛首玛瑙觥，浙江长兴出土的圈足银杯、平底银杯，另外，还有掐丝团花金杯、狩猎纹八瓣银杯，这些金银酒器自然大都使用于"帝王将相"和"尚书侍郎"之家，偶尔也出现于"诗家骚客"和"进士员外"之辈。陈子昂在《春夜别友人》中提到"银烛吐青烟，金尊对绮筵"[2]，可以证明他也在使用金质酒器。又如唐代诗人王维，在《送元二使安西》中提到的"劝君更尽一杯酒，西出阳关无故人"[3]；还有沈佺期，在《侍宴》中提到"称觞献寿乐钧天"[4] 等。他们所用应该属于贵重的金银酒器或者玉器。

舞马衔杯银壶体现了唐代饮酒氛围中舞马与音乐的配合。现存于陕西历史博物馆的舞马衔杯银壶，其器型仿游牧民族的皮囊，扁圆鼓腹，整体呈银色。鼓腹两侧用模具冲压舞马图。舞马指会跳舞的马，能根据音乐的节奏盘旋起舞，并在皇帝生日时衔杯为其庆寿。据记载，当时的舞马是集体表演，一次可有100只马匹同时演出。马膘肥体壮，长鬃披垂，颈部系有花结。马做口衔酒杯状，前腿倾撑，后腿蹲曲，马尾上扬，好像正合着音乐节拍，以优美舞姿为饮酒者伴饮助兴。马身、提梁及饰以莲瓣纹的壶盖通体鎏金，在银色映衬下，更显富丽堂皇。此壶构思巧妙，匠心独运，是难得一见的国宝。

鸳鸯莲瓣金碗，此碗现存于陕西历史博物馆，敞口肥腹，平底，喇叭口状圈足。通体饰以鱼子地纹，双腹两层浮雕式的仰莲瓣将碗包裹起来，每层十瓣。上层莲瓣内分别錾出狐、兔、獐、鹿、鹦鹉、鸳鸯等珍禽

---

1 （明）陶宗仪. 南村辍耕录 [M]. 北京：中华书局，1959：205.

2 （唐）彭定求，等编. 全唐诗 [M]. 北京：中华书局，1960：906.

3 （唐）王维. 王维集校注 [M]. 陈铁民，校注. 北京：中华书局，1997：408.

4 （唐）沈佺期，（唐）宋之问. 沈佺期宋之问集校注 [M]. 陶敏，易淑琼，校注. 北京：中华书局，2001：151.

瑞兽。这些禽兽或奔走或闲适，或梳理羽毛，其姿态各异，神形兼备。在上层花瓣缝隙中还有鸿雁、凤鸟等图案并配以忍冬纹，下层莲瓣内刻有卷曲流畅的忍冬纹。碗的内外壁均有对应莲瓣，莲瓣内的图案是宝相花，外底有振翅鸳鸯和忍冬花，圈足饰以方胜纹，圈足底部饰以一周小联珠。这只金碗是盛唐时期的制品，形态肥硕丰满，庄重大方，纹饰瑰丽，典雅优美，制作工艺也相当精湛，气度非凡，展现了大唐盛世的时代精神，也是唐代金银器制作最高水平的代表。据《唐摭言》记载，在唐代，金碗确可用作酒器，唐文宗曾宣令以碗赐酒，这是关于唐代贵族金碗盛酒的历史记载。[1]（图 1-16）

镶金牛首玛瑙觥，被称为中国的"来通"[2]杯，现存于陕西历史博物馆，是采用淡青、毛黄双色浸润的深红色玛瑙为原料雕制而成的特殊酒器。觥体呈兽角形，下部雕为牛首状。牛首的口鼻部分有笼嘴状金帽，内部有流能自由拆卸，杯里的酒可以从流中泄出。牛唇闭合，鼻孔起，唇边毛孔点点，就连髭须也精心雕刻。牛眼圆睁，炯炯有神。由此可见玉匠师傅们的匠心独运和高超技艺。牛角向后蜿蜒，角背雕有螺旋纹，玛瑙色浸润的纹带从牛头额顶顺着觥体两侧通向觥口，美轮美奂。如图 1-17 所示的镶金牛首玛瑙觥是稀有珍贵之物，体现了拥有者的位高权重。该觥出自唐代王府窖藏，其形制与以前的角形杯不同，起源于西方，希腊人称之为"来通"。当时人们都相信来通角杯是圣物，用它注酒能防止中毒，如果举起来将酒一饮而尽，则是向酒神致敬的表示。由此可见，唐代的酒器已达到实用性与审美性的统一。

图 1-16　鸳鸯莲瓣金碗　　　　　　图 1-17　镶金牛首玛瑙觥

1　（五代）王定保.唐摭言校证 [M]. 陶绍清，校注. 北京：中华书局，2021：626.
2　来通杯（Rhyton）是一种流行于亚欧大陆上的古老饮酒器，其最早的起源可能是以动物角制作而成的饮器，公元前 2000 年就开始出现了。既可以是杯子，也可以是注水或酒的瓶，还可能用在更重要的礼仪场合。

　　据《文献通考》记载，唐代皇宫内府所设机构乃宣徽院，"唐置宣徽
南北院使……总领内诸司及三班内侍之籍、郊祀、朝会、宴飨、供帐之
事。"[1]宣徽院设有酒坊，宋代高承《事物纪原》说"唐有酒坊使"[2]。宣徽酒
坊银酒柱子现存于陕西历史博物馆，其功能主要是向酒杯中注酒，故名
酒注。宋元两代，酒注更为流行，并且还给酒注配备了温碗，考古发掘
中常有宋代注子与温碗共出。此饮酒注形同今日的瓷茶壶，小口高领，凸
肩，肥腹，平底和圈足。流管从肩部伸出，颈、腹之间置有双系耳，提梁
已失。外底錾六十一字铭文，是研究唐代官制、技艺和酒文化的重要史料。
（图1-18）从宣徽银酒注可知，长安酿酒业分官营、私营两种。官营酒业主
要生产供官府使用的酒类，私营酒业除自酿自食用外，绝大部分投入市场销
售。官营酒业属于官府手工业生产部门，历代皆有。隋设良酝署令一人，唐
贞观年间增至二人，领掌酝、酒匠、奉觯等，专门管理酒类的监督，生产和
使用。良酝署是唐代正式官府系统的酒类生产部门，机构完备，既有生产
酒的规模，也有管理人员，规模宏大，是唐长安生产、管理及供应官府酒
类的主要机构，产量大，品种多。开元末年至天宝初年左右，良酝署一度
停废，这时酒当为宫廷内作坊生产。唐代宫廷内作坊制非常发达，统治者
所需要的一些奢侈品大多都在此生产，酿酒也是这样。唐代宫廷内作坊起
初只是为满足统治阶级的一些特殊嗜好而设，它的生产不受约束，生产多
少，如何生产，完全由统治者意愿所决定。先进技术也容易引进，花样不
断翻新，酒类繁多，所酿酒种也别具一格。唐后期官府酿酒基本上都是由
中官把持，内廷酒坊渐渐取代良酝署，成为官府的主要酒类生产部门。

图1-18　宣徽酒坊银酒注子

1　（元）马端临. 文献通考 [M]. 北京：中华书局，2011：1722.
2　（宋）高承. 事物纪原 [M]. 影印文渊阁《四库全书》第920册，上海：上海古籍出
版社，1987：155.

辽、金、元等王朝，皆从游牧部族的生存方式中成长起来，为适应不固定的生活环境需要，酒器也随之发生了一些变化，向两个极端发展。一个是向大的方向，另一个是向小的方向。在酒注上，为了减少成本，统治者放弃了银制的酒注，而是改用陶制的酒壶代替。陶制的成本降低，又可批量烧制。但初始时由于备受大家喜爱，皇亲国戚、高官大户都或明或暗地索要陶酒注，这势必影响酒注的权威性和唯一性，因此又改用银制酒注。

同一时期玉酒器多由汉族工匠制作，以狩猎为主要题材，具有塞北居民风格。在元代，新疆的玉器大量销往内地，促使玉器生产得到空前发展。元代的代表性作品渎山大玉海制成于至元二年（1265 年），瓮口部为椭圆形，身高 70 厘米，直径 135 厘米，壁厚 22 厘米，膛深 55 厘米，重约 3500 千克，据说容量可装 30 石酒。玉瓮周身为浮雕的海浪和海龙、海马、海猪、海犀牛等怪兽。海浪激起漩涡，怪兽神态生动。整个作品气势磅礴，是现存于北京市北海公园团城玉瓮亭内的传世至宝玉器，也是极其珍贵的酒器文物。（图 1-19）

图 1-19 渎山大玉海

（五）玻璃酒器的孵化摇篮

最早的玻璃器始于春秋末、战国初。这个时期的玻璃器数量少，品种单一，仅有套色的蜻蜓眼式玻璃珠和嵌在剑格上的小块玻璃。越王勾践剑格两面镶嵌了玻璃和绿松石构成精美的图案，其中仅两块玻璃呈浅蓝色半透明，内含较多小气泡。两块玻璃形状不同，一块呈球冠形，另一块形状不规则，直径最大处不足 1 厘米。

魏晋南北朝酒器以耳杯为主，可是在辽宁省朝阳北燕冯素弗墓发现的三件玻璃器皿中，有一件却为"圆形杯"。杯为孔雀绿色，色泽非常艳丽夺目，高 7.7 厘米，口宽 9 厘米。据考证，早在西汉时已有"玻璃"，如

1955 年，辽宁省博物馆（当时为东北博物馆）原文物工作队在辽阳西汉村落遗址发现"琉璃耳珰"，足可证明这一观点。目前，中外学术界普遍主张"琉璃"是玻璃前身，也有少数人不同意这种主张。我国陶瓷专家杨伯达先生认为，这几件玻璃器皿来自中东、古罗马帝国。如果确是来自彼国，可以推断北燕与东罗马帝国已有初步的贸易往来关系。[1]

在唐宋时，中国已采用吹管吹制中空的玻璃容器。玻璃瓶罐能用盖子或塞子密封，是可定量装盛各种物料的空心玻璃制品。随着制造技术的成熟，玻璃这一材质被广泛用作饮料、调味品、化学品、医药品、化妆品等的包装容器。玻璃瓶罐透明、易洗净，化学稳定性好，不污染内容物、气密性高，储存性能优良，造型装饰丰富多彩，可以多次回收使用，原料来源甚为丰富，生产成本较低。但其缺点是容易破损，重容比大。这一材料的利用与开发无疑为后世酒容器不断拓展奠定了基础。

第二节
盛世之礼——酒文化的风貌发展

一、宴饮与娱乐

西汉时供人宴饮的酒店叫做"垆"，既可卖酒也可品饮酒，是一种小聚的娱乐方式，雇佣干活的店员叫"保佣"。当时司马相如与卓文君就在临邛开了一家酒店。"相如与俱之临邛，尽卖其车骑，买一酒舍酤酒，而令文君当垆。"[2]饮酒是汉代人生活中的重要内容，但枯饮无趣，所以宴饮时大多举办娱乐活动。大到帝王的"霸王别姬"歌舞，小到平民的猜拳行令，汉代酒宴娱乐活动十分丰富，大致分为酒令、投壶、六博和歌舞四类。"酒令"是人们饮酒劝酒助兴的游戏。酒令最初的功能是辅助酒礼。西周时对饮酒的礼仪有着极为严格而又具体的规定，为维护酒筵的礼法，还专门设有监督饮酒礼仪的"酒监""酒史"，来主持"觞政"。到了汉代酒令主要以娱乐为主。投壶由古老的射礼演变而来，在春秋时期就已盛

1　杨伯达. 西周至南北朝自制玻璃概述 [J]. 故宫博物院院刊，2003（5）：34.

2　（汉）司马迁. 史记 [M]. 北京：中华书局，1982：3000.

行，是汉代十分受欢迎的饮酒娱乐活动；六博是在饮宴上用博具进行的游戏，包括博具盒、博局、筹码、骰子、棋子等，是汉代饮宴中非常普遍的娱乐活动；乐舞即音乐歌舞，汉代皇宫王后、达官贵人、豪强文人等饮酒歌舞之风极盛，宫廷和达官贵族家里也有专用的舞乐倡伎，酒到酣处，主宾也往往引吭高歌、载歌载舞……

　　汉代的画像砖上的图像记录了这些场景，画像砖是一种建筑装饰构件，与画像石类似。其制作工艺是将泥坯混合好后放入木模中制成砖坯，待半干半湿去木模，刻有图案内容的木模将图形转移至泥坯上，放置阴凉处自然干燥，而后可用刻刀进行修饰和刻画。（图 1-20）其题材内容涉及社会生活的各方面，农耕、放牧、狩猎、纺织等。而宴饮、酒肆、乐舞百戏，以及忠孝节义等故事较多，反映大众对日常生活的观照。黑格尔在《美学》里讲到，人类对日常生活的热情和爱恋，是对自己征服自然的肯定与歌颂，平凡中可见伟大。[1] 虽然画像砖多为冥器服务，但仍然反映出当时人们对世间生活的热情与向往，并希望延续和保存这种生活状态，体现了汉代艺术的本色特征。"汉承秦制"[2] 在中国艺术发展史上是一座高峰。

图 1-20　画像砖

　　与饮酒伴行的娱乐方式也为古人崇尚，"曲水流觞"便是古人饮酒时进行的一种游戏，后逐渐成为文人雅士的一种风雅习俗，农历三月，春和日丽，人们喜欢举行清除不祥的祓禊（fú xì）[3]。仪式后寻找一静僻之处，按秩序安坐于水渠两旁，弯曲水流上放置一盛满酒的杯子，此杯谓"觞"

1　李泽厚. 美的历程 [M]. 北京：生活·读书·新知三联书店，2009：80.

2　汉承秦制，指的是秦统一后，建立了一套以丞相为核心的中央官僚体制。西汉建立后，承袭秦制，没有改变。

3　祓禊，中国传统民俗，每年于春季上巳日在水边举行祭礼，洗濯去垢，消除不祥，源于古代"除恶之祭"。

（木质制成的一种饮酒器），任其酒杯自由漂流，如停留谁处，谁即取饮。时有先吟诗作赋而饮之约，彼此相乐，祈福免灾。

而与该习俗相关的文化含蕴有五说之争。

第一，南朝梁吴均《续齐谐记》："昔周公卜成洛邑，因流水以泛酒，故逸《诗》云：羽觞随波流。"[1]战国时，秦昭王循此古俗，于三月初三置酒河曲，忽有金人自东而出，向其献"水心剑"，曰"令君制有西夏"[2]。后秦国称霸诸侯，便在此处立"曲水祠"。汉武帝承袭秦制，凿建周长六里、水流曲折的曲江池，供皇家贵戚曲水流觞之用。隋改名芙蓉苑，唐复名曲江，并整修扩建，池面方圆达七里，亭台楼苑，鳞次相接，成为京都的一大风景区。唐人诗文中有许多曲水飞觞的描写，皆以此作为背景。

第二，《三才图会·时候类·上巳》引《十节录》云："昔周幽王淫乱，群臣愁苦之，于时设河上曲水宴。"[3]情调颇如《世说新语·言语》中的"新亭对泣"[4]。

第三，《续汉书·礼仪志》"是月上巳"刘昭注："一说云，后汉有郭虞者，三月上巳产二女，二日中并不育，俗以为大忌，至此月日讳止家，皆于东流水上为祈禳自絜濯，谓之禊祠。引流行觞，遂成曲水。"刘昭引述此传说后曾驳斥："郭虞之说，良为虚诞。假有庶民旬内夭其二女，何足惊彼风俗，称为世忌乎？"[5]无独有偶，《宋书·礼志》、南朝梁吴均《续齐谐记》等书中，也有类似的故事，略谓汉章帝时，平原人徐肇于三月初得了三胞胎女婴，至三月三日俱亡。一村人引以为怪，从此每逢此日，都相携去水边盥洗，"因流以滥觞，曲水之义，盖起此也"。[6]由此可见，类似的故事至少在东晋南朝时已流传甚广。有人认为它反映了古人视三月初三为"恶日"，乃至将孪生女婴看作"不祥"的迷信观念，因之曲水流觞的本义则是被除邪祟。

第四，此俗应是《礼记·月令》中所谓"季春之月……天子始乘舟"[7]，

1 （南朝梁）宗懔，（隋）杜公瞻. 荆楚岁时记 [M]. 姜彦稚，辑校. 北京：中华书局，2018：34.

2 （唐）房玄龄，等. 晋书 [M]. 北京：中华书局 1974：1433.

3 曲彦斌. 探古鉴今：社会生活史考辨札记 [M]. 北京：九州出版社，2022：205.

4 （南朝宋）刘义庆编. 世说新语校笺 [M]. 徐震堮，校注. 北京：中华书局，1984：50.

5 （南朝宋）范晔，（唐）李贤，等注. 后汉书 [M]. 北京：中华书局，1965：3111.

6 （宋）李昉，等. 太平广记 [M]. 北京：中华书局，1961：1477.

7 （清）阮元校刻. 十三经注疏 [M]. 北京：中华书局，2009：2951-2952.

蔡邕章句"乘舟，褉于名川"[1]。也就是说，曲水流觞风情中的酒杯，是"舟"的象征。但"乘舟"的意义何在呢？不详。

第五，西晋还有一说，西晋张协《褉赋》、潘尼《三日洛水作》诗，有"浮素卵以蔽水"[2]"素卵随流归"[3]等句；又南朝梁萧子范《三月赋》、庾肩吾《三日侍兰亭曲水宴》诗，有"浮绛枣于泱泱"[4]"参差绛枣浮"[5]等描写，可认为两晋南北朝时的上巳节风俗，除曲水流觞外，尚有浮卵、浮枣等风情，其中临水浮卵可能是最为古老的习俗，即把煮熟的鸡蛋放在河里任其漂浮，谁得之谁食。浮枣和流觞皆由浮卵演变而来。

最为有名的是王羲之为兰亭聚会所记"兰亭序"，虽也举行修褉祭祀仪式，但主要进行了"曲水流觞"活动，突出了咏诗论文、饮酒赏景，对后世影响很大。[6]在绍兴，"曲水流觞"这种饮酒咏诗的雅俗历经千年，一直盛传不衰。

1982年在江苏省镇江市丁卯桥发现一处唐代银器窖藏，其中的银鎏金龟趺"论语玉烛"，是一件专门用来盛装酒令筹的器物。该器呈龟驮圆筒状，就像是龟背上竖立着一根粗壮的蜡烛。筒上有盖，盖纽呈莲苞形，盖面做荷叶卷曲状。高34.2厘米，龟长24.6厘米，筒深22厘米。由上下两部分组成。底座为鎏金银龟，托负圆形酒令筒，连接处饰以莲花造型，筒体上部主题纹饰是以鱼子纹为衬底，上刻鸿雁两对，雕腾龙，飞凤各一，辅以卷草纹，筒下两层莲瓣托负。龟背隆凸，四肢伸展，舒颈仰首，神态如生。整个器物凡有花纹处皆涂金，龙凤之间设一竖向长方形空白框格，内刻双勾"论语玉烛"四字。（图1-21）

酒令筹正面刻有酒令文字，上半段选自《论语》语句，下半段为酒令内容，归纳为6种饮酒方法："自饮""伴饮""劝饮""指定人饮""放""处"。银鎏金酒令筹酒旗共8支，长28厘米，宽2.3厘米。一支上端矛形，下为圆球，长柄圆杆细长，柄上刻"力士"二字。此外7支制成竹节形，其中一支上端接焊竹叶。（图1-22）酒纛长26.2厘米，顶端呈曲刃矛形，有缨饰，缨下设曲边旗，旗面上刻线环圈，柄为细长圆杆，

1　（南朝梁）沈约. 宋书 [M]. 北京：中华书局，1974，386.

2　（清）严可均编. 全上古三代秦汉三国六朝文 [M]. 北京：中华书局，1958：1951.

3　丁福保编. 全汉三国晋南北朝诗 [M]. 北京：中华书局，1959：380.

4　（清）严可均编. 全上古三代秦汉三国六朝文 [M]. 北京：中华书局，1958：1308.

5　丁福保编. 全汉三国晋南北朝诗 [M]. 北京：中华书局，1959：1094.

6　（清）严可均编. 全上古三代秦汉三国六朝文 [M]. 北京：中华书局，1958：1609.

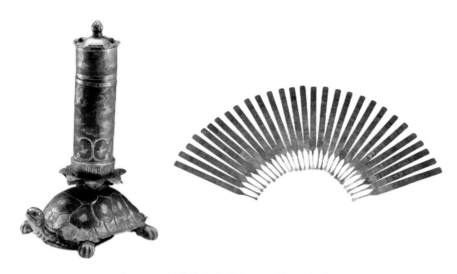

图 1-21　银鎏金龟趺"论语玉烛"酒令筒

图 1-22　银竹节形及带叶形酒旗

柄上刻"力士"二字。上为银鎏金酒纛、下为矛形银鎏金酒旗，旗、纛为行令的"执法工具"。

　　酒令是中国特有的一种酒文化，此"论语玉烛"酒令筹中写有觥录事、律录事、录事和玉烛录事，这些当为酒宴上的执事人。酒宴席次坐定，众人公推觥录事，由觥录事决定抽筹次序，指定律录事、录事和玉烛录事共同担任酒宴的执事人。

　　觥录事掌管酒令旗和纛，负责决定对违规者的惩戒。此宴集行令专用器具在出土的唐代文物中尚属首次发现。唐代酒令制度记载不详，宋人洪迈《容斋随笔》中就有"今人不复晓其法矣"的感慨。[1]

1 （宋）洪迈. 容斋随笔 [M]. 孔凡礼，点校. 北京：中华书局，2005：424.

二、中古时期酒器的审美风格及饮酒礼仪

（一）酒器的别样种类

器物的演变都与时代发展及审美变迁密不可分。唐盛时结束了数百年的战乱，社会风尚开始转变，祥和的社会生活让人们崇尚英雄主义，整个社会喜知兵习武，追逐荣誉感。人的内心既有对思辨和哲理的追求，也有对人世间有血有肉现实的肯定与接纳。随着时代的变化，此前那种宗教的伦常规范渐渐开始世俗化，以人为中心的主题不断外延。开放、包容的社会氛围迎来了古今中外的大交流和大融合。时代审美的特质反映在造物活动中是积极的、健康向上的、充满着一种无拘无束的内在张力。由于这种执着与向往，在唐文化中既有唐诗的极峰，又有音乐性之美，这种气韵的表现力渗透到唐时代各个方面，甚至对大众的日常生活也不无影响。大胆突破与创新，形式上追求新颖，内容与形式高度统一，逐步改变着社会审美的价值取向。

书法艺术、古乐创新、霓裳羽衣舞等多元艺术的滋养又必然成就非凡的造物活动。唐朝时期的酒器就是实用功能与审美艺术的高度凝练，是中国古代酒器造物史上浓重的一笔，形制规范而又自由，重法度却仍灵活。唐代酒器的造型体现了唐代特有的审美文化与精神，其以饱满、圆润与丰腴为主要特点，具有强烈的浪漫主义色彩，盛酒器大多也体现出此类圆润光滑的质感，隐含着帝王大家的地位和风范，呈现出文化的自信与强势。由于南北文化交流融合，社会风气开放自由，一种丰满的具有青春活力的热情与想象，渗透在盛唐器物造型艺术中。

据宋玉立《试论唐代造物的艺术风格》一文可知，唐代造物的审美艺术若按照安史之乱为界线，可划分为前后两个阶段，前期在装饰特点上主要体现刚健有力、兼收并蓄的状态，也体现了初唐人在精神上对前途道路积极探索、奋力拼搏的人生追求；盛唐形成了满和实的特点，是物质条件极大丰富后对精神世界不断追求的集中体现，色彩绚丽、装饰繁复、造型饱满而又华贵，既大气又工整，是其器物精神内涵的体现；后期中晚唐的艺术风格则逐渐地回归传统，形成平和典雅、沉静自由的艺术特色。成就高，风格繁多，个性突出，在整个文化思想领域内多样化地全面开拓和成熟，也为宋代清新隽逸艺术风格的形成打下坚实的基础。[1]

---

1 宋玉立. 试论唐代造物的艺术风格 [J]. 科教导刊，2012（2）: 126-127.

　　同时，由于民族文化的交流融合，审美文化形成包容、豁达、多元的艺术特点。金银酒器上造型与装饰的变化，体现了丝绸之路的交流中外来文化的独特魅力。例如，八棱人物金杯上面饰有的乐舞俑形象给人一派和谐自然的感觉，让人感受到文化交融、丰富多彩的大唐盛世。

　　唐代酒器的每一种风格中装饰艺术手法都对其整体形象的呈现起到了不可磨灭的作用。在器型上如 1985 年在河南偃师市杏园村出土的海棠花形滑石杯，其杯口部呈椭圆形，开口外沿缓平，结合浅底杯型，在将酒液缓慢倒入口中时有缓冲的距离，方便控制入口酒量。俯视整个杯型似花瓣绽放，让品饮者吸入花蜜般享受。六瓣花形分切一个圆周，将单一圆线构建起节奏，起伏变化，充满灵动。分切的小花瓣又契合了口咂的接触面大小，避免酒液外溢。优雅的腹壁稍微内收，更显杯形气度，凝气于内。（图 1-23）

图 1-23　海棠花形滑石杯

　　在酒器艺术的造型呈现上，双耳壶、鸡头壶、凤头壶等器型线条光滑流畅，圆润饱满，体现出唐代特有的审美风貌。在色彩上，三彩瓷器依然是酒器审美艺术中的亮丽一笔，釉面光滑，色彩融合细腻，自由挥洒，天然成趣，丰富而绚丽。除了极具代表性的唐三彩酒器以外，金银器也是杰出代表，灿烂的金银酒器，盛装着美酒，在唐代仕女的柔美玉指中端起。如现存于陕西历史博物馆的侍女狩猎纹八瓣银杯，婀娜多姿的侍女玉手纤纤，持着金银酒器中满载的佳酿漫步而来，如此生动的画面在酒器中得以体现。杯腹呈八瓣花状，口外沿处有一周联珠纹，弧形腹，下腹有仰莲八瓣突出在杯身表面。喇叭形圈足，足沿亦饰有联珠纹一圈。环状单柄，柄上覆有如意云头纹状平錾，錾心錾花角鹿，周围刻花枝纹，每区錾刻一组人物或侍女或狩猎人物。侍女图为侍女戏婴、侍女梳妆、侍女乐舞、侍女游乐等，狩猎图中有三幅为策马追鹿，一幅为弯弓射猛兽。杯腹下部莲瓣内饰忍冬纹。杯之内底，在水波、莲荷、游鱼之间，探出一象头，象牙光而长，象鼻上卷喷水花，似是大象在荷塘洗澡时的场景，极富生活情趣与故事性。

装饰风格上唐代又分不同时期的区隔，在装饰图案纹饰及手法上，初唐纹饰多为鸟兽图形；盛唐时鸟多于兽，花卉逐渐增多；中唐主要是鸟和花；而晚唐则少见鸟兽，从兽鸟图形转向植物与花卉装饰，酒器上也极富装饰特色，采用各种动植物纹样作为其基本的寓意表达。如象征富贵吉祥的龙凤图案，或以宝相花、飞天纹、长命富贵等满地装饰形成丰富多变的艺术色彩，大多以卷曲、柔美、饱满的曲线来造型。

因此，在唐代的酒器造物艺术审美上形成了独特的唐代酒器文化，其匠心在刻花、雕镂的细节之处都得以体现，审美形式也在进行不断的创新和丰富，极富特色，形态饱满柔和的纹饰更是体现了唐代人文生活的闲适情趣。在审美风格的整体上，不仅体现了王室家族的审美意趣，也体现出开放融合的文化精神，既是对盛唐时代厚重文化的经典表达，也是对华丽社会风貌的集中再现。美酒配好器，盛世时期特别是唐朝，杰出的工艺水平以及唐代特殊的审美风格在金光璀璨的金银器上一一浮现。

唐代酒器品类优良，种类繁多。从功能上主要分为盛酒器与饮酒器，从材质上形成了以瓷器为主、金银酒器为辅的酒器特征。在酒器造型方式上主要有联体壶、执壶、杯、碗等形制。装饰纹饰及手法上，唐代的酒器也极富特色，采用各种动植物纹样作寓意表达。例如，龙图案是古人借鳄鱼、蛇、马等动物幻化出的一种动物形象，把自然现象中的云、闪电、彩虹等视为龙的行动方式。凤是集鸡头、龟背、长翅尾鸟禽为一体的羽族之长，百鸟之王。两者互为阴阳，代表着中华民族的精神图腾。龙凤纹样起源较早，商代的青铜装饰纹样中就有两尾龙纹、蟠龙纹、蝉纹、蚕纹、鱼纹等，西周前期有凤纹、鸟纹、象纹等，玉器上也用作装饰。后不断演化成规范化、程式化、样式化、图案化的艺术特点，呈现出威武、富贵、吉祥的寓意。龙凤图形合一则寓意"龙凤呈祥"的美好愿望。

又如在唐代应用最为鼎盛的宝相花纹样，宝相一词最早出自于魏晋南北朝时期，南齐王简《头陀寺碑文》云："金资宝相，永藉闲安，息了心火，终焉游集。"[1] 宝相是佛教徒对佛像的尊称，宝相花取"出五浊世，无所污染"之义，象征佛法之纯净无染。宝相花纹饰后经演变，集莲花、牡丹、菊花、石榴等于一体，其间还有大小花叶、卷草纹、连枝穿插而构建

1　（清）严可均编. 全上古三代秦汉三国六朝文 [M]. 北京：中华书局，1958：3272.

的理想图形。图案变形夸张，重视装饰感，结构严谨，点、线、面张弛有度，节奏感强，大多以流畅饱满的曲线来塑造，多以适合纹样形式出现，表示富贵、华丽、圆满、吉祥。可见宝相花并非现实中的自然之花，而是佛教文化中想象的花卉，其原型为莲花，也是佛教传入中国后逐渐本土化、世俗化的一个趋势表征，承载着历史文明及民族精神，展现出中国文化极大的开放性和创造性。

唐代的金银酒器美轮美奂，金杯、金碗、用于温酒的金铛、银杯、银盘、银执壶、银羽觞等都是其中的绝妙之品，代表着当时的审美水准，这些器物不仅具有实用功能，也反映出唐代最高的工艺制作水平，更体现出唐代雍容华贵、富丽堂皇的时代风格，展现了大唐盛世的时代精神。

如图 1-24 所示银酒瓮通高 55 厘米，口径 26 厘米，底径 29.3 厘米。覆盆式盖，上置蘑菇状钮，盖边与瓮口有链环相连，锁失；瓮直口，广肩，鼓腹，平底。底中部刻楷书"酒瓮壹口并盖鏁（suǒ，同锁）子等共重贰陆拾肆两柒钱"。"鏁子"是指衔接盖之链。唐代每两合今 37.3 克，银酒瓮实重 9873.31 克。此器自名为酒瓮，《留青日札》载唐玄宗赐安禄山物品中也有"八斗金镀银酒瓮"[1]，当为贮酒器。白居易《咏家醖十韵》曰："瓮揭开时香酷烈，瓶封贮后味甘辛。"[2]

图 1-24　银酒瓮

1 （明）田艺蘅. 留青日札 [M]. 朱碧莲，点校. 杭州：浙江古籍出版社，2012：381.

2 （唐）白居易. 白居易诗集校注 [M]. 谢思炜，校注. 北京：中华书局，2006：2087.

图 1-25 所示银高足杯，素面，高 14.8 厘米，口径 14.5 厘米，圈足 8.6 厘米。五曲形，深腹，圈足，足内刻有"力士"二字。腹外饰突棱一周。据有关专家考证，此杯是酒器中与酒筹配合使用的"觥盏"，其形制独特，迄今为止仍属孤例。

图 1-25　银高足杯

根据《错彩镂金——唐代金银香炉装饰艺术表现形式研究》一文可知，唐代在金银器制作工艺方面较前朝有很大的发展[1]。唐代的器物大多采用表面光滑亮洁的材料，形成华丽的光感效果，给人以珍稀华贵之感。由于其科学技术不断发展，造物方式也受到一定影响。《唐六典》中记载，将作监所掌涉及各种工艺，包括金、银、铜等工匠，由此可见唐人对匠人的要求极高[2]。《升庵集》中有对唐代金银器制作工艺的描写，在制作工艺中有 14 种工艺，分别是销金、织金、拍金、嵌金、贴金等，也可见当时制作工艺的详细与精致[3]。

在酒器造型上，双耳壶、鸡头壶、凤头壶是唐代酒器常用的代表形象，线条光滑流畅，圆润饱满，体现出唐代特有的审美风貌。绿釉联体壶是唐代釉陶器中的精品，其双腹联体，壶柄分别与两壶相连。白胎绿釉，釉色鲜亮明快，壶口呈深盘状，细颈，颈有凹弦纹、葵花纹、联珠纹、覆莲纹，联体壶所饰花纹相同，分别为凹弦纹、葵花纹、联珠纹、覆莲纹，

1　钱进. 错彩镂金——唐代金银香炉装饰艺术表现形式研究 [D]. 安徽财经大学，2017：13-20.

2　（唐）李林甫，等. 唐六典 [M]. 陈仲夫，点校. 北京：中华书局，1992，572.

3　（明）杨慎. 升庵集 [M]. 影印文渊阁《四库全书》第 1270 册. 上海：上海古籍出版社，1987：650.

两壶中间连接处亦饰以葵花纹和联珠纹。联体壶的形制较前朝的陶壶有较大变化，反映出陶工在构思理念上的创新之处而更具有审美性。蓝釉双耳壶（图1-26）、褐釉双龙耳壶（图1-27）两壶在造型上有相似之处，整体风格一致，但各自更注重细节变化，也是唐时代较为明显的器物特征之一。

图1-26　蓝釉双耳壶　　　　　　　图1-27　褐釉双龙耳壶

上图器型的前身很有可能是三国以来流行的鸡首壶。褐釉双龙耳壶釉色青白，施釉不到底。从双耳龙首到盘口到细颈及肩部，都以褐色釉的自然流动为主，表现出一种自然、洒脱、无拘无束的艺术特征。从器型的变化规律可见，单耳到双耳再到三耳的变化，是虚实结合，体现出唐人的豪迈大气和开阔胸襟。联体壶和双耳壶在造型上均有外来胡瓶的特征，因此也是一种中西合璧的表现，联体和双耳的意义也在于两者之间的融合与共生。

众所周知，唐代是社会经济和文化大发展大融合的时代，唐代的对外开放程度是当时所有国家里最前沿的，因此随着丝绸之路的发展，唐代文化又充满了多元文化的特征。异域风情在唐人的诗歌小说、绘画艺术、音乐舞蹈中也有一抹绚丽的色彩。其中酒具八棱人物金杯便是唐代与西域往来密切的最佳证明。八棱人物金杯共出土两件：一件是佩刀剑人物杯，另一件是乐伎人物杯。唐朝是一个民族大融合、大发展的开放时期，同各民族及各国之间来往频繁密切，其中与西域交往最为深入，西域的音乐舞蹈也受人喜爱。这两件金杯上雕铸的少数民族人物形象和胡人乐伎形象，正是唐朝中、外及各民族团结的象征。

佩刀剑人物杯呈八角形，口沿外移，小喇叭形圈足。杯体有八道纵棱，器体敦厚，内壁光素，外雕有人物花纹，八棱面各有一个人物形象，其中一人双手合十，其余七人穿窄袖翻领袍，腰间束带，着高腰靴。八人中有私人腰间悬刀。从服饰装束上看，大多与汉人有异，大概是边远地区少数民族或外国人的形象，人物周边还饰有各种植物花纹、几何纹和心字纹。乐伎人物杯的形制与佩刀剑人物杯形制相同，其八面人物均为胡人乐伎。神目高鼻，短衣长裤，头戴卷檐尖帽或瓦楞帽，有的手持拍板、小铙、洞箫、琵琶，有的空手舞蹈，有的捧杯抱壶，錾首浮雕两个胡人头像。（图 1-28）

图 1-28 八棱人物金杯

因此，从整体上看，唐代酒器造物不仅体现了王室家族的审美意趣，也体现出开放融合的文化精神。那些刻花、雕镂的细节，那些极富特色，形态饱满柔和的纹饰，既是对盛唐时代厚重文化的经典回顾，也是对华丽社会风貌的集中再现。

1.嗜酒成风

夏时代人们对酒就有很大的嗜好，古文献在上溯夏朝政务时，提到过饮酒对政务的影响。《尚书·胤征》有云："惟仲康肇位四海，胤候命掌六师，羲和废厥职，酒荒厥邑。"[1]《大戴礼记·少闲》云："桀不率先王之明

---

1 （清）阮元校刻. 十三经注疏 [M]. 北京：中华书局，2009：437-441.

德，乃荒耽于酒，淫佚于乐，德昏政乱。"[1] 从这两条资料来看，夏朝上流社会的酒类供应十分充裕，人们把饮酒作为一种高层次的生活享受，但酗酒的副作用也在这个时期表现出来，以至于后人念念不忘饮酒误政留下来的历史教训。

商代人对酒有着由衷的好感，每次举办大型活动，总会搬出大容量的酒品，比之后的周代更为铺张。从文献记载上看，商代人饮酒的确到了疯狂的地步。《史记》卷三《殷本纪》记载纣王"好酒淫乐"，甚至"以酒为池，县肉为林，使男女裸，相逐其间，为长夜之饮"[2]。众多史料记载，皆指纣王之时的统治阶级已经酗酒成风，甚至妨碍了国家的正常治理。后来周朝取商而代之，常以饮酒为戒，并对商代酗酒亡国的举动大加鞭笞。商人酗酒的形态不仅仅弥漫于特权社会，就连一些中层平民也深染好酒之风。商代的酿酒业已经非常成熟，能够为上层社会乃至中等阶层的平民提供足够的饮用酒。商人还把酒的饮用抬升到一种礼节文化的高度，强化了酒的文化功能。

2. "德将无醉，刚制于酒"

西周时期，统治阶级发布《酒诰》来呼吁饮酒要有节制，《酒诰》中首先强调先祖周文王在建邦之初就给"酒"下了定义，将其定为祭祀用品，人们只能在祭祀之后以及特定活动中才能喝酒，而平时则不能酗酒，此乃"饮惟祀""有正有事，无彝酒"[3]之意。就是饮酒也必须保持一定的界量，即所谓"德将无醉"[4]的标准。《酒诰》还引用殷商酗酒的事例作为反面教材，让大家认清酗酒可以使人"大乱丧德"的后果，并要求封国执政人民强制推行断酒政策，用严厉手段来惩罚饮酒过量的人，这就是周公"刚制于酒"的命令。从《尚书·酒诰》中我们可以看到，周初统治者对饮酒问题有着足够的重视，甚至把饮酒误事的问题与国家政治联系在一起。在这种观念的指导下，周朝的酿酒行业与饮酒活动全都纳入了国家规定范围以内，由此酿酒的规模肯定受到控制，日常饮酒生活也受到相应的制约。

按照周人的思想观念，祭祀是生活的大事，酒是祭祀中的主要祭品。周人用酒祭天地、祭祖先、祭四方，甚至祈年求丰，报赛迎神时都会把酒

---

1 （清）孔广森. 大戴礼记补注 [M]. 王丰先，点校. 北京：中华书局，2013：214.

2 （汉）司马迁. 史记 [M]. 北京：中华书局，1982：105.

3 （清）阮元校刻. 十三经注疏 [M]. 北京：中华书局，2009：437.

4 （清）阮元校刻. 十三经注疏 [M]. 北京：中华书局，2009：437.

摆在最醒目的位置。酒成为周人最虔诚的一种表达信物，这种信物起着人与自然、人与祖灵之间的沟通作用。总之，在祭祀活动中，酒的能量被人为发挥到极致。

　　除了祭祀时饮酒，周人的上层社会也随处可见饮酒。每遇聚食筵会，周人都要饮酒。《诗经》咏及宴饮时曾经强调"君子有酒"[1]的理念，似乎离开了酒，聚筵活动便难以成立。此外，周朝饮酒的范围还包括而不限于：结婚、迎宾、送客、相识、离别等，以此作为情感投入及沟通的媒介，也有美酒与饮食的配合。但是在此时，每餐酒肴齐备还仅限于王室或者贵族阶层。

　　周人饮酒，格外讲究礼节，并且演绎出一整套等级森严，人伦严格的规则。《礼记·礼运》所说"礼之初，始诸饮食"[2]，便是说周人讲礼治先从饮食开始。《周礼·天官冢宰》记载"共宾客之礼酒，饮酒而奉之"[3]，可见"礼酒"在当时是一种文明饮酒的定律。《礼记·礼运》又举祭祀用酒之礼为例："故玄酒在室，醴醆在户，粢醍在堂，澄酒在下。"[4]连摆放位置也不能有丝毫差错。《礼记·曲礼》规定："侍饮于长者，酒进，则起拜受于尊所。"[5]长幼之间在饮酒上保持着明显的界限。同时还规定"长者辞，少者反席而饮；长者举未釂，少者不敢饮"[6]，在酒场上，只有长者不喝酒时，年少者才能返回座席而饮酒。年长者如果没把盏中之酒喝完，年少者是断断不能先碰酒杯的。另如权威人物出场饮酒，就连酒器的摆放也有条有矩。《礼记·玉藻》有"唯君面尊"的记载，孔颖疏云："面尊者……谓人君燕臣，专其恩惠，故尊鼻向君。若两君相见，则尊鼻于两楹间，在宾主之间夹之，不得而向尊也。"[7]"两楹"指两国君主见于两楹之间。当时最有权威的人坐在哪一侧，酒器中最重要的储酒器就必须面向最有权威的人。周人饮酒礼节之多、礼仪之繁，已经细化到每个环节。

　　周人饮酒，已经有主宾之分，主宾之间甚讲礼仪。为了方便主客间相

1　（清）阮元校刻．十三经注疏 [M]．北京：中华书局，2009：891．

2　（清）阮元校刻．十二经注疏 [M]．北京：中华书局，2009：3065．

3　（清）阮元校刻．十三经注疏 [M]．北京：中华书局，2009：1443．

4　（清）阮元校刻．十三经注疏 [M]．北京：中华书局，2009：3066．

5　（清）阮元校刻．十三经注疏 [M]．北京：中华书局，2009：2691．

6　（清）阮元校刻．十三经注疏 [M]．北京：中华书局，2009：2691．

7　（清）阮元校刻．十三经注疏 [M]．北京：中华书局，2009：3198．

互敬酒，周人设计出一套复杂的酬酢[1]程序。《礼记·少仪》记述："客爵居左，其饮居右，介爵、酢爵、撰爵皆居右"。郑注："客爵谓主人所酬宾之爵也，以优宾耳。宾不举，奠于荐东……三爵皆饮爵也。介，宾之辅也；酢，所以酢主人也。"[2]可以看出，就连酒器的种类与摆放，都体现了主客酬酢的功能。周人在饮酒礼节上甚为讲究，这一繁缛规矩与前朝酒器创制不无关系，而礼节的繁复又创制出各种饮酒器，以代表不同人物的身份。制造工艺的复杂程度、材料的稀缺程度、所镶嵌珠宝等都可用于判断主客及地位。

3. 打破"礼制"，酒肆兴起

周平王东迁之后，周王室对各诸侯国的控制能力一落千丈，各诸侯国逐渐走上了独立发展的道路。此后，各诸侯国之间相互兼并，打乱了周王朝的分疆格局与等级次序。人们的社会生活也随之发生巨大的变化。春秋战国时期，随着社会的动荡与生活方式的演变，饮酒生活也被赋予了更多的内容。

从国事活动方面来看，由于国与国之间的抗争激烈，交往增多，双方或多方接触时，往往采用宴饮形式来进行沟通，外交活动有时通过饮酒来完成使命。酒在各种外交宴饮中起着一个支撑点的作用，在很多场合，意见交换或商讨中，难免有立场相左，甚至语言交锋激烈之时，迅疾转为敬酒话题则气氛即刻融合，饮酒成为一种圆场的方式，酒会意义非同小可，也有可能关乎国命兴衰，酒在其中的作用玄妙关键。

春秋战国时期，人们冲破了周王朝礼制的种种束缚，开始倾向自由化生活，反映在饮酒方面也显得更加随意。战国时代的社会已经孕育出不同类型的聚饮形态，人们可以自由选择适合自己的饮酒场合，追求饮酒所带来的最大快慰。

春秋战国时期的酿酒业已经推向市场，在消费群体中争取发展的机会，其标志就是酒肆的兴起。最早的酒肆是集酿酒与售酒于一体的酒业单位，也被后人谓之"前店后坊"，店面售酒，店后酿造，通常以个体劳动为基点，但也有较大规模的。酒肆的经营意识已经达到很高的层面，服务

---

1 酬酢（chóu zuò），意思是宾主互相敬酒，泛指交际应酬。《淮南子·主术训》："觞酌俎豆，酬酢之礼，所以效善也。"（汉）刘安编. 淮南子集释[M]. 何宁，校注. 北京：中华书局，1996：683.
2 （清）阮元校刻. 十三经注疏[M]. 北京：中华书局，2009：3283.

也具有相当水准。春秋战国时期的酒肆行业能够在计量标准、顾客意识、产品质量和广告宣传上做出较好的表现。

4. 百礼之会，非酒不行

（1）汉代各类人群的饮酒概貌。汉代很多帝王都喜好宴饮，史书记载屡见不鲜，开国皇帝汉高祖刘邦在打败项羽后，即"置酒雒阳南宫"，与功臣们饮酒庆贺，后来刘邦回故乡沛县"置酒沛宫，悉召故人父老子弟纵酒。"[1]并在酒酣之时击筑吟诵那首著名的《大风歌》。汉武帝也十分喜好宴饮，喜欢兰生酒、挏马酒、葡萄酒等名酒，尤其喜欢夸耀于异域之人，在宫中"设酒池肉林以飨四夷之客"[2]。汉宣帝也常在宫中设宴，款待四方来客："置酒建章宫，飨赐单于，观以珍宝。"[3]汉成帝刘骜为取悦赵飞燕，连年大兴土木，饮酒高台，高歌酣舞。汉灵帝"著商估服，饮宴为乐"[4]。汉代宫廷后妃也有尚饮之风，如齐王献了一郡城池给鲁元公主："吕太后喜而许之。乃置酒齐邸，乐饮。"[5]汉成帝"其后幸酒，乐燕乐"[6]，《后汉书·刘玄传》记载更始帝刘玄的"韩夫人尤嗜酒"[7]。王室成员饮酒之风更盛，如中山靖王刘胜，《汉书》记载其"为人乐酒好内"[8]，尤其喜欢其封地所产的"千日酒"；广陵厉王胥获罪，自杀之前还要"置酒显阳殿，召太子霸及子女董訾、胡生等夜饮"[9]；董卓逼弘农王自杀，弘农王"乃与妻唐姬及宫人饮宴别"[10]。

相较于皇室贵族，士大夫官员对宴饮的喜好也毫不逊色，达官贵人饮酒的记载随处可见。如汉惠帝的丞相曹参就"日夜饮醇酒"[11]。《汉书·游侠传》记载列侯近臣贵戚皆贵重之的陈遵纵酒最为出名，"遵耆酒，每大饮，宾客满堂，辄关门，取客车辖投井中，虽有急，终不得去。"[12]陈遵投

1　（汉）司马迁. 史记 [M]. 北京：中华书局，1982：380，389.

2　（汉）班固，（唐）颜师古注. 汉书 [M]. 北京：中华书局，1962：3928.

3　（汉）班固，（唐）颜师古注. 汉书 [M]. 北京：中华书局，1962：271.

4　（南朝宋）范晔，（唐）李贤，等注. 后汉书 [M]. 北京：中华书局，1965：346.

5　（汉）班固，（唐）颜师古注. 汉书 [M]. 北京：中华书局，1962：1988.

6　（汉）班固，（唐）颜师古注. 汉书 [M]. 北京：中华书局，1962：301.

7　（南朝宋）范晔，（唐）李贤，等注. 后汉书 [M]. 北京：中华书局，1965，301.

8　（汉）班固，（唐）颜师古注. 汉书 [M]. 北京：中华书局，1962：2425.

9　（汉）班固，（唐）颜师古注. 汉书 [M]. 北京：中华书局，1962：2762.

10　（南朝宋）范晔，（唐）李贤，等注. 后汉书 [M]. 北京：中华书局，1965：451.

11　（汉）司马迁. 史记 [M]. 北京：中华书局，1982：2029.

12　（汉）班固，（唐）颜师古注. 汉书 [M]. 北京：中华书局，1962：3710.

辖，也成了著名的典故。汉成帝时史丹“好饮酒，极滋味声色之乐”[1]。汉顺帝时大将军梁冀“性嗜酒”[2]。中下级官吏也饮酒成风，《史记·李将军列传》载，霸陵尉醉酒失态，呵斥李广[3]，《汉书》中记载“衡子昌为越骑校尉，醉杀人”[4]，渤海太守议曹王生“日饮酒，不视其太守”[5]。

汉代各地方都存在着势力很大的豪强地主，虽是平民身份，但生活富足，喜欢通过宴饮来享受奢侈生活、夸耀财富，《盐铁论》记载了饮宴在饮酒的同时还要“歌舞俳优、连笑伎戏”[6]。无名氏的《相逢行》云：“黄金为君门，白玉为君堂。堂上置樽酒，作使邯郸倡。中庭生桂树，华灯何煌煌。”[7]汉赋中也有对豪民地主饮酒的生动描写，如枚乘《七发》中“列坐纵酒，荡乐娱心。景春佐酒，杜连理音”[8]，傅毅《舞赋》中“溢金罍而列玉觞。腾觚爵之斟酌兮，漫既醉其乐康”[9]。

两汉时期，平民饮酒也是普遍现象。如刘邦为平民时，嗜酒好肉，在酒席上被吕公赏识，并将女儿吕雉，也就是后来的吕后，许配给他。《后汉书·李充传》载李充分家时，“当醖酒具会，请呼乡里内外，共议其事。”[10]家中有客人来访也要到酒肆酤酒招待，“舍中有客，提壶行酤。”[11]《汉书·杨敞传》记载，即使最贫困的农民也要饮酒自劳，“田家作苦，岁时伏腊，亨羊炰羔，斗酒自劳”[12]。总之，与官员和贵族一样，平民在婚丧嫁娶、祭祀祖先、接待宾客、节日聚会等活动中，无不饮酒。在汉代饮酒量被视为豪爽的行为，盖宽饶赴宴迟到了，主人责备来晚了，盖宽饶曰“无多酌我，我乃酒狂”[13]，可见其酒风。

汉代女性地位相对后世较高，女性具有财产、爵位继承权。除宫廷女子饮酒外，平民女性也广泛参与饮酒活动。汉代有大量女性从事酿酒、酤

---

1 （汉）班固，（唐）颜师古注．汉书 [M]．北京：中华书局，1962：3379.
2 （南朝宋）范晔，（唐）李贤，等注．后汉书 [M]．北京：中华书局，1965：1178.
3 （汉）司马迁．史记 [M]．北京：中华书局，1982：2871.
4 （汉）班固，（唐）颜师古注．汉书 [M]．北京：中华书局，1962：3345.
5 （汉）班固，（唐）颜师古注．汉书 [M]．北京：中华书局，1962：3640.
6 （汉）桓宽，盐铁论校注 [M]．王利器，校注．北京：中华书局，1992：353–354.
7 丁福保编．全汉三国晋南北朝诗 [M]．北京：中华书局，1959：69.
8 （清）严可均编．全上古三代秦汉三国六朝文 [M]．北京：中华书局，1958：238.
9 （清）严可均编．全上古三代秦汉三国六朝文 [M]．北京：中华书局，1958：705.
10 （南朝宋）范晔，（唐）李贤，等注．后汉书 [M]．北京：中华书局，1965：2684.
11 （清）严可均编．全上古三代秦汉三国六朝文 [M]．北京：中华书局，1958：359.
12 （汉）班固，（唐）颜师古注．汉书 [M]．北京：中华书局，1962：2896.
13 （汉）班固，（唐）颜师古注．汉书 [M]．北京：中华书局，1962：3245.

酒，并普遍参与饮酒活动，如《陇西行》中就生动描述了陇西一位贤达的女主人以酒待客的情形："清白各异樽，酒上正华疏。酌酒持与客，客言主人持"[1]。《后汉书·循吏列传》载"览乃亲到元家，与其母子饮"[2]，记载了仇览与陈元母子共饮的情形。

汉代中原汉族与少数民族交往密切，史书上也记载了当时少数民族的饮酒之风，《汉书·李广苏建传》载"单于置酒赐汉使者""斩首虏赐一卮酒"[3]等内容，可见匈奴人用酒来招待宾客，奖励战功。《汉书·傅介子传》载，楼兰王"介子与坐饮，陈物示之，饮酒皆醉"[4]。《汉书·西域传上》载，大宛"左右以蒲陶为酒，富人藏酒至万余石"[5]。《汉书·西域传下》载细君公主嫁至乌孙，"岁时一再与昆莫会，置酒饮食"[6]。《华阳国志》载，巴人诗曰："旨酒嘉谷，可以养父……旨酒嘉谷，可以养母。"[7]《后汉书·东夷列传》载，东夷诸族"率皆土著，憙饮酒歌舞"[8]。《后汉书·臧宫传》载，越人"其渠帅乃奉牛酒以劳军营"[9]。从中可见汉代周边少数民族在礼仪活动、军事活动和日常生活中都离不开酒。

汉代饮酒需要选择日期，非节日期间不能无故饮酒，因而专门设立有腊日饮酒和伏日饮酒、社日饮酒，此外还有各种节日饮酒，各种婚礼饮酒和大脯日饮酒。算下来一年中有不少可饮酒日。

汉代除喜饮酒外，酿酒业也很兴盛。1979年在四川彭州收集到一画像砖，上有一酒舍，画有一妇女，头挽高发髻，左手扶缸沿，右手卷袖正投曲入缸内酿酒。其对面坐一售酒人。缸前长形垆台，上有三圆孔，内置三坛，坛上圆圈为颈口，台侧立一买酒者正与售酒人交谈，酒舍内有储量仓房，壁上挂着酒坛两个。右下方一人头挽椎髻手推独轮车，车上有盛酒的小口方形箱，下端一人担酒两坛，边走边回首向卖酒人告别。推车的与担酒人皆短裤齐膝。由以上的画像砖可见，汉代巴蜀酒业十分发达，酒业

1　丁福保编. 全汉三国晋南北朝诗 [M]. 北京：中华书局，1959：70.

2　（南朝宋）范晔，（唐）李贤，等注. 后汉书 [M]. 北京：中华书局，1965：2480.

3　（汉）班固，（唐）颜师古注. 汉书 [M]. 北京：中华书局，1962：3752.

4　（汉）班固，（唐）颜师古注. 汉书 [M]. 北京：中华书局，1962：3032.

5　（汉）班固，（唐）颜师古注. 汉书 [M]. 北京：中华书局，1962：3894.

6　（汉）班固，（唐）颜师古注. 汉书 [M]. 北京：中华书局，1962：3903.

7　（晋）常璩. 华阳图志校补图注 [M]. 任乃强，校注. 上海：上海古籍出版社，1987：5.

8　（南朝宋）范晔，（唐）李贤，等注. 后汉书 [M]. 北京：中华书局，1965：3098.

9　（南朝宋）范晔，（唐）李贤，等注. 后汉书 [M]. 北京：中华书局，1965：693.

发展也很兴盛。既有前店后坊的经营方式，也有相关的酒肆或酒店，买酒的人们也络绎不绝，从侧面反映出当时酿酒技术的高超。

（2）"牛酒养德"的朝廷赐酒风俗。汉代的赐酒主要体现了崇德务本、慰劳嘉许、抚恤孤弱等功能。汉代执政思想由汉初的黄老思想逐步转变为儒家思想。注重孝治，提倡孝悌，在生产上，汉代以农立国，奖励耕织是基本国策，所以汉代多次向"孝""悌""三老""力田"者和高寿老人赐酒肉，以行崇德务本之教化，如《后汉书·明帝纪》载"其赐天下三老酒人一石，肉四十斤"[1]。《顺帝纪》载："赐民年八十以上米，人一斛，肉二十斤，酒五斗。"[2]《续汉书·礼仪志》记载在养老礼中"天子亲袒割牲，执酱而馈，执爵而酳"[3]。对功德卓著的官员赐酒肉加以慰劳嘉许。帝王赐酒实质为宣示权势，除却内涵意义外，它具有礼仪中的形式感和神圣性，是精神归属通路的表达。特别在饮酒微醺状态下，人有一种超越和幸福感，受赐者会将环境氛围与别人的羡慕和赐酒联系在一起而存留心底，获得精神与生理上的满足。"酒"在特定时间和氛围中所产生的超然，其实是某种优越感和物质的炫耀。

《汉书·平当传》载，汉哀帝赏赐给平当"上尊酒十石"[4]，《杜延年传》中记载，汉宣帝赐给退休的杜延年"黄金百斤，牛酒，加致医药"[5]，汉章帝对辞官的江革"常以八月长吏存问，致羊酒，以终厥身"[6]，汉明帝对邓彪"常以八月旦奉羊、酒"[7]。对出征将士赐壮行酒，凯旋将士赐庆功酒。《汉书·刘屈氂传》载："贰师将军李广利将兵出击匈奴，丞相为祖道……祖者，送行之祭，因设宴饮焉。"[8]汉武帝元狩二年（前121），骠骑大将军霍去病西征大胜，汉武帝特赐御酒嘉奖，霍去病因酒少人多，遂倾酒入金泉，与全体将士共饮，金泉遂改称为"酒泉"，就是今天的甘肃省酒泉市。对孤弱赐酒以示抚恤。两汉时期，诏书"赐女子百户牛酒"共有23次，其中西汉占绝大部分，另有对鳏寡孤独者的赐酒赐帛，以示朝廷抚恤之意。

1 （南朝宋）范晔，（唐）李贤，等注. 后汉书 [M]. 北京：中华书局，1965：103.
2 （南朝宋）范晔，（唐）李贤，等注. 后汉书 [M]. 北京：中华书局，1965：264.
3 （南朝宋）范晔，（唐）李贤，等注. 后汉书 [M]. 北京：中华书局，1965：103.
4 （汉）班固，（唐）颜师古注. 汉书 [M]. 北京：中华书局，1962：3051.
5 （汉）班固，（唐）颜师古注. 汉书 [M]. 北京：中华书局，1962：2666.
6 （南朝宋）范晔，（唐）李贤，等注. 后汉书 [M]. 北京：中华书局，1965：1303.
7 （汉）班固，（唐）颜师古注. 汉书 [M]. 北京：中华书局，1962：1495.
8 （汉）班固，（唐）颜师古注. 汉书 [M]. 北京：中华书局，1962：2883.

（3）祭祀婚丧饮酒风俗。由于远古时期人们对自然科学认识的局限，对某些自然现象和精神意识都无法作出合理的解释，故而将一切未知都寄予一种神灵庇护并顶礼膜拜，求其降福免灾。在此过程中人们渐渐感悟人神沟通、上下交感的精神境界，实现人神天地和谐共生的信仰理想。要实现和展示精神信仰就需要有活动形式，由此产生了各种崇拜祭祀活动，而"祭祀的物质条件是酒与肉"。汉代统治者仍秉持春秋时的"国之大事，在祀与戎"的执政理念。汉代从皇室贵族到平民百姓都十分重视对神祇、山川和祖先的祭祀，在献祭的祭品中酒是不可或缺的。汉代平民也有祭祀神灵的风俗，在《盐铁论·散不足篇》便记载了民间社日富人、平常人家和贫民祭祀的情景。

祭祀用酒有着严格的礼仪规范，各等级的祭祀用酒基本包括备酒、献酒和酹酒三个环节。重大祭祀活动用的酒需要提前八个月酿造，由太官、汤官主管，对酒的品质与数量也有严格要求，官员和百姓祭祀备酒也都采用自己所能承受的高品质酒类；重要祭祀献酒要用"三献之礼"，也就是要献酒三次，君臣按等级、家族以辈分依次献酒。

婚嫁是喜庆之礼，《汉书·宣帝纪》载："夫婚姻之礼，人伦之大者也。酒食之会，所以行礼乐也。"[1] 汉代的婚礼基本承袭了先秦的"六礼"程序，即纳彩、问名、纳吉、纳微、请期、迎亲。[2] 每个程序都有饮酒成礼的礼仪要求。皇室贵族的婚礼隆重奢华，礼仪完备，平民大多不拘泥于"六礼"。丧礼为至哀之礼，按照儒家礼仪规定，服丧之人不得饮酒食肉，特别是国丧期间，全国都要停止娱乐活动，禁进酒肉，两汉皇帝国丧期间大抵如此。但汉代民间丧葬，仍然有对吊丧宾客"娱之以乐，飨之以酒肉"的风俗，《盐铁论·散不足》载："今俗人因人丧以求酒肉，幸与小坐而责辨，歌舞俳倡，连笑伎戏。"[3] 同时酒也是汉代丧葬中重要的随葬品。汉代人多迷信侍死如侍生，安葬时"厚资多藏，器用如生人"[4]。所以汉代随葬品中有大量的贮酒器、饮酒器与美酒，长沙马王堆一号汉墓、河北满城汉墓、洛阳烧沟汉墓等均有大量出土。河北满城汉墓出土 33 个陶缸，缸上书写"黍酒""稻酒"等字样，为典型随葬酒器。

1　（汉）班固，（唐）颜师古注. 汉书 [M]. 北京：中华书局，1962：265

2　杨天宇. 仪礼译注 [M]. 上海：上海古籍出版社，2004：25.

3　（汉）桓宽. 盐铁论校注 [M]. 王利器，校注. 北京：中华书局，1992：353-354.

4　（汉）桓宽. 盐铁论校注 [M]. 王利器，校注. 北京：中华书局，1992：354.

（4）"礼仪"起源到固化。先秦时期已经形成的饮酒礼仪体系在汉代与平民的饮酒习俗相互吸收融合，形成了汉代特有的饮酒风俗，成为后世饮酒风俗的源头和基础。饮酒风俗是汉代各种礼仪风俗中的重要部分，在汉代饮酒与各种礼仪活动密不可分，因而有"百礼之会，非酒不行"[1]的说法。如通过"牛酒养德"的赐酒，来体现朝廷崇德务实、慰劳嘉许、抚恤孤弱之意，在朝觐礼、籍田礼等重要礼仪活动中，饮酒环节都有深厚的寓意和明确的规范，寓教化于饮酒之中，节日中的饮酒除烘托节日气氛外也体现了上下有序尊老重贤、追远怀古、祓除祈福等传统文化内涵。有代表性的礼仪活动有朝觐礼[2]、籍田礼[3]、射礼[4]、冠礼[5]等。

汉代是中华民族风俗礼仪起源与固化的重要时期，在其形成过程中，酒扮演了重要角色，形成了较为成熟的风俗礼仪与独具特色的饮酒风俗，被后世朝代所传承。汉代国家疆域辽阔，政治统一，社会秩序相对安定，粮食产量大幅提高，尚酒之风盛行。《汉书·食货志》给予酒高度评价："酒者，天之美禄，帝王所以颐养天下，享祀祈福，扶衰养疾，百礼之会，非酒不行。"[6]酒已经渗透到汉代社会的各个领域，上至帝王贵族下至平民百姓，在祭祀、典礼、节日、医疗以及日常生活中莫不用酒，伴随着饮酒而来的各种娱乐活动也十分兴盛，对文化发展与丰富闲暇生活都产生重要影响。汉代酒文化之所以达到了一定的高度，也与前朝酒文化发展所带来的物质基础与习俗有关，楚文化中奔放、飘逸的浪漫主义色彩对汉代的酒文化影响很大。尤其在西周时期的宫廷之中，对于饮酒的礼仪有着十分严谨的规定，饮酒时间、饮酒顺序、酒具的陈列和使用、所饮酒的种类、饮酒的爵数等方面都要加以约束，而且，当时已经有专职负责这些方面的酒官来监督与规范大家的饮酒礼仪规范。汉代粮食的富足为酿酒提供了基础，饮酒之风遍布各社会阶层。男女都喜酣饮，从一个侧面也见社会

1　（汉）班固，（唐）颜师古注. 汉书 [M]. 北京：中华书局，1962：1182.

2　朝觐礼，诸侯王、文武百官、蕃邦属国朝贺皇帝的大礼。

3　籍田礼，皇帝亲耕大礼，汉代自西汉汉文帝开始到东汉汉献帝一直在举行，旨在表明天子重农，敦促力耕之意。

4　汉代射礼按主持人身份和规模不同分大射、宾射、燕射、乡射四种，内容都为通过射箭比赛，胜者敬酒、负者饮罚酒，以示谦恭、揖让之礼，来实现"教民礼让，敦化成俗"，历来为统治者所重视。

5　冠礼，男子成人之礼，汉代对帝王的冠礼非常重视，《汉书·惠帝纪》记载为庆祝汉惠帝行冠礼，大赦天下。

6　（汉）班固，（唐）颜师古注. 汉书 [M]. 北京：中华书局，1962：1182.

风气的开放和平等，承载社会理念和信仰需要借酒这一载体来实现，同时既日常化又具普遍性。由于地理远离中央集权地，更是承袭和模仿汉地风俗，少数民族饮酒礼仪路数更盛。汉时饮酒被视为豪爽的行为，饮酒与劝酒表达出感情的真挚，酒成为人类宣泄情感的通路，这一特质可谓延续至今。

（5）传统节日饮酒风俗。汉代是中国节日风俗的定型时期[1]，汉武帝时规定正月初一为元旦，辛亥革命后，正月初一改称为春节。春节期间要饮用屠苏酒[2]、椒花酒（椒柏酒）。很多节日与饮酒活动联系紧密，如正旦、社日、夏至、伏日、重阳、冬至、腊日等，奠定了我国节日饮酒习俗的基础。

"屠苏酒"始于东汉。明代李时珍的《本草纲目》中有这样的记载："屠苏酒，陈延之《小品方》云：'此华佗方也。'"[3] 宋代王安石在《元日》一诗中写道："爆竹声中一岁除，春风送暖入屠苏。千门万户曈曈日，总把新桃换旧符。"[4]

"椒酒"是用花椒浸泡制成的酒，椒花芬芳，寓意吉祥，"柏叶酒"即因柏叶长青，取其吉祥、康宁、长寿寓意。它们为"正旦"节日最常饮用的两种酒。社日为祭祀土地神的节日，汉代分为春秋两祭，在节日当天，乡邻共同祭祀社神祈求丰年或丰收后感谢社神，乡民要互分自酿社酒，饮酒食肉，以示庆祝。古人认为夏至、冬至都是"阴阳晷景长短之极"时日，特别是夏至日是阴阳相争的不吉凶日，故要举行祭祀活动以消灾祈福，而酒是夏至祭祀中的必备物品，需要家长亲自酿造以示虔诚。整个西汉和东汉初，伏日和腊日都是并称的，《汉书·杨恽传》载："田家作苦，岁时伏腊，烹羊炰羔，斗酒自劳。"[5] 可见饮酒自劳已经是伏日与腊日的必有活动。

除汉代有节日饮酒外，追溯历史，各朝代皆有许多时令与节日有着饮酒习俗。

1　萧放.岁时传统中国民众的时间生活 [M].北京：中华书局，2002：15.

2　古时汉族风俗于农历正月初一饮屠苏酒以避瘟疫，故又名岁酒。

3　（明）李时珍.本草纲目类编临证学 [M].黄志杰，胡永年，编.沈阳：辽宁科学技术出版社，2015：815.

4　（宋）王安石，（宋）李壁笺注，（宋）刘辰翁评点.王安石诗笺注 [M].董岑仕，点校.北京：中华书局，2021：12.

5　（汉）班固，（唐）颜师古注.汉书 [M].北京：中华书局，1962：2896.

元宵节也是饮酒的重要时日，始于唐代，因为时间在农历正月十五，是三官大帝的生日，所以过去人们都向天宫祈福，必用五牲、果品、酒供祭。祭礼后，撤供，家人团聚畅饮一番，以祝贺新春佳节结束。晚上观灯，吃元宵，也谓之"灯节"。

中和节又称春社日，时在农历二月一日，祭祀土神，祈求丰收，有饮中和酒、宜春酒的习俗。据《岁时广记》记载："村社作中和酒，祭勾芒……祈年谷。"[1]

清明节时间约在阳历 4 月 5 日前后。人们一般将寒食节与清明节合为一个节日，有扫墓、踏青的习俗，始于春秋时期的晋国。这个节日饮酒不受限制。古人对清明饮酒赋诗较多，唐代白居易在诗中写道："何处难忘酒，朱门羡少年，春分花发后，寒食月明前。"[2]而杜牧的《清明》："清明时节雨纷纷，路上行人欲断魂。借问酒家何处有，牧童遥指杏花村。"[3]更是脍炙人口。

端午节又称端阳节，大约形成于春秋战国之际，时在农历五月五日。端午节是集拜神祭祖、祈福辟邪、欢庆娱乐和饮食于一体的民俗大节，蕴含深邃丰厚的文化内涵。人们为了辟邪、除恶，有饮菖蒲酒、雄黄酒等的习俗。

中秋节在农历八月十五日。这个节日里，无论家人团聚还是挚友相会，都离不开赏月饮酒。家人围聚在一起，分享月饼，品尝桂花酒。《开元天宝遗事》记载，唐玄宗在宫中举行中秋夜宴，熄灭灯烛，借月下微光进行"月饮"。创作于五代时期的《乞巧图》中有当时的场景。韩愈在诗中写道："一年明月今宵多，人生由命非由他，有酒不饮奈明何？"[4]

重阳在我国历史悠久，又称重九节、茱萸节，在农历九月初九日。古代人们将九定为阳数，九月初九，两个九相重被称为重阳。屈原《楚辞·远游》篇中即有"集重阳入帝宫兮"[5]之语。到汉代，重阳节的内容进一步丰富，有佩戴茱萸、登高、饮菊花酒、吃重阳糕等习俗。菊花酒酿自"菊华舒时，并采茎叶，杂黍米酿之，至来年九月九日始熟，就饮焉"[6]。

1 （宋）陈元靓. 岁时广记 [M]. 许逸民，点校. 北京：中华书局，2020：257-258.

2 （唐）白居易. 白居易诗集校注 [M]. 谢思炜，校注. 北京：中华书局，2006：2145.

3 （唐）杜牧. 杜牧集系年校注 [M]. 吴再庆，校注. 北京：中华书局，2008：1432.

4 （唐）韩愈，（清）方世举. 韩昌黎诗集编年笺注 [M]. 北京：中华书局，2012：137.

5 （战国）屈原. 屈原集校注 [M]. 金开诚，等，校注. 北京：中华书局，1996：704.

6 （晋）葛洪. 西京杂记 [M]. 周天游，校注. 西安：三秦出版社，2006：146.

传说重阳饮菊花酒可消灾避邪，延年益寿。《西京杂记》曰："戚夫人侍儿贾佩兰，后出为扶风人段儒妻，说在宫内时，九月九日佩茱萸，食蓬饵，饮菊花酒，云令人长寿"。[1]现如今，重阳节已被社会赋予关注老人的特殊含义。

（6）"百药之长"以酒为引子。"酒者，水谷之精，熟谷之液也，其气剽悍"[2]，《汉书·食货志》载："酒，百药之长。"[3]说明汉代人认为酒是五谷精华，认识到酒"扶衰养疾"的功能。古人造酒的初衷并不仅仅是为了饮用，也是为了治病。酒不仅有保健功能，还能自身成药以及可以入药。酒在汉代医药、医疗中应用十分广泛，用法、用量都很成熟，的确不愧为"百药之长"。酒具有良好的穿透性，能使大部分水溶性物质，以及一些水不能溶解的物质溶于酒（乙醇）中。这一特性使酒更容易进入动植物药材组织细胞，将药材中大部分有机物质溶解萃取出来，继而发挥药的治疗功效。发酵酒酒精度只有 20° voL 左右，显然无法实现炮制药材的作用，能够萃取药用成分的酒一定是高度酒，应该是蒸馏白酒。时至今日很多汤剂药还在使用酒精相伴，民间说法是药引子。古人视酒有六益：治病、养老、成礼、成欢、忘忧、壮胆。

（二）醇酒初尝，渐成习俗——早期饮酒风俗特征

隋唐酒史可圈可点，唐代是封建社会发展的鼎盛时期，物质财富极大丰富，人民生活水平也极大提高，隋帝杨坚统一全国后，曾一度取缔官家酒作坊，促进了私人酒坊和酒店的发展。对隋炀帝的评价虽然有众多争议，但他的文治武功还是非常显赫的：修筑了大运河连接长江流域和黄河流域，实行了郡县制管理方式，打通了丝绸之路，正式施行科举考试制度，使人才选取更加公平。他喜欢饮酒，在诗歌中有很多与酒有关的内容，《江都宫乐歌》写道："渌潭桂楫浮青雀，果下金鞍驾紫骝。绿觞素蚁流霞饮，长袖清歌乐戏州。"[4]多么有魅力的诗句，多么美好的琼浆。这首诗清新明丽，毫无靡靡的气象。

南唐君主李煜词风柔靡，深情自然。李煜是个才华横溢的君王，善于书画、诗词，通晓音律。《浣溪沙》中他写："佳人舞点金钗溜，酒恶时拈

1　（晋）葛洪.西京杂记 [M].周天游，校注.西安：三秦出版社，2006：146.
2　田代华，刘更生整理.灵枢经 [M].北京：人民卫生出版社，1989：107.
3　（汉）班固，（唐）颜师古注.汉书 [M].北京：中华书局，1962：1183.
4　（宋）郭茂倩编.乐府诗集 [M].北京：中华书局，1979：1113.

花蕊嗅，别殿遥闻箫鼓奏。"[1] 在《玉楼春》里，他描写了纸醉金迷的上层奢华生活："临风谁更飘香屑，醉拍阑干情未切。"[2] 他在每日里饮酒赋诗，不去理会天下兵凶危机，宋太祖屡次遣人诏其北上，他都以各种理由推辞。李煜降宋后，亡国之痛萦绕心头，诗酒王侯的生活恍然若梦。

杜甫有"朱门酒肉臭，路有冻死骨。"[3] 的诗句，他在呼啸寒风中看到路旁快要冻死的穷人，听到深宅大院里寻欢的权贵而愤懑写下此篇。

唐人好酒，虽然比六朝稍有退减，但仍然长盛不衰，以致有"饮中八仙"[4] 的说法出现，说明唐人饮酒是一个群体性的行为与习惯。近年来出土大量唐代酒器，数量之浩繁，制作之精美，材质之高贵，是其他用途的器物难以比拟的，酒器中相当一批被评定为最高等级的文物，甚至被收藏单位视为"镇馆之宝"，它们从一个侧面印证了唐人饮酒风尚之盛，以及对饮酒的重视程度。

唐代酒器无论是在实用功能还是造型艺术方面，都有极大的影响力。其中联体执壶以及各种三彩执壶展示了唐代的审美意趣，大量盛酒具用执壶的形式出现，从侧面也反映出唐代社会生活的变化。在唐以前人们席地而坐，盛酒具常常通过双手抱起，因此较少出现执壶。自唐起，人们改席地而坐的方式为垂足而坐，因此，执壶的普遍出现也是便于人们对盛酒器的拿放。在唐代，执壶的形式也多种多样，有鸡头壶、龙头壶、凤头壶等，以及双耳壶和三彩执壶，而三彩执壶通常作为冥器使用，以象征着对先祖的崇高敬意。

唐代酒品类非常多，大致上分为谷物酒、果酒、乳酒、药酒四大类，依原料和产地的不同又可细分为很多种，唐李肇《国史补》记载的名酒就有 14 种[5]。这些酒的度数不一致，这为饮者提供了可选择的条件，也就是为什么唐代的诸多酒器容量都大小不一。唐人将饮酒视为一种正规的礼仪和社交活动，所以对饮酒有制度规定，很多酒宴有专门的名字，如"琼林

---

1 （南唐）李璟，（南唐）李煜.南唐二主词笺注 [M]. 王仲闻，陈书良，笺注. 北京：中华书局，2013：80.

2 （南唐）李璟，（南唐）李煜.南唐二主词笺注 [M]. 王仲闻，陈书良，笺注. 北京：中华书局，2013：119.

3 （唐）杜甫，（清）仇兆鳌. 杜诗详注 [M]. 北京，中华书局，1979：270.

4 指唐朝开元年间嗜酒的八位学者名人，亦称酒中八仙、饮中八仙人。《新唐书·李白传》载，李白、贺知章、李适之、汝阳王李琎、崔宗之、苏晋、张旭、焦遂为"酒中八仙人"。（宋）欧阳修，（宋）宋祁. 新唐书 [M]. 北京：中华书局，1975：5763.

5 （唐）李肇.唐国史补校注 [M].聂清风，校注. 北京：中华书局，2021：285.

宴""避暑会""暖寒会"和年终的"烧尾宴"等，官员都要参加，所以饮酒极为普遍。顾况有诗道："谁家无春酒，何处无春鸟。"[1]道出了唐代饮酒的普及程度。杜甫穷困时喝不起正规的酒，而最倒霉的时候，"潦倒新停浊酒杯"，即连夹杂着酒糟的"浊酒"都不得不停杯了，可见其困顿之状，但也反映出他对酒的嗜好。

　　唐人爱喝酒，但在狂饮中也包含着理性的追求。随着诗歌在唐代的繁荣，边喝酒边吟诗就成为一种普遍的习俗。有的人甚至只有醉后才能吟出佳句，所以酒就和文人的诗歌创作结下了不解之缘。杜甫《饮中八仙歌》描述八位饮酒的朋友，他们有的是皇家宗室，地位显赫，有的时任高官，还有的是失意文人，他们经常聚在一起狂欢。诗中写道："李白一斗诗百篇，长安市上酒家眠。天子呼来不上船，自称臣是酒中仙。"[2]张旭要三杯下肚才能挥毫，这都被后人传为佳话。狂饮，表达了他们对权贵的藐视，以及对个性解放的追求。在似醉非醉的朦胧中，又进一步追求一种飘然若仙的审美境界。

　　唐代中后期向"酤户"[3]征收酒税，这为政府提供重要的财政收入，又进一步助长了饮酒之风。当时的大街小巷到处都有酒肆，喝酒是很方便的事。杜牧诗道："清明时节雨纷纷，路上行人欲断魂。借问酒家何处有？牧童遥指杏花村。"[4]说明村中也都有酒店，至于京城长安，更是酒肆林立。中唐著名诗人韦应物有诗道："豪家沽酒长安陌，一旦起楼高百尺。碧疏玲珑含春风，银题彩帜邀上客……繁丝急管一时合，他垆邻肆何寂然。主人无厌且专利，百斛须臾一壶费。初醲后薄为大偷，饮者知名不知味。深门潜酝客来稀，终岁醇醲味不移。长安酒徒空扰扰，路傍过去那得知。"[5]这些酒肆有的是胡人所开设，服务对象却不限于胡人，除酒好外，漂亮的胡姬是吸引客人的重要手段，唐人诗歌中对此多有描述，如李白诗："五陵年少金市东，银鞍白马度春风。落花踏尽游何处，笑入胡姬酒肆中。"[6]有酒肆就有酒招，也就是酒店的招牌、广告牌。晚唐皮日休有诗道："青帜阔数尺，悬于往来道。多为风所飏，时见酒名号。"[7]说明酒招的颜色、

1　（清）彭定求，等编. 全唐诗 [M]. 北京：中华书局，1960：2959.

2　（唐）杜甫，（清）仇兆鳌. 杜诗详注 [M]. 北京：中华书局，1979：83.

3　指酿酒卖酒之家。

4　（唐）杜牧. 杜牧集系年校注 [M]. 吴再庆，校注. 北京：中华书局，2008：1432.

5　（唐）韦应物. 韦应物诗集系年校笺 [M]. 孙望，校注. 北京：中华书局，2002：105.

6　（唐）李白，（清）王琦注. 李太白全集 [M]. 北京：中华书局，1977：342.

7　（清）彭定求，等编. 全唐诗 [M]. 北京：中华书局，1960：7051.

尺寸和上书内容——酒名。酒招在当时也叫酒旗，杜牧诗"千里莺啼绿映红，水村山郭酒旗风"[1]，说的就是酒旗迎风飘扬的情景，也有的地方把这种旗帜称为"酒幡"。

唐代多数酒在饮用前要加温，金铛是专用于温酒用的器皿，饮酒时在铛下加火以温热酒，然后饮用。唐代还有"压酒"，原因是其中有一种酒液中混有洒糟，所以要用特制的吸管将酒液吸出，然后供给饮者，这种事不劳饮者自己动手，李白诗中"风吹柳花满店香，吴姬压酒劝客尝"[2]，说的就是压酒的情景。饮酒者也喜欢在这种氛围中，感受到酒造的乐趣和服务的周到。可见不同时代、不同阶层的饮酒方式亦显丰富多样。如先秦之饮尚阳刚、尚力量；魏晋之饮尚放纵、尚狂放；唐代之饮多发奋向上的恢宏气度；宋代之饮多省悟人生的淡淡伤感，继后则多元多样。

古人饮酒讲究礼仪，分拜、祭、啐、卒爵四部分。拜以表达敬意，天地乃孕育粮食谷物之母，高举酒杯过头，似有肢体前倾虔诚敬拜，昭示对拜祭对象的关注。饮酒前以手指蘸少许酒液轻轻弹向空中，酒香四溢，以表对天地的敬意和感恩。然后将杯口放在鼻前闻香，轻啐一口试味，继而一饮而尽。

唐代较为普遍的饮酒日包括：节日，如过年、正月晦日、中和节、寒食日、上巳日、端午节、重阳节、腊日等。唐人每逢节庆日总要饮酒庆祝，如重阳节就要登高，饮菊花酒、插茱萸，白居易的名句"独在异乡为异客，每逢佳节倍思亲。遥知兄弟登高处，遍插茱萸少一人"，说的就是这种风俗。社日，社日是合祭社神（土地神）和谷神的日子，分春社和秋社。南朝时期的社日，村民有用牲畜和酒祭社神，然后饮食的习俗。唐代沿袭了这一习俗，王驾《社日村居》有"桑柘影斜春社散，家家扶得醉人归"[3]的描写。唐代人在社日痛饮而醉，一方面是沿袭古俗，祈求或庆贺丰年；另外也与唐王朝对人民的压迫有关。《旧唐书·高宗本纪》记载唐高宗咸亨五年诏曰："春秋二社，本以祈农，如闻此外别为邑会，此后除二社外，不得聚集，有司严加禁止。"[4] 由此可知唐代人在可以自由聚会的社日拼命痛饮的原因了。饯行饮酒，饯行的深意在于祭祀路神的仪式，后来从祭祀路神以佑上路者旅途平安而引申为饯行饮酒这一习俗了。唐代饯行

1 （唐）杜牧. 杜牧集系年校注 [M]. 吴再庆，校注. 北京：中华书局，2008：349.

2 （唐）李白，（清）王琦注. 李太白全集 [M]. 北京：中华书局，1977：728.

3 （清）彭定求，等编. 全唐诗 [M]. 北京：中华书局，1960：6938.

4 （后晋）刘昫，等. 旧唐书 [M]. 北京：中华书局，1975：98–99.

饮酒的诗在《全唐诗》中占有很大的比例，如韩偓《杂家》诗句"祖席诸宾散，空郊匹马行"[1]，白居易《送吕漳州》诗句"今朝一壶酒，言送漳州牧"[2]等皆说饯行饮酒这一习俗。婚礼日，婚礼饮酒是我国的古俗，《仪礼·士昏礼》中就有醴使者（请媒人喝酒）、合卺（新婚夫妇饮酒）的礼节。《樱桃青衣》见于《太平广记》，是一个慨叹人生如梦的故事，富有哲理意蕴，有拜席设宴以会亲表[3]；《郑绍》有夫妻饮交杯酒誓为伉俪等内容的习俗。[4]大酺日，大酺也称赐酺，是古代皇帝因改换年号、册立太子、公主出嫁和吉兆等国家大喜事而下诏，特准许臣民聚饮的日子。大酺的时间不一，有三日、五日、七日和九日之别，大酺日是唐代全国较为普遍的饮酒日。

（三）饮酒场域及种类

唐代饮酒主要在酒肆、驿站、妓院及各类酒宴等场所。其中最为普遍的是于各类酒宴饮酒。

一般来说，宫廷官场的酒宴比较庄重，与宴者拘于礼节不易开怀畅饮，倒是一般家庭宴饮和亲友聚会的闲适饮酌更宜于尽情尽兴。唐代酒宴大体可以分为三类。

第一类是朝廷因喜庆加冕、册封、庆功、祝寿、点元和节日的赐宴，还有臣僚为接驾而举办的宴会，文武百官为公事举办的宴会等。这些宴会规模大，礼仪繁多，谁先举酒都有严格的等级约束。《唐语林》卷七记：唐玄宗"开元中幸丽正殿赐酒，大学士张说、学士副知事徐坚以下十八人，不知先举酒者。说奏：学士以德行相先，非其员吏，遂十八爵一时举酒。"[5]

第二类是官僚缙绅士大夫之间的社交宴会。这类宴会在唐代诗文中多有记述。《开元天宝遗事》记载了三条资料很能说明此：长安富家子"每至暑伏中，各于林亭内植画柱，以锦绮结为凉棚，设座具，召长安名妓间坐，递相延请，为避暑之会""长安进士郑愚、刘参、郭保衡、王冲、张道隐等数十辈，不拘礼节，旁若无人。每春时，选妖妓三五人，乘小犊车，

1 （唐）韩偓. 韩偓集系年校注 [M]. 吴在庆，校注. 北京：中华书局，2015：632.
2 （唐）白居易. 白居易诗集校注 [M]. 谢思炜，校注. 北京：中华书局，2006：2291.
3 （宋）李昉等. 太平广记 [M]. 北京：中华书局，1961：2242-2243.
4 （宋）李昉等. 太平广记 [M]. 北京：中华书局，1961：2734-2735.
5 （宋）王谠. 唐语林校证 [M]. 周勋初，校注. 北京：中华书局，1987：647.

指名园曲沼，籍草裸形，去其头巾，叫笑喧呼，自谓之颠饮""巨豪王元宝，每至冬月大雪之际，令仆夫自本家坊巷口扫雪为径路，躬亲立於坊巷前，迎揖宾客，就本家具酒炙宴乐之，为暖寒之会"[1]唐代文武百官士大夫的社交宴会是受到朝廷赞许的，据《唐会要》卷二十九记载，唐玄宗天宝十载（751）下敕："百官等曹务无事之后，任追游宴乐。"[2]

第二类是各阶层的家宴和便宴。这类宴会的普及程度远胜前两类。唐代家宴主要在岁时节日和家庆大事（结婚、生子、生日等）时举办。另外，亲友闲适饮酌的便宴也往往尽情尽兴。白居易《小庭亦有月》诗中描写道："但问乐不乐，岂在钟鼓多。客告暮将归，主称日未斜。请客稍深酌，愿见朱颜酡。客知主意厚，分数随口加。堂上烛未秉，座中冠已峨。"[3]

（四）酒宴上的习俗

我国古代酒宴排座次是区别尊卑的一种礼俗。《史记·项羽本纪》中的鸿门宴就清楚地体现了这种礼俗："项王、项伯东向坐，亚父南向坐，沛公（刘邦）北向坐，张良西向侍。"[4]东向座是首席，次者是南向座，再次者是北向座，最卑的位置是西向座。东向为尊是我国古代室内酒宴座次的礼俗，唐代也是如此。

唐初通俗诗人王梵志在他的诗歌中较详细地记述了唐代酒席上的规矩和礼节："尊人立莫坐"，是说首座的尊者没有入座之前，别人是不能先坐下的；巡酒时，先从首席起，后巡之末座，谓之"婪尾酒（也称蓝尾酒）"；主客饮酒时，侍酒的下人专管斟酒服务，是不能入座的，"尊人对客饮，卓立莫东西。使唤须依命，弓身莫不齐"；酒巡来时必须饮，酒量小的可以少饮，"巡来莫多饮，性少自须监。勿使闻狼相，交他诸客嫌"；主客赐酒给侍酒的下人是必须喝的，"尊人与须吃，即把莫推辞"；饮酒时，如客人来到要离席远迎，"坐见人来起，尊亲尽远迎。无论贫与富，一概惣须平"。[5]另外唐代酒席上还有行酒令与敬酒、罚酒的规矩。

1 （五代）王仁裕. 开元天宝遗事 [M]. 曾贻芬，点校. 北京：中华书局，2006：42，27，13.

2 （宋）王溥. 唐会要 [M]. 北京：中华书局，1960：540.

3 （唐）白居易. 白居易诗集校注 [M]. 谢思炜，校注. 北京：中华书局，2006：2252.

4 （汉）司马迁. 史记 [M]. 北京：中华书局，1982：312.

5 项楚. 王梵志诗校注 [M]. 上海：上海古籍出版社，2010：405-411.

唐代酒宴上多行酒令，它是唐朝人发明并实施的饮酒游戏，以文学表达为底蕴，达到文化与品位的融合，骰盘和筹箸就是人们常用的酒令工具，对字令、动作令等都是人们喜爱的形式。有引用经史的句子集成的雅令、有妙趣横生的绕口令、有简单快捷的骰子令、又有即席吟咏的诗令。另外还有一些酒令现在只知其名，不知行令的方法了。也有用儒家经典为令，办法多为抽签，然后根据签上的要求作答，如答不出就要罚酒。不过，从唐代实际情况看，这种办法只适用于一般的饮酒者，对喜好狂饮者就不适用，或者刚开始还能以酒令约束，喝到酣畅淋漓时，恐怕就不能用此办法了。

至唐时酒令成为一种饮酒雅趣，在乎游戏娱乐。"论语玉烛"酒令银筹筒，就是专门用来盛装酒令筹的器物。该器表面主要纹饰有四个并列的纹饰区，内填鱼子、对鸟纹。筒体下部稍粗，饰条形纹。一部论语，万人酒酣。《论语》乃儒家经典，是专记孔子言论的一部经书。"玉烛"原是唐代对白蜡烛的雅称，后又可泛指酒令筹筒。这件酒令筹筒的上半部恰似一根蜡烛，而内装的五十根酒令筹上的酒令辞均选自《论语》，所以叫做"论语玉烛"酒令筹。将孔老夫子的《论语》运用到酒令当中，增加了饮酒的文化品位。

行酒令时输者要被罚酒。执掌酒令与罚酒的人叫酒纠或录事。唐代人多携妓饮酒，酒宴上的酒纠多为陪酒的妓女担当，但有时也由席上的主人或客人来担任。从大量的唐代仕女图可知，当时妇女地位极高，且多参与宴饮活动，尤其是一些歌舞名伎，深谙酒事，擅长交际。唐代妇女多参与定饮活动，尤其是些知名妓女，才艺期人，因此她们经常担任席纠之职。就连皇家宫廷饮宴，也有挑选嫔记为席纠的习惯。花蕊夫人为此写诗说："昭仪侍宴足精神，玉烛抽看记饮巡。倚赖识书为录事，灯前时复错瞒人。"[1]在酒场之中，女性酒纠极为活跃。

元稹在《黄明府诗序》中记他："小年曾于解县连月饮酒，予常为觥录事。曾于窦少府厅中，有一人后至，频犯语令，连飞十二觥，不胜其困，逃席而去。"[2]

唐代酒席上除了因犯酒令而受罚外，还有因别事挨罚的，《唐语林》卷八记载有"饮坐作令，有不误而饮罚爵者"；卷三还记载："仁表后为华

1 （清）彭定求，等编. 全唐诗 [M]. 北京：中华书局，1960：8975.
2 （唐）元稹. 元稹集 [M]. 北京：中华书局，2010：131.

州赵骘幕，尝饮酒，骘命欧阳琳作录事，酒不中者罚之。仁表酒不能满饮，琳罚之。"

敬酒也叫送酒、劝酒，含义如今。唐代敬酒的主要特点是歌以送酒。送酒的歌者多为陪酒的姬妾歌妓，也有主人唱歌为客人送酒或主客相互送酒的形式。唐代送酒诗多是当时流行的词曲，唱王昌龄、王之涣、白居易、李益等人的诗或乡土小调等。另外唐代敬酒还是表达自己心愿的一种方式。唐人在饮酒时还有蘸甲的习俗，即敬酒时用手指伸入杯中略蘸一下，弹出酒滴，以示敬意。他们还喜欢按次序轮流饮酒，每人饮一遍，称为一巡。若遇到酒会，通常要饮酒多巡。

唐代文人饮酒为了增添饮酒氛围，还会开展各式各样的佐觞[1]活动，传杯唱觥，赋诗猜谜，起舞抛球，是集智慧与娱乐一体的饮酒活动，对于丰富唐人们的精神生活也起到十分重要的作用。

在唐代饮酒活动中，音乐与歌舞起着相当重要的调节作用。凡是具有一定规模的聚宴，都要推出歌舞表演，以助酒兴，哪怕是二三人的小酌浅饮，也会有人歌舞自娱，白居易诗："密坐随欢促，华尊逐胜移。香飘歌袂动，翠落舞钗遗。"[2]就反映这种歌舞佐觞的状况。若是船上摆宴聚饮，人们同样会引入歌舞节目，在水波荡漾的环境里来体现席间娱乐的美妙情趣。李白曾为此写诗说："摇曳帆在空，清流顺归风。诗因鼓吹发，酒为剑歌雄。对舞青楼妓，双鬟白玉童。行云且莫去，留醉楚王宫。"[3]音乐歌舞给唐人的饮酒活动带来了异常兴奋的效果。

《隋唐嘉话》卷下记载："景龙中，中宗游兴庆池，侍宴者递起歌舞，并唱下兵词。"[4]白居易为此有"醉后歌尤异，狂来舞不难"[5]的吟咏。与席者在宴饮场合共同唱歌跳舞，大大增强了饮酒过程中的欢娱气息。五代顾闳中《韩熙载夜宴图》中的画面，有舞女为饮酒者舞蹈助兴。王绩《辛司法宅观妓》："长袖随凤管，促柱送鸾杯。"[6]李群玉《索曲送酒》："烦君玉指轻拢撚，慢拨鸳鸯送一杯。"[7]均指以乐器弹奏送酒。唐人经常以唱歌的形

1　意为劝酒。
2　（唐）白居易. 白居易诗集校注 [M]. 谢思炜，校注. 北京：中华书局，2006：978.
3　（唐）李白，（清）王琦注. 李太白全集 [M]. 北京：中华书局，1977：949.
4　（唐）刘餗. 隋唐嘉话 [M]. 程毅中，点校. 北京：中华书局，1979：41.
5　（唐）白居易. 白居易诗集校注 [M]. 谢思炜，校注. 北京：中华书局，2006：1612.
6　（清）彭定求，等编. 全唐诗 [M]. 北京：中华书局，1960：486.
7　（清）彭定求，等编. 全唐诗 [M]. 北京：中华书局，1960：6614.

式送酒。《古今谭概》中记载代宗调解郭子仪家事，"命宫人载酒和……歌以送酒"[1]。

比如《太平广记》中引《本事诗》记载丞相李逢吉下达宴会通知，就说："某日皇城中堂前致宴，应朝资宠璧，并请早赴境会。"[2]总体说来，应邀出席的女性大都是年少美貌的妓女或艺人，她们能歌善舞，才艺出众，深得座客的青睐。邀请女性陪酒，可以选择良家妇女，也可以是女伎艺人。唐代社会高度开放，许多妙龄女子从事艺伎职业，与人娱乐，她本人以及全社会都感到很正常。

可以看出，唐代的饮酒活动侧重于劝酒娱乐而淡薄礼仪，讲究精神享受又追求兴奋程度，经过一代人的投入与烘托，营造出格调高雅的文化氛围。人们以酒为媒介而进行多种多样的席间活动，使用情趣多变的饮酒方法，不断推出新颖的酒令形式，同时又把文学艺术融入杯盏之间，达到了前所未有的文明境界。后代流行的酒令模式，大多从唐人的形式演化而来。

三、巴蜀早期酒文化及酒器风貌

酒早期在巴蜀有着广泛的分布，特别是沿江河较多，这与酿酒所需的水质有很大的关系，相较于其他地方，这里的气候与地理环境造就了酿酒发酵的微生物较多，拥有优越的酿酒条件。这一分布固然与得天独厚的条件有关，但最根本的原因是农业的发展，自古此地就是我国最著名的产粮区之一，《华阳国志·蜀志》中记载，这一地区"水旱从人，不知饥馑，时无荒年，天下谓之天府也"[3]。巴蜀盆地境内有长江干流及其一级支流嘉陵江、岷江和沱江等江河，有"四河之地"之称。其南边谓之"巴"，以成都平原为中心谓之"蜀"。初期有巴国和蜀国之分，后被秦国统一后设巴郡和蜀郡，一直沿用至今。巴蜀土地肥沃，气候温和、雨量充沛，周围都是崇山峻岭，交通闭塞，古称"四塞之国"。公元前256—前251年，秦昭王派李冰为蜀郡守，大兴水利润泽良土，疏浚平原河道，使农业稳定发展，为秦国统一中原提供了重要粮饷和兵源地，这对川蜀的酿酒业来说也是一件大事，酒谚有云"水为酒之血，粮为酒之休"，这二者构成了好酒的血肉。据《太平御览》引《郡国志》记："南山峡峡西八十里有巴乡村，

---

1 （明）冯梦龙编著. 古今谭概 [M]. 栾保群，点校. 北京：中华书局，2018：284.

2 （宋）李昉，等. 太平广记 [M]. 北京：中华书局，1961：2153.

3 （晋）常璩. 华阳图志校补图注 [M]. 任乃强，校注. 上海：上海古籍出版社，1987：133.

擅酿酒，俗称巴乡村酒也。"[1]《水经注·江水》也说："江水又东为落牛滩……江之左岸有巴乡村，村人擅酿，俗称巴乡清，郡出名酒。"[2] 当地还有板楯蛮的清酒。1959 年在忠县井沟发掘出青铜时代的巴蜀遗址，出土有铜器、卜骨、陶器中还有腐烂的小米。完整的套角杯 40 余件，其大小 8cm×21cm，无疑是饮酒器。同时还发掘出一座陶窑，以角杯为主，多达 200 余件，可见当时以粟、稷、黍用来酿酒较为普遍。

禹贡"梁州"之域位于四川盆地西北部，东经 103°54′～104°20′，北纬 30°09′～31°42′，自西北向东南伸展。山地、平原界限分明，西北部属龙门山地区，东南部为成都平原的一部分，河流纵横，即现在巴蜀区域内的绵竹一片，历史悠久，文化灿烂，山川秀美，人杰地灵。西邻上古蜀人发祥之地岷山，南接古蜀国都三星堆文化遗址。《绵竹县志》载："绵竹，古蜀山氏地，周、七国时为蚕丛国西之附庸。"[3] 汉、晋为益州重镇，汉末曾为益州州治。酒的发展与地域气候，粮食丰盛及水源净质有密切的关系。成书于西周时期的《山海经·海内经》载："西南黑水之间，有都广之野，后稷葬焉。其城方三百里，素女所出也。爰有膏菽、膏稻、膏黍、膏稷。百谷自生，冬夏插琴（种）。"[4] 说明当时巴蜀平原的农业已经成为全国农业的先进地区。由于农业的发展，粮食产量增多，才能为酿酒提供丰富的原料，因而才有酿酒业的兴旺发达。先秦时，绵竹已经成为古蜀之翘楚，两汉时称益州重镇。蜀王杜宇氏以"江、潜、绵、洛为池泽"其后经秦守李冰疏导河道，兴修水利，蜀中农业得到巨大发展。得绵水灌溉之利的绵竹，成为蜀国农业最发达的"浸沃"之地。其酒酿造法也趋于成熟，北魏贾思勰在《齐民要术》中说："蜀人作酴酒法，十二月朝，取流水五斗，渍小麦曲二斤，密泥封至二月冻释，发漉去滓。"[5] 说明当时酿酒工艺在一定程度上已经科学化、规范化，而酒业的发展必然带动相关产业及酒器的进步。

古史传说中有皇帝造酒，继后又有大禹之女仪狄，七世孙杜康，蜀王开明九世纳绵竹玉妃泉边长成之美女为妃子。绵竹酒文化为蜀酒文化

1 （宋）李昉，等. 太平御览 [M]. 北京：中华书局，1960：259.

2 （北魏）郦道元. 水经注校注 [M]. 陈桥驿，校注. 北京：中华书局，2007：777.

3 王佐，文显谟等修，黄尚毅等纂. （民国）绵竹县志 [M]. 民国九年（1920）刻本.

4 （清）郝懿行. 山海经笺疏 [M]. 张鼎三，牟通，点校. 济南：齐鲁书社，2010：5022－5023.

5 （北魏）贾思勰. 齐民要术今释 [M]. 石声汉，校注. 北京：中华书局，2009：684.

之华章，与中华酒文化同源共长。东晋史学家常璩（约291—361），被中外史学界称作"中国地方志的初祖"。常璩所著《华阳图志》载："郫、繁曰膏腴，绵、洛为浸沃也。"[1] 即绵竹、广汉这两个山水相连的古县是古蜀国水利发达、土地肥沃的农业生产基地，为蜀酒的酿造提供了充足的粮食资源。举世闻名的三星堆遗址就坐落于此，出土的大量酒器可佐证此地酒的缘起，据最新考古发现，绵竹新市镇鲁安村商周文化遗址，与相近的三星堆遗址文化面貌一致，证明三星堆文化遗存覆盖到了20公里内。三星堆出土的大量古蜀酒器文物及周边出土的自先秦至清代的各类酒器，足以证明这里的酿酒历史源远流长。在1979年，绵竹清道乡金土村发现了罕见的古蜀贵族墓葬——船棺，并出土了蟠虺（音：悔）纹提梁铜壶、蟠兽纹铜方壶及铜垒、铜钫、铜鍪等一大批古蜀末期（战国时期）的酒器和制酒工具（王有鹏《四川绵竹县船棺墓》[2]），更加证明了古蜀绵竹的高度文明与酒业发达，这与三星堆出土的大量酒器相互印证。地处古蜀人迁徙要道上的绵竹，其酿酒兴盛与三星堆文明同源共生。

从酒的起源到精美酒具的出现，中间必然经历了一个漫长的发展进程。或许上千年前，人们就用简单的陶碗、竹杯来饮酒和储酒。直到千年后的二里头青铜酒器及三星堆时代，酒变成了文化符号，作为通神之物在神圣场合供奉神灵和祭祀祖先，人们才将酿酒、饮酒的文化上升到美学高度。由此可见，比距今4000多年的三星堆时代更久远以前，古蜀人就掌握了酿酒的技术。到了三星堆时代，蜀人的酿造技术已经是华夏一绝。

上溯远古，由于地理位置特殊，相对封闭的蜀国自然形成一派生活气象，四面环绕的山地中丘陵与平原构成盆地，水源丰沛，气候宜人。古代先民在此耕作繁衍，由于常年风调雨顺，粮食富足，正契合了酿酒之所需要素。而酒又可表虔诚之心，举觞敬上苍天地，慰藉生命之意义。于此酒与神和人在这片土地上不断演绎着历史的故事和生命的接续，同族群信仰，同习俗造物观谱写出精彩绝伦的酒诗篇，那青铜器所铭刻的文化信息，还有"陶盉"浓郁的地方特色都显示出非凡的艺术造诣。

位于广汉市的三星堆遗址以及附近地区出土了大量酒器，可以窥见酒文化早期在川蜀大地上的一些风貌。出土酒器文物如陶盉（三星堆出土

1　（晋）常璩. 华阳图志校补图注 [M]. 任乃强，校注. 上海：上海古籍出版社，1987：133-134.

2　王有鹏. 四川绵竹县船棺墓 [J]. 文物，1987（10）：22-33.

文物）、陶瓶（三星堆出土文物）、高足杯（三星堆出土文物）、双耳陶杯
（三星堆出土文物）、黑陶鸟兽尊、顶尊铜人[1]（三星堆出土文物）、三鸟三羊
尊（三星堆出土），其中仅瓶型杯子的数量就达数百件。其中有一种高领
罐，学者们认为它不仅是一种储酒器皿，也是一件有酿造功能的酿酒器。
这件罐子高约 40 厘米，腹部鼓圆，领高口直，十分适宜封口密闭。这样
既可以避免繁杂细菌侵入，又能创造出有利于发酵的厌氧条件。罐子下腹
部成反弧形向内收，便于受热；小平底虽不稳却宜于埋在灶坑边的热灰中
保温。学者认为"这种酿酒器皿是很符合科学要求"[2]，它反映出三星堆先民
高超的酿酒技艺。而后还出土了四方罍（商代）、青铜提梁壶（战国）[3]、铜
豆（战国）[4]、铜耳杯双鱼盘（东汉，绵竹出土）、红陶水井（汉代，绵竹出
土）、黑陶豆（汉代、绵竹出土）、青瓷六系盘口瓶桥钮壶（晋代，绵竹出
土）、东汉陶釜（东汉、绵竹出土）等。

　　其中比较有代表性的经典酒器文物包括三星堆出土的觚形杯、古蜀人
的小酒瓶、双耳杯、高足杯等。颇具特色的古蜀人的小酒瓶，在三星堆出
土的区域比较集中，说明当时的贵族盛行饮酒。这种器物很有地方特色，
它被做成喇叭口、细颈项、圆平底，很像今天我国北方地区用来烫酒的陶
瓷酒瓶。三星堆遗址出土了很多这种酒瓶，形制上大同小异，一般高 10
多厘米。历史上，三星堆人最常使用的酒器叫罍，三星堆二号祭祀坑出土
的大铜罍上镶嵌着晶莹的绿松石。青铜器在古蜀国是重器，绿松石也是名
贵的玉器，这件罍必定是三星堆人的宝物。另一类青铜酒器叫尊，三星堆
出土的八鸟四牛尊东南西北各有一个凶悍的牛头，八只飞鸟在器身展翅欲
飞，这种粗犷的风格显然符合三星堆人的一贯作风。古蜀人还视酒器为重
要战利品，历史上古蜀人与商朝人之间战争不断，一些商朝贵族在商王驱
使下孤军深入成都平原，与蜀军交战。

　　1959 年和 1980 年，在彭州竹瓦街发现了两处相距仅 10 米远的青铜
器窖藏，共出土 40 件铜器。其中酒器 12 件（罍 9 件，尊 1 件，觯 2 件），

1　此件顶尊铜像为三千多年前的古蜀人祭天时，双手举捧一盛酒的铜尊造型，证明了
当时绵雒先民已经能够酿酒并用于祭祀。
2　屈小强，李殿元，段渝主编. 三星堆文化 [M]. 成都：四川人民出版社，1993：286.
3　1976 年绵竹县清道乡金土村出土。铜豆、提梁壶与其他 150 件青铜器共存于一具独
木舟状的战国船棺之中。此器造型华美，工艺精湛，为古蜀人使用的珍贵盛酒器，国
家一级文物。
4　1976 年绵竹县清道乡金土村出土于战国船棺之中，此器造型精美，为国家一级文物。

兵器 28 件（戈 18 件，戟 3 件，矛 1 件，钺 5 件，镈 1 件）。可以推测，这些青铜器的藏者，应是古代蜀国一位喜饮酒的武士。据专家考证，酒器中的两件觯，分别有"覃父癸""牧正父己"铭文，其形制、纹饰与殷器完全相同，他们是商朝的两个贵族，很可能是蜀人通过战争或交换而得到的殷器。跟往常一样，古蜀人缴获了兵器自己用，缴获了酒器也留了下来。遗址中古蜀人把罍、尊、觯等酒器与戈、矛、钺等兵器放在一起。也许在他们看来，兵器是在战场上不可缺少的，酒也是生活中不可缺少的吧。酒器罍则带有独特的地方特色，其中有两件蟠龙盖饕餮纹罍器，最宽腹在器中部，类似圆壶，器盖上蟠有一龙，器身密布云雷纹、蝉纹、弦带纹、牛首纹、象纹、鸟纹、饕餮纹、夔纹等，几乎包括了中原地区殷周之际常用的纹饰，但排列很不自然，繁缛拥挤，有的甚至将纹样倒置，显然是模仿中原铜器的式样而在蜀地制造的。这些酒器的时代，大致于中原春秋时期，亦即蜀国的杜宇王朝时期，可见蜀人饮酒风之盛行。

陶盉在三星堆遗址中发现较多，颇具特色，一般高三四十厘米。在遗址的一个土坑中，人们曾发现一件陶盉与 20 多件瓶形杯放置一处，看来这种器具的功用相当于今天的酒壶。一般认为它是温酒器，三足间可生火给盉中酒加温。

战国时期的铜豆于 1976 年 2 月在绵竹清道乡金土村出土，豆盘深腹，圆底高柄，喇叭形圈足，盘盖隆起，上有一对竖环耳和三个呈等边三角形分布的蹲坐状兽形纽。豆盘和豆身皆饰有下凹的蟠兽纹。铜豆与提梁壶同出于一个船棺之中，其文化性质，艺术风格一致，均为典雅、精美的酒文化遗物，同时也是古绵竹酿酒悠久历史的物证。经国家文化局专家组鉴定为国家一级文物。

铜顶尊跪坐人像是三星堆遗址出土文物，似为神巫跪坐在山顶上，捧酒尊奉献祭祀上天的形象。

除此之外，还出土了部分绵竹地区的文物，对我们了解蜀地区的早期酒文化具有意义。如战国时期的木井圈，1987 年 6 月于绵竹县清道乡金土村出土，此井圈为圆形中空，为数件井圈之一，表明此时期已有蜀人在此定居，凿井而饮，除供生产，生活用水外，也可以用井水酿酒。

20 世纪七八十年代，考古工作者还在泸州、宜宾等地的出土文物中，发现了不少酒器。1986 年泸州纳溪区上马镇出土有一青铜麒麟温酒器，在我国古代酒器中尚属孤品。文物长 35cm，宽 27.5cm，高 26cm。其造型新奇优美，集狮、虎、鹿、豹、龙等吉祥动物于一体，采用铸造工艺，且有内范。麒麟身体两侧有圆鼓型温酒容器，与麒麟浑然一体，十分精美，可见蜀地酒业的昌盛。（图 1-29）

图 1-29　青铜麒麟温酒器

东汉时期的调酒陶俑，出土于绵竹新市东新村，此件陶俑真实生动地反映了汉代酒文化的具体形象，我国同时期有反映酒与生活的文物仅见画像砖、画像石、壁画等。而表现调酒内容的陶俑是罕见的，绵竹新市出土的这件调酒俑，反映了绵竹汉代酒文化的具体表征形象，更是弥足珍贵。（图 1-30）

图 1-30　调酒陶俑

据《史记·司马相如列传》载，西汉时蜀国临邛有一富家卓王孙之女文君，爱慕司马相如，因家人反对，两人便私奔到成都，生活拮据家徒四壁，文君家开始又不予资助，两人又到临邛，尽卖其车骑后，买了一酒舍酤酒，而令文君当垆。司马相如也与保庸杂作，涤器于市中[1]。这个故事后来成为夫妇爱情坚贞不渝的佳话。历史上临邛也成为酿酒之乡，名酒辈出。文君酒成为历史名酒，唐代罗隐的《桃花》诗曰："数枝艳拂文君酒"[2]，传说中还有"文君井"[3]，陆游《文君井》诗曰："落魄西州泥酒杯，酒酣几度上琴台，青鞋自笑无羁束，又向文君酒畔来。"[4]李商隐《杜工部蜀中离席》诗："美酒成都堪送老，当垆仍是卓文君。"[5]陆游《寺楼月夜醉中戏作》："此酒定从何处得，判知不是文君垆。"[6]有大量诗句描写蜀酒风情。

《华阳国志·蜀志》载："九世有开明帝，始立宗庙，以酒曰醴，乐曰荆，人尚赤，帝称王。"[7]到了开明九世时，蜀国在礼乐文化制度上进行了改革，建立起一套巩固奴隶制国家所必需的宗庙祭祀制度，酒这一物质有时承载着政治与统治的特殊使命。

北魏的贾思勰《齐民要术·笨曲饼酒》记载了巴蜀人酿酒方法。"蜀人作酴酒法，十二月朝，取流水五斗，渍小麦曲两斤，密泥封，至正月二月冻释，发潎去滓，但取汁三斗，谷米三斗，炊做饭，调强软合和，复密封数日，便热。合滓餐之，甘辛滑如甜酒味，不能醉人，人多啖温，温小暖而面热也。"[8]这里的酴酒即指醪糟酒（浊酒）。地理名著《水经注》云："有巴人村，村人善酿，俗称巴乡清，郡出名酒。"[9]历史上由于战乱，北方族群部分迁徙至广东梅州一带，后移民入巴蜀，由于物产丰富及自然环境等诸多因素，祖上传承的酿酒技艺得以发扬光大。

到了唐代，中国封建社会到达鼎盛时期。其在政治、经济、文化上所

1　（汉）司马迁. 史记 [M]. 北京：中华书局，1982：3000.
2　（清）彭定求，等编. 全唐诗 [M]. 北京：中华书局，1960：7549.
3　位于邛崃市临邛镇里仁街，面积共 6500 平方米，相传为司马相如与卓文君当垆卖酒之处。古井井壁为黑黏土、杂有陶片。
4　（宋）陆游. 陆游全集校注 [M]. 钱仲联，马亚中，主编. 杭州：浙江古籍出版社，2015：252.
5　（唐）李商隐. 李商隐诗歌集解 [M]. 刘学锴，余恕诚，校注. 北京：中华书局，2004：1278.
6　（宋）陆游. 陆游全集校注 [M]. 钱仲联，马亚中，主编. 杭州：浙江古籍出版社，2015：165.
7　（晋）常璩. 华阳图志校补图注 [M]. 任乃强，校注. 上海：上海古籍出版社，1987：122.
8　（北魏）贾思勰. 齐民要术今释 [M]. 石声汉，校注. 北京：中华书局，2009：684.
9　（北魏）郦道元. 水经注校注 [M]. 陈桥驿，校注. 北京：中华书局，2007：777.

取得的巨大成就，使大唐王朝成为当时世界上最强盛的国家，谱写了中华文明史上最辉煌的篇章。经济和文化的繁荣昌盛，为酒文化的发展兴旺奠定了社会基础。

史载唐玄宗开元、天宝年间由于粮食连连丰产稳定，粮价创历史最低纪录："米一三、四钱"[1]，而经济文化繁荣对酒的社会需求亦急遽上升，出现了众多名酒。位于剑门关以南的蜀地，盛产诸多名酒。所产"剑南烧春"以其浓郁芳香而驰誉全国，被选为宫廷御用酒，成为唐代最负盛名的酒之一。"诗仙"李白、"诗圣"杜甫皆与"剑南烧春"结下不解之缘。流誉华夏的名酒"剑南之烧春"，产生在政治长期稳定、经济十分繁荣、文化空前昌盛的盛唐时代。唐宪宗后期，李唐王朝的中书舍人李肇，在撰写《唐国史补》的时候，就津津乐道地把"剑南之烧春"列入当时天下名酒之列[2]。唐人习惯以"春"作酒名，剑南，即剑南道，唐太宗贞观年间，在全国分置十道，剑南为其一。绵竹即剑南道属县，也是"剑南烧春"的产地，到了宋代更已位居产酒大县之列。《太平广记》卷第二百三十二，录天下名酒"富平之石冻春，剑南之烧春"。[3]

唐代史册中最早出现剑南烧春的记载是在《旧唐书·德宗本纪》中，"剑南岁贡春酒十斛"[4]。《新唐书·德宗本纪》卷七载："剑南贡生春酒"[5]。公元779年，德宗皇帝李适坐在长安大明宫的龙椅上，曾经郑重其事地面谕朝臣，要把剑南烧春是否上贡的问题，当作一桩国家大事来讨论。当年朝廷议酒的具体情形，今天已无从知晓了，然而"剑南烧春"在当时朝野所引起的重视与关注，却被视为中国酒文化史上一个了不起的成就和时间节点。

两《唐书》均为唐代正史，唐德宗李适公元766年初即帝位，大张旗鼓地推行节俭之风，减轻地方赋税和进贡物资，连续多次下诏裁减各种贡赋及奴婢、伶官。其中明确记载，暂时减免剑南烧春每年十斛的贡例。由此，反证在德宗之前每年均进贡皇宫"剑南烧春"美酒十斛。因此，实证可稽，剑南烧春确为唐代宫廷御酒。

唐肃宗宝应元年，安史之乱后，因战乱流寓梓州的诗圣杜甫乘船沿

1　（唐）郑綮. 开天传信记 [M]. 吴企明，点校. 北京：中华书局，2012：79.

2　（唐）李肇. 唐国史补校注 [M]. 聂清风，校注. 北京：中华书局，2021：285.

3　（宋）李昉，等. 太平广记 [M]. 北京：中华书局，1961：1785.

4　（后晋）刘昫，等. 旧唐书 [M]. 北京：中华书局，1975：320.

5　（宋）欧阳修，（宋）宋祁. 新唐书 [M]. 北京：中华书局，1975：184.

涪江而下，专程赶往射洪金华山，系舟绝壁下，策杖松柏间，去瞻仰拜谒神往仰慕已久的唐代先贤陈子昂，读书台前一片萧瑟，水瘦山寒，枯树寒鸦。面对此景写下《野望》"射洪春酒寒仍绿"[1]来疗慰自己。杜甫不禁感时伤世，潸然泪下，为国家，为先贤，亦为自己。其旁证蜀国遍布酿酒地，射洪地处蜀地中部。

唐时还有"重碧"酒，产于古时叙州、戎州（今宜宾一带）。公元765 年，永泰元年，诗人杜甫在戎州赋诗《宴戎州杨使君东楼》："胜绝惊身老，情忘发兴奇。座从歌妓密，乐任主人为。重碧拈春酒，轻红擘荔枝。楼高欲愁思，横笛未休吹。"[2]公元 782 年，经唐德宗下诏，重碧酒正式成为官方定制酒（郡酿）。轻红擘荔枝。后又称"荔枝绿"。

唐时期杜甫在《戏题寄上汉中王》诗中云"蜀酒浓无敌，江鱼美可求"。另在《谢严中丞送青城山道士乳酒》诗中说"山瓶乳酒下青云，气味浓香幸见分"[3]。不难见蜀中酿酒之丰，酒肆炽盛。张籍《成都曲》"锦江近西烟水绿，新雨山头荔枝熟，万里桥边多酒家，游人爱向谁家宿"[4]也印证了酒的酿造影响整个社会生活的发展。川蜀酒业兴盛勃发，丰富的酒器遗存尚可见证。1999 年泸州营沟头古窑址出土有大量唐五代时期的陶制酒器，壶、杯、罐、碗、盘，有提梁壶、曲流瓜棱壶、执壶等。其中还发现有 20 余件较为独特的小型盛酒器，瓜棱壶、敞口壶、双耳杯、敞口杯、带足三角杯、敞口罐、瓜棱罐等。型制小巧玲珑，可见当时饮酒的优雅和讲究，多用于宴请宾客。同时也旁证当时所饮酒为高烈度酒，绝不会像饮米酒那样大碗豪饮，而是手执小杯慢慢品嚼。[5]

宋代对酒实行榷禁[6]，酒税成为财赋的最大来源，同时也促进了蜀地经济与文化的发展。宋代是陶瓷酒器的鼎盛时期，烧造了不少精美的酒器。宋代著名的五大名窑，汝、官、哥、钧、定名窑，都生产优质酒具。酒以散卖和瓶计，为方便外出携带，酿造酒坊便以瓶为单位进行计量，用后的酒瓶可以回收再利用。始自宋朝，这种盛酒及计量方式一直为后代所承

1　（唐）杜甫，（清）仇兆鳌. 杜诗详注 [M]. 北京，中华书局，1979：944.
2　（唐）杜甫，（清）仇兆鳌. 杜诗详注 [M]. 北京，中华书局，1979：1221.
3　（唐）杜甫，（清）仇兆鳌. 杜诗详注 [M]. 北京，中华书局，1979. 896.
4　（唐）张籍. 张籍集注 [M]. 李冬生，校注. 北京：中华书局，1989：76.
5　杨辰. 可以品味的历史 [M]. 西安：陕西师范大学出版社，2012：19-21.
6　禁榷制度的"禁"乃禁止之意，"榷"即独木桥。"禁榷"就是不允许私商进行经营，而由政府统一调控，利益由政府享有，就像过独木桥，只有此路可通，并采取专卖方式来增加一定的国库收入。

继，并逐渐约定俗成。北宋时期，宜宾大绅士姚君玉开设姚氏酒坊，在重碧酒的基础上，经过反复尝试，用高粱、大米、糯米、荞子和小米五种粮食，加上当地的安乐泉水酿成了"姚子雪曲"。绍圣五年（1098 年），文学家黄庭坚时任涪州别驾，居戎州（今宜宾），与当地名士多有交游，把酒言欢，写下了《安乐泉颂》盛赞姚子雪曲："姚子雪曲，杯色争玉。得汤郁郁，白云生谷。清而不薄，厚而不浊。甘而不哕，辛而不螫。老夫于风，须此晨药。眼花作颂，颠倒淡墨。"[1]

宋代是中国封建社会的成熟时期，经济文化繁荣，科技发达，中国古代四大发明中有三大发明产于宋代，与之相应，宋代的酒业生产规模巨大，名酒辈出，酿酒技术已然成熟。美酒琼浆不仅为宋代经济撑起一片天地，更为中华文化瑰宝宋词的发展做出了重大贡献。

宋代蜀地（四川）酒业生产进入了一个全盛时期，成为全国最主要的酒业生产基地。两宋王朝在四川设立众多酒务管理官、管理私酒业产销，征收酒税，四川酒课税成为当时国家财政一项重要收入。南宋绵竹人张浚自号紫岩知枢密院事，任川陕京西诸路宣抚使，采纳了总领四川财政赵开变革酒法的建议，推行"隔槽酿酒"法，废除原来的国家专卖和扑买制，改由官府设立隔槽酿酒坊，由政府提供酒曲和工具，任由酿酒户输粮自行酿造，隔槽酿酒坊之外的酿造与买卖皆属于违法，严格禁止。政府只按酿造者输入粮食多少收税，其结果促进了酿酒业的巨大发展。

在众多的四川名酒中，汉州鹅黄仍然独领风骚。绵竹作为酿酒大县，为鹅黄酒（烧春）的主要产地。绵竹烧春（鹅黄酒）自唐代迄于两宋，历五百年而不衰，在中国酒史上谱写了最辉煌的篇章。绵竹武都山道士杨世昌创造蜜酒，为绵竹酒文化史上再添光辉的一页。

在酒器方面，此时也如盛世般丰富多元，在川蜀的绵竹地区也出土了部分宋代的酒器文物。在青川战国墓中发现了漆酒器 177 件，多件漆器上有"成亭"戳记，即在成都生产。邛窑短嘴壶（唐代，邛窑出土）、邛窑陶壶（唐代）、喇叭口执壶（宋代）[2]、青铜投壶（宋代）[3]、童盖三足铜壶

1　（宋）黄庭坚. 黄庭坚全集 [M]. 刘琳，等，点校. 北京：中华书局，2021：536.

2　2003 年，剑南春酒史馆门前施工时发现宋代砖室墓，墓中出土北宋时期形制的青白釉执壶一件，为宋代盛酒酒器。这是绵竹宋代饮酒习俗的实物证据。

3　绵竹观鱼乡（现绵竹市新市镇渔耕水乡）宋代青铜器窖藏出土器物之一。

（宋代盛酒器）、瓷壶（宋代，绵竹出土）、瓷盘（宋代）[1]、黄釉陶壶（宋代）、瓜棱壶白瓷酒壶（宋代，绵竹出土）、篾纹陶坛（宋代，绵竹出土）、青瓷执壶（宋代，绵竹出土）[2]、荷叶盖罐（元代，绵竹出土）等。

　　古时江阳（今泸州）出一瓶盛酒器谓梅瓶，是一种小口、短颈、丰肩、腹部修长、瘦底、圈足的瓶式，以口小只能插梅枝而得名，因瓶体修长，宋时称为"经瓶"，造型挺秀、俏丽。（图1-31）

图 1-31　白底黑花梅瓶（泸州老窖博物馆藏）

　　本节所述酒与酒器演变的过程只是中国酒器冰山一角，仅巴蜀一隅所见，也足以见证中华酒文化的源远流长，其广泛深厚与博大。酒器的形成与功能的演化都折射出文明的力量和光芒。绵延5000年至今还熠熠生辉，富庶广大子民。这种传承和再生是历代劳动人民不断学习和探索的结果，更是智慧的凝练与结晶，特别反映在材料与工艺的迭代和更新，对当下设计的提供了很好的借鉴反思，无疑也是今人文化自信的底气与由来。

1　2004年10月出土于剑南春天益老号酒坊遗址。

2　2003年5月，在剑南春集团公司中心区域下宋代墓中出土了北宋酒具——青瓷白釉执壶。

第三节
民俗雅器——审美特征的变化

本节所述主要是历史上界定的近古时期（1271—1911 年），包括元、明、清三个时期，是瓷器发展的最高峰时期。其中明、清两朝处于我国封建经济即将解体，而资本主义经济有所萌芽的阶段。由于外国列强的入侵，压迫资本主义经济的发展，被迫走上半封建、半殖民地的经济发展道路，自鸦片战争失败后，社会经济逐渐衰落，酒业虽有发展，酒器虽有增多，但已逐渐受到国外舶来品的影响，崇洋心理严重，传统酒器大都变为外国人的收藏品了。

一、五彩釉色——雅致中国瓷器的鼎盛时代

明清时期是中国陶瓷业发展的鼎盛时期，官窑和民窑俱盛，彩绘和色釉并茂，是陶瓷生产的黄金时代。这一时代的陶瓷酒具，继承了前期的酒具特点，同时在工艺上也呈现了创新，比如釉上、釉下、五彩、斗彩的应用。各种花纹的装饰，特别是众多花朵、海浪、莲瓣、瑞兽等占据了酒具的主体。大器形方面仍沿袭了宋元时期的执壶、梅瓶等形状，只是元代以后，蒸馏酿造技术在我国更加普遍发展，随着酒精度的提高，酒具器形逐渐缩小。

明万历年间（1573—1620 年），宜兴陶业逐步繁荣。清代中叶，宜兴已发展成为国内的重要陶业基地。同时大型盛酒陶坛也在此兴盛起来，由于宜兴陶坛透气性好，酒的杂醇吸附力强，因此受到各地酿酒作坊的偏好。与此同时所生产的紫砂茶陶器，随着中国茶叶远销欧洲，亦为欧洲人所赏识，并争相仿制这种紫砂陶器。明代的宣德炉制各种陶器，有食具、茶具和酒具。清代的景泰蓝，有各种食具、茶具和烟具，甚为壮观。

明王朝重视瓷业，所以瓷制酒器有所发展。明初制瓷业，以永乐、宣德年间为最盛。瓷器的数量和质量，都超过前代。江西景德镇，成为当时瓷业的中心。烧制的白釉青花瓷器，包括酒具在内，最为有名，畅销国内外。明代初期，官府在景德镇珠山设立了规模巨大的御窑厂生产御用瓷器，其中也包括瓷制酒器皿。同时，民营瓷业也很兴旺，出现了官民竞市的繁荣景象。明代常见的酒具有玉壶春瓶、梨形瓶、龙柄壶、梅瓶、鸡心壶、天球壶等。在装饰手法上有青花、釉里红、白釉、青釉、朱红釉等。

工艺技术有彩绘、刻划、镂空、瓜瓣、模印、脱胎等。清代造型更为丰富，品种也越发多种多样，如倒流壶、温酒壶等。

名窑创造了"祭红""斗彩""孔雀绿""娇黄"和"矾红描金"等产品，于是海内外贸易也逐渐扩大。所谓"斗彩"，其中由斗绿、红、蓝、黄四色组成，尤以前两种色为主。调配好以后，给人以格外美的享受。争斗彩色，互为媲美，故称之为"斗色"。

从明代开始，瓷酒瓶出现了色彩缤纷、白花争艳的局面。酒瓶上的各种图画，有名家书法，有历代大诗人赞酒的诗篇。再看那太白醉酒、麻姑献寿、空城计、武松打虎、酒中八仙，个个神态逼真，栩栩如生；而那一幅幅山水花鸟，有的泼墨写意，有的细描精绘，将工笔重彩的层层渲染发挥到了极致，件件如出名家之手，美不胜收。

清代鸦片战争前，手工业中的资本主义萌芽有了进一步的发展，主要表现在手工作坊和手工工场的规模不断扩大。以制瓷业来说，"景德一镇，僻处浮梁，邑境周袤十余里……绿瓷产其地，商贩毕集。民窑二、三百区，终岁烟火相望，工匠人夫不下数十余万，靡不籍瓷资生。"[1] 他们工序中的分工精密程度已远超明代，其中有些操作极其精细。如画胚工因"青花绘于圆器，一号动累百千，若非画技相同，必致参差互异，故画者只学画而不学染，染者只学染不学画，所以一其手而不分其心，画者、染者各分类聚处一室，以成其画一之功"[2]。正因有如此技艺操作水平，制出的瓷器，精美而被众人喜爱。这时瓷窑很多，几乎遍布全国各地，除唐时六大青瓷产地有所恢复外，宋代五大名窑也不断发展。与此同时，广东石湾窑也出现了，它为我国造瓷工艺"增光添彩"直到现在，石湾窑的瓷器产品，仍不失当年青春之本色，其产品在国内外都有广阔的市场。

清代康熙年间（1662—1722年）的"五彩""珐琅彩"，雍正年间（1723—1735年）的"粉彩""墨彩"，乾隆年间（1736—1796年）的"青花玲珑"，都颇负盛名。此外，还有高低温"颜色釉"品种，其质量都超越前代。

这时的瓷器除"青花""斗彩""冬青"等彩外，又有"粉彩""珐琅彩""软彩""硬彩""古铜彩"等。原制的五彩、素三彩，也有明显的改进。此外，在红、黄、蓝、白、黑中，从色彩来看，又各有不同。黄中有

1　（清）刘坤一，等修，（清）刘绎，等纂.（光绪）江西通志 [M].清光绪七年（1881）刻本.
2　（清）刘坤一，等修，（清）刘绎，等纂.（光绪）江西通志 [M].清光绪七年（1881）刻本.

柠檬黄、蛋黄、土黄；蓝中有霁蓝、浅蓝、翠蓝；红中有霁红、紫红、玫瑰红、豇豆红；白中有鱼白、蛋白、灰白、草白；黑中有紫黑、灰黑等。如若将这些瓷器陈列起来，真是"五光十色，耀眼夺目，万紫千红，美不胜收"。保存到今天的如康熙官窑产的"青花十二月盅"，上绘代表各个月所开的鲜花：如三月开的桃花、六月开的荷花、九月开的菊花、腊月开的梅花。青花盅制作得相当精美，盅内外几乎透明，让人爱不释手。此外，同治年间官窑产的"粉彩梅鹊餐具"，也非常引人注目，堪称精品。与此同时，有一种可放茶杯或酒杯瓷盏，亦为官窑之名品，其名曰为"黄地粉彩开光海棠式茶托"。其上有五言律诗：

佳茗头纲贡，浇诗必月团。

竹垆添活火，石铫沸惊湍。

鱼蟹眼徐扬，旗枪影细攒。

一瓯清兴足，春盎避轻寒。[1]

春盎避轻寒，"盎"，据传也是饮酒器，介于碗、盅之间，不过不常见到。

从官窑瓷器的发展，无疑可看到大清帝国强盛的一个侧面。但依附于国之盛衰发展的清代瓷器，也随着大清的不断走向衰落和灭亡而走向同样的结局。

1. 雅静含蓄，温柔敦厚——景泰蓝酒器的兴衰历程

明代是我国封建社会发展的最高阶段。在制瓷业方面，出现了景泰蓝，是在金属胎上嵌丝后再施加搪瓷釉的艺术搪瓷，为中国北京特种工艺品。明代宣德年间（1426—1435 年）兴起；景泰年间（1450—1457 年）以图案精美和色泽浑厚而著称于世。当时，又以深青金色和（稍带绿色）的浅天蓝色两种釉最为出众，因而得名"景泰蓝"。明代景泰蓝酒器制品，大都雅静含蓄，温柔敦厚。诚然，这种工艺美术作品，多为帝王将相欣赏、玩味而用，但高贵达显，朱门深宅的富豪之家也常用作餐具、酒具。至于小康之家，也似乎可以用到。因为它美观，不仅用于餐具、酒具，还可作为装饰品装点室内，尤得大家的喜欢。直至今日，我国还在大量生产"景泰蓝"远销国外。景泰蓝在清代康熙年间成为宫廷艺术。雍正、乾隆

---

1 朱裕平编. 中国古瓷铭文 [M]. 上海：上海科学技术出版社，2018：174.

年间技艺成熟，造出许多精美的生活用具和艺术品。景泰蓝的图案结构，大都采用主体花纹密饰于锦地，互相牵绕、匀称自然。清代景泰蓝酒器制品大多生动多姿，华丽光润。景泰蓝的出现，强有力地推动了明代瓷制业的发展，到了成化年间，生产的"成化斗色高士杯""葡萄纹杯""人物、山水、兰草杯"都是历史见证文物。（图1-32）

图1-32　景泰蓝酒壶和酒杯

2. 清淡典雅，明暗清晰——青花瓷的诞生

原始的青花瓷在唐代已经开始出现端倪，成熟的青花瓷则是在唐代中期才慢慢出现，到了明代青花瓷已经变成了瓷器物品的主流品种。青花瓷是在纯白的瓷器胎上用青蓝釉色绘制各种图案，经高温釉下彩烧制。青花瓷清新明快，纯色素雅，渐变温润，显得内敛质朴。所表现的内容涵盖面广，多以吉祥寓意及生活中常见之物为题材，龙凤纹、缠枝纹、花虫鱼鸟纹、山水画、人物画、海水纹、莲花纹、仕女图、寿桃纹、牡丹纹等。

青花瓷发展的鼎盛期是明清，此时的青花瓷，最为引人注目，尤其所绘图案与中国古代绘画艺术融为一体，给人以"清淡典雅"，而又"明暗清晰"的感觉。青花酒器传世颇多，如各类青花梅瓶、青花高足杯和青花压手杯等青花酒器，均为艺术珍品，再现了明清匠师们极高的人生修养和艺术境界。清代有位名叫阮葵生的文人撰写一本《茶余客话》，书中提到明代成化年间生产的瓷器，专题介绍了官办的窑厂生产的酒杯，多种多样，如有的名为"锦灰堆杯"，在杯上描绘了"折枝花果堆四面"；有的名为"高烧银烛照红妆"，在杯上描绘了一位美人举灯看海棠，还介绍有"秋千杯""龙舟杯""高士杯"多种，杯上皆"描画精工，点色深浅，磁色莹洁而坚"[1]，其中尤以"鸡缸杯"最为名贵，在"鸡缸杯"上画有牡丹，下有子母鸡跃跃欲动，奇物已绝。2014 年 4 月 8 日，玫茵堂珍藏明成化斗彩鸡缸杯，饮酒用具，造型为敞口，浅腹，卧足。在香港苏富比重要中国瓷器及工艺品春拍上，以 2.8124 亿港元成交价刷新中国瓷器世界拍卖纪录，买家为上海收藏家刘益谦。[2]（图 1–33）

图 1–33　斗彩鸡缸杯

二、元明清时期其他酒器的发展

元代饮酒盛行，且群体庞大，上至宫廷贵族、文人士大夫，下到平民百姓、贩夫走卒都喜饮酒，此风气形成与元代酒业的发展有着密切的关系。其酒器以青花瓷为多，由于南北文化大融合的激烈时期，装饰题材以各种蒙汉故事和植物图案。元青花最大装饰特点为构图丰满，层次多而不乱，视觉效果鲜明，简洁单纯，调性统一。

元朝属北方蒙古族群建立的大一统王朝，善饮之风炽烈，首推宫廷最盛。大多皇帝都嗜酒如命。元太宗窝阔台最为典型，《元史》中写道："帝素嗜酒，日与大臣酣饮。"[3]大臣耶律楚材屡谏不听，于是他就拿着酒槽的铁口当面上奏："麹蘖能腐物，铁尚如此，况五脏乎？"窝阔台经过这次劝谏后，也反省了自己："奉父汗之命坐在大位上，朕承担着统治百姓的重任，但朕却沉湎于酒，这是朕的过错，是朕的第一件过错。"[4]随后，他的嗜酒习惯才稍微有所改变。另外元代的道士和尚都可以饮酒，不少寺观

1　（清）阮葵生. 茶余客话 [M]. 清嘉庆间（1796—1820 年）南汇吴氏听彝堂刻艺海珠尘本.

2　西沐. 中国艺术品拍卖市场发展年度研究报告 2014[M]. 北京：中国书店，2017：8.

3　（明）宋濂，等. 元史 [M]. 北京：中华书局，1976：3462.

4　余大均编译. 蒙古秘史 [M]. 石家庄：河北人民出版社，2007：526.

都酿酒和售酒。

元青花瓷器在景德镇浮梁磁局应运而生。在所见元代瓷器中，1964年保定出土的元代窖藏最为精美，包括卵白釉、钴蓝戗金和青花三种。这批元代高档瓷器可能是元仁宗赐予三朝元老张珪的宫廷酒器，青花颜色浓艳鲜亮，色浓处有黑褐色斑点，纹饰层次多，纹饰多见缠枝菊、蕉叶、缠枝莲、缠枝牡丹等。釉色肥厚温润，器形圆壮，很多地方都有明显吸收汉文化的特点。高脚酒杯的高足与杯身分为两次注浇，湿胎时用泥浆粘接，待干后进窑烧制。（图1-34、图1-35）

图1-34　釉里红高足杯　　　　　　　图1-35　青花酒壶

到明代后期，制瓷业内部分工已经相当精细，作业的科技水平已经远远超过了宋代，精工细作的酒器也有新的发展。

明代初期的玉器风格，与元代厚重古朴的风格相似。至永乐年间（1403—1424年）迁都北京之后，玉器制作又形成工整细致、一丝不苟的风格，尤以御用监制所作的玉器更为典型。宫廷陈设的其他玉器有玉尊、玉鼎、玉瓶、玉杯（夜光杯），都是玉制的酒器，亦流行于民间。

清乾隆帝亲自率制的金瓯永固杯，通体镶嵌珠宝，金质，三足；以立龙为耳，龙头各安珍珠一颗；三象头顶立，卷鼻为足，金丝象牙围抱足两边；杯身錾宝相花，以正珠、红蓝宝石做花心，点翠地，口边刻回纹；杯前正中镌篆文"金瓯永固"四字，寓意江山久长之意。

明清两代，民间制作金属工艺品较为发达。主要生产组织形式为前店后坊的银楼。银楼有时制作银杯、银碗和银壶，用于饮酒和盛酒。也制作银筷、银抄，作为食具、酒具的配套。

中国锡器（或锡制器皿）是以锡为原料，依用途需要设计加工成的生产、生活用具和工艺美术品。蒸酒时所用锡锅、锡壶，在国内流行甚广。锡器造型挺秀，加工精致、纹饰优美、錾刻讲究，刀法娴熟，运刀如笔，产品光亮。锡制酒具主要用于发酵酒类使用，不宜用于高酒精度蒸馏酒，因为锡熔点较低，温度下降到 −13.2℃以下，锡会逐渐变成煤灰般松散的粉末，长期储存酒对酒质不具有建设作用，且如果是含有铅的锡对人体是不健康的。

明、清两代，木雕除佛像、庙宇建筑装饰外，在家宅、祠堂建筑装饰以及木雕家具、小型圆雕陈设品等方面都有了发展，其中当然包括各种酒具。明代以来，通过海外贸易，大批的紫檀木等名贵硬木传入宫廷以及广州、苏州、扬州、北京等城市，促进了硬木雕刻的发展。所制桌椅为饮宴酒席制造名贵风格或高雅排场。清代乾隆年间，宫廷设厂木作，招募广州硬木雕刻匠师，为宫廷制作建筑装饰木雕、家具，小叶紫檀木酒具也是当时较为时尚的（包括食具、饮具、茶具）陈设品之一。

利用竹材制作家具，满足民间生活需要，包括制酒、饮酒的需要，在国内具有悠久的历史，几乎遍及南方各省市。清代的青釉"鱼篓尊"就是形似鱼篓盛装黄酒或米酒的民间酒容器。另老百姓还发明有一种类似鱼篓的储酒器，小口、大腹，以竹篾编成，经过猪血、石灰、桐油、麻布、油纸等涂封后，干燥、洗净，即可使用油纸叠层作最后的密封。此酒器轻便，易储运，特别适于山区贩运。中国北方有一种储酒器"酒海"，是白酒酿造中出现的独特存储容器，有着近千年的历史。它是古人采用木柱固定四周，而后荆条或木材编织成大篓，内壁以血料、石灰等作为黏合剂，糊以上百层麻苟纸和白棉布，然后用蛋清、蜂蜡、熟菜籽油等以一定比例涂擦、晾干而成。特殊的制作工艺使得酒海"装酒滴酒不漏，装水挥发殆尽"。

三、明清时期川蜀酒器风貌

《余冬录》中记载明太祖曾颁布诏令："余自创业江左十有二年。军国之费，课征于民。效顺输赋，固为可喜，然竭力畎亩，所出有限，而取之过多，心甚悯焉！囊因民间造酒，靡费米麦，故行禁酒之令。"[1] 大意为粮食不多，百姓生活要紧，不准酿酒。明初，朱元璋采用压制手段，严苛地禁止百姓种植酿酒的糯米。天下统一后，酒肆大开，反而开始助长喝酒之风，其中最显著的代表就是在南京东门外，建立起十座酒楼。

明代是中国酒文化集大成之时期，蒸馏酒成为主流酒产品，上至皇帝官宦，下至庶民百姓均喜欢蒸馏白酒，传统的酿酒技术在此间也已完全定型。明初，陈氏家族创立"温德丰"酒坊，融合姚子雪曲酿制精要，将原五粮配方中的小米替换为当时新从海外引进的玉米，最终形成了更趋完美的"陈氏秘方"，成就了后世的"五粮液"。川蜀一带由于得天独厚的自然条件和历史的传承，到了明代已成为酿酒业的主要集中区域。酒器也特别讲究，如永乐青花压手杯和成化斗彩鸡缸杯，永乐青花压手杯是一种闻名遐迩的酒杯。明代高濂在《遵生八笺》中，曾形容压手杯"坦口折腰，沙足滑底"[2]，以手把之，其口正压手，故名。杯口微外撇，下部向内折收。（图1-36、图1-37）

图 1-36　青花缠枝纹压手杯　　　图 1-37　青花寿桃瑞芝图撇口杯

明代白话小说《贵贱交情》中，有这样一句："花一二百钱，于街市中寻一店，呼酒邀朋，一碟卤牛肉，两杯清淡酒，得尝人间咸淡，坐谈市风行情，自得其乐，此泛泛之交。"[3] 可见此时的酒不仅只是文人墨客风骚时的助兴物，也是寻常百姓的作乐剂。

当时的酒器多以青花瓷器为主，给人以清淡典雅、纹饰清晰的感觉。所烧白釉、青花瓷器颇为著名，不但享誉国内外，而且成为当时海外贸

1 （明）何孟春. 余冬录 [M]. 长沙：岳麓书社，2021：102.

2 （明）高濂. 遵生八笺 [M]. 王大淳，点校. 杭州：浙江古籍出版社，2015：614.

3 小说传奇合刊 [M]. 明万历间（1573—1620 年）刻本.

易的主要商品。其间还创新"五彩""斗彩""冬青"等工艺。（图1-38、图1-39）

图1-38 壶关窑大酒坛

图1-39 粉彩酒杯

回溯古蜀国酿酒受益于得天独厚的自然资源，土壤、水源、气候，还有较早的农业发展。《山海经·海内经》载"西南黑水之间，有都广之野，后稷葬焉。其城方三百里，素女所出也。爰有膏菽、膏稻、膏稷，百谷自生，冬夏播琴"[1]，可见粮食丰产为酿酒提供了原料。辖地巴国，地理名著《水经注》云："有巴人村，村人善酿，俗称巴乡清，郡出名酒。"[2]南北朝时期（1729年）因战乱，北方族群部分迁徙至广东梅州，后经"湖广填四川"又移民入川。因蜀国水源优质，粮食丰盛，在巴国江阳（今泸州）得有祖上传承酿酒技艺，使得酒业兴旺光大。沿长江水系及赤水河畔分布着众多的酿酒作坊，泸宜遵地区，即泸州、宜宾、遵义等地拥有上千年的酿酒历史，构成了中国核心的白酒产区，被行业公认为中国白酒金三角，产出了茅台、五粮液、泸州老窖、郎酒等脍炙人口的名酒，而正是多年来泸宜遵产区传承了中国纯粮固态发酵的农耕文化和工艺，为这些名酒的诞生提供了肥沃的土壤。

1959年在忠县井沟发掘出青铜时代的巴蜀遗址，出土的铜、卜骨、腐烂的小米和陶器中，有完整的陶角杯40余件，口径约8厘米，高约21

---

1 （清）郝懿行. 山海经笺疏 [M]. 张鼎三，牟通，点校. 济南：齐鲁书社，2010：5022-5023.
2 （北魏）贾思勰. 齐民要术今释 [M]. 石声汉，校注. 北京：中华书局，2009：684.

厘米，无疑是饮酒器具。还发掘出陶窑一座，窑内烧造的陶器以角杯为主，达 200 余件，可见当时以黍、稷、粟酿酒饮用之盛。

川蜀邛窑瓷器是中国最古老的民窑之一，也是中国彩绘瓷的发源地。以青釉、青釉褐斑、青釉褐绿斑和彩绘瓷为主。邛窑的邛三彩有其独具特色：高温、无铅、釉下彩。用于酒的酿造和贮藏的器物，主要以大缸、大罐，罐口以盘口和唇口为多，即使是敞口，口沿也外斜或外折，罐口如此造型是为方便捆扎封口，避免外溢和走漏酒气。在史料中还收录的有大邑窑、广元磁窑铺窑、华阳县琉璃厂窑（华阳窑）、彭州磁峰窑、成都青羊宫窑、荣昌窑等。（图 1-40）

清代陶瓷、金、银和玉等质地的酒器有一个明显的特点，即多仿古器。如清宫的双耳玉杯、龙纹玉觥、珐琅彩带托爵杯、铜彩兽耳尊、各类瓷尊、双贯耳瓷壶和天蓝釉双龙耳大瓶等，皆为清代仿古所造，"景泰蓝"工艺达到了极盛时期，其制品造型端庄华美，掐丝工整严紧，珐琅剔透，温润似玉，色调典雅，光泽浑厚，形成了清代宫廷景泰蓝的典型风格。这期间又不断出现了很多简约和功能强大的酒器。

图 1-40　邛窑酒器

清康熙年间陕西人朱煜入川经营酒业，慕绵竹酿酒盛名而落地绵竹置办酒坊，借水源沛，五谷丰，人勤巧思，集众家酿酒之法。至裔孙辈朱天益时成为绵竹最著名的酿酒作坊，所生产的"清露大曲"享誉全国，而更坊名为"天益老号"[1]。

清康熙《绵竹县志》载其名为"绵竹大曲"，又称"清露大曲"[2]。"绵竹大曲"仍以地名命名，"清露大曲"则以状貌命名。清代乾隆年间官拜太史的著名史学家李调元，足迹遍天下，但始终对绵竹大曲情有独钟，自称"天下名酒皆尝尽，却爱绵竹大曲醇"[3]。清代绵竹大曲不仅批量销往德

1　廖国强，王余. 中国白酒老字号 [M]. 成都：四川大学出版社，2021：67.

2　（清）王谦言纂修，（清）陆箕永增修.（康熙）绵竹县志 [M]. 清康熙六十年（1721）刻本.

3　廖国强，王余. 中国白酒老字号 [M]. 成都：四川大学出版社，2021：66.

阳、安县、广汉及茂县、松潘等民族地区，而且行销至成都。由于酒坊经济的兴盛，清代的绵竹富贵如云，一派繁荣景象，出现了"小成都"的盛况。

元明清时期在川蜀传世和出土了各类酒器文物，如青花酒盅（元代）、明代瓷杯[1]、明代高颈黑釉坛、明代四系黑釉坛、清代蓝釉杯[2]、清代瓷碗[3]、清雍正时代瓷碗、清康熙中期蓝釉龙凤浮雕坛、清康熙时代白釉褐彩（黑花）酒坛、双龙釉陶酒罐、绵竹隆顺号陶酒坛、桃形倒流釉陶壶、条方形粉彩小酒壶（清代）、青花瓷温酒壶（清代）、青花瓷对瓶（清代）、烫酒锡壶（清代）、龙柄锡酒壶（清代）、锡老酒壶三式（清代）、六角锡酒壶（清代）、彩漆托盘（清晚期）、绵竹曾玉鑫号锡酒杯（清晚期）、清末红楼梦瓷酒杯（清晚期）、银质酒杯（清晚期），其他地方也有大量出土，足见酒器风貌之盛。

清代川蜀彝族创制有倒装酒器"彩漆鸟形杯"，其原理来自宋代耀州窑青釉刻花倒装酒壶。杯身为圆雕，鸟形，喇叭形圈足，鸟尾平展向后，鸟首斜前伸，鸟背和腹底各插有两根竹管。杯身黑底，红黄两色装饰鸟羽，腹部绘古泉纹，其盛酒与饮酒结构巧妙，增加了饮者乐趣（藏于四川省博物馆）。

时至近代，四川酒业已蔚为壮观，产业规模约占全国的半壁江山，曾有"川酒甲天下"之说。由于这一优势，陶瓷酒器也随之发展，形成相当规模，遍及各地。这里盛产名酒，地理与气候的天赐以及粮食的丰盛提供了物质基础，之外还有深厚的酿酒历史技艺与文化。这里民间有一说法"大块吃肉，大碗喝酒"，暗含着"安逸、巴适"的生活态度与满足，也道出这方土地上热爱酒的程度与对美好生活的向往。伴随着物质富裕继而带来的精神世界渴望，酒文化便成为这里的首选并再度发扬光大。纵观几千年的历史文明及酒史，可见其恢宏巨大，对今人而言，唯有"只争朝夕"。

---

1 2004 年 10 月出土于剑南春天益老号酒坊遗址。

2 2004 年 8 月出土于剑南春天益老号酒坊遗址。

3 2004 年 8 月出土于剑南春天益老号酒坊遗址。

四、明清时期酒器审美特征

明清时期酒器主要还是承继前朝的器型风格，种类多样，尤其是酒具质量、原料及工艺越来越讲究，造型精巧、高贵。一般为酒壶、酒杯、酒盅。酒杯为单耳杯，亦可作茶杯用。执壶多为盛酒之器，与今日分酒器相同。造型上秀丽、干练，器物表面多以自由式缠枝纹饰装饰。

明成化年，制瓷业有了前所未有的发展，是中国古代瓷酒器发展的鼎盛时期，酒杯烧制方式技高一筹，"成窑酒杯"便是一种赞誉。清代文人阮葵生在其《茶余客话》中，提到明代成化年间官窑酒杯时说："成窑酒杯，有名高烧银烛照红妆者，一美人持灯看海棠也；锦灰堆者，折枝花果堆四面也；鸡窑者，上画牡丹下画子母鸡也；鞦韆杯者，士女秋千也；龙舟杯者，斗龙舟也；高士杯者，一面画茂叔爱莲，一面画渊明对酒也。"作者对此赞叹不绝，称各式酒杯，"皆描画精工，点色深浅，磁色莹洁而坚。鸡缸宝烧碗，朱砂盘最贵，价在宋磁之上"[1]。承宋时绘画之典雅，具文人画之风尚，可见当时审美情趣之高雅，这与时代整体观念的变化有关，多种学术声音不断呈现，在美学上总体趋于分化，大众审美观受王阳明心学影响较大。

此时的青花瓷也备受注目，古代绘画与传统图案融为一体，予人以清新淡雅、对比高朗之感，特别是以青花梅瓶、高足酒杯及青花压手杯等一大批为代表的酒器流传于后世，颇受古雅之士喜爱。审美上士大夫们开始从社会市俗的现实性和生活气息上获得滋养，而市民化的粗陋、质朴也趋于向典雅华丽方向发展，这种双向选择，互相弥补，形成两种截然不同的审美风尚及趣味的相互融合，推动了社会整体的审美质量达到一个新高度。情与趣互相独立，但又统一协调在一个审美范畴里，不断深化意境，唤醒联觉。

清代由于康、雍、乾三代喜好瓷器，制瓷业得到了更进一步发展，酒器除常见的梅瓶、执壶、压手杯和小盅外，还出现珐琅彩带托爵杯和青花山水人物盖杯等。其装饰风格多以吉祥图案、历史故事、花虫鱼草等写意手法表达，深浅墨色晕染自如，追求小品趣味。还有以蟠桃寓意长寿，也在明清时期颇为流行，传世文物中有不少以桃形造型的酒器。而这个时候的审美风格承袭前朝较多，但缺少创新，显得有些逐渐势弱。

---

1 （清）阮葵生. 茶余客话 [M]. 清嘉庆年间（1796—1820年）南汇吴氏听彝堂刻艺海珠尘本.

明清时期的瓷器有一个显著的特点，纹样繁复及多样。瓷器装饰纹样从内容上看，主要包括构图、色彩和样式三个方面，瓷制饮酒器中则如下：

第一，缠枝花纹，枝茎缠绕，叶呈连续的波状线，枝茎上填以花叶，构成缠枝花纹，如缠枝莲，缠枝牡丹等。典型饮酒器代表有青花缠枝莲纹杯、青花梵文八宝高足杯。这些纹饰在特定的时候也表达了制作者的一定政治寓意。例如缠枝莲纹花觚，"莲"谐音"廉"，缠枝寓意无穷尽，表示要永远廉政。

第二，三阳开泰，取材于《易经》卦象，正月为泰卦，三阳生于下。否极泰来，有吉祥之意，明清瓷器往往画三只羊，取羊同阳谐音，故名"三阳开泰"。如画九只羊，则称"九阳启泰"。代表有青花松竹梅三羊杯。

第三，璎珞纹，璎珞原是观音菩萨颈项或胸前的配饰，形如串缀的珍珠。

明代审美比较讲究线的运用，酒器造型精简、流畅、舒展。清代则以小为美，繁复细腻。这些造型看似一种形式而实则体现了社会整体的格局气象。明代重造型典雅，清代重雕刻纹饰。明代由于资本主义因素萌芽，使得人文主义开始滋生，审美出现世俗化趣味，看重真实的自然性情流露，从高雅之致逐渐变为市井情趣。清乾隆后期因帝王审美喜好，加之社会物质财富的积累，全社会弥漫着浮华奢侈之风。优雅之气被极大地淡化，继而世俗之吉祥文化，福、禄、寿、喜等传统形式大量出现，反映出两个阶段审美的不同取向。

五、明清时期饮酒风俗

乡饮酒礼，是我国古代历史悠久的一种礼制，随着儒学的兴起，儒家在其中注入尊贤敬老的思想，到明清时期，统治者又赋予其宣法、教化和安定社会秩序的功能，使乡饮酒礼从内容到形式出现了许多变化，内容上增加了替朝廷读律普法，告诫民众安分守己等举措，其仪式也更为简化，更适合普及推广。乡饮酒礼对形成尊贤、敬老、礼让、守法的良好社会风尚大有裨益，为明清统治者所利用和重视，但到了清朝晚期，由于财政困难和社会危机加深，乡饮酒礼日益荒废而怠于举行。

乡饮酒礼的象征意义：设立正宾以象征天，设主人以象征地，设立介和撰以象征日月，设立三宾以象征三光。古人制礼时，以天地为原则，以日月为总纲，以三光为辅佐，构成正教的根本。正宾一定要面南而坐，从"五行"而讲，东是春的位置，就是万物复苏生发，东方孕育万物，是生，是圣。南方是夏的位置，养育万物使其长大，谓之仁。西方是秋的位置，意思是收敛，按照节令收敛进行杀戮，是守义。北是冬的位置，是中的意思，收藏万物果实。所以天子在站立时，左边傍着圣，面南而向仁，右傍着义，背朝北而依着藏。介一定面向东而坐，是中间人之意，起到宾主沟通作用。主人一定要坐在东方，因为是春的位置，而春是萌动的意思。主人之所以在东方之位，因为招待宾客是主人来买单。月朔后三日，月亮阴暗部分才恢复光明，三个月才成为一季，所以宾主礼让三次，立国也是要设立三个卿位，乡饮酒礼设立三位宾长也具有此意。这是正教的根本，也是制礼的重要依据。[1]

据《礼记·乡饮酒义》，周代乡饮酒礼正式举行时的主要仪式有：主人出门外迎宾客入内，要行迎宾之礼，即主宾之间三揖三让之礼，以表相互尊敬；然后主人洗涤餐具爵尊。以洁净表尊敬；再接着拜请宾客盥洗，而且爵尊餐具洗刷多次，主宾之间互相礼让多次；献宾之礼，即主人向来宾敬酒多次，并且用不同的酒具敬酒，再三礼让，敬酒时将宾与介区分，礼数有区别；乐宾之礼，即主人为让宾客更尽兴，要请乐工演奏乐曲，并有歌手演唱歌曲助兴；旅酬之礼，即宾、主、介之间相互敬酒之礼，宾为答谢主人，向主人敬酒，主人又向介（陪客）敬酒，介又向众宾敬酒，以年齿少长来论礼。经过多次礼让互敬美酒而席终。宾客离席，主人拜送。也就是经过"无算爵"[2]"无算乐"[3]，然后"宾返拜"[4]。整个礼节要体现"贵贱明，隆杀辨，和乐而不流，弟长而无遗，安燕（宴）而不乱"[5]，也是一种安邦治理的手段。

明代乡饮酒礼的举行礼仪，从《明史》中记载看出为：迎宾、司正扬觯、读律令、供馔、献宾、宾酬酒、共同饮酒、撤馔、送宾，酒席毕。[6]相比周代乡饮酒礼少了"乐宾之礼"，相互礼让的繁文缛节也少了许多，但为了行礼的规范，多设了司仪人员，即赞礼者。

1　（清）阮元校刻. 十二经注疏 [M]. 北京：中华书局，2009：3656 3657.
2　指古代某些典礼中不限定饮酒爵数的饮酒礼，至醉而止。
3　指古代某些典礼中演奏的无定数的乐歌，直到尽欢而止。
4　宾拜返，吃饱喝足了宾客就回去了，第二天宾客再来答谢。
5　（清）王先谦. 荀子集解 [M]. 沈啸寰，王星贤，点校. 北京：中华书局，1988：385.
6　（清）张廷玉. 明史 [M]. 北京：中华书局，1974：1421.

　　清代乡饮酒礼从《清史稿》中可以看出，其礼虽与明差不多，但又少了"宾酬酒"的内容，把宾主各方共同饮酒和宾酬酒合二为一了[1]。饮酒仪式则更为简单，更易操作，也就更适合在地方上普遍推广。我们还可以发现，《礼记》中有升歌、笙入、间歌、合乐等一段乐宾仪式，明清方志中却没有这方面的记载，也没有提到瑟、笙等乐器。明太祖颁布《大诰》命天下郡县行乡饮酒礼，增加礼读律令内容，从而使得举行乡饮酒礼的气氛趋向肃穆、庄严。之后，为了缓和这种肃穆气氛，又增加了奏乐的礼仪内容，如《明史·任昂传》："明年命以乡饮酒礼颁天下，复令制大成乐器，分颁学宫。"[2] 因为乡饮酒礼的原本意义只是尊老尚齿，表达官民亲近之意，增加乐宾内容可以缓和一下过于严肃的气氛。

　　到清乾隆时期，关于乡饮酒礼是否要用乐器曾引起过一场讨论。山东道监察御史徐以升在奏折《山东道监察御史徐以升为录乡饮酒义事呈文》中写道："纵或每岁举行，仅同故事，甚者或令俗工杂乐竟响其间，岂复识升歌笙奏之义哉！夫以古今化民成俗之令典，而其制岂可令其浸失乎！或仿唐臣裴耀卿所请而行之，厘订乐章，庠序之间，登歌有节，磬管锵锵，亦移风易俗之一道也夫。"庄亲王允禄等在复议乡饮酒礼应用乐章事奏折中写道："乡饮酒礼就撰乐章，并给乐器，令士子习学升歌、笙歌、间歌、合乐、以追古遗制。"大学士鄂尔泰也在这一事件的奏折中，赞同确定乐章乐器，并由专人演习。他的奏折后有乾隆帝的朱批："依议，钦此。"[3]

　　明清乡饮酒礼形式上出现的这些变化，是适应时代发展所需要的。它的仪式更为简便，更易于操作，形成一种简单易行的模式，适合在地方上推广。在行礼过程中，有无乐器也变得不如早期时那么重要，最早行乡饮酒礼时吹奏的许多乐章因为复杂难懂而失传，这反映出了周代的礼仪在流传中受到统治者出于自身利益考虑对其进行的改造的情况。

　　明清倡导乡饮酒礼，其本意是为了体现"三纲五常"的伦理观念。"三纲五常"是维护封建统治秩序的重要伦理原则和道德规范。具体说就是要建立一种君君、臣臣、父父、子子、君为臣纲、夫为妻纲、父为子纲的伦理秩序，并在其中贯彻仁、义、礼、智、信五常之道，形成一整套有规范有等级的统治思想。而乡饮酒礼的最终目的也是如此，其中也对乡人

1　赵尔巽. 清史稿 [M]. 北京：中华书局，1977：2654-2655.

2　（清）张廷玉. 明史 [M]. 北京：中华书局，1974：3937.

3　哈恩忠. 乾隆朝乡饮酒礼史料 [J]. 历史档案，2002（3）：5.

伦理作出了具体要求，长幼要有序，为臣要尽忠，为子要尽孝，兄弟友爱，邻里和睦等，也是为了建立一个用"礼"来规范上下尊卑等级秩序的和谐伦理社会。

乡饮酒礼在明代以前的漫长发展历程中，虽然形成了一套固定的制度，内容和仪式方面都有约定俗成的模式，但还是相对宽松灵活，尊贤敬老的色彩很浓。随着封建君主权力的高度集中，乡饮酒礼也受到朝廷的重视和控制，主要表现在乡饮酒礼的规模、普及率、宾介人选、司职人员的选择等等方面，原先那种其乐融融的气氛被官府进行道德灌输的严肃压抑氛围所代替。乡饮酒礼从周代一直延续到明清，其客观效果已不是仅局限于乡饮酒礼本身，"一礼之行，所费饮食之微，而所致者治效之大也"[1]。到明清，又承担起宣法普法、稳定社会秩序、净化民俗风情的任务，改造后的乡饮酒礼在继承其传统意义的尊贤、敬老基础上，加强了对基层民众的教化，对促进社会和谐建设和形成尊贤、敬老、礼让、守法等良好社会风气有积极作用，营造出良好的人际关系氛围，同时百姓闲暇时也寻着乐。

乡饮酒礼发展到清朝后期，由于鸦片战争爆发和太平天国运动兴起，清政府军费激增，从而将财政集中用于军事，各地乡饮酒礼的费用也拨充军费，官方大规模的乡饮酒礼不得不停止。"初，乡饮诸费取给公家，自道光末叶，移充军饷，始改归地方指办。"[2]清末虽然还有一些地方举行乡饮酒礼，但已经不多，而且影响也越来越小。

清代咸丰七年（1857年），立于浙江绍兴东浦镇的酒仙神诞演庆碑，记载当地举办活动发起捐资酿酒户姓名及会产情况等，是民间酒史活动的见证。每年农历七月初七日，当地连续三日办大会，隆重热烈，祈求酒业兴旺。[3]

1　（明）丘濬. 大学衍义补 [M]. 上海：上海书店出版社，2012：583.
2　赵尔巽. 清史稿 [M]. 北京：中华书局，1977：2655.
3　吕少仿，张艳波. 中国酒文化 [M]. 武汉：华中科技大学出版社，2015：135.

第四节
实用主义——设计与酒器发展

中国古代的种种酒器，除了世代承继而发展的品种之外，绝大多数虽是破土而生，但已时过境迁了。其历史任务已经结束，但是它们的价值，不但没有消逝，反而随着时代的久远而越来越重要，成为国家文物进入博物馆展陈，供后世人们鉴赏和研究学习。

近现代，随着社会历史与科学技术的发展进步，特别是社会生产力的不断解放，再来审视酒器发展的现状，就不得不提到影响人类社会发生巨大变革的"设计"运动。

第一次工业革命开始后，大量制作的产品缺乏人文艺术的介入，完全是冷冰冰的实体物质，毫无与人的亲和力及审美性。也正是在这一时期"设计"一词被提出并运用于实践，它意在恢复中世纪时期"手工艺"传统，反对机械主义美学。与此顺应，设计思想开始萌芽，最早完整提出"设计概念"的是威廉·莫里斯，他是"工艺美术运动"的代表，与几位好友还建立起"莫里斯商行"，自己设计产品并组织生产。这就掀开了19世纪后半叶出现于英国的众多工艺美术设计的新潮，奠定了"设计"的基本框架，直至今日还影响着现代设计的发展。

在我国，古人早有"艺技相通"之说，《庄子·天地篇》中说道："能有所艺者，技也。"[1]技能与艺术创作是融合在一起的，两者没有明显的区隔，从事此工作者是"手工艺劳动者"。直至近现代艺术与设计有了大致的边界，纯艺术更加精神化、抽象化、概念化，满足艺术家个体对世界的感知及萃取后的表达，谓之"自欲"，属于精神生产领域，主要目的是通过艺术形式这一媒介发挥继而产生对人的精神作用。而设计则建立在"以人为本"基础上，并以人为对象来展开造物活动，将艺术与技术有机整合在一起，以具体的造物行动来满足社会大众物质与精神的双向需要，是为"他欲"。技术属于物质生产领域，主要目的是通过对自然物的改造和利用，发挥物质效能，而此类工作者谓之"设计师"。因此，设计师的工作、产品、商品特别是设计外观不仅成为功能的载体，而且成为某种社会意义和文化意义的载体。厘清这一关系后，再看"设计"对社会生活的直接关系与作用，想必会有一个更清晰的理解。

---

1 （清）郭庆藩. 庄子集释 [M]. 王孝鱼，点校. 北京：中华书局，1961：404.

设计与社会大众日常生活与生产活动极为密切，不同于纯精神领域的艺术（如绘画、音乐）。它与人的生存物质环境紧密相连，随着时间过往逐渐产生出物质文明的概念。同时，科学技术产生出智能文化，政治与经济相关联又产生出制度文化，宗教、艺术、哲学又形成观念文化。因此，设计的形式不再被称为艺术形象，而被称为"设计形象"。它要在符合科学技术规律的基础上，发挥产品物质功能和形式审美的表现力。产品的形式自由度只能在技术规定的制约下进行，然而，设计仍然"存在着对客体、主观及其他相互作用条件所固有的可能性自由选择。客观规律的普遍性和必然性，并不意味它是单一的和一成不变的，规律的作用途径和形式是多种多样的。客观规律表明，普遍存在于多样之中，不变存在于变化之中，必然存在于偶然和自由之中。也就是说设计形象是在技术的限制中来进行，因此，对技术的充分了解和掌握并不会妨碍设计，相反还为设计提供了自由的选择。[1]皮埃尔·鲁基·奈尔维在《建筑的艺术与技术》一书中说："一个技术上完善的作品，有可能在艺术上效果甚差，但是，无论是古代还是现代，却没有一个从美学观点上公认的杰作而在技术上却不是一个优秀作品。"[2]看来，良好的技术对于良好的建筑说来，虽不是充分的，但却是一个必要的条件。同理酒容器包装，也是在各种技术因素和市场变化关系限制中寻找突破与创新，通过设计新器物与包装以改变其文化价值，这犹如"鸟笼子里面开飞机"。

酒器包装更强调"设计"的介入，器物造型及包装结构都承载着创新使命。历史留给后世的大量文化遗产和器物深刻显示出各个时代的特征，如何承继它们是今人必须回答的课题。特别是随着新技术、新材料、新观念、新需求的不断涌现，生活中的各种境遇和感悟被融入其中，这些恰好是设计表达的精髓，无疑只有虔诚之心方可有为，"古为今用，洋为中用"是后来者再造酒器与包装的文化出发点。

总之，历史长河里遗存下来的酒器包装，大多束之高阁了。但是酒，不管世间如何巨变，这种神奇的物质经几千年演绎而不断生发出新意，丰富出更多的类别，其特性亘古不变。随着高科技的发展，随着历史之河继续滚滚向前，酒之物定会愈发蓬勃，而酒器包装也随着时代变化而在不断创新演绎。

1 凌继尧，徐恒醇. 艺术设计学 [M]. 上海：上海人民出版社，2000：346.
2 ［意］皮埃尔·鲁基·奈尔维. 建筑的艺术与技术 [M]. 黄运昇，译. 北京：中国建筑工业出版社，1981：1.

一、现当代酒器的发展历程

如今的社会中，人们在优越的生活条件下，更加关注生活质量及审美品位，社会大众较之以前更重视精神的满足和愉悦。人们审美能力不断提升，对酒器设计和外形的装饰也提出了新的需求高度。常言说"美酒需美器"，醇厚的美酒，配上精美的酒器，带给人的是心旷神怡的享受。

现当代酒器主要是以玻璃酒器和陶瓷酒器为多，两者具有一个共同特点，其成型需在千度以上的高温下诞生，型制上有饱满圆润之风格，成为时下酒饮者的常备之物。造型上大多承袭古制，且不断吸收外来酒器的影响，根据不同类别酒，造型上略有区别，简洁单纯，样式丰富多元，材质不受玻陶局限，多种材质组合，工艺更为精湛奇绝，似盛世之风尚，呈现出这个时代精神与物质的统一性，满足消费人群的多维需求和风格鲜明的审美特点。

酒器多数时候兼具两种功能，实用与象征。历史上作为"礼器"，其带有明显的社会象征意义。而近现代它基本属于生活用具，轻松、惬意、与人们日常生活亲密无间。造型与制造技术及工艺的进步发展，使酒器呈现出多种样式及不同质感，装饰方法也丰富多彩，但它们有一个共同特点，就是能够充分体现出中国白酒的色、香、味。浓香型酒多选晶莹通透玻璃水晶料方显其色，而酱香型酒宜避光，则喜用乳白玻或陶瓷来隐藏岁月的时光，各显特色。

中国酒容器普遍多以 500 毫升为计量单位，主要是因为受到传统的计量方式影响，一般都习惯用 1 斤作为一个重量单位的标准。由于中国白酒的酒精度较高，酒精的比例不一样，密度也不一样。水的比重在标准条件下是 1，即 1 克每毫升，500 毫升的水，刚好是 500 克，也就是 1 斤。这样就更好计算单位重量，方便储运。另外，按中国宴饮习惯，八人一桌，平均计量每人一两，也是大致一斤为宜，因此现行多数瓶装酒计量为 500 毫升（一斤）。饮酒器杯型较小，敞口，口沿稍向外翻，容量不宜过大，避免嘴唇与酒面接触过多而饮入量大，影响品评感受。

酒器的发展历程是社会变迁的缩影，集中反映出文化水平、技术发展、社会文明等因素的变化，也是人类社会对精神世界渴望与获取的主动行为，虽为微观事物却可以小见大。这里不妨梳理一下它的发展阶段，见证不凡历程。

二、酒器类别

现代酿酒技术和生活方式对酒具产生了显著的影响。进入 20 世纪后，由于酿酒工业发展迅速，流传数千年的自酿自用的方式逐渐淘汰。随着社会的发展，人类的进步，特别是中国改革开放以来，中国酒器发展到了鼎盛时期，各式各样的酒器如"雨后春笋"般破土而出，出现了百花争艳的繁荣局面，并显现出一种文化现象，成为酒文化的一个重要分支——酒器文化。随着当代酒业蓬勃发展，相应也带动着当代酒器的发展。各类酒器被广泛运用到日常生活当中，由于材质不同，制作工艺千差万别，常见有篓、罐、桶、瓶、壶、坛、瓮、缸、海等。

篓，从古至今常见的一种盛酒器皿。它是用柳条或竹藤编织而成，形状身大口小，方圆不一；有大有小，大者可盛几十斤，小者可盛几斤。篓编成后，用桐油纸内外裱好，滴水不漏，方可使用。在民国期间颇为盛行，特别在长途和山区运输时是较好的存储酒器。但随着人们生活水平和生产力提高，逐渐被先进器皿所淘汰。

罐，罐的制造原材料很多。种类有陶瓷制罐、搪瓷罐、金属罐等，还有塑料罐和玻璃制品罐。大小不等，形状不一，多为圆形，嘴小腹大。特别是用金属制造生产的"易拉罐"等产品，使用起来极为方便。

桶，桶有木制桶、金属制桶（铝）、塑料制桶。其形状大小不等，也颇为实用。后来被更加耐用的不锈钢桶所部分代替。

瓶是现代酒具中最重要的器具，主要分为陶瓷瓶和玻璃瓶。在酒类的贮运、销售、展陈时都可使用。

酒容器与酒包装之所以"异军突起"，其原因一是商品市场的不断扩大，需求层次的分化及定位目标的差异形成。二是人们的经济能力及生活水平提高，审美意识增强，对精神方面的需求强烈了，饮者在享受醇酒美味时，开始注重酒容器及包装的视觉效果和文化内涵，追求更高层次的饮酒过程，渴望有品位的酒容器和酒包装对应自己的审美趣味，暗含饮者身份及地位。三是因为商品展示的视觉冲击力。自助式消费形式普遍化，为提升市场品牌竞争力需要，突破商品同质化，酒生产企业对酒器包装功能相比之前更为关注。四是礼赠之需，传统习俗中的礼尚往来更强化了酒器包装的精神性作用。如果说过去民间的传统酒容器更加注重日用性和实用性，那么现代酒容器更加注重艺术性和科学性，还有可循环利用性。现代酒器酒包装内涵丰富，已经大大超出了仅作为盛酒容器的概念，赫然变为一种特有的包装艺术品，有人形容酒器酒包装的韵味是"无声的诗、立体的画、凝固的音乐、含情的雕塑",此说不无道理。

酒容器生产已基本实现机械化,根据不同材质又有不同的加工工艺,除小部分特殊造型玻瓶采用人工吹制外,大批量生产都采用行业机械制造,国内目前有部分玻璃企业已实现半智能机械手生产。

酒瓶日常区别为一般酒瓶和特需酒瓶(或异形酒瓶)两大类。由于所装酒类的属性不同,有些酒需要避光,有些又需要呈现酒的本色,还有些需要半透明状态隐蔽可溶性物质,常常会选用有造型差异的瓶型来区隔,并在材质和造型上做复杂的思考,玻璃瓶、陶坛、瓷坛、陶罐、瓷罐,各有设计。但都会明确标示出产地、企业名称、产品原料、香型、容量、酒精度数、生产执行标准等内容,标出这些相关内容也是商品法的规定。为了防止掺杂作假,大量酒容器还采用各种防盗盖封口,销售包装也运用各种技术手段增加防窃功能,尽量使商品消费时包装及瓶盖只受一次性破坏,增加消费者的安全感。

陶瓷瓶制作,颇为讲究,无论瓶形设计还是瓶面彩绘,都十分精致,不仅可用于盛酒出售,吸引顾客,售价较高,而且还可以当做精美的装饰品,被爱好者广泛收藏。随着技术的不断发展,陶瓷的釉色也可任意配制。其表面的图案及文字都可采用陶瓷套色贴花纸方式,用低温烧制工艺,表面完全结晶,有些印花纸还有发泡浮雕功能,能实现图案与色彩的还原效果,并增加触感和立体效果。

现当代的温酒器一般是壶和碗,壶有两种制品,一种是金属制品,如铜壶、锡壶、铝壶、不锈钢壶等。另一种是瓷制品,多是小酒壶,还有玻璃的温酒器。温酒的方式与便利决定了壶的大小。古时候温酒主要是以温水及火烧方式进行,而今则有众多电热器具可温控加热方式。其大小主要在 280mL 容量为佳,形状不一。用碗温酒是大众喜闻乐见的方式,在一大碗中注入烫水,然后放入盛酒容器,使酒液渐渐变热。现今大型温酒器具已不多见了,尤其是当代酒种类繁多,许多酒不用温热就可以喝,只由不同地域消费者的习惯决定是否温酒,如江浙一带黄酒尚需加热为佳。即使用壶温酒,也多是用小瓷壶烫酒或直接将陶瓷瓶或玻瓶放入开水中加热。因而温酒器皿发展变化甚小。

在现当代生活中,除盛酒器之外,饮酒器也在现代生活中扮演着重要的角色。过去的杯、盅、盏仍照常使用,在此基础之上又发展出了更多的种类。

例如杯,有瓷杯、陶杯、搪瓷杯、玻璃杯、塑料杯、玉杯、银杯、铝杯、不锈钢杯等。其形状有平底杯、高脚杯、圈足杯、单耳杯、双耳杯、各种器物杯等等。大多数杯形是底部较小、口部较大，也有底部和口部的大小相同的圆筒形杯。玻璃酒杯、白瓷酒杯，容易反复使用，既精美而又便于消毒、去污，虽然易碎，但价格不贵，因而是日常饮酒时最常用的酒杯，几乎遍及千家万户。

盅，是指专用的盛酒盅。体小形圆，多为瓷制品。大多用于白酒、露酒、补酒、药酒等。城镇小酒店或者家庭个人酌饮时，多用小酒盅饮酒。盏，是酒盅的另一品种。其形状浅而小，专供宴客之用。特别是近现代酒盏备受饮酒者喜爱。其原因一是容量小，适合一口干掉，既有豪气，又不勉强饮酒者；二是饮酒多为精神愉悦所需，少量慢饮可以延长这一过程，品酒变得时尚，被大众广为接受。盏多由陶瓷和玻璃制成，讲究工艺、注重形美，小巧玲珑。

碗，有瓷碗、木碗、塑料碗、铜碗、铝碗、银碗等，或讲究工艺，注重形美。或讲究方便，物美价廉。普通劳动者爱用大碗喝酒，既是食具，亦作酒器，两者兼用。我国少数民族地区有用碗来喝酒的习俗，敬酒时用一大碗轮流喝，谓之"转转酒"，一种豪气油然而生。

分酒器，也是近现代宴饮酒时所常用的酒器，多以玻璃为上，便于观察酒液多少。如用陶瓷或金属材料，则无可见酒，也不便于分配酒量多少，以控制平均。与壶的功能近似。饮者每人一壶，方便计量。自斟自饮，可根据自己的状况来调节饮酒快慢，同时又方便移动敬酒，一手拿分酒器，另一手端杯，是待客饮酒时的必备酒具。

纵观酒具的发展历程，几千年陶瓷的塑形及装饰奠定了基本型制，也为其他材质的运用提供了可能。我国陶瓷生产的覆盖面也很广，各地因材质和地域不同形成各自特色。中国的陶都宜兴（江苏、无锡、宜兴）所产各种陶器，包括茶具和酒具以及大型储酒陶坛，长期以来享誉世界，现在仍然是国内重要的产区之一。以紫砂茶壶见长。由于紫砂石料渐少，又研制出有紫石材料替代，色感近似，但实质有别，不可并提。其他产区还有：华南地区的石湾陶器、华东地区的淄博陶瓷、东北地区的海城陶瓷、华中地区的醴陵陶瓷、华北地区的唐山陶瓷和邯郸陶瓷。目前宜兴陶制酒器已经具有相当规模、种类繁多。酿酒业所用陶瓮、陶坛、陶瓶、陶壶、壶盅、陶杯等多出自宜兴。宜兴所产四大类——日用陶瓷、紫砂陶器、宜均陶器、宜兴精陶，其中不乏大量酒具。

制瓷业与人民生活关系密切，现在制瓷业兴盛，一方面继承传统，另一方面改革创新。其中有值得注意的几个品种。

（1）宜兴青瓷，盛于唐代，宋代以后则中断失传。1961年恢复生产，仿宋代哥窑纹片釉，是宜兴青瓷的一大特色。宜兴青瓷，在宋代哥窑原有的灰白、灰青两种纹片釉色的基础上，发展出了月白、黛青、粉青、鳝鱼黄、橄榄绿等20余种珍贵釉色，片纹交错，似冰开裂，古朴端庄。宜兴青瓷在继承古青瓷厚釉失透、青白结合的特点基础上，追求釉色青中泛蓝，色泽青翠的效果，因而被美国专家誉名为"东方之蓝宝石"。

与此相同工艺瓷釉特点的还有浙江龙泉青瓷，龙泉青瓷始于五代或北宋早期，鼎盛于南宋，衰落于明代晚期至清早期，于1957年复烧。两者皆为二次烧成，厚釉，高温还原焰。

（2）景德镇瓷器，是我国江西省景德镇地区生产的瓷器，景德镇因盛产名瓷，故被誉为瓷都。除在全国各省区销售外，还销往国外100多个国家和地区。著名的瓷品、酒器有青花瓷、玲珑瓷、颜色釉瓷、粉彩瓷和薄胎瓷等。大量酒瓷瓶、高端酒具多产于此地。

（3）醴陵瓷器，醴陵为釉下五彩的发祥地，釉下五彩质地精良、润泽清雅、色丰彩腴、艳而不俗。采用"三烧制"，即先以800℃低温烧成素胎，然后进行彩绘，为使画面上的墨线及色料中的有机物和杂质等挥发，再以同样煅烧一次，最后罩透明釉经高温烧成。其烧制方法简便，还可提高生产率，是近代中国陶瓷发展史上一个新成就。近年来釉下五彩瓷瓶也多见于酒容器采用。

纵观古今陶瓷与玻璃酒器发展史，现当代酒器造型更加偏向于实用性、艺术性、经济性、创造性的特点。这与近现代工业革命之后出现的设计师有关，传统意义上的器物制作者都是工匠师傅，现今的设计师是基于工业化批量生产而诞生的一种职业，主要职责是集成各种材质及工艺技术，利用自身的创造性能力和想法，借助他人之手或机器来实现自己的创意和艺术创作。

设计是系统思考如何带来功能价值和附加价值，所设计之物考虑多个维度，既是经济的又是文化的，既有创造性又具审美性，针对的不仅仅是单一目标人群，而是广泛的市场。在传统工匠师傅重视实用性的基础上，更加重视酒器的艺术特点，竭尽所能在造物中表达出自我观念与审美，但大多数是承继传统的工艺与装饰手法，鲜有不断创新。且产出量小，单价高，不能满足更广泛社会大众之需，主要为部分高端消费阶层服务。现代酒器设计更多是在使用中让人享受到酒的芳香，从重视酒器外形的设计到质感与技术美并重。大多数时候是在研究造型如何符合人机工学，是以人的生理尺度以及心理变化来确定容器大小体量、形式与制造成本，追求手感与视觉上的悦目，从而提高品饮者心理与酒器的匹配度。并且更充分考虑如何能够传达酒的品牌文化，铭刻视觉记忆。因此在创意上更注重巧思和寓意，以传统文化中的美好象征来诠释欢宴的寄予，让人们在日常品饮中享受到生活的美好，赋予其更诗情画意的意境。

三、大行其道的玻璃及陶瓷酒器

在公元前 5000—前 2000 年，人类就能制造空心玻璃器皿。公元前 200 年，开始使用吹管法，榨油和酿酒业随之使用中空的玻璃作为容器。

中国古代玻璃制造技术萌芽于西周。战国时期出现含铅和钡的硅酸盐玻璃。汉代已有压模，有铸压的玻璃璧、珠等。我国早已使用玻璃酒器，魏晋南北朝所用酒器，以耳杯为主。在辽宁省朝阳北燕冯素弗墓所发现的三件玻璃器皿中有一件是"圆形杯"，呈孔雀绿色，色泽艳丽，夺目可爱。杯高 7.7 厘米，口宽 9 厘米。

1955 年，辽宁省博物馆（当时为东北博物馆）原文物工作队，曾在辽阳西汉村落遗址，发现了"琉璃耳当"。有人认为"琉璃"是"玻璃"的前身。如果此说属实，则可说明我国早在西汉时期，已能制造玻璃了。战国、秦汉为我国封建社会前期，青铜酒器和陶瓷酒器较广泛使用。

近代玻璃工业形成于 1904—1908 年。1931 年建立的上海晶华玻璃厂，是中国第一家采用横火焰蓄热室池窑和自动制瓶机连续制造玻璃瓶罐的工厂。20 世纪 80 年代在玻璃瓶罐的生产中，最大的改进是玻璃瓶的轻量化，从而可以节约原料、燃料，提高生产速度，降低运输费用。利用玻璃为原料，吹制成各种式样、大小不同的玻璃瓶和玻璃杯，供装酒与饮酒所专用。

玻璃酒器的样式，因酒种的不同而各有设计。例如，中国白酒由于酒精度数较高，因此饮酒杯具设计都趋于容量小，适合抿啜少量，不宜大口饮酒。其原因为酒的挥发性强，杯型与口大易造成鼻孔吸入大量的酒气，造成不适。而葡萄酒杯多为高脚玻璃杯，杯型大而圆，肚大小口，罩住鼻子，方便手握杯体时手的温度加热，使酒中单宁质和花青素释放，目的是让品饮者鼻孔浅入酒杯，逆时针旋转，在酒液中各种成分挥发时，感受酒的复合香气。香槟酒是发泡普通酒，杯型多为高脚玻璃杯，口大且深，适合干杯时发出声响。啤酒的酒精度低，容量大，饮量较多，杯型大而厚，干杯时碰撞力强，带把方便手拿，因有时啤酒是冰镇的，也不宜直接手拿杯子。威士忌酒杯多以上圆下方造型为特色，选用硼玻璃制造，耐碰撞，底厚口大且薄，玻璃折光高，有色酒液入杯后易幻化出琥珀晶莹之美，碰杯时口沿会发出清脆的响声。可见玻璃种类较多，功能也有所不同，酒杯的造型与选料是根据盛酒的不同而考虑选择。

玻璃的起始源自于人类在自然界中的发现。现今玻璃酒容器制造工厂遍布世界各地。其生产的玻璃类别有所区别，但大多容器型制趋同一致，这与吹制玻瓶成型工艺有关。蜀有川泰玻璃公司是其中之一，专制生产酒容器与饮酒器具数十年，其玻璃酒容器传承古法，且创新术，将陶釉质感演绎到玻璃容器上，赋素胎五彩，可透色渐变成幻化之境。公司门前置一巨石，朱色镌刻有《玻璃记》：

"远古，宇宙运行，孕地壳及万物，岩浆喷涌溢出地幔，凝之酸性岩。古人谓之，琉璃。聪慧者择其坚而利以用之。"

公元 3700 年古埃及人取黏土，与沙成型，高温烧制得玻璃之器。其后，罗马人制模，添苏打其中，以铁管沾溶液入模吹之，或成杯、瓶、碗、盏，尽其所能；英国人加铅而得精美之晶质玻璃。至 18 世纪，美国人则以机器造之，使其产量大增。后有人工制碱法生成，天然及烧木取灰之术废，碱缺之窘境得以颠覆，玻璃制作更盛。

史称华夏玻璃制作始于春秋。魏晋南北朝时，铁管吹溶固型法传入。唐至元，造铅钡玻璃，尤以宋后器皿种类繁多，近生活日常。康熙年间，工艺日趋完美，宫廷用玻璃器物形态各异，生动有趣，且质地高贵、剔透、美艳，显我民族之术传承与精湛。深受各国达官贵人赞誉及喜爱。

绵延至今，玻璃使用甚广，建筑、日用、医疗、化学、电子、仪表、航天等无所不用，还有美酒容器，实难为替。

玻璃酒杯之所以被各种饮酒者喜爱，原因是它的透明度高，还原酒本体的色彩最佳。借助光的作用幻化为五光十色，让品饮过程更具魅力。

（一）晶莹剔透的玻璃特性

玻璃，在中国古代称为琉璃、颇黎，当时它的工艺和质量都有别于今天。最早产于战国时期的是铅钡玻璃，后期有高铅玻璃和含钠的铅玻璃，以及钾铅玻璃、钾钙玻璃和钠钙玻璃。中国用玻璃制酒器的历史相当久远。晋朝陆机、宋朝欧阳修都曾有诗歌提到琉璃酒器。而真正意义上的玻璃是近现代以来随着西方玻璃的烧制技术传入我国才逐渐发展起来的。

玻璃的主要特征之一是高透明度，正常情况下，玻璃能够让光线透过并且不引起明显的扭曲或散射。

玻璃通常具有平滑的表面，没有明显的凹凸或纹理。这使得玻璃能够反射和折射光线，在特定角度下呈现出独特的闪光效果。

虽然玻璃看起来脆弱，但它实际上是一种相对坚硬的材料。它能够抵抗一定程度的外部冲击和压力，但如果受到过大的力量或者突然的冲击，也会破碎。

玻璃通常需要经过高温熔化并迅速冷却，形成无序排列的分子结构。这种结构使得玻璃具有高熔点，能够在高温环境下保持其形状和稳定性。

玻璃对大多数化学物质具有良好的稳定性。它不容易被酸、碱、水或其他常见的溶剂侵蚀，适合各种不同用途的需要。

在玻璃制造过程中，可以通过调整配方和加工方式，使玻璃具有一定的可塑性。这意味着玻璃可以被吹制、拉伸、压制和成型成各种形状及尺寸的容器。

玻璃在光学应用中广泛使用，因为它具有良好的折射和反射特性。根据玻璃的折射率和厚度，可以控制光线的传播和聚焦效果，用于制造透镜、光纤和光学器件。

玻璃，有玉石的坚硬，有水晶的透明，可以随人们的意愿而变成被喜爱的式样。玻璃酒器走进酒的世界，当清澈的酒液在玻璃杯中微微荡漾，散发出醉人的酯香，五彩的灯光在酒液和玻璃杯上闪射出晶莹柔和的光晕时，人们感到生活原来可以这么美好，促成了精神与物质相遇而无法言说的状态，未饮酒而心先醉。

在酒器家族中，物美价廉的玻璃酒器占有重要的地位，是各类酒容器的主流。现代的玻璃酒器丰富多样，可谓品种繁多，造型精美。

玻璃酒器的审美特征主要包括以下几个方面：

（1）玻璃酒器以线性美为主要特点，这与容器成型工艺方式有关，由于玻璃是热流体液成型，长时间退火中会消解锐角，同时在降温过程中不断减少厚薄的温差，以降低由此产生的应力，防止玻璃冷炸。这也使得造型设计时必须充分考虑玻璃在模具型腔中的流畅度，防止模具型腔中的急速转折，而流线型设计对应的形态是最佳策略，可以使玻璃壁厚均匀，避免冷却过程中应力不平衡导致的后期进裂。玻璃酒器造型的最大特征便是简约及线性，具有晶莹剔透的特点，充分调动玻璃通透的质感及各种色彩的混搭，利用液态流痕及堆积厚度更能彰显特殊的感观，是其他材质无法比拟的一种美。无论容量大小的酒瓶酒杯，玻璃在厚与薄的对比中来演示光感特质，都以实用目的为出发点。屏蔽透明度成为玻璃最简约的装饰方式之一，表面的纹饰刻画是其装饰特点，由于刻画倾斜角度会带来不同的光线折射，质量感会得到充分的显示。

（2）表面装饰以简约美为主，由于玻璃容器的特性与陶瓷容器有所不同，在很大程度上装饰区别较大，玻璃表面可采用不同色彩玻料套在胚瓶上，然后用人工雕刻工艺，进行各种磨切及抛光处理而形成透明、半透明、不透明等各种图案效果。可以在玻璃上进行浮雕工艺或磨砂加工，也可在玻料中混入各种色彩，形成五彩缤纷的幻化效果。玻璃不同于其他材质，由于透明特点而反射折光，所以容器的正反面不宜双向精刻图案，因无法清晰识别或完整看见。玻璃上更适合抽象或几何图形装饰，以面为装饰手法更具优势。玻璃容器有其透光性和透明性的独特审美效果，利用瓶内物体或液体形状、色彩、材质等因素来进行辅助装饰，也不失为一种巧妙的美化手段。另外还可借助外光源的投射出五彩斑斓的折光效果。

因此，现当代的玻璃酒器装饰主要通过玻璃的厚度、颜色、肌理、品质等，直接将审美的视角转移到材质本身，牵引出人们内心深处的各种联想，这也是现代人较喜欢的表达方式，婉转、含蓄、抽象，而不再以古代那种叙述或重现故事的象征装饰图案为选择。这些变化主要得益于制造技术与工艺的发展，随着喷釉、低温贴花纸、镭射光学纸等一系列新技术的出现，更增添了新的装饰手法。玻璃酒器的这些特色，代表了现今最为主流的酒容器审美现象与趋向。

（二）陶瓷酒器的特征

陶器的出现最早是因为原始智人在利用火的过程中，发现火烧烤的泥土变硬，且可用于盛水不漏，所以随着时间的推移不断改进环绕竖壁内空的容器，逐渐广泛承继使用。从陶器至青铜酒器可谓琳琅满目、五花八门。酒器造型更是千姿百态、变化万千。极具代表的青铜器更以它精湛的工艺、种类的多样及生动活泼、栩栩如生的造型成为当之无愧中华酒器文化中的重要组成部分，是尊严与权力的象征，也是社会历史发展的阶段所必然。随着社会变革与生产力的发展和时代变迁的影响，特别是陶瓷技术不断革新以满足社会大众的日常需求，青铜酒器逐渐开始转向于陶瓷酒器。由于大量酿酒带来的饮酒习惯，酒开始世俗化，酒器的阶级属性也随之淡出。陶瓷因制造工艺的便利而被大量烧造，成本低又推动了使用的广泛，被普通的大众群体所接受。

大批文人雅士的喜好更推动了酒器及文化的普及，直接关联到酒具造物的诗意化，酒具也变得轻盈和人性化，但部分稀有材质酒器仍然属于权势阶层。颠覆酒具从体量大到小体量的一个深层原因，是人从"席地而坐"的生活方式转变为发明坐具的进步，坐姿的变化让饮酒器具也彻底转变。另一个因素是受酿酒技艺改进影响，酒精度不断提升，这与饮酒器具变小和雅致有密不可分的关系。陶瓷材料的易得和色彩丰富、造型简约、釉色温润，把青铜酒器的神性转变成为人性，使酒器更广泛受社会大众欢迎。继而玻璃酒容器出现，又续写了一段段波澜壮阔的历史。

总的来说，陶瓷酒器具有丰富的造型和多样的装饰选择，它的发展演变与社会变迁、文化普及以及技术进步密切相关。陶瓷酒器在中华酒器文化中扮演着重要的角色，并反映了人们对酒的崇尚和对美的追求。

1. 造型特点

陶瓷酒器的造型和中国酒文化密不可分，中国的陶器起源很早，"陶"的文化底蕴更是深厚丰富。由于古代酒器特殊的功能属性代表着阶级与身份，自然会受到主观造物意识形态的影响。型制不仅仅是使用功能需要，更多是器物所折射的精神含义，这种影响无疑会介入到酒器的方方面面。

陶瓷市场上，陶瓷酒器琳琅满目，形态各异的多样性带给消费者的是丰富的视觉感官和贴切的心理感受。现代陶瓷酒器的造型不仅是一项技术制造，更是一种艺术设计，陶艺工匠在制作时，除充分考虑到实用性，更加注重自己对造型艺术的追求和领悟，显见是实用性与审美性的结合，也是对当下现代艺术审美性的另一角度的诠释。

自古以来，中国酒的容器就是以陶和瓷为主要材质。陶瓷酒器的形状特点各式各样，从容量大小来看，用于酿酒的可以是缸、腹部宽大，口腹部稍小，高度适合人体高度，以方便劳作。仅次于缸的是坛，坛腹部较大，偏高，口部较小，便于密封，有的则在其颈部两侧带有耳环方便手拿，用于储运藏酒，所以经常放置于酒窖中。罐则容量稍小，其尺度大小考虑人的双手提拿合适。罐底低平，腹径尺寸相近，由于罐用量较多，方便携带，所以常用于酿酒坊或酒肆。罐上盖有一红布包裹的重物，弥合罐口，阻止外溢酒气，同时方便拿取掏酒，也作平时盛酒容器。红色的盖布常常能够唤起饮酒者的心理情绪，具有吉祥、开启的寓意。饮酒用的是小酒壶、分酒器、小酒杯，这些容器容量更小，易拿易放，便于清洗。造型精致小巧，是日常宴请宾客的最佳酒容器选择。

陶瓷饮酒器的形状常呈现圆形和薄胎的特点，这与陶瓷的成型过程及材质有关。陶泥浆在塑形过程中主要是通过旋转吸附在石膏模具的内壁，控制泥浆进入模具型腔的量，就可决定泥胎的厚度，然后打开模具取出泥坯，晾晒干后再进行上釉及装饰加工。然而这一过程容易受制于外力的作用，因此陶泥酒器造型不宜薄、高、直，以及上大、下小和异形，而是更多趋于圆形。这些受制原因主要是入窑烧制时重心容易偏移变形，泥胎厚薄不均而导致崩裂和坍塌。另外，陶瓷烧制的温度和胎质厚度也会影响器物的造型，厚胎的陶瓷酒器更能保证制品的稳定性。所以，陶瓷器物都有重心向下、腹部宽大、注重稳定和细节变化等特点。另外陶瓷烧制过程中温控是器物容易变形的又一因素，胎质薄且烧制难度大，变形和破碎是常态。所以器物的造型不可以是随心所欲，必然受制于材料本身与工艺的限制。随着新技术的介入，柴窑和煤窑变成电窑或天然气窑，恒定温度能够有效控制，无疑会带来造型及装饰的更进一步发展。

现代陶瓷酒器的造型设计不仅注重实用性，还注重艺术性和装饰性。设计师及工匠师傅在制作过程中考虑现代艺术的审美需求，使陶瓷酒器呈现出精致的外观和装饰。装饰可以是刻花、绘画、釉色等各种形式，使陶瓷酒器具有视觉上的美感和丰富的表现力。随着技术的进步和窑炉的改良，陶瓷酒器的造型和装饰将继续发展和演变。新的制作技术和窑炉的运用使得陶瓷酒器的造型更加自由多样，同时也为艺术创作和装饰提供了更广阔的空间。

2. 表面装饰之美

釉是陶瓷酒器上一种重要的装饰方式，也使酒器外形与釉色融为一体。一件好的陶瓷酒器，不仅在于外形，还要与釉色的完美结合才能更加突出。极具创意的外形加上与之外形匹配的釉色装饰，才能令这件酒器作品达到所追求的完美艺术境界，因此，经典的酒器也可称为艺术品。我国自古以来被称为陶瓷大国，而现代陶瓷酒器的发展迅速，更有被称为"陶瓷装饰最耀眼夺目明珠"的釉色装饰。其特点有釉上彩和釉下彩，顾名思义就是在陶瓷素胎上进行图纹描绘，然后施以釉烧制，谓之釉下彩。而在已烧制的釉面上再一次绘制图纹，继而再入窑烧制而成为有两层图形效果的，被称为釉上彩。

浮雕装饰在酒器上具有极丰富的表现力。浮雕也被称为"雕刻装饰"，就像雕制巨大的浮雕画一般，重要的是体现层次与对比效果，受光照的影响呈现出立体感，这种浮雕只是二维视觉上的效果。而酒器上的浮雕则是圆雕，具有三维立体，装饰的图形在环形的交接处无缝对接，形成一个闭合的图形关系。设计上需要正背面一体通畅，气韵相连。但陶瓷工艺无法在上釉后进行雕刻处理，陶瓷表面的浮雕只能在土坯阶段进行浮雕，再施以陶釉，其图形效果模糊并缺少清晰的轮廓线，也可被看成另一种线形的暧昧之美。

装饰的内容和装饰部位相对来说比较自由与活泼，一般不重视故事情节描述，也不在于去表现重大主题，而更多的是追求抒情性和赏心悦目的形式感。它更强调对装饰对象的依附和烘托，在乎空间形态上的虚实相生，意趣关系的处理，以适应品饮时的氛围需要。同时常借视错觉来巧妙设计圆柱上的平面效果，将平衡性、对称性、条理性等形式美的规律和装饰语言加以运用。

装饰的效果是在与酒器外形结合的艺术形式下，注重装饰的表现力，并不是仅限于它的外形，而是着眼于形态与图纹的呼应关系，追求其意境的美感，予人以舒适恰当的实用视觉感受。陶瓷酒器上手绘与贴花纸是主要的装饰方法，手绘以写意和工笔为多，花纸则多以连续纹样、抽象纹样及其他纹样为主，也有手工器口镏金。

综上所述，陶瓷酒器的装饰之美主要体现在人与物之间的协调之中，强调形态与图纹的呼应关系，追求象征意义及意境的美感，予人以舒适和实用的视觉盛宴。

雅俗共赏的青花装饰之美，将瓷器装饰与中国水墨、书法相融相通，可谓是来源于中国书画。一曲《青花瓷》[1]，将青花装饰的意境描绘得淋漓尽致。在我国陶瓷发展历史上青花瓷如同艺术宝库中一枚硕大的蓝宝石光耀古今。它的"雅韵"更是意蕴丰富，宁静悠远，气度非凡，体现了浓郁的东方韵味和鲜明的时代精神，单一的青色却透着五色的浓淡，不温不火的色彩透出民族文化的含蓄，深沉与稳定的属性更显白底上的耀眼，她与中

---

1 现代流行歌曲，方文山作词、周杰伦作曲。

国画的墨色有异曲同工之妙。讲究含而不露，有音犹韵，渐变自然。通过青花绘画的装饰使陶瓷酒器更具丰富的审美情趣及文化底蕴，无愧与优雅的艺术性伴生。人们在饮酒时，也不再仅仅满足于酒体的味道，更多了一层领悟酒文化的内在含义。就像苏轼在评论王维的作品曾作诗："味摩诘之诗，诗中有画；观摩诘之画，画中有诗。"[1] 我们欣赏青花装饰之时，也能从中感觉到诗人诗句中描述出来的意境。陶瓷酒器作品上的图纹装饰如诗如画的气韵，也触发了历代诗人的灵感，细品那些吟咏陶瓷的名句，能使我们更好地领略其中陶瓷装饰的美感。

四、现当代酒器审美特征

器物作为一种人造物的存在，必然打上社会价值取向及审美的烙印。从整体角度来聚焦审美，不难发现当代社会与文化的多元性。东西方文化的交融，不同文化的碰撞，艺术审美媒介的丰富和多元，都可使传统的审美观念受到冲击和肢解，继而导致艺术审美易产生混搭和碎片化，有一种茫然无根的感觉。看似丰富和多元，实则是尚未建立起新的观念和审美范式所致，过分解构了传统之后的空虚和漂浮，最终导致审美又有一种回归的选择，然而这种选择意味着审美循环到更高一个层次，以朴素自然为本质核心，把"素朴而天下莫能与之争美"视为一种境界。在此背景下的酒器设计从形式到色彩，都极力选择合适的材料与工艺来达成"返璞归真"的意味。

审美一般具有直觉性和愉悦性特点，"寄情于物"的态度与观点自古以来都具有中国式情怀，崇尚"以器启道"，将生命的感悟投射到器物之中，用心去参透和创造，借一物一器表达生命的意义，赋予物以鲜活生命状态，而酒器的塑形恰好需要具备这一特质，才能够去感染接受者。酒器与其他造物方式一样，是将材料的质感和风貌特点发挥到极致，托物而咏怀。历史上酒器的形制、大小、装饰、色彩等方面都受到传统"礼乐"文化的制约和影响，折射出中国传统造物思想最显著的核心，逐渐成为文化意蕴的精神器具，对后世酒器设计与制造产生巨大的影响，可以看见大量酒器都带有这一痕迹。

现当代酒器大多以现代工业生产为前提条件，注重批量化、自动化、集成化等特点。酒器材料尤以玻璃和陶瓷为主，易受制于工艺制造的模具

---

1 （宋）苏轼，（明）茅维. 苏轼文集 [M]. 孔凡礼，点校. 北京：中华书局，1986：2209.

限制。从设计造型来讲，首先是在尊重技术限制中来寻找突破，因此也就逐渐形成了功能、简约、扁平、素色、材质等新的审美样式和观点。当然也不可一概而论，这与目标功能的定位有直接的关系，就普遍性而言已成为一种趋势，具有一些共同特点。

如何去完美体现中国白酒的色、香、味？浓香型酒无色、通透、晶莹方显本色，玻璃无疑为最佳。而酱香型酒宜避光存储，则用乳白玻璃或陶瓷来隐藏岁月时光。由于酒度较高，饮酒器杯型较小，敞口、容量不宜过大，避免嘴唇与酒面接触大而导致饮入量多，影响对酒品评的微妙感受。

饮酒方式与酒具之间时常会释放出一些信息和审美意趣，甚至区隔出品位高低。这与茶饮有异曲同工之妙。茶是中国本土的植物，却在英国形成了文化，茶歇、下午茶等饮茶形式，同时还特别讲究环境与氛围。茶中的添加物牛奶、白糖、香草等又反映出饮者的阶级等级，贵族饮茶时什么都不加入，讲究的是天然的本味和香气，当然对茶本身的要求更高，茶具较小而精致。稍次一点的茶则需要调制来增加味觉的丰富，多数为白领阶层饮用，提高品饮过程的讲究与互动，杯具大小适中。而更次茶饮则需添加各种调味料，加入更多的糖来刺激味蕾，补充能量之需，从甜味中感受生活美好，此类饮用人群多为普通劳动者，杯具稍大。由此可见生活细微之处体现了不同生活层次人群的选择，对于酒具也是如此。

中国饮酒方式及酒具也有类似之处与等级高低，真正高规格的宴饮所选酒水与菜肴匹配，"美食必有美器""美酒必有美具"是通常的惯例与讲究，好的待客酒器大多是纯水晶刻花酒具或用骨瓷杯，容量较小，便于干杯，与餐具、筷架、毛巾托等形成组合，非常注重细节和纯粹的系列感，烘托宴饮的气场及品位，消费者多为富裕阶层。而一般宴请和餐饮使用酒具多数是某些著名酒品牌赠送的酒具，杯具上还印有LOGO，故而常有哭笑不得之感。时常会有几种不同杯型组合混搭。常有茅台酒杯中盛的是五粮液，国窖1573酒杯中装的是其他酒，无法让人深究品牌风格。这种无厘头式的现象多属酒店所为，但也反映出消费者的纵容和迁就。看似无伤大雅，实则是审美意识的放弃而缺失细节的讲究。更低的选择则是一次性纸杯，或干脆使用其他可替代容器，完全忽视酒与酒器间的相互匹配与统一，装入酒液只求一醉方休。选择酒具品饮美酒是一件值得在乎之事，其背后折射的是生活态度及审美差异，无意中也流露出等级的归属。生活品质就是一个"讲究"，并在日常生活中来悦己。

酒器中有两类之分。一类属盛酒售卖的容器，通俗说法就是酒瓶，除去实用功能外，还有一个被消费者选择的环节，那就是审美功能，各种喜好及复杂的因素决定其形态和审美要求。目所能及范围内的酒容器绝大多数为曲线形，这与人类自身及自然环境的曲线形有关。回看大自然中几乎所有自然物都是曲线形，反观人造物则以直线为多。前者受到风、雨、雷、电等自然因素的影响而侵蚀和风化逐步成为曲线，就是植物叶片也进化成曲线形。而后者为了制造与加工，采用直线形式更为便捷和经济，如门、窗等。因此，人从基因中就天然亲近于曲线，柔软、亲和、圆满等象征意义，也是一种自我审美认知的反映。另一类是单一饮酒器具，主要起到饮酒工具的作用，符合饮者生理及心理的愉悦度。综合而言，传统酒器追求较多的精神象征，作为礼器大量进行各种装饰，极力彰显酒器使用者不必言说的身份地位，试图通过物质实态来暗示自己的富裕与显赫。而现当代仍然承袭了这一特点，但又被新的观念和新思潮所否定。后者从日常生活需要出发，轻松、惬意、与人们生活亲密无间，以便利实用为原则，摒弃了太过复杂的装饰和造型，把装饰与实用功能集为一体，不求夸张，追求内敛，含蓄而优雅，除了装饰与造型，还特别看重对器物材质质感的追求，显然这种审美趋势更受新一代消费者所接受和喜爱。

五、现当代饮酒习俗

在"无酒不成礼，无酒不成宴，无酒不成敬意"的中国，从古至今都讲究礼仪，古人饮酒分为四步，拜、祭、啐、卒，先拜是对尊者的敬意，然后用手指沾一点酒液洒向空中和大地，示为祭谢天地，继而品尝酒味并加以赞扬，最后一饮而尽，主人与客人皆大欢喜。现当代饮酒习惯中也颇多讲究和习惯。其中在酒文化影响下，酒器的选择，酒器与敬酒有何关系？如此风俗礼数何为？

我国由于地域辽阔，各民族人口众多，生活方式千差万别。不同地域的饮酒习俗不尽相同，饮酒场域及等级差异大相径庭，宴请饮酒有各种目的和理由，不管大小酒宴都受传统文化影响必有一番座次铺陈，以示庄重和有序。然饮者身份地位与酒器摆放显示出排场，是主人宴请宾客的一种讲究。一般民众或普通劳动者喜欢使用容量大的酒具、碗、水杯、茶杯等盛酒，不拘泥于酒具的讲究，在乎于彰显豪气与难得释放的心情，大碗喝酒大块吃肉，多与饮酒解乏、直抒胸臆匹配。

而"文化人"则以小杯加分酒器为最佳，选择精巧水晶玻璃或陶艺酒器多，显得礼仪举止为重，恰当为佳，一边饮酒一边交流，适时还借饮酒微醺表达自己的学养，更有不少饮者借此勾兑各种利益关系。可见酒器形制与大小潜隐着功能的作用，满足不同人群及营造饮酒氛围之需。这也说明"物"对人的作用显而易见，有什么样的物质环境就会塑造什么样的人群，而什么样的人群又会选择什么样的器物。人与物是一个相互作用的关系，生理的适应，使用的习惯，更重要的是被赋予精神价值或情感因素的物，会影响和感染其他人群从而导致众多人群的趋同性。所以酒器的形式功能演化成精神功能，继而又反作用于造物的依据和主张，长此以往渐渐变为选择行为习惯，沉淀为日常生活方式。

作为主人待客，首先想到的就是喝什么酒，为什么喝酒。这是酒宴的主题，"酒"是宴请话题的由头，怎么喝则是饮酒之乐趣。三个理由是待客必说之词。宴请开始则首先需将未开启的酒器包装放置餐桌上，暗含酒的品牌介绍之意，表示待客水准与诚意。什么样的酒也预示相应的下酒菜，显示待客规格。酒器包装的视觉效果及材质则反映出主人的审美选择，以及酒品的种类及价位，以取悦品饮者，以期达到宴请之目的和意义。

酒具的形式与摆放则大有讲究，酒杯最先放置在主人处，然后是宾客处，继而依次摆放。酒容器与包装最好当场开启，以示为原装，增加共饮者的信赖度，同时主人对酒的故事进行说明，主要以品牌、年份、香型等为话题。分酒器则搁置后台案几上进行分装酒液，一般多以请客者助手或酒店服务生进行。根据公平一致分配原则或饮者能力大小自由调配，也可放上桌后再请人代酒。而后将分酒器摆放至宴饮者右手边，流口方朝向饮者，以方便斟酒。主人的助理辅助张罗客人，检查酒具是否遗漏。首先给在场的长者及客人斟酒，以分酒器为单位进行，在众人的注视下，缓缓斟入酒液于杯中，杯口需留一线，入酒量得恰到好处，既不能满杯溢出，又要感觉满杯，以表满心满意方可敬人。

一般饮酒场合是主人敬大家三巡，第一杯以站立共饮，然后便开始自由选择相互敬酒。酒杯大小需要一致，斟酒时拿着分酒器盛入酒杯时，切记分酒器口不宜与杯口相碰，而第一声碰应该是主人与客人杯与杯的响声，和着一句祝福语一饮而尽。如果在座的有长辈、领导、远道而来的客人，一般可以先为其斟酒。喝酒时客我之间都十分有节度，保持一种良好的饮酒氛围，敬酒时双手举杯略高于视平线为佳，时有谦卑之意而放低杯子，表示恭敬意味。主人敬客人酒谓"酬"，客人回敬主人酒谓"酢"。而相互间的祝福语，常言叫客套话，谓之"为寿"，一般是三杯为度。其间客人与客人之间敬酒叫"旅酬"，有时还要依次向来客敬酒，称之为行酒。

主宾之间互相敬酒从古至今都有所讲究，敬酒不仅是文明礼貌的象征，而且能营造酒席气氛，活跃场面，达到以酒会友，以酒敬礼的效果。不论是喜庆酒会还是庄重宴席，敬酒的礼仪都是以小敬大，幼敬长，首席者为上，宾客次之。

在酒桌上，不论谁开始敬酒，首席者都是第一要敬的人，主宾敬酒之后需要给副主宾敬酒，其余以顺时针方向为序，给主宾、副主宾敬酒后，可以依年龄、亲疏为序进行敬酒。

主人在饮酒前要根据饮宴的内容和对象，表达对客人的良好祝愿，以助酒兴。祝酒的主要形式有三种：一是祝酒词，在大型外交或社交活动中，应先由东道主致辞，随后由客人代表致答谢词，在家宴、婚宴、生日宴、朋友聚会宴中，也往往会有祝酒词；二是以诗代祝酒词，中国酒诗联姻，许多佳句流芳千古，以诗祝酒，更具文化色彩；三是祝酒歌，中国少数民族多以此种形式祝酒，能让客人兴高采烈、气氛也十分轻松活跃。如果要致正式的祝酒词，应在特定的时间进行，并以不影响来宾用餐为首要考虑。

在干杯时，往往要喝干杯中之酒，故称"干杯"。提议干杯者，可以是致祝酒词的主人、主宾，也可以是其他任何在场饮酒之人。提议干杯的人，应起身站立，右手端起酒杯，或用右手拿起酒杯后，再以左手托扶其杯底，表达祝福。

中国作为酒文化深厚的国家，劝酒也是席上必不可少的一个环节，需要由一定的理由来展开，这往往也考验着一个人的素养与表达能力。但在劝酒过程中，需要注意一些礼数，一是要因人而异，酒场上有酒量好的人也有酒量差的人，要根据每个人的情况进行适当的劝酒，做到理解到位即可，不要死缠烂打；二是劝酒词一定要文雅礼貌；三是劝酒要多以主宾，副主宾为主进行，参与陪客的人员要根据酒场的实际情况酌情劝酒，尽量不要采用车轮战术，更不要只围着一人不断劝酒，要让人有稍息空间，感受到友情与欢悦。在中国古人《礼记·乐记》中专门制定有酒礼："一献之礼，其宾主百拜，终日饮酒而不得醉焉，此先王所备酒祸也。"[1] 孔子也曾曰"饮酒以不醉为度""唯酒无量，不及乱"[2]。

独饮，也是一种自我满足的方式，不需要太多的下酒菜，只需一个放松的心情，无牵无挂。在当下很多年轻人喜欢在自己家里设计一处小酒吧，劳顿一天回到家，斟上小杯酒犒劳自己，这便是酒文化在西方文明影响下的演绎。

在中国南方还有一种特别的酒饮方式，多见于乡间小镇。一些闲来无事的老人喜相聚一起饮闲酒，佐以蚕豆或花生米。有时也用洗净后的鹅卵石拌以佐料为下酒菜，一口酒一粒石子，不以食下，只咀其味。完后再洗净另拌别味，一日多味不重复，只为快乐，又不过多进食，满足于精神的放逐和相聚的闲聊，是一种打发时间的方式。

1　（清）阮元校刻. 十三经注疏 [M]. 北京：中华书局，2009：3326.
2　（清）阮元校刻. 十三经注疏 [M]. 北京：中华书局，2009：5419.

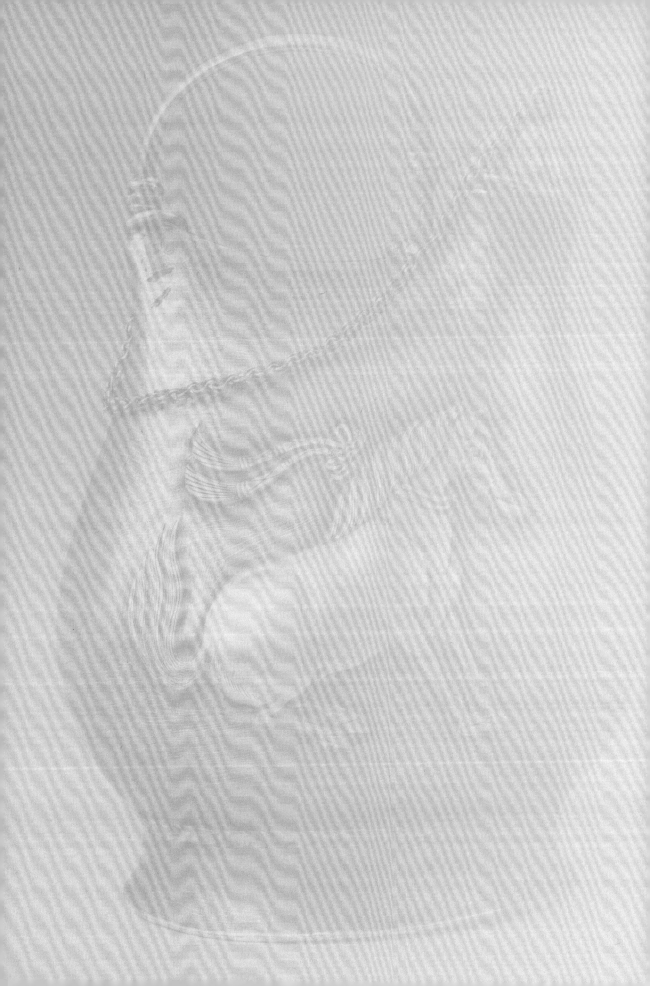

第二章

从象征意义到品牌文化诉求——酒器包装文化及审美

第一节
酒器与酒包装的发展关系

一、酒器包装的界定

谈到酒容器就不得不说到酒包装，其实两者本为一体。早期容器就是包装，包装也指容器，原始社会人类所借用的自然材料来盛物就可见其源。其实是同一物体的功能延伸，应该说容器最原始雏形的产生也是人类文明的开始，是人类借用自然材料来满足生存之需，它源于人类对自然物的发现和利用，借物质的天然形态与质地来服务自己。随着历史的进程及对物质归类更加成熟细分，市场经济与商品市场发展需要，加之现代意义上包装作为信息载体的功能才逐渐被区隔开来，成为同一内涵而稍有区别的两种表述。纵观历史长河，从原始部落的树叶包裹食物，到如今的智能包装容器，清晰反映出人类不同文明阶段的对应策略及选择。越是文明开化及经济繁荣的社会时期，容器包装都显现出发展与进步，甚至超越前朝的技术水平和审美观念及形式。这一现象至今也在不断演化与更迭，为社会提供了更多的物质与精神财富。

酒容器是盛酒液的容器，这里阐述主要是指市场销售与实际饮酒的容器，简言之就是"酒瓶"，不涉及生产性用的酒容器具。它将无形的酒液塑形为有意义且可移动的实体，方便收纳和储运，更利于计量和市场销售，提供给消费者享用。

如前所述，人类早期的酒器与水器是共用的，主要以粗陶器制作，在古代被当作一种日常生活用品。陶器是人类文明诞生初期的人造物，典型代表就是旧石器时期的彩陶，它是人类文明的初始实物记载之一。随着社会进步与发展，粗陶逐步演变为细陶和瓷器，后人习惯称之为"陶瓷"。由于储存物的便利和材料易得，且成本低廉，它自然成为盛酒的工具。两者在特性上有互补优势，后世陶瓷也必然是酒器的选择，直到今天依然如此。然而，随着玻璃的出现，它逐渐取代了陶瓷，成为主要的酒器材料。

酒器分为生产型酒器、销售型酒器以及饮用型酒器。从物质实体角度看，酒器是一种盛装液体的器物，就是以物理性功能来建立一个盛液体的容器，使用于日常生活之中，实现人们创造它的初衷和功能愿望。酒器多以玻璃和陶瓷材料制造，也有选择其他材质。材料各自性能不同，自然也会让选择者带着自己的偏好来取舍。无论如何都要面临一个前提，酒器材料必须耐腐蚀而且符合食品安全，具有密封性强、防渗漏、成本低、可塑性强等特点。另外其应具有表面可加工性，可用磨、刻、喷砂、喷釉、烤花、套色装饰。概括地讲，酒器是产品，是有形态与物质功能的东西。

酒器包装严格意义上来说，从有酒的时候就已经相伴相随。在中国历史的早期，酒包装与部分酒器是殊途同归，既为储酒的酒器，也同是包装容器。其历史发展过程中包装设计与工艺美术基本是混合的，很难做一种明确的区分，只能是以使用功能角度来大致划分。

包装的出现是由于物品的交换时需要对物品进行保护，方便储运。同时需要进行物品内容信息说明，如内有物的成分、执行标准、使用方法与保存条件等，是为了更好保护物品而增加的告知内容及材料。主要功能是意义主题的传达，包括信息、审美、附加精神价值等。材料多以纸张为主，木质、塑料、金属、棉麻、皮革、竹材等为辅。

酒器包装是酒的身份证，它是商品意识出现后而被凸显出来的事物，脱胎于原始容器的部分功能，如盛物、装水、储存、搬运等。这里所指酒器与包装专门论述的是销售包装与酒器，不涵盖生产和存储酒器。

酒器是为盛酒功能需要而塑造成型，附加的象征意义有限，很多时候是依据材料特性及加工手段来展开，主要是存储酒液的工具，多数以玻璃、陶瓷为主要材料，也有不锈钢、塑料等其他材料辅助。两者区别是一内一外，共同构成一个整体，近现代酒器与包装统称为"酒器包装"，简言之"酒包装"。

审视中国的酒包装，我们可以先从汉字"酒"上来入手。"酒"是象形字，由"氵"和古文"酉"字组成，"酉"像陶罐的形状。由此可见，"酒"是放在陶罐里的，酒与水没有容器之分，两者共用一种陶罐，既是功能的容器，又是形式的包装，一种器物的两种表述。在相当长的历史时期中，容器与包装同指一种器物，代表着酒容器的雏形。酒包装随着酒的大量酿造而开始出现，主要因物品交换所需，容器与包装稍有一点不同。它的原始功能仅限于盛装、分发和储运，这和当时人类生活的条件背景有直接关系。原始人类最初盛水形式是用双手淘水喝，谓之"掬水而饮"，[1] 也由此发现借助于或者其他物体，可以更好满足自己的愿望，实现更便利的生存。由于对环境的长期观察而受到启发，早期人类借用自然界现成的

1　以手掬水而饮。《礼记·礼运》："污尊而抔饮，蒉桴而土鼓。"孔颖达疏："以手掬之而饮，故云抔饮。"（清）阮元校刻. 十三经注疏 [M]. 北京：中华书局，2009：3065.

树叶、果壳、贝壳、葫芦、竹筒等成为盛装液体的容器。人类社会的逐渐形成，酒被大量用于祭祀、宗教活动中，它的盛装容器和包装物也就发生了变化。由于上述活动是精神与崇高的膜拜，器物的型制与材质也一并被视为圣物，在人们心中产生强烈的情感。由此审美和实用发生了变化，物的属性被赋予精神因子，人的主观意识和社会观念融入其中。酒器成了一种精神符号和身份象征，审美的自我精神活动介入其中，形成一种功利的、形象和情感的关系纽带。材料物就从纯自然状态变成为精神意识的介质，陶器、青铜器到瓷器以及玻璃都被赋予了象征意义。

到了封建社会中后期，酒器包装的非物质功能被隐藏起来，显性的装饰图案也不再只是简单标识和图腾崇拜，逐渐开始社会化和世俗化，文化图形的表达也转换为生活常态，更多关注人自身。到了近现代，酒器包装进而成为经济、文化的混合物，自然、生动、健康。由于社会进步与科技的发展，大众对酒的属性有了更多的了解和认识。随着需求及市场细分，其酒器包装不仅仅只局限于商品的保护与信息介绍，也不再是过去单一的盛装与储运功能，而是生产者借助商品与社会之间建立起一种界面，担负起情感的交流与沟通，除承载文化、艺术和商业的多重意义外，还关注审美价值与经济价值的增值服务。

由此可见酒器包装历史和演变的深刻与复杂性，与人类文明及社会形态的演进息息相关，涵盖了从原始社会到近现代的不同阶段，酒器包装的发展反映出人类对物质和精神需求的追求和创新，以及包装功能从简单盛装到精神符号的演变过程。在酒器包装的发展中，确实可以看到人类文明和社会形态的不同阶段有着不同的特征体现，我们期待酒器包装在未来发展中为人类带来更多的物质与精神文明。

酒器包装是系统包装科学中的一门分支，它专注于服务酒产品，聚积艺术价值和经济价值。它目标市场定位明确，消费者接受程度恰适其中。它是提高社会人文精神、审美取向、经济效益、艺术创意、技术操作和工艺成型等极其复杂的系统工程。

随着社会的进步、生产力的提高，技术的发展和文化艺术的传承与发扬，酒器包装也经历了漫长的发展过程，其过程可以划分为原始包装、古代包装、近代包装和现代包装四个时期，每个时期的酒器包装在造型、材料、装潢、制造等方面都体现了不同的时代风貌和技术水准。

酒器包装的萌芽起源于原始社会时期，由于生产力低下，人们无法单独在自然环境中生活。为了生存和繁衍，自然形成族群生活方式，靠双手和简陋的工具采集野果、打猎维持生活。使用的工具以木、石器为主，也有兽骨、兽角制成的器具。食物和饮水需要容器盛装，以便转移、分发和食用。人类只能借用纯自然的材料，这些没有经过技术加工的自然物，是容器包装的开端。这一时期，酒器与水器是同种工具，在使用上还没有具体的划分。以陶器为主的时期，器具以使用为主，装饰较少，内容大多描摹自然中的动植物形象。图形在很大程度上具有图腾的意义，象征人们对生活、对自然、对神灵的精神寄托和崇拜。

此类图案的原型是生活中所见现象及生物，火、水纹、青蛙、鸟、鱼等，人们在长时间的生活积累和观察后，采用简单线条来绘制，这种抽象化方式受到工具的局限，相对比较粗糙，并非主观意识选择的反映。陶器的大小在新石器时期已经有了使用者身份的区隔，明显带有一定的等级与精神作用。同时一些经过简单加工的自然材质容器包装形式也相继出现，如草编、竹编、藤编、木制品等。青铜器出现后，酒器包装的作用、使用场地所代表的意义有了更大变化，它象征一定的身份和地位，不再是普通百姓所能随便拥有和使用的器物。占卜的盛行使社会出现了一批思想家——巫师，他们是原始社会的精神领袖，帝国的"建国受命"建立统治，则要依赖于这些"巫""史"来构建和宣传。这些精神象征以写实图像的形态表现在青铜器上。饕餮纹、龙虎纹象征着力量和权利，这种图形的出现也得益于青铜冶炼铸造技术的进步，此时青铜器成为祭祀等巫术宗教活动中的必备品。

从身份权利到心境情操的转变——古代酒器包装时期，是人类跨越原始社会后期、奴隶社会和封建社会的包装发展历史阶段。在历史长河里，人类文明有许多方面的进步，从石器到土陶至青铜器，再步入到铁器时代，瓷器、漆器、玉器等的发展使酒器的制作进入了一个新的革命时代，其形式上掌握了对称、比例、均衡、变化等审美规律，工艺上采用了镂空、镶嵌、染色、涂漆、浮雕、窑变、彩绘等。酒器的装饰也发生了变化，"狞厉之美"已经消失无踪，儒家佛家思想和文人对酒的钟爱使装饰艺术多了一份"雅致"。装饰图案中有山、水、虫、鱼等，国画艺术的展示是这一时期的主流，装饰的象征从身份、权利变为创作者心境、情操的体现。

在科学技术的推动下，酒器包装的制作在去繁缛得实用的近代酒包装阶段飞速发展。这一时期以机器生产为主导，包装材料、包装技术、包装标识、包装机械进入了一个全新的发展阶段。近代是我国历史上转折的一个重要时期，外国侵略者对我国商品的倾销和原料的掠夺，对我国自给自足的封建经济基础产生破坏，加速手工业不断解体破产，濒临人亡艺绝。酒器包装受到大经济环境的影响，其装饰艺术也无力创新，在沿用传统装饰方式的基础上，题材加入了部分新内容：历史故事、英雄人像、民间题材等。这一时期的酒器包装讲究实用，装饰抛弃了过去烦琐、华丽的艺术手法，以体现劳动生活为主导，反映生活情趣。包装装饰逐渐融入了生活情境的表达，体现了人们对日常生活的关注和热爱。

现代酒器包装与过去任何时期的形式均不相同，它涵盖包装容器、防盗盖、销售包装、运输包装等多方面。包装行业已经成为一个庞大的包装工业体系，在国家经济建设中发挥着重大的作用。包装产业发生了根本性的改变，这些变化主要体现在以下几个方面：

（1）纸质包装的繁荣。纸因具有原材料广泛、易成型、轻便、可彩色印刷、循环利用、环保降解、成本低等特点，所以被世界各国商品包装首选。1904年，双面衬纸和瓦楞纸板箱在美国研制成功，集成化和防震是其特点，解决了各种商品及酒的长途运输包装难题。白版纸、铜版纸以及各种色泽纹理的特种纸使包装的形式得到极大促进，关联的产业也随之兴起，使整个包装工业取得了突飞猛进的发展。20年代初，美国发明了防盗铝质滚压螺纹盖等，解决了酒器包装一直以来的封口难题，使得酒容器从瓷器、青铜器等高成本材料运用转向利用可回收的玻璃，成为包装历史上重要转折点。

（2）印刷技术的快速发展，实现了可批量化复制。由于印刷制版照相技术的成熟，包装上可以清晰看到各种实物的真实形状和色彩，还原性大大提高。还有转移印刷技术可在玻璃酒器上实现精准印刷，更具视觉诱惑力，唤起人们强烈的消费欲望。由于现代科技成果向印刷技术领域的移植和渗透，包装印刷正向印刷技术电子化、印刷材料多样化、印刷设备联动化、印刷质量高档化、印刷成本合理化、印刷产品智能化等方向发展，各种印刷包装能够更好地再现原设计稿的艺术效果。

（3）运用计算机辅助的设计手段已经非常成熟，包装设计技术进入现代化最令人瞩目的标志是现代计算机系统广泛的运用，即利用不断更新换代的各种绘图设计软件进行酒器包装的设计，多维度研究造型、色彩、图案、文字、工艺等，甚至虚拟市场实态的展陈效果，研究消费者真实的体验感，对设计元素进行更有效地筛选，运用越来越丰富多元的表现方法，使包装的平面及立体效果更为理想。同时可以采用3D打印机完成设计实物的打样，也能够采用数码彩色印刷机快速将设计印刷出来，从平面的设计演变成立体的实物，更真实地提供产品包装审定与市场检测，缩短了设计的周期、降低了包装设计成本，更加还原设计师的想法，拓展了设计思考的空间。

（4）容器成型材料的丰富提供了各种造型的可能，玻璃容器的成型模具在智能数码机械的加工下变得更为精细，成型精度大大提高。

（5）为防止假酒出现而展开各种防盗瓶盖研发，多结构与多材料交织结合，单铝、单塑、铝塑结合、金属与塑料、水晶与金属等变化多端，涂印、转移印刷、烫金、拉丝、消光、精雕等工艺手段层出不穷。

（6）多种材质的混合运用成为当下的时尚，包装上可见不同材质对比，以提升材质差异与个性，既体现丰富质感，又统一在设定的调性之中。

以上可见酒器与包装原本为一体，其设计随着社会发展、技术进步以及各种新材料的研发而变得更加容易。随着酒器包装市场功能的需要发展，经历更多信息的传达，酒器与包装才逐渐有所分工和差异，但大多时候是相互补充关系。

二、酒包装与酒器、酒文化变迁之关系

在现代市场经济环境下，商品无疑是整个社会生活中与人交互最密切的物质，而酒类商品的容器与包装又承载了不同时期社会文化属性，必然具有不同的文化印记，正是这种文化的比较和对比才构建起审美的差异特点。中国的历史文化是各时期各种文化交流与融合的结晶。儒家、佛教、道教等不同思想流派相互影响与互补，形成了多元的文化形态。这给酒器包装整体涂抹了一层文化底色，并在一定程度上影响审美取向和价值认同。

从文化基本精神角度来看，中国文化强调和重视德性与自觉的体现，对仁爱及秩序倍加尊崇，倡导人性至善、以人为本的理念，从而奠定了造物活动的基本人文观念，确立了价值认同大致的边界。酒器包装也必然受此观念的影响，而酒文化属于这一整体文化中的一部分，变迁关系当属自然而然。酒器包装内在的精神特质受制于社会观念的价值取向，于是设计跟随政治、经济、文化、市场、地域风情的特点及趋势也就顺理成章，其表征囊括了全社会各种要素，构建起丰富多彩的审美样式及意义，既符合社会意识形态，又反映出现实文化的多样性。当然变迁与发展是一个忽隐

忽现而较为漫长的过程。

从历史发展角度来看，人对自然认识水平的提高和科学技术的进步，是决定酒器包装流变的根本原因。早期特征主要反映在就地取材，注重技术的简单性，满足一般性的经济实用。由于商业的不发达，自给自足及少量交换是主要消费形式。在文化及观念的介入之下，酒器包装多以吉祥文化和神性寄予居上，一种小我意识支配与满足，渐变为一种日常生活提示。

《周易》坤卦载"括囊，无咎无誉"[1]。囊即口袋，也是包装的雏形之一，意喻为扎紧口袋，缄口不言，谨慎才没有祸害。包装也能演绎出世俗人生的态度。

当下社会文化的发展与变化直接影响到社会生活的方方面面，市场经济下的商品包装无不打上意识形态的烙印。以情感享受为主导的审美、强调自我时尚的潮流都呈现出消费社会的显著特征。而消费社会的出现是工业化、城市化及市场化的产物，是现代社会发展的必然结果。当下由于商品的相对过剩，商品的符号价值、文化精神特性与形象价值聚焦于鼓励消费以维持和拉动社会生产。它超越传统的消费观念，迎合现代社会人性的自我解放与独立的意识，强调个性差异与不同，渴望满足自我存在感。由此容器包装这一媒介形式更新，为市场竞争带来了新的视觉、触觉及审美感受。同时借助造型元素，重构全新的视觉形象来满足新消费。而在新的视觉文化推进下，酒器包装的设计更加理性，其立场与视野不同于旧观念，不再是对"小我"的满足，更多是放眼人类与世界。

由于多种艺术媒体的融合所产生的视觉图形，充满着新奇和变异，不断对大众形成一种不自觉的逼迫感，继而催生出诱惑及选择的挑剔。处于艺术样式及环境快速变化的时代，大众势必会对酒器包装提出更高要求。一目了然和简易识别成为"读图时代"的特征，而新一代消费者多以图像与色彩来辨识商品，完全有别于传统的文字主体认读方式，从文字智性愉悦转向图像感性直观，这是时代变化所带来的文化习惯变革。而这一变化形势还在不断扩大，如包装上的"拟文化"现象就是以"虚拟的真实"造成对真实的颠覆，甚至超越了内里物质本身的完美性。居伊·德波认为，现实社会中商品图像已经超越于物质形态的商品之上，传统真实视野中的商品世界对人的支配更进一步颠倒为虚幻的现实社会对人的支配，一切新

---

1 杨天才，张善文译注．周易 [M]．北京：中华书局，2011：34.

媒介成为主导性的生活模式。[1] 而这种新视觉还是内涵意义的生产者,具有潜在的唤起作用,既创造概念又提供产品,但要不断产生新形式只能依赖于新技术进步来得以实现。消费意识强化随社会发展进一步促进视觉需求更强烈和延伸,欲望也不断攀升。这些观念的变革与创新无疑让酒器包装随之而改变了原有的造物原则,尤其是科技的力量,使酒器包装从创意到实施都发生了根本改变。

普遍而言传统消费观念注重物质效用,不太重视精神消费,它与过去物质的匮乏不无关系。将克勤克俭视为美德,约束自我欲望,压制对物质的心理渴望,视财富多为不仁,这些观念意识的束缚,必然影响对物质的选择。加之我国历史上曾有食不果腹之困境,人们构筑起强烈的忧患意识,把生存看得比较重,因而喜欢储备,以防不时所需。同时在道德观念上也把过度消费视为不道德和可耻,以至逐渐形成民族习惯。以上两种不同时期的现象催生两种完全不同的消费观念,在不断冲突和妥协的过程中延续至今。因此,造物活动必然受制于这一变化而消涨,社会文化进程的阶段性可以说直接决定酒器包装及酒文化的变迁之路。

时至今日,由于消费者层级的不断细分以及精神文化功能的介入,酒器包装的设计方式更需精准,量化和具体,特别是市场层级对酒器包装设计的考量也产生反作用。稀有高端的名酒容器包装无疑是高价格的标杆,被赋予更强的文化象征特点,对美的要素显示也尤其重视。与之匹配的结构形式也会发生相应的改变,材质非常规所选用,做工精细考究,品位雅致成为首要任务。正是这类定制酒商品的出现,对酒器包装提出了更高要求,使之成为创新与概念的引领,甚至常常演变成为潮流风尚。当然这类酒商品并非日常消费品,而主要用于品牌形象背书及价格占位,彰显此酒归属于高档酒的生产序列,满足纯精神文化需要,并由酒文化爱好者及收藏家购买,多用于展览和收藏增值。而这种酒文化形式出现势必对关联的常规酒器包装带来冲击,也被视为酒器包装发展的风向标,不断酝酿出新一代酒器包装的革命,正是这种酒文化先行,才不断推动酒器包装的迭代发展与更新。

酒器包装蕴涵着酒本体的属性,酒文化涵盖了酒器包装与饮者两方

1　[法]居伊·德波. 景观社会 [M]. 张新木,译. 南京:南京大学出版社,2017:19-27.

面。对文化的解读首先应基于在众多商品陈列中能够快速识别，通达感知的视觉神经，并在之后快速做出对文化的理解，在脑中调取已存的信息资源检索，建立起感性的情绪认同。理解和把握此点对展现酒的品质、文化特质，建立产品的销售策略、加深商品的广告诉求，使之在同类别中脱颖而出，达成推销商品的目的具有相当重要的作用，而这一理解过程与路径正是文化的意义与作用。酒器包装的文化意义是在商品消费过程中逐渐被认识的，通过近距离观看和解读信息，建立起整体的视觉感官印象，或借助某个图形和一段文字，唤起自我沉淀的内心世界，激活日常生活中对美的感悟，此时酒器包装不仅是传达着酒文化，同时也成就了酒体本身。

以上可说是现代酒器包装不断发展，并与市场相互作用的结果。这里所说的现代，主要是指新世纪到来之前的阶段，这个阶段中，酒器包装的含义已经不再仅限于酒器包装的造型和形态，而更多地指向销售包装系列与容器的多样性以及运输包装上，还关乎运输包装的堆码识别展示。消费者能够建立起这样的感性，是借助于市场长期的培育，与消费文化的形成密不可分。

现代酒器包装的审美特征也主要体现在形态和材质上，销售包装与其他材料复合已成为趋势。随着社会发展与材料丰富多元，包装上不同材质的相互组合及借用也越来越被设计广泛关注，利用材质本身的自然美变得更为时尚。由于现代印刷术的进步，其快速与精准、高效与低成本，加速了商品市场上的技术广泛运用，其中还得力于"纸"材的主体地位，据此可推断，未来纸质包装是社会发展与市场需求的必然。酒容器采用玻璃已成大趋势，玻璃仿釉喷涂以及玻璃材质的精纯都为新的审美形式提供了技术支持。容器造型概括简约，既契合玻璃生产工艺技术的特点，又可以不断回收再利用。陶瓷容器则会逐步减少，基本集中在高端酒容器上，利用温润厚重质地，色彩饱满，寄托怀旧的情感为最佳。陶瓷的大量生产，特别是一次性消费会带来负面影响。由于相对成本较高，且无法回收再利用，势必影响到环境友好性。基于社会绿色环保发展理念的广泛认同，可以预见玻璃是未来最理想的酒容器材料选择。社会的发展是人类社会不断认识和改变自我的过程，传统的观念和习俗是特定时期生活的客观样态，学习和了解历史也是人类得以前行的根本性动力所在，但切不可食古不化。

酒器包装作为文化的载体，在消费过程中不仅传递酒的属性和品质，还承载着丰富的文化内涵。通过对酒器包装的审美解读，消费者能够感知其中蕴含的文化信息，并建立起情感认同，从而增加对商品的认知与好感，这有助于酒商品在市场中脱颖而出。

现今万物皆互联，人的身体与各种造物，思考与各种信息，时空的跨越，人与非人之间的区别都在逐渐融合一体。当人们品饮酒水之时，一定会体悟到氤氲缭绕之气背后传递着各种不同的文化信息，将人性寄托于互相碰杯时的那一声脆响。

对于文化的认知和尊重是不断学习和理解的过程，而不是僵化地坚守传统，应该与时俱进，将传统与现代相结合，以适应不断变化的社会和市场需求。只有这样，酒文化才能不断焕发出新的魅力，成为酒器包装设计的灵感源泉，带给大众更多愉悦和消费体验。为了探索酒器包装在历史岁月中的变迁历程，不妨对盛世时期的各种包装来一次简单梳理，从包装样式中窥其时代特质，从中获得更多的佐证和启示。

第二节
象征意义下的盛世包装

前溯到我国历史中最具活力与象征的唐代来品鉴酒器包装，这里所指盛世是以隋唐历史时期来界定，借此对象征意义下的包装形式进行解析，认识包装及其精神内核对社会大众的深刻影响。包装除了实用功能之外，还有审美趣味的精神追求，在我国古代包装较为成熟的隋唐时期，以及后面的五代时期，包装业得到了广泛的发展和重视，工匠们创造了精美绝伦的包装艺术作品，本节论述在这个时期之下的包装形式。

隋唐五代，伴随商品交换的发展和社会经济的繁荣，我国成为当时全世界瞩目的焦点，这期间逐渐产生了以保护商品、美化商品和方便储运为主要目的的商品包装。相应的，生产商品包装和包装材料的作坊与部门得到了应有的重视。工匠们辛勤劳作，创造了许多精美绝伦的包装艺术精品，此时期制品可谓我国古代艺术殿堂中的一朵奇葩。其中的一些创意及装饰元素，一直沿用至今。这些包装艺术品展示了当时工匠们的技艺和创造力，体现了当时社会的繁荣和文化的辉煌。包装形式方面，注重细节和精致度。包装盒、盒套、封套等多种包装形式被广泛使用，采用了各种材料如木材、竹子、金银、丝绸等进行制作。同时，包装上常见的装饰元素包括龙凤图案、花鸟图案、云纹、锦缎等，运用了丰富的色彩和纹样，展示了隋唐五代时期的艺术风格和审美趣味。

这些盛世包装不仅仅是商品的外在表现，更是当时社会文化和经济繁荣的象征。它们体现了当时人们对美的追求和对物质文化的重视，具有深远的象征意义，同时也体现了包装艺术的精湛和创造力的传承。这些包装形式和装饰元素在现代包装设计中仍然产生着重要的影响，彰显了包装作为文化传承和艺术表现角色的重要性。同时也为后世的包装设计提供了宝贵的历史参考和启示。

一、盛世隋唐时期的包装种类

在这一历史时期，包装类型主要按象征功能和材质来区分，有以下种类。

（一）巧夺天工的精致主义——金银器包装及其特征

尽管我国金银器生产历史悠久，但直到唐代才逐渐兴盛起来。据考古发掘证明，唐代金银器遗物数量、种类和质量都远远超过以前各朝代。唐代金银器包装的发展，主观上与统治阶层的奢华之风是分不开的，客观上是因为自然科学和技术的进步。在对外交流过程中，唐代金银器包装也受到其他国家和民族文化的影响，形成大唐金银器雍容华贵的风格，这与西方文化、技术的影响是密不可分的，从某种意义上说，大唐金银器包装是"西学东渐"[1]的产物。这一时期的金银器包装极力追求高超的艺术性，具有精致主义的特征，创造了别开生面的包装艺术形式，达到了审美与实用、造型与装饰的和谐统一。可以说，唐代金银器制作技术的高度发展，促使我国传统包装创造提升到一个新的阶段。

从功能来看，我们可以将唐代金银器包装分为生活类包装和宗教类包装两大类，前者主要满足人们实用的生活需求，后者则主要服务于宗教信仰活动，满足人们的精神需求。其中酒器包装作为生活类的重要包装之一，也绽放出夺目的光彩。

1　西学东渐，是指从明朝后期到近代的西方学术思想向中国传播的历史过程。虽然可以泛指自上古一直到当代的各种外来事物传入中国，但通常是指在明末清初以及晚清民初两个时期中，欧洲及美国等地思想文化的传入。

初唐时期，金银器包装造型独特。从意匠渊源看，金银器并非脱胎于我国传统造型艺术，而受当时西方金银器造型和纹饰特征影响颇深，许多金银器包装都带有浓厚的中亚和西亚金银器风格，器皿口沿主要是圆形、八角形和多角形，器壁较厚。从考古资料看，当时的许多金银器包装造型，在以前的陶器、漆器、青铜器等器皿中没有发现过类似的，应属于舶来品。

中晚唐时期的金银器造型已经融进中国本土的风格，与同期的陶瓷器皿等造型风格相一致的，器壁变薄，造型风格既富丽堂皇又精致细巧。据目前出土的唐代金银器包装造型看，主要包括几何形和仿生形两大类。此外，还有少量特殊形制包装造型。几何造型所诠释出的韵律和活力是其他形象无法比拟的。简洁单纯的形式也展现出明快、理性、严谨、大气的视觉印象。仿生造型设计在金银器包装造型中占有相当大的比例，是传统包装造型的主流之一。其造型理念及功能原理几乎都是从自然万物中获得，符合人类认识自然规律的过程，在一定程度上，也带有人们的幻想和寄托的成分。此外，一些特殊的纹饰也寄托着人们美好的愿景，如一些桃形盒，是出于人们对桃的特殊喜爱，其形近似心形，又寓意长寿，这类包装纹饰更多寄托了人们的祈福之情。聪明的工匠从许多事物上获取灵感，然后又灌注了深刻的人生哲理，使得这些包装无论在功能上还是思想内涵上都达到了非凡的完整，从而实现"意"与"神"的合体与精神升华。

纵观所有金银器包装造型，我们不难发现，无论是几何形、还是仿生形，其艺术魅力及设计价值都来源于造型中的合理性及巧思。工匠们理智地运用不同的造型法则创造储存空间，尽量避免所造之物成为无实用功能的纯装饰品，考虑实用和精神相互作用的结构形式，基于审美需要与造物技术相融合。这为当今设计提供了清晰的传承脉络，诠释了民族造物观念与历史风貌，以非物质文化为核心内涵。

在这个时期的金银器装饰纹样内容丰富，装饰艺术较注重象征性。在已发现的唐代金银器包装中，素面者极少，绝大部分都有多种多样的精美装潢。首先，就金银器包装装饰设计的题材内容而言，一方面继承了中国传统的装饰图案，如各种动物纹、花卉纹，以及连生贵子、多子多孙、事事如意、多福长寿等寓意吉祥的纹饰等，另外，还把放牧、渔猎、收获和宫廷宴乐、宗教活动等生活场景经过高度的艺术加工和概括，巧妙地运用于包装装潢设计之中。另一方面，广泛地吸收外来的装饰图案，进行必要的改造和创新，使这些题材内容更加受到人们的喜爱。

　　唐代初期，金银器包装的装潢设计受西方影响颇深。如 1970 年陕西省西安市南郊何家村唐代窖藏出土的鎏金飞狮纹银盒，其装饰具有"徽章式纹样"，是"萨珊"[1]"粟特"[2]金银器最具特点的装饰风格。经过一个时期多元文化的渗透吸收过程，沉淀下来的初唐人喜爱的典型纹样是瑞兽祥禽和以团花、折枝花、缠枝花等为基本样式的植物纹饰。它没有西亚、中亚金银器上的凶猛野兽，不表现武力和对抗场面，更多的是热爱和平，吉祥祈福，但又绝不文弱。在唐代的装饰纹样中，哪怕是卷草纹的曲线，也表现出饱满大度，有着蓬勃的生命力和欣欣向荣的力度，自由又有规范，灵活又重法度。纹样有更多修饰特点，讲究夸张、变形、重组，适合特定空间范围。关注面与线、疏与密、轻与重、虚与实相互对比的关系，更强调纹样的舒展与自然生长的流畅性，叶厚花肥是其特点，即便是变形和夸张后的图形，仍然流露出生命旺盛的灵秀与活力。纹饰构图严整，讲究对称，在一种比例与权衡之中谱写节奏和韵律，是艺术思想和民族审美心理成熟进程中迈出的重要一步，从而基本确定了不同器物的图案素材和整个纹样的章法、格局，使之对称与呼应。舒展的枝叶尖部任性扭转伸向天空，盛开的花瓣边沿一小点回卷，向花心示好，这一入微的修饰需要创作者拥有精妙的艺术修为，审美意趣达到相当的高度。同时，它也是一种追求幸福喜庆的世俗文化，轻松而又有人情味，其豁达又自信的健康心态，如同开放而重个性发展的唐代社会风气，更为贴近人的生活，人性的光辉由此可见。

　　就金银器包装装饰设计的布局而言，它一方面继承了中国传统的艺术风格，如青铜器、石刻、绘画等；另一方面广泛地吸收了外来文化。纵观现已发现的金银器包装，其装饰纹样布局大致有点装和满装两大类。

　　点装：点装包括单点装和散点装。单点装是将纹饰图案以单个点的形式分布在器物表面，点的位置和数量都经过精心设计。散点装则是将纹饰图案以散点的方式分散在器物上，点的分布更为松散，呈现出自由和活泼的特点。

　　满装：满装指的是将纹饰图案布满整个器物表面，形成连续的纹样。

1　萨珊王朝，又名萨桑王朝，也称波斯第二帝国，最后一个前伊斯兰时期的波斯帝国，国祚始自公元 224 年，651 年亡。

2　粟特人原是古代生活在中亚阿姆河与锡尔河一带操伊朗语族东伊朗语支的古老民族，在我国的东汉时期直至宋代，往来活跃在丝绸之路上，以长于经商闻名欧亚大陆。

在满装中，有几种常见的布局方式。

（1）适合纹样。将纹饰图案根据器物形状和尺寸进行调整，使其在器物表面呈现出合适的比例和分布。

（2）连缀纹样。将纹饰图案连续地排列在一起，形成连续的装饰带。这种布局方式常用于器物的边缘或周围。

（3）单独纹样。将纹饰图案独立地分布在器物表面的不同部位，各自形成独立的装饰点或区域。

（4）格律式纹样。将纹饰图案按照一定的规律和顺序排列，形成规整的格局。这种布局方式常见于器物的中央部位或重要位置。

（5）平视式纹样。将纹饰图案设计成在正面平视时能够完整展现的形式，增强了器物的立体感和视觉效果。

这些装饰纹样的布局严谨有序，注重对称和比例，通过精心的设计和权衡，营造出节奏感和韵律感。这种布局方式反映了唐代艺术思想和民族审美心理的成熟，为后来的金银器包装设计奠定了基础，并体现了中国传统艺术风格与外来文化相结合的特点。

金银器包装除在纹饰内容、布局上有它自身的特点外，在制作工艺上也形成了自己独特的风格。唐代金银工匠以惊人的智慧和巧夺天工的手艺，描绘出一幅幅优美动人的画面，将我国古代包装艺术推向巅峰，为后人留下了弥足珍贵的民族文化遗产。

总之，我国金银器包装在隋唐五代时期，尤其是唐代，取得了前所未有的发展，也表现出明显的时代特征。整体而言，从唐初到玄宗时期金银器包装受西方的影响较大，玄宗以后，逐步摆脱西方的影响，在继承西方合理造型和纹饰的基础上，与中国传统造型、装饰相融合，在不断创新中形成自己独特的风格，并对周边地区产生了较大的影响，对东亚、南亚的艺术风格形成可以说是致远致深。因此，唐代的金银器包装对于整个包装史来说，具有明显的过渡性特征，一方面继承和改造了历代的传统文化和装饰造型手法，另一方面则产生了许多对后代包装有深远影响的新因素、新技术、新观念，也为近代包装艺术的发展奠定了良好基础，树立起标杆范式。

（二）细致坚美的陶瓷容器及功能

在隋唐五代时期，陶瓷包装容器无论是结构造型、装饰设计，还是制作技术都已发展到一个新的阶段。如当时的白瓷产地——邢窑[1]、青瓷产地——越窑[2]以及黄堡窑、洪州窑、长沙铜官窑等，均规模较大、产品质量较好，是国内外闻名的陶瓷容器包装生产基地，产品远销海内外。这个时期的陶瓷包装制品种类繁多，功能多样。从使用功能上，我们通常将其分为梳妆类和饮食类包装，酒器包装涵盖在饮食类包装中。

　　陶器是人类新石器时代的发明，古代很早就用陶器装运、存储实物，从而使其有了最原始的包装含义。瓷器由于有釉层、完全结晶不透水，耐腐蚀，从而成为一种优质低成本的存储液体容器，也为传统的经济生活提供了一种更好的包装材料。因此，这种材料增强了包装的功能性，更好地满足了人们对使用功能的需求。至宋代陶瓷鼎盛时，瓷器还是大多以模仿生活中的各种自然原型进行创作，形制也多为前朝历史包装造型。

　　首先，由于陶与瓷容器透气性不同，需要区隔陶和瓷的差别。陶的组织结构相较于瓷结晶状要低一些，反而提供了盛装内容物的可选择性，如长期储存酒用陶坛更佳。陶瓷经高温烧制后结构稳定，历经多年不变形、不变质，因此成为理想的食品包装，可用于酒、油、酱菜以及药物的包装。山东博物馆收藏的唐三彩双鱼瓶为一酒瓶，侧放呈双鱼形，俯视为四鱼状，寓意"事事如意"。它不仅造型优雅，设计也十分合理。瓶口小且带盖，便于封闭，两侧的鱼脊背塑成可穿系的孔，方便外出携带。1957年陕西省西安市李静训墓出土的隋代青瓷八系刻花罐，罐身瘦长，口直而大，瘦颈，肩部贴附八系，出土时内盛有核桃，证实当时人们采用陶瓷包装容器盛装食品。

　　其次，随着陶瓷制作技术的发展，陶瓷器密封储藏食品的技术更趋完善。公元 7 世纪唐代杜宝著的《大业杂记》在干脍法中记载"以新白瓷瓶未经水者盛之，密封泥，勿令风入。经五六十日，不异新者"[3]。这是我国古代以陶瓷器皿封罐食品的方法。又如 1957 年和 1958 年秋季，在西安大明宫麟德殿西北库藏遗址出土了大批装酒和蜂蜜用的坛子，并发现有印文或

1　邢窑，是一处隋朝–五代时期的窑场，遗址位于河北省邢台市辖内丘、临城两县境内的太行山东麓丘陵和平原地带。据考证，邢窑始烧于北朝，衰于五代，终于元代，唐代时为制瓷业七大名窑之一，也是我国北方最早烧制白瓷的窑场。

2　越窑，中国古代南方著名的青瓷窑，其产出为中国传统制瓷工艺的珍品之一。越窑所在地主要在越州境内（今浙江省宁波市和绍兴市）。生产年代自东汉至宋。唐朝是越窑工艺最精湛时期，居全国之冠。

3　（唐）杜宝. 大业杂记辑校 [M]. 辛德勇，校注. 北京：中华书局，2020：228.

墨字的封泥 160 多块。封泥上先书有墨字后另有朱色印文，进贡地区有云南、款州、潭州、睦州、润州、凤翔、华州等 10 处，其印文是各地在进贡前对贡物进行检验加封的。由此可见，用陶瓷器皿来储藏食品和酒类是很普遍的。

此外，由于瓷质地细致坚美，且胎骨洁白透明，还有用瓷壶密封（壶有盖，盖上即成密封条件）驿运新鲜水果的做法。

总的来说，隋唐五代时期的陶瓷包装容器在结构、装饰和制作工艺方面取得了显著进展。陶瓷容器的使用功能多样，特别适合储藏食品和酒类。其独特的特点使其成为当时人们重要的包装选择之一，并为后世留下了宝贵的文化遗产。

（三）富丽丰腴与生命力的结合——漆器包装及其艺术特征

漆器包装是一种有着悠久历史且曾经深受人们喜爱的传统包装形式。隋唐时期的漆器产品种类数量增多、技艺精湛，且漆器在当时已被列为政府税收实物之一。据《新唐书·地理志》所记襄州、蒲州等地均以漆器为贡品。[1] 虽然目前出土的隋唐漆器包装的品种和数量并不多，但在造型、装潢及装饰手法上，都朝着更加精美的方向发展。

漆器包装无论何种造型，都充分表明当时人们在日常生活中对灵巧、生动的喜好。其装饰摆脱了殷周以来古拙的风格，表现出浓厚的世俗特性。一改过去以动物纹为主的基调，开始面对自然和生活，大量出现花草飞禽、出行游乐等生活场景，将人们领入鸟语花香的春天意境。这一变化是佛教从印度传入中国后所带来的，汉至魏晋时期大量出现忍冬草、莲花纹等。漆器包装以富丽、丰腴、典雅和富有生命力的艺术风格，表现了鼎盛时期的封建经济和文化的时代特点，漆器包装的造型、装饰反映了当时的生活面貌。

漆器包装要与当时流行的金银器包装、瓷器包装相媲美，不仅在造型、装潢艺术上需要不断丰富、突出其新的魅力，同时在材质上必须牢固完善。因此，出现了漆器包装制作工艺的革新，主要体现在以下几点。

1. 木胎组织结构的革新

以往漆器包装中的圆器都是用车旋法或用屈木片黏合，但这种做法会

---

1 聂菲. 中国古代漆器鉴赏 [M]. 成都：四川大学出版社，2002：187.

让胎骨容易开裂。而在隋唐时期，改变了这一做法。采用木条圈砑成型，然后髹饰完成。胎体轻薄，器具不易开裂变形。从选材的严格、技艺的灵巧来看，是工匠们将实践中得出的经验，加以规范化，使之既省工又保证质量。由此可见，唐代漆器工艺与手工业发展的方向基本一致。

2. 朱书文字

写有文字的隋唐五代漆器包装器物在河南、陕西、山西、辽宁、江苏等地都有发现。如扬州邗庄杨庙五代杨吴浔阳公主墓及常州五代墓出土的漆器上朱书"胡真""魏真上牢""胡真盖花叁两""魏真上牢一两""并满盖柒两""并底盖柒两"等铭记，其中"胡真""魏真"当是作坊标记。[1] 这些漆器的出土，在一定程度上反映出隋唐五代以来漆器私营和商品化的趋势。

3. 金银平脱与螺钿工艺的成熟

唐代漆器包装中最华丽而又最盛行的制作工艺当属金银平脱，它是用薄金片或薄银片按照装饰花纹的要求，剪切粘贴图案在漆器上，然后加漆两三层，最后经过研磨，直至漆地与银片平齐，最终显露出纹饰，与黑漆地色形成强烈的对比。这也表现出审美的技巧，黑色属中性色彩，与各色都容易协调与统一，产生高明度对比，使器物更显富丽雅致。据文献记载，在河南、陕西等地出土的银平脱朱漆镜盒、银平脱双鹿纹椭方形漆盒等，工艺精湛、富丽堂皇、光彩夺目，是体现我国古代金银平脱漆工艺的精美包装。当时金银平脱制作水平如此之高与这一时期金银器工艺的发展有关。据史籍记载，因金银平脱过于奢靡，官方曾几次下令禁造，但最终未能贯彻执行。

此外，嵌螺钿的漆器包装虽然在西周就已经出现，但至今尚未发现战国和汉代时期的螺钿镶嵌漆器遗存出土，直到唐五代才得到很大发展。螺钿工艺即用螺壳与海贝制成花卉、人物及吉祥图案纹饰，镶嵌在器物表面的装饰工艺，主要应用在漆器、木器等包装上。螺片镶嵌的装饰花纹，有的还加以浅刻，增加表现物象的层次，以丰富其装饰效果。如浙江湖州飞英塔出土的五代嵌螺钿说法图漆经函和江苏苏州瑞光塔出土的五代嵌螺钿花卉纹黑漆经箱等，其镶嵌技术精湛，刀工娴熟，构图生动，物象清晰，

---

1 陈丽华. 漆器鉴识 [M]. 桂林：广西师范大学出版社，2002：166.

螺钿花纹密布，宛如繁星闪烁，是我国嵌螺钿工艺的代表作品。

隋唐及五代时期的漆工艺在我国漆工艺史上起着承前启后、继往开来的作用，传统的漆工艺被继承下来，并有新的发展和新的创造，为后世漆工艺开拓了更加广阔的道路。在五代时期出现了我国第一部见于著录的漆工专著《漆经》。此书由朱遵度编著，惜原文已失，仅有名称见于《宋史·艺文志》[1]。史书所载的朱遵度《漆经》问世，从某种程度上展现了隋唐五代时期对漆工艺技术不懈努力推广的理念和探索精神。

隋唐时期的漆器包装融合了富丽丰腴的艺术风格和生动活泼的生活场景，展现出当时封建经济和文化的繁荣和独特魅力。该时期漆器包装的发展为后世的漆工艺提供了借鉴和启示，开拓了更加广阔的道路。

（四）功能驱使的包装形式——纸质包装问世及特征

纸是中国古代四大发明之一，它与指南针、火药、印刷术一起，给中国古代文化的繁荣提供了物质技术的基础。纸张很大可能起源于中国南方，并且和岭南地区特别是环珠江口周围 6000 多年前涌现的丰富树皮布文化体系有密切关系。纸的发明结束了古代简牍繁复的历史，大大地促进了文化的传播与发展。纸是中国劳动人民长期经验的积累和智慧的结晶，是用于书写、印刷、绘画或包装等的片状纤维制品。纸质包装把四大发明中的两项内容关联起来，造纸和印刷术成为世界包装的肇始。

原始容器存物只限于自己或族群使用，一旦进行以物易物就发生了变化，需要明示内有物是什么。而液体和较小的散体物就必须要有容器盛放，才能进行交换。物品带有了一定的商品特点，而交换数次的增加必然伴随大量容器与包装需要，这就形成有包装意识的造物行为。随着社会进步与发展，生产力得到巨大释放，逐渐产生商品经济市场。造物产量不断扩大并进入市场流通，包装介入无疑成为必然，此时产品转换为商品，需要明确告知商品内容及信息。销售包装也随之正式登场，除去保护功能外还具有自我促销和品牌宣传的作用。同时运输包装也应运而生。而纸是最易得到的材质，首选它是因为其具备较好的特性，它的原料获取广泛、成本低廉、易加工成型，方便印刷各种信息与色彩，材质轻便可折叠，利于回收再利用。因此，纸质包装是社会发展的必然选择，并逐步成为现代包装的主要角色。

---

1 （元）脱脱，等. 宋史 [M]. 北京：中华书局，1985：5292.

隋唐时期，造纸技术广为传播，造纸业已是较为普遍的手工业之一，作坊遍及全国各地。这一时期所造纸除大量印刷古籍及文献之外，也广泛运用于当时的书法、绘画、朝廷文治、民间记账、鞭炮、纸花、雨伞、纸扇、屏风、纸帽、字帖、窗画、裱糊、冥钱等，且纸张还被用来进行简易的包装。纸是从书写发展到包装的，最早出现在食物的包裹上，广泛使用于茶叶和中药的包裹。"茶衫子"就是包茶纸。新疆阿斯塔纳唐墓出土的中药丸"萎蕤丸"的白麻纸包装，上写有"每空腹服用十五丸食后眠"的字样。

当时的造纸匠已经发明并生产出了"防水纸""防虫蛀纸"，如扬州六合的麻纸，不仅质量高，还具有防潮、防水性能，因而就有了"年岁之久，入水不濡"的记载。[1]1900 年在敦煌千佛洞发现的 15000 书卷上，确切而翔实地记载着："在公元 835 年唐文宗时，纸不仅用作书画，而且广泛用于包裹食物、茶叶及重要物品等。"

这一时期，在纸张产量提高、品种繁多、质量大为改观的情况下，雕版印刷术进一步发展，它不仅对我国文化的发展起到了划时代的作用，而且在包装发展史上的作用也不容忽视。随着雕版印刷的发展，包装纸开始印上简易广告图案和字号。据传，唐代高僧鉴真东渡日本，带有许多药材和谷物，他用印有僧人头像的纸包装药材送给当地人民。除此之外，纸在古时还用作高档包装产品陶瓷的缓冲包装材料。《陶说》记载，上色圆器与上色、二色的琢器，由专门的包装工人包上纸后装成桶形，便于运输到全国各地。[2]

由此可见，纸质包装之所以受到广泛应用，首先，是由于纸作为包装材料具有优良的性能，它的来源广泛、品种多样、印刷性能优良，能绘制和印刷出颜色形式各异的纹饰。其次，由于纸有多种厚度，手感温润质朴，可以减缓冲击力，能够满足不同的包装需求。最后，纸不仅实用，还契合了人们的心理需求。中国文化中认为树是自然生命代表，而纸最主要的构成材料是木，自然承载了生命的内涵，流露出人对生命的眷恋和尊重。同时纸又可以回收，形成一种循环的再生链，带有浓烈的生命观。因此，对崇尚自然的人们而言，朴素而实用的纸质包装必然深受欢迎。

---

1 丁海斌. 中国古代科技文献史 [M]. 上海：上海交通大学出版社，2015：213.
2 韩景平. 中国传统包装材料史话 [J]. 中国包装，1987（3）：6-7.

隋唐时期，各门类手工艺的生产技术都有了长足的发展，新产品包装千姿百态，不断涌现。除了上述包装外，还有编织类包装、丝织类包装，等等。在唐代，竹、木、藤等自然植物编制的包装容器多用来储藏各种食品和日用品，比如用竹筐作为菜坛、酒坛的外包装。总之，隋唐时期的包装，较以往有了极大发展，并取得了突出的成就。在包装材料开发、包装装潢水平、包装制品种类和包装容器的制作工艺等方面，都曾居于世界领先地位，对我国后世的包装设计艺术产生了巨大影响。

二、盛世包装中的不同审美风格

（一）奢华精致之美，体现阶层思想的宫廷包装

宫廷包装作为唐代包装的一种极为重要的包装类型，其数量多，艺术水平较高，集中反映了唐代文化与包装艺术的成就，成为唐代包装艺术殿堂中最为璀璨的明珠。

唐代是中国封建社会文化艺术发展的黄金时代，各种文化形式竞相绽放，达到空前的繁荣，并以其开放博大的胸怀、积极进取的精神，对世界文化发展都产生了深远的影响。在近三个世纪的历史发展中，唐代包装艺术获得了辉煌的成就，达到中国古代包装发展史上的高峰。尤其是唐代宫廷包装文化的高度繁荣与发展，不但沉淀、吸收了前几个历史朝代的包装文化，以其异彩纷呈、姿态繁盛而著称于世，而且为后世包装艺术的发展树立了光辉典范。时至今日，对当代包装文化及设计的影响也是巨大的。

宫廷风格包装，是适应统治阶级少数贵族阶层需求而形成的设计观念的外在体现。由于帝王贵族把持着政治大权，拥有至高无上的经济地位和权利，这种宫廷风格包装可以极大地满足他们从实用到审美的需求，也有潜在的象征意义传达的必要。宫廷风格包装产生的动因主要有：

第一，社会的稳定。经济的繁荣成为唐代宫廷包装高度发展的物质基础。包装设计是一种具有上层意识形态内涵，又依附于经济基础来实现的形式。而唐代社会政治发展稳定、经济空前发达，人们生活富足，为宫廷风格的包装发展提供了基本的物质条件。

第二，统治者的重视。唐代统治者追求奢华生活和养生之道，成为唐代宫廷包装发展的又一核心动力。作为当时世界强国之一，唐与各国各民族交往频繁，在赏赐与进贡的过程中，包装成为彰显国家实力的一种重要表现，因此统治阶级特别重视其发展状态。

第三，精良的官办手工业。唐代因为统治者的重视和经济的高度发展，官营手工业机构完备，培养了大量手工制作人才。"集天下之良才，揽四海之巧匠"[1]，唐代部分宫廷包装是通过中央和地方分级，设有专门的机构来管理，负责设计和制作各类型包装，满足王公贵族奢侈生活的需要。由于古代社会大量的财富集中在统治阶层手中，所以官办手工业的制作质量较高，成为当时工艺美术技艺最高水平的代表。

第四，对技术的重视。中国古代"重道轻器"的思想一直以来比较严重，较为幸运的是唐代对于包装制作技艺的平衡发展十分重视。前几个朝代包装设计文化和制造技术的沉淀与积累到了唐代集中显现出来，使唐代宫廷包装成为更为高级、更有艺术魅力、更完整的艺术形式，如青铜器、漆器、玉器、金银器等都为唐代宫廷包装的形式与发展奠定了坚实的基础，使它们成为唐代包装艺术殿堂中最为璀璨的明珠。

宫廷风格包装代表了当时最高的设计水平。一是宫廷风格包装既注重实用保护功能，又强调艺术创意，其选材考究、精雕细琢、不惜工本，追求包装的审美情趣、寓意和哲理。如上海博物馆收藏的唐代邢窑白釉"盈"字盒，釉层洁白匀净，底部刻一"盈"字，是唐代内府"百宝大盈库"的简称。[2]洁白无瑕、通透素淡的白瓷工艺尽显高贵含蓄的大雅之风，这是创作者"大道至简"的自信表达，是唐代宫廷风格包装中的代表性作品。（图2-1）

宫廷包装作为一种文化载体，承载着当时社会政治、经济、文化等深层信息。它选料名贵、匠心独

图 2-1 邢窑白釉"盈"字盒

具、造价高昂，象征着唐代文化的辉煌成就。从整体上看，唐代宫廷包装的发达，主要体现在宫廷生活用具和进贡活动中。在很大程度上，统治阶级对奢靡生活的追求以及长期以来"养生"的主观意识，成为唐代宫廷包装繁荣的主要动力，集全国各地能工巧匠的创造力为宫廷服务，从而影响其审美观，进而影响了宫廷包装的艺术风格。

唐代宫廷包装来源于中国传统包装艺术的不断积累和汉魏以来外来艺

1　魏华主编. 中国设计史 [M]. 北京：中国传媒大学出版社，2013：268.

2　陆明华. 邢窑"盈"字及定窑"易定"考 [J]. 上海博物馆馆刊，1987（4）：257－262.

术文化的大规模输入，它集中反映了这一时期包装文化的最高成就，其风格庄重、肃穆、典雅，可谓是我国封建社会包装文化精华的长期沉淀，也是当时政治、经济等社会条件催化下的必然产物。

二是除选用上等材料外，装饰纹样和装饰工艺是宫廷风格包装侧重体现的部分。装饰美是宫廷风格的精华，它凝聚了帝王的审美取向和宫廷的文化，有着特定的寓意，而装饰纹样和装饰工艺是其主要体现。如唐代鎏金鹦鹉纹银圆盒，子母口相扣，矮圈足；盖面中心锤刻一对衔草鹦鹉，并饰莲花瓣一周；圈外饰飞雁十只，间以缠枝莲花；外壁刻菱形和破式菱形纹，圈足沿饰变体莲瓣纹带，通体以鱼子纹为地。此包装容器刻花处均为鎏金，光彩夺目，展现出唐代金属制作工艺的高超和贵族阶层的奢华。（图2-2）

图 2-2　鎏金鹦鹉纹银圆盒

又如极为豪华的金银平脱器朱漆册匣，盖面用纯银参镂的图样纹饰，图样取材于凤、鹤、孔雀、狮、忍冬草，以双凤、双鹤、双孔雀组成的五个团花为主题。团与团的间隔，用忍冬纹补间花，使团花与简花组成正中的长幅图面，构成整个图案的主题。周围再以12组双狮绕成一道边缘，这无不展现出王权的高高在上和威慑力量。

宫廷包装无论是在材料选择、结构设计，还是在包装装潢方面，都具有典型的宫廷风格和鲜明的时代特征，往往迎合皇家的审美标准和审美情趣。其包装追求高贵典雅，讲究形式与内容的完美结合，体现了中华民族文化的深厚底蕴和博大精深。宫廷风格包装不但承载着宫廷文化，还不断地萃取着各民族文化中的养料，去粗取精，从而形成了丰富多彩、兼收并蓄的文化特征。民间风格包装自然、朴实，又难免原始、粗糙，在融入宫廷的过程中，按照宫廷的政治需求和审美取向，不断提炼纯化，渐渐演变成具有鲜明宫廷文化特征，并且符合贵族审美情趣的艺术形态。

总之，宫廷风格的包装以其丰富的艺术形式和深厚的艺术底蕴，为后续各历史朝代包装设计的发展积累了宝贵的经验，也奠定了坚实的基础。

（二）淳朴天然的民间包装风格

民间风格包装是相对于宫廷风格而言，它是植根于劳动群众的一种实用包装风格。由于经济、地域、交通、技术等诸多条件的限制，民间风格包装长期以来以朴素而纯真的形态存在于民众之中。大多包装材料及结构都以生活环境的便利为出发点，以实用、易得、廉价为前提，身份表达与刻意装饰的需求较少。民间风格包装设计与宫廷包装设计有着同源和相互影响的关系，宫廷包装的设计制作人员大多也来自民间的能工巧匠，他们从民间设计中吸取了最为宝贵的营养；其设计中的某些内容和形式也影响着民间风格，体现在材料造型和装饰上即潜意识的模仿现象。因此，民间风格和宫廷风格是相互转化和相互渗透的，两种风格之间的演变仅在于宫墙一隔。

但是，正是由于民间风格包装与宫廷风格包装在各自不同的生存环境中得以发展，所以形成了很多各自迥异的特征。尽管许多宫廷包装是由下层劳动人民制作出来的，但因宫廷与普通民众各自审美情趣的不同，造就了二者在艺术风格上的不同。上层统治阶级在经济和政治中占有主导地位，造物目的脱离生活和简单的实用功能，风格追求豪华富丽的华贵之风。而民间包装质朴无华、贴近生活，并凭借其简洁的造型和完备的功能，在物质和精神上满足劳动者多层次、多角度的需求，其通俗的形式受到广大劳动者的欢迎，并为劳动者所掌握和运用。

因此，民间风格包装有它非常鲜明的特点，具体表现在：①材料普及，大多采用一些大众需求的材料或就地取材，如土、竹、木、麻等天然材料；②加工便利，只要求简单的手工工具就可以进行加工；③实用性强，往往在实用的基础上才考虑审美的需求；④造型质朴简练，装饰热烈大方；⑤装饰设计的内容往往是代表美好吉祥，升官发财、多子多福、财源滚滚等世俗的题材，折射出普通人民对于生活幸福和财富、地位的向往和追求；⑥设计者和制作者往往是普通的劳动群众。民间包装的创造群体通常为目不识丁的劳动者，其创作材料简陋，为宫廷设计者所不屑。然而，民间风格包装中渗透出来的真、善、美，却一直沿用到今日，为我国包装设计的发展和现代设计的借鉴做出了不可磨灭的贡献。

"由于材料的简朴，不作过多的雕琢、修饰，保持着粗率、质朴的制作痕迹，恰恰因此而显露出淳朴天然的趣味来。"[1]这里也能看到，因为没有财力和实现手段，民间风格包装反而呈现出另一种审美范式。民间风格包装所选择的材料相较宫廷包装来说较为简陋，大部分都是最简单的材料，这不仅仅因为民间艺人根据实际经济情况选择材料，更是由于这些创作材料来源于他们身边，和他们的关系最密切，创作起来也最得心应手。另外，民间包装不追求过分精致的做工，艺人往往在利用原材料的同时，善于感受和发扬材料本身的自然之美。这种天然的材质所散发出来的质地美，又是当今备受推崇的审美观。从自然物的本源来看，人也归属自然的范畴，其属性具有自然物的所有特质。因此，人与物之间会从非主观的角度产生亲近感，可以肯定地讲，两者是无法脱离的相互作用关系。纵观当下，包装设计不断在强化人文意识和互动，其根本目的就是在满足现代人的潜意识和自然本能的需要。

民间风格包装也同宫廷包装一样，有很强的象征性。民间人们普遍有着对吉祥幸福生活和生命繁衍的期盼。民间艺人提炼美好的愿景，经过各种造型、纹饰等载体将其转换成象征的力量，并实践在现实的造物中。民间包装起源于原始艺术，在原始社会劳动力低下的情况下，人们迫切要改变生存和生活状态，摆脱自然条件的奴役和束缚，往往寄希望于艺术象征的意念转变成现实。隋唐及五代时期的民间风格包装也继承了这一特质。如包装上的鸳鸯、石榴、松鹤等吉祥纹样，表面上看，虽然都是一个个微不足道的意念符号，然而，正是这些渺小的符号，寄托着亿万生命真诚、由衷的生活期待。这些造型符号所表达的福禄寿喜、祥和平安、富贵康宁的人生理想，反映出中国传统文化中人们将现实生活的苦难与不幸借助象征符号来化解，把希望寄予未来，也正因如此，中国传统文化艺术才拥有了超越现实、蕴含丰富想象力和象征意义的神秘东方美学魅力。

"羊大为美"[2]体现了我国古代的美学思想，羊是权力及财富和身份的

1 左汉中. 中国民间美术造型 [M]. 长沙：湖南美术出版社，1992：55.
2 （汉）许慎. 说文解字 [M]. 北京：中华书局，2013：78. "羊大为美"有二层含义：其一指古人用羊果腹，羊的个头越大，其对于人类的生存意义越大。其二，特指有权力、有地位的酋长或巫师这样的"大人"，这是"羊""大"两个象形字组合而成的最初的"羊大为美"的含义。

象征。在一些文化中，羊被视为圣洁、高贵、吉祥的象征，因此，"羊大为美"也暗含了对于权力、地位和财富的追求和赞美。民间风格包装继承和发扬了这一内涵，其包装中的形象总是以大和完整出现，基本是对称式的构图，以求得完整的心理平衡，根据形象主次的不同来安排画面。在构图和布局上，民间风格不受空间和时间的限制，以自己能够解读的方式来选择各种元素，可以让不同题材的人与物——天上的、地下的、现实的、想象的——都归于同一作品中，企图同时呈现非同一时空的所有美好事物，"混搭"成为无内在逻辑的一种形式，从而构成美好和谐的心灵家园，以达到赏心悦目、心旷神怡的艺术效果，给人以永久的魅力和无穷的回味。

（三）神秘的宗教包装风格

宗教风格包装是通过艺术的形式，形象、直观地向人们展示宗教信仰虚幻、神秘、抽象的境界，其本质上只是宗教理念的物质载体，无论内容还是形式都摆脱不了宗教信仰的影子。在唐代，宗教活动蓬勃兴盛，产生了大量与宗教有关的造像、经文、佛像画、法器，甚至佛舍利等。为了满足这些宗教用品的存储需要，便形成了独特的宗教风格的包装。

宗教风格包装有着非常鲜明的个性特征：一是包装材料珍贵、包装技巧特殊、纹饰与包装内容相一致；二是以五颜六色的珍贵珠宝作材料，不惜工本，体现了古代皇家和宗教团体对宗教信仰的虔诚及被包装物的神圣与庄严。另外，宗教物包装在注重功能的前提下，更多阐释了人对神祇的敬重以及祈求其保佑的心理。如陕西法门寺塔中的佛指舍利"八重宝函"，以纯金、银制作的宝函套装为主，每层宝匣饰以观音和极乐世界等图来诠释宗教含义，整件包装极其精美。"八重宝函"[1]是珍藏舍利用的，相当于现在的"系列组合包装盒"。最外一层是檀香缕金银绫黑漆木箱；二至四层是银匣，有的鎏了金；五、六层是纯金宝匣；第七层是珍珠石匣；最里面一层是纯金塔，佛祖舍利就套装在塔内的银柱上。整套宝盒盛装在红锦袋内，极其富丽堂皇。从造型方式来看，八重宝函的八个盒子都为矩形体造型，在视觉上不仅达成了"形"的统一，层层开启的方式又增加了包装内有物的神秘性和仪式感，特别是材质的选择与搭配更是叠加心理的好奇，

---

1   八重宝函，唐懿宗赐赠金银器，是供奉佛祖释迦牟尼真身佛指舍利的一套盒函。中国首批禁止出国（境）展览文物，1987年5月5日发现于宝鸡法门寺地宫，收藏于宝鸡法门寺博物馆。

从而增强了视觉效果和记忆度，达成了包装的核心要旨，提升包装内有物的精神价值，实现宗教的功能作用。（图2-3）

图 2-3　八重宝函

宗教风格包装的产生是借用艺术的形式更好地为宗教的宣传服务，它是宗教不可分割的一部分，是宗教教义的符号，宗教物化的形式。它具有特殊的使命，是宗教观念的集中体现。符号学认为符号是带有意义的物质性对象，把人类所创造的一切文化产物都视为符号，通过物质载体将符号包含的信息表现出来，解释人类社会发展过程中的各种文化现象和文化表意。宗教正是通过宗教风格包装这一物质载体向众人传达宗教精神。因此，宗教风格包装呈现出超常性、诱惑性、威慑性、痴迷性的特点，以更好地为宗教服务。宗教的传播和发展造就了具有宗教风格的包装，同时，这一独特的包装风格又随着宗教的需求而不断完善。

（四）融合异域风情的包装形式

唐代"丝绸之路"的空前繁荣，加强了大唐与中亚、西亚地区的沟通和联系，使西方物品通过朝贡、贩运等方式输入我国，而西方的包装制作工艺、纹样风格等，也随之对我国的包装行业产生了重要的影响。唐代的包装风格不同程度地融入了异域文化特点，丰富了当时包装设计的造型和纹饰等元素。西域以马背生活为多，圆形物会在马身上来回滚动，因此扁形器物更贴合马的身体，便于驮运，同时便于出行者携带。造物的规律以人的形体及生活方式为主轴展开。如鎏金仿皮囊舞马衔杯纹银壶，造型仿效少数民族皮囊的形态。上面有鎏金的提梁，提梁前有直立的小壶口，鎏金的盖部为倒扣的莲花瓣，盖纽上系有一条细银链，套连于提梁的后部。

壶底与圈足相接处有"同心结"图案一周，系模仿皮囊上的皮条结。壶腹部两侧各装饰有一鎏金的骏马图像，马肥臀体健、长鬃披垂、颈系花结、绶带飘逸，由于采用了锤凸成像技术，马的形象凸起于银白的壶体表面，具有强烈的立体感，显得十分华美（图 2-4）。由此可见，正是在坚持民族特色、大胆吸收异域文化的基础上，包装呈现出草原游牧生活的异域风格。

隋唐时期，我国的一些包装在很大程度上受到了萨珊王朝的影响，主要表现在装饰纹样上。"萨珊"金银器上的动物，多为想象出的带有双翼的神异形象，并在周围加一麦穗纹圆框，即萨珊银器中常见到的"徽章式纹样"。陕西历史博物馆收藏的一件鎏金飞狮纹银盒呈圆形，其装饰明显受到"萨珊"风格影响，上下以子母扣相扣合，盖面在麦穗纹圆形框架中，錾刻出一只张动鬣毛、飞扬双翼的狮子，周围绕以六朵宝相花组成的折枝花。盖底中心錾刻一朵六瓣团花，绕以六出石榴花结，盒沿则錾刻出

图 2-4　鎏金仿皮囊舞马衔杯纹银壶

六组形态各异的飞禽走兽，间缀以折枝花草。纹饰全部鎏金，黄白辉映，熠熠夺目。

异域风格包装本质上是一种多元化思维方式的体现。为满足上层阶级对异域器物的猎奇心理，该风格包装在造型和装潢上更加强化地域性元素，如徽章式纹样等。总之，异域风格包装不仅给皇室贵族带来了猎奇心理的满足，还带给他们身临其境的异域体验，从更高层面反映了唐人更为广阔的文化追求。

三、盛世包装中的审美核心要素

（一）阶级性审美特性

在隋唐时期，社会阶级分化较为明显，每个阶级都有着较为独立的审美取向和特点。在我国凡是涉及审美表达都喜用"托物寓意"手法，类比社会生活与人生态度，都明显带有阶级情感。如将日月比作君王，草木比作民众，山河比作邦国，雨露比作德泽。由此，宫廷风格就会直接对应统治阶级以及少数贵族阶级，对应这一阶层的包装也首先考虑的是身份的确认和表达，因此，宫廷风格通常富丽堂皇，用材昂贵、稀有，重要的不是体现包装的实用功能，而是体现阶级特征的功能。宫廷风格在审美上与当代某些追求极简的审美习惯完全相反：工艺繁复、色彩艳丽，似乎每一个贵族用的东西都不应该在视觉上被埋没，而是越甚越好。

普通百姓则对应民间风格，这是一种自然归类、阶级区别的选择。在宫墙之外的市井中，审美观展现出另一种面貌。在那里人们远离需要象征的审美寄托，也没有需要寄托于物的身份象征需求，包装以实用功能为导向，只有满足实用性之后才会考虑审美的需求，审美形象上都与寄托美好心愿的世俗化事物关联，表现方法直接、简单，呈现出淳朴简洁之风。

这种明显具有阶级特征的审美观盛行于封建社会。不同阶级对应着不同的视觉系统，这是特殊社会特征的必然结果，也是历史发展的一个阶段。每个阶级的审美观与其所处的社会地位、经济条件以及文化环境密切相关，也可以通过物象的审美或包装特色来反推所属之人的等级和身份特征。这种阶级审美观的存在反映了社会的多元性和阶层差异，也为我们理解古代社会的复杂性提供了重要线索。

（二）象征性审美特性

视觉上的美观是通过现实中事物的视觉抽象或平面化来实现的，关注比例、对称、平衡、对比、多样统一等，主要是以线、形、色、光、质等因素的组合关系，通过视觉感知唤起美感，以达到形式美与内容美的统一。古代善以视觉形象包含的情感内容、社会内容来打动人和感染人。受传统文化影响，中国从古至今都遵循一种较为含蓄的表达，即擅用象征性，不论是宫廷、民间还是宗教风格包装。其中，宗教风格包装对于象征的运用更为夸张。

相较之下，民间风格的包装显得稍微直接一点，如前所述，装饰图案上的鸳鸯、石榴、松鹤等，一看便能领会其中暗含的意思。归根结底，这也是在用视觉进行象征意义的转述。生为平民如蝼蚁，人世艰苦，所以人们都喜欢寄希望于天地万物，甚至不存在的神灵，形成一种虚无的精神想象，把寄托人间美好愿景的福禄寿喜、祥和平安、富贵康宁等通过视觉象征间接地进行表达。

宫廷风格包装中的审美象征意义更为复杂，因为统治阶级和宫廷贵族群体代表的不是普通的人群，且时时刻刻都在有意凸显这种特别。他们想要通过视觉传达的信息更为丰富，如表达所属阶层、权力、经济、文化、社会等，包装的形态与装饰所蕴含的已经远远超出了自身应承载的信息。从那些精雕细琢的金银玉器上，从专用的陶瓷工坊、专职的工匠、宫廷内的专设机构，再到无可挑剔的质感之间，宫廷阶级无不在宣扬着自己的阶级特征和优越感。

宗教风格包装中的象征意义自不必说，更为庞杂和神秘。可以说宗教故事中的一草一木、一人一物都有其象征意义，这些事物都不是带着单纯的视觉形象出现的，而是带着某种宗教使命，且比例尺寸都有规定，不能随意改变。所以有些带有宗教信仰的包装，每一个符号和细节都有可能代表着一个巨大的宗教故事和含义。

（三）多元化审美共存

当社会政治、经济、文化到达一定的发展高度后，往往会有相对应的多元文化产生，不同的审美观念和艺术形式可以和谐地共存。越是繁荣鼎盛的时代越是具有更大的包容性，隋唐时期同样如此，这一中国古代最为鼎盛的朝代，不管是思想、流派、艺术形式都具有比前朝更多的种类，其间出现了各种不同的思想潮流、学派和艺术风格，百花齐放，各具特色。

在审美的层面亦然，不管是丰腴贵气、珠光宝气、返璞归真、庄重神秘还是充满了异域风情，都在属于自己的阶层和圈子中，释放着独特的光辉。而这种开放的、多元的、自由的、唯美的审美气象正是艺术发展所需，盛世就该有这样的自信。

唐代诗人王维曾言"九天阊阖开宫殿，万国衣冠拜冕旒"，将万国朝拜唐朝的盛象刻画得淋漓尽致。此言说尽大国气场，通过"丝绸之路"输出商品的同时又带回不同的文化，朝廷对文化的引进也抱着支持的态度，使文风开放、兼容并包，文化与文化之间的碰撞与摩擦出现了一种"新火花"。在外来文化影响下，唐人高度的民族自信让百姓始终保持本国特色，进而从中衍生出自己独有的文化，促使唐朝绚丽多姿的审美风潮不断多元化，在包装历史存留中可见其辉煌。

这种历史文化的遗存及审美格式无疑对后世包装发展影响至深至远，甚至对商品社会品牌文化形象的构建也产生不可估量的作用。

四、认识包装的文化意义与格局

由于市场经济不断发展，加剧了商品市场的竞争。包装所扮演的特殊角色，在新的形势下正发生着质的变化，其特殊性和重要性被凸显出来。这里论述的包装泛指所有商品包装，同时包装设计也被推向一个新高度，备受市场广泛关注。

当今，商品销售自助模式，消费观念转变以及消费市场细分，消费个性化的形成，网络购买市场的普及，都给包装设计带来新的挑战，对应的目标也更具体。尤其是社会进步所带来的自我意识觉醒，普遍意义上价值观发生了变化，人们在物质使用功能满足的同时，更多愿望是渴求精神的升华。这也促使人们的需求向多元化方向发展，更乐于追求差异和不同，对产品的设计以及包装都提出高要求。设计者能否适应不断变化的发展，完全取决于设计者对社会变化整体的认识和自我观念的不断更新。

新材料、新技术不断被广泛应用到包装领域，包装设计面临着前所未有的突破，呈现出丰富多彩的结构和形式，创新的构思可以得到技术的支撑，极大地拓展了个性化设计的范围。使包装设计突破了原有的定义和作用，成为商品市场竞争重要的力量。由于功能范畴不断扩大，各种新的观念意识和表现手段的注入，包装较之于过去发生了质的变化。从过去单一的储藏、运输、保护功能转而向多元和分散化发展，演变成多方位、多功能、传承文化、聚合信息的传播载体。随着商品经济而生的文化形式，也表现出明显的特质，包装成为一种新媒介。不同地域、不同民族传统文化与现代设计理念交融，继而又展现出别具一格的新舞台。正是由于这种多样性和差异化，包装设计才呈现出丰富多彩的地域风格和表现形式，让设计文化品质和内涵提升到了一个崭新的高度。使大众消费商品时既享受物质功能，又浸润着多元文化的滋养。从另一个角度来看此种现象，它反映出文化发展除去承继本民族传统文化外，还受到其他民族文化的影响。因此，人们不仅需要从一般意义上理解包装设计，还应跃升到全新视角来重新审视包装设计的现实意义和作用。

包装在当代社会不仅仅是商品的外观，更承载着丰富的文化意义。通过包装设计，不仅可以传递文化符号和价值观，展示地域和民族特色，塑造品牌形象，传承历史和文化传统，还可以促进消费者的审美体验和文化参与。因此，包装设计在满足物质需求的同时，也滋养和丰富着人们的精神世界，构建人类未来生活的意义空间格局。

包装是将产品转化成商品的必要过程，是市场的重要组成部分。包装一方面有效传达商品的相关信息，促进商品的销售，帮助产品制造者塑造社会形象，创造新的附加价值。另一方面则潜移默化引领大众的审美趋向，倡导消费者归属主流社会伦理道德，促进社会健康发展。因此，影响和干预社会生活并承担起责任，是包装设计的基本立场，也是每位设计者需要认真思考的问题。

众所周知，自然正面临着巨大的威胁，人类的生存绝不是无忧无虑，改善环境已成为必须的选择。那么人类为了可持续发展，追求更美好、更和谐的生存环境，就只能是依靠再设计，转换思维方式，认识自然，认识人类自己，重新考虑一切行为开始的理由和方式，通过更科学、合理的途径与方式重构和改变已有的物质世界，创立无损于环境的生活方式。而包装正是与我们日常生活密不可分的一个组成部分，一个资源占有量巨大，浪费惊人的生活必需品。包装设计根植环保理念是一条漫长而艰巨的任务，也是更高层次的社会生活秩序再构建，人类自我认识必须重新面对新课题，包装设计者应义不容辞地承担起责任，坚守绿色设计。这样或许才能够说是在做真正文化意义上的设计。

概括来说，包装在当代社会具有重要的文化意义，它不仅仅是商品的外在包裹，更是一种传达信息、展示品牌形象和传承文化的载体。其内涵和主要价值有：

（1）传递文化符号和价值观。包装设计可以通过图案、色彩、图标等元素来传递特定文化符号和价值观念。不同的文化背景和传统可以通过包装设计得到体现，从而引发消费者对于产品的情感共鸣和认同感。

（2）呈现地域和民族特色。包装设计可以展现不同地域和民族的独特特色和风格。通过运用地域文化元素和传统艺术形式，包装设计可以呈现出丰富多样的地域特色，为产品赋予独特的身份认同感。

（3）体现品牌形象和个性。包装设计是品牌传播的关键环节之一。通过设计独特的包装，品牌可以塑造自己的形象和个性，与竞争对手区分开来。包装可以成为品牌的标识和识别符号，为消费者提供直观而深刻的品牌体验。

（4）传承历史和文化传统。包装设计可以将历史和文化传统融入现代产品中。通过运用传统的工艺技术、艺术形式和符号，包装可以连接过去和现在，传承文化遗产，并使消费者对于传统文化产生认同感和兴趣。

（5）促进消费者的审美体验和文化参与。包装设计可以通过创新的形式和结构给消费者带来愉悦的视觉体验。精美的包装设计可以激发消费者的购买欲望，并提升产品的附加值。同时，包装还可以成为文化参与的媒介，让消费者在购买和使用产品的过程中感知和体验不同的文化元素。

（6）绿色环保可持续。包装几乎每时每刻都伴随着人们日常生活，大量消耗各种资源。因此，应当构建绿色环保的理念，减小包装的体积，采用可循环利用的材质，回收再利用。

（7）包装为商品生产企业创造经济价值，促进社会经济的良性循环，为社会发展积累更多物质财富，使人们拥有富足的生存资源。

第三章

近现代酒器包装——标志时代的记忆符号及审美特征

第一节
近现代酒器包装设计的启幕

近现代市场经济的兴起促使了商品生产和交换范围的扩大。随着生产规模的增加和商品种类的增多，包装作为商品的外在形式和信息传递工具变得尤为重要。包装设计开始被赋予更多的功能和意义，不仅仅是为了保护产品，更是为了吸引消费者和传达信息。

包装顾名思义就是把一个物体进行包裹或盛装，使其方便集成与储运，起到保护内有物的功能。包装也是将产品转化为商品的一种必然手段，随着社会生产力的发展与进步，容器与销售包装、运输包装，还有当今的集成包装逐步都被共识为大"包装"，是原始容器功能的外延和扩大，也是市场经济发展之需求，因其两者具有的共性和作用，普遍不再单独分述玻璃容器、塑料容器、纸质包装、木质包装、运输包装等，而习惯统称包装整体。这是由于内有物与外形自然为一体，只是完成的功能有所不同，例如酒器包装。

酒器包装初始主要以盛酒为目的，只在较小范围和近距离进行交换和买卖。随着社会生产力的不断提高，交易的方式及范围扩大。特别是市场的出现，使得原有少量的生产物逐渐转化为大批量和专门生产，为了实现和满足更多社会消费的需求，产品要承载更多的相关信息，包装被赋予从产品转化为商品的重要角色，其内涵也发生了变化。酒容器的保护层即销售包装除去聚合功能外，更多是传达信息和满足审美，清晰传达内有物信息以取悦消费者。为实现这一目的，就需要进行前期的创意策划并具体实施，包装设计便应运而生。由于市场经济的不断发展，酒器包装成为设计中一个相对独立的门类。

从裸瓶包装到销售包装的转变，经历了漫长的变迁过程。早期酒容器主要作为传达的主体。裸瓶周围通常填充自然软性材料，如稻草、纸屑等，以保护酒容器。随着社会的发展和改革开放，酒产品面临出口需求，传统包装已不能满足其要求。尤其是在 20 世纪 90 年代末，包装结构、材质、耐腐蚀性、耐冲击性等问题成为包装关注的焦点。单瓶销售包装也得到了重视，它直接面对购买者，视觉印象和外部包装质量直接关系到商品销售的成功率。

销售包装与酒容器间需要拥有一致性。自从销售包装与酒容器成为酒包装的标配，或直接一体化后，它们之间逐渐形成了相对稳定的视觉传达形式，构图和色彩产生内外呼应的效果，通过不同工艺处理分别运用到销售包装和酒容器上，形成完整的艺术效果。在市场销售环节中，包装始终处于消费者的第一识别位置，为了提高视觉冲击力，采用内外视觉统一和明示来增强这一主题。包装的信息呈现和设计，需要根据内容重要性进行排序和强调，同时必须妥善安排包装法规、成分说明、使用方法和条码识别等详细信息。版式设计在这方面尤为重要，既要具备识别功能，又要具备审美节奏。文字的大小、字距和行距，以及长短句的运用都需要在整体中进行变化，直接关系到美感的呈现。

酒器包装从盛酒到交易对象的转变，最初的目的是盛装酒类，随后逐渐转化为交换对象。进入商业社会后内涵发生了变化，产品作为商品在市场上确立了身份。容器与包装的形式起到了不可忽视的作用，除了客观因素外，主观因素也占据了核心位置。含蓄、情调及趣味都反映了个体精神特质，这正是审美建立的基础。

酒器包装的系列统一是构建产品文化的一种有效途径。它提供了视觉一致性，具有大小、体量及色系等，只有这样才能逐渐形成认知和视觉记忆。而文化随着时间的推移不断叠加和积累，因此长期坚持和维护进而形成产品独特的个性。系列性有助于加强不同规格产品内在的统一性，提供更多的视觉对象，有利于展示商品的强势阵营，满足市场多种选择和不同消费层次的需求。

我国 20 世纪 50 年代处于百废待兴的时期。老百姓的衣食住行单一简朴，能够获得产品甚至残次品都是一件不易之事，更无从谈到产品包装的品质及设计。进入 50 年代以后，国家首先进行"社会主义改造"，极大地促进了生产力的发展，这时候的工业刚刚起步，国民经济恢复初步发展，给传统的生产工艺注入了新的、巨大的活力。1954 年，国家开始提出"公私合营"，1956 年基本实现全行业的公私合营，而酒产业也在此时进行全面整合，从过去一户一号的单打独斗作坊到一定规模的产业生产，对包装的需求与发展起到了重要的推动作用，对酒器包装设计的重视程度也逐渐提升。

市场经济发展、生产力的提高以及社会主义改造的推进都为我国包装设计的兴起提供了机遇和绝佳条件。包装设计从最初的功能性需求逐渐转变为满足市场需求、传递信息、塑造品牌形象等多重目标的设计过程。随着时间的推移，包装设计在各个行业中发挥着越来越重要的作用。

20世纪60年代是我国社会发生重大变革的时期。当时的国际局势对我国政治与经济的发展造成了很大影响。特别是社会的内耗及生产的无序，束缚了商品的生产与生产力的解放，物质严重匮乏。基本生活用品都是靠票证计划供应，所有日常商品几乎没有销售包装，容器也只是极其低质的一般容器。

20世纪80年代改革开放初期，在计划经济体制下的中国，居民收入水平普遍较低，消费能力有限，市场也没有完全开放，消费者完全没有市场经济概念，市场为卖方，普遍大众商品意识和消费意识淡薄、单调甚至是模糊，消费心理尚处于不成熟阶段，市场流通渠道不畅，缺乏品牌意识。随着改革开放的不断深入和社会主义市场经济体制的建立，国民经济持续发展，普通百姓收入逐渐增加，继而开始掀起消费热潮，国产品牌也初步兴起，国外品牌强势介入国内市场，一时间形成积极的消费市场。当时第一次出现"下海经商"的浪潮，从过去人们依靠国营企事业单位的铁饭碗工作，到有勇敢者辞职下海自己开办公司和作坊，靠自己经营来养活自己，摒弃了几千年以来对经商的蔑视，多元的市场经济成分在国内蔓延开来。人们的消费观念和生活方式也发生了巨大变化。

就企业而言，市场经济改革之初，众多企业的现代商品意识淡薄，产业结构失衡，导致产品在市场流通渠道不畅。物资匮乏、求大于供，许多产品无须品牌也能畅销，导致国内企业普遍没有品牌概念。而随着外国品牌纷纷涌入国内市场，其现代化的品牌经营方式使中国企业普遍认识到品牌和商标的无形价值，在自由竞争中往往不及国外品牌，迫使中国企业反思自身的品牌战略，中国本土品牌意识才慢慢开始觉醒。此时的品牌形象及包装设计才逐渐受到多方关注，由最初的产品销售为主导转变成商品销售和品牌认同度结合。由此可见过去企业是生产产品，忽略了市场经济环境下的竞争性和可持续性，不知品牌价值需要持续累积，才能实现真正意义上的市场经济竞争，商品意识和品牌价值两个市场经济的核心要素开始被普遍接受。

20世纪80年代和90年代是中国社会发展的重要时期，也是包装设计发展的关键阶段。在改革开放的推动下，中国的市场经济逐渐形成，消费观念和生活方式发生了巨大变化。企业开始认识到品牌和包装设计对市场竞争的重要性，品牌意识逐渐强化，并开始注重包装设计的形象塑造和市场形象传递。

包装产业发展与设计的真正起步应该是 1975 年邓小平在《关于发展工业的几点意见》中谈到的"出口商品的包装问题，要好好研究一下"，[1] 从此我国现代包装产业的帷幕正式拉开，包装工业在市场环境的影响下飞速发展。

90 年代，中国人的购买力和消费欲都被逐步释放。工业生产的技术进步，社会化大生产，市场规模进一步扩大，现代商品意识也贯穿于产品生产、流通和消费的全过程。消费者更加注重产品质量和优质服务，生产企业也较以前更加关注和了解消费者的心理需求。中国进入到商品经济时代，市场规模进一步扩大，现代商品意识及观念贯穿了产品生产、流通和消费的全过程。

此时市场转变为买方市场，社会大众心理趋于稳定和适应，消费者也逐渐成熟起来，差异性消费、理性消费、感性消费等消费形式出现。以往由于大众收入的限制，价格是影响消费的主要因素，购买商品的动机来自于商品的使用功能，其他外在的因素常被忽略，甚至无关紧要，外在因素变化不足以影响消费者的购买决定。而如今的消费市场中则更多是外在的式样及审美成为消费购买的重要诱因。消费文化兴起，人们自我表现欲增强，无论是艺术还是设计，更多呈现出多元化发展的趋势。

随着社会大众经济收入的不断增加，人们生活及消费水平开始提高，从单纯物质功能的获取转向追求精神与物质的双向获得，这就使得物质消费跃升到新的平台，消费更趋于追求精神价值。特别是自主销售模式的普及，商品市场同质化的形成，包装形式及差异性特征直接影响消费者的判断和购买决定。另外，生活观念及人们对生活质量的追求也发生了变化，大众审美意识普遍提高，更多展示自己的美，彰显自己的个性，表达自己对生活的热爱。消费市场出现消费水平和需求的多维度及多样化差异。由于市场经济的发展，市场竞争也不断加剧，商品加速生产和促销，导致过度消费现象出现，同时带来资源浪费与环保问题。这一背景下的消费开始面对可持续发展的瓶颈，社会也聚焦到地球与人类未来生存的问题，绿色生态、绿色包装和绿色设计的话题被提上议事日程，并兼顾个性差异化与激烈的市场竞争之间的平衡关系。设计无疑有不可推卸的责任和义务去理性及科学对待这些尖锐而宏大的社会问题，应当利用设计手段引领新的消费形式和消费观念，减少过度浪费资源的包

1　韩锦平，王渝珠. 中国包装百年辉煌路 [J]. 中国包装，2001(6)：40.

装形式，鼓励消费者在品牌文化及商品质量上更理性地进行选择。包装设计在引导消费形式、满足消费需求和推动可持续发展方面发挥着重要作用。

对于企业而言，消费者的新观念及变化的选择，意味着要做出相应的对策才能让企业持久发展。以市场为导向，树立现代营销理念，以顾客生活观念及消费方式转变为契机，强化企业与社会的紧密关系，将过去单一的生产经营方式逐步转换为生产与服务为一体，在消费者心目中构建起商品的美誉度和认同度，以变化的思维角度研究新消费趋势，不断创新和加大商品传播力，巩固品牌形象。时至今日再看我国的包装设计与制造，可以说已经与世界包装产业正式接轨，中国的包装设计与制造水平不断提升，并且在一些领域取得了重要进展。包装行业正积极应对市场需求和技术创新，不断提高产品质量和设计水平，逐渐走向国际市场。

面对这一形势，企业需要做好更多工作，预先提出措施和策略，以应对现代消费者商品意识觉醒的挑战。

第一，建立顾客导向。企业需要深入了解消费者的需求、喜好和购买行为，将顾客放在核心位置，根据市场需求进行产品设计、包装设计和营销策略的制定。

第二，强化品牌形象。通过品牌建设和品牌传播，树立企业的独特形象和价值观，提升消费者对品牌的认同感和忠诚度。包装设计在品牌形象传达中起到至关重要的角色，要注重包装与品牌一致性和与其他品牌的差异化。

第三，创新和研发。持续创新是企业保持竞争力的关键。通过不断研发新产品、改进现有产品和包装形式，满足消费者对新颖、高品质产品的需求。

第四，提供优质服务。企业可以通过提供优质的售后服务、个性化定制等方式增强消费者的心理满足和忠诚度。包装设计可以与服务相结合，提供便捷、实用的包装解决方案，提升消费者的使用体验。

第五，关注可持续发展。随着消费者对可持续发展的关注度提高，企业应考虑采用环保材料和可持续包装设计，积极回应消费者对环境保护的需求，树立企业的社会责任形象。

第二节
现代商品包装的审美特点

　　包装审美特点由社会整体审美价值取向所决定，主要内容为情感性、直觉性、愉悦性。是人对客观存在美的体验和态度，具有感性特质，是一种精神的愉悦，据此就必须对审美范式有所了解。现代商品包装注重引发消费者的情感共鸣，通过色彩、图案、形状等元素传递情感信息，激发消费者的兴趣和情感体验。直觉性是对审美对象的整体把握，对美的形式直接感知，是个体感受和把握美的一种思维能力，即消费者能够直接感知和理解包装所传递的信息和特点，以简洁、明了的方式与消费者进行沟通。

　　愉悦性表现于对狭隘功利性的超越和对生命力的追求，是一种全身心的参与体验，感性愉悦、领悟愉悦、精神愉悦是其内核，是对人本质力量的肯定。包装注重通过设计上的美感、符合人体工程学的便利性以及与产品特性相契合的包装形式，增加消费者对产品的好感度，审美就是好感的根本所在。

　　当审美对象是具体物时，物所传达出的"格"与"气"即美的核心要旨。"格"据《说文解字》中原指树高长枝[1]，后引申为规范、标准、格式等，指人则为品格、人格、格调，而美的范式是人的精神主观映照，加之客观形式组合而成。除去内涵的高雅，外在的是仪态，即无法言说的品位。而"气"是指生命的存在，无气则无神，更无运动之感。常言"天地之灵气"所指日月星辰、大地山川之间有云气，即无形之态连接天地，象征一种特殊的力量，喻人浩然之气，既代表宇宙间超越力量，又代表人的禀赋。两者的结合道出了文化的意义，同时提供了审美的路径。

　　世间一切事物的美，从构成系统角度来看，具有两个内涵：一是外在节律形式；二是内在自然向人生成的肯定性意蕴。而肯定性的感性显现就表现出事物运动和结构的节律，这就是所谓美的基本特征。外在节律形式本身，是说世间万物都处于运动的状态，具有一定的力度、气势、节奏和旋律。显现出一定秩序结构的运动形式，就是节奏形式。在包装上的人性化和意境美，最终是朝向人的本质生长前进的，也就有了"自然向人生成"的肯定性意蕴。而这种表现人的本质和发展趋势的事物及形式应该是美的，继而表现在包装上的个性美、结构美、形式美、意蕴美以其审美独

1　（汉）许慎. 说文解字 [M]. 北京：中华书局，2013：119.

特的艺术性，显而易见是大众乐于接受的。英国美学家赫伯特·里德在《艺术的真谛》中论述道："人会对呈现在面前的事物形状、外表与块体作出反应；一定事物的形状、外表与块体中合乎比例的排列会引起人的快感，而缺乏这种排列的事物将引起人的淡漠感，甚至于引起无害的不舒适感或厌恶感。这种起于愉悦关系的快感就是美感，不快感即丑感。"[1]

在西方世界里，一直倾向于"美"是在某种拥有明确秩序的事物中体现，或多样，或左右对称，或局部与整体的比例，或是与几何图形相类似的形态。无论哪一种都是建立在客观原理基础上的秩序，由此而产生了美感。如人的身高是自己头部的 8 个高度相加，其基准和比例是优美的，标准的脸部是三庭五眼的尺度。当然这些尺度也不是绝对的，这是在公元前 4 世纪希腊确立的美学原理。[2] 在中国，"美"是一种状态、一种意味、一种整体氛围，不太具有实体性。前者无论放置何处，其本体的固有美不会改变。而后者则具有灵动性，观照多元，随不同环境和对象变化，这就逐步形成了敏感和游离的审美方式。无论四季更替、万物生长、日出日落、水流急缓都可成为美的主题，历史上无数画家与音乐家以此为创作题材，表达对美的意趣追求。由此可见这种审美精神影响下的包装也便成为日常审美的对象之一。

现代包装是设计的产物，其审美特点有别于其他艺术形式，主要以亲身体验方式来获取，并以物质实体形式呈现，在时空中具有多维关系。这种体验需要在交换后，也就是购买商品与包装物后才可能获得，它与商品融合为一体，无法割裂分别选择来对待，这就要求美的形式是直接的，易解读，具有普世性特点，并且以潜移默化方式影响购买者，不设置接受的前提，具有通俗、大众化的特点。显然设计与绘画及音乐有不同的审美方式和差异，原因是其同时蕴含制造技术性与经济性成分。绘画追求静态中视觉内容的主题情节动感，借助画面空间透视以及色彩、光影及笔触、环境氛围来调动画面的感动，让观者产生与作品的共鸣，但整体是平面的。音乐则是纯抽象的音频，接受者需要调动自己的想象力来构建画面，呈现无边界的空间，可任意组合与转换，音乐的节奏与人的心理律动产生同频与和谐，让情绪随高低而放飞，可使心寂静如水，转瞬又可心潮澎湃，其

1　[英]赫伯特·里德. 艺术的真谛[M]. 王柯平，译. 北京：中国人民大学出版社，2004：2.

2　[日]高阶秀尔. 日本人眼中的美[M]. 杨玲，译. 长沙：湖南美术出版社，2018：100.

间的不断变化和多元音符交融，便带给人们愉悦和美的享受。后两者更多获得中国式审美意识中某种隐含的象征意义，对接收者有一定的门槛要求。无论什么艺术形式都渴望有明确的注释，追求圆满及闭环式的考量，特别喜欢隐喻、转借、象征等来满足内心的期许。然而包装审美具有最直接的表达特点，需要一目了然，太多的隐喻和象征不利于普通大众快速接受，在众多艺术形式中往往是不以艺术名义而为的实用艺术表现。

现代商品包装的审美，其价值在于借助"美"的形式让包装构建起与人的亲和认同，转移人对包装的情感至商品中，从而引起关注。有一项研究表明 85％ 的人会将对包装的视觉印象转移到内有物的优劣上，所以形式美在包装上有着特殊的作用，尤以几个方面为要：结构形式、材料质感、平面视觉、技术美学。包装结构创新会带来视觉习惯性上的突破，充满新鲜感，但前提是确定结构的保护性功能，首要是可折叠与集成，易加工，方便储运和回收再利用。同时又受制于后续加工和运输工具标准尺度的约束，也就是常说的"板材模数"，往往只有在国际规范的标准中展开，才能使包装物在整个系统中顺利完成。正因如此限制，包装结构形式才成为同类商品包装视觉竞争的策略和被重点关注的焦点。材质感是一种无言的意味表达，它是社会日常生活中人们不断沉淀的视觉和触感记忆，是自然属性遗传给人类的 DNA，调动人的五感来感知周遭，有着天然的亲近及偏好，它往往不需任何引导，便能产生与日常生活中审美沉淀的联觉。材料与制造工艺的巧妙结合成为现今审美构建的突出特点，诸多意想不到的技术效果平添新奇。回头来看，包装设计基本是以有效用为根本，六个组合面借助平面视觉设计来演示内在物的商品属性，通过具象或抽象的表达手法，使消费者快速解读内容物，进而产生兴趣。通过巧妙的创意构思，构建具有个性差异的视觉形式。其手段多为使用简约图形或实物照片塑造，以点、线、面为基本元素展开，强调整体色彩对比与商品属性，关注品牌称谓及注册商标识别，文字大小清晰，通过节奏、曲直、对称、疏密、重叠、交叉等关系来创造视觉形式美感。同时利用制造环节中各种工艺技术所产生的特有技术痕迹为产品创造效果，如借助电镀、拉丝、覆膜、UV、机凸等技术手段，塑造出一种恰如其分的形象。

古希腊哲学家苏格拉底说："把美和效用联系起来，美必定是有用的，衡量美的标准就是效用，有用就美，有害就丑。从效用出发，见出美的相对性，所谓相对就是依存效用。"[1] 可以说包装设计是充分利用技术，借助美的形式逐步成为协调人与环境、个人与社会、生产与消费之间的手段。现代商品包装的审美特点是直接、易解读、具有普适性，并以潜移默化的方式影响购买者。它与其他艺术形式的审美方式和差异在于它融合了制造技术性和经济性的成分。相比绘画和音乐等艺术形式，包装审美更注重直接的表达和通俗大众化的特点，以便快速吸引消费者的注意，引发共鸣。

除上述几种形式外，还有传统审美形式的刻意植入，特别是对"线条"的强烈情感，这在中国式审美观念中有着重要的地位。线的张力和虚实，笔断意连与轻重，都在过程中展开，以不断比较和重复调适来表现一种感性美，这种美具有可视与亲近感，而非纯抽象的逻辑思考。对于包装信息传递而言，最重要的是文字，所有文字的识别成为包装的必要元素，这需要根据不同目标对象来进行设计，包装主体是品牌，突出的是 LOGO 图形与文字。由于文字的国别性和地域性差异，识别与清晰认读就显得尤为重要。文字的设计与选择除却考虑认读目的，也要考量"线型"的个性表达。包装内容物功能属性的外延和艺术个性的彰显必须考虑到识别性，尤其是文字阅读能力弱的消费者也能判别。现实中有不少包装上的文字让人无法接受，原因是不考虑目标消费人群的阅读可能。面对老年人的药品包装说明文字太小，几乎看不见，如何让人安心服用？有些非出口包装上全是英文，一个中文字没有，这怎么让人接受信息？甚至有些设计无度，为了表现所谓的艺术把文字内容变为形式感的附庸，甚至有些字体无法识别，根本改变了设计的初衷。显然文字既是艺术，也是能读懂的符号，认读识别是第一功能，字体个性化应服从于信息传达优先原则，然后才谈得上审美。在日本包装及广告设计中就专门有字体研究门类，用于商业范畴的字体应该有自身特点，既保留书法的风格特点，又具有很强的识别认读性。包装所用字体需要易懂、简化、明确。文字秉性千差万别，不是所谓的好看就适合包装。部分繁体字和龙飞凤舞的书法就不宜在包装上表现，不能为了表现所谓艺术性，把信息的有效传达功能无视，组合一些形式感笔画让人识别，结果左右横竖一头雾水，让消费者猜谜语。这里的艺术审美是在可以识别的前提下，给予人以协调和愉悦感。

由此得出包装设计中的传统审美形式和文字的选择以及设计都需要考

1　朱光潜. 西方美学史 [M]. 北京：人民文学出版社，1979：36.

虑到目标受众的文化背景、阅读能力和识别需求，以确保信息传递的清晰和有效性，同时展现出协调愉悦的审美效果。

包装中关注的另一重要元素是色彩，因为它具有远距离的视觉识别及冲击力特点。1981 年，戴维·胡贝尔和托斯顿威赛尔凭借对视觉皮层单细胞记录的研究获得诺贝尔心理学奖，实验结果表明大脑注意到的是"差异"，大脑能够借助庞大的专门细胞阵列，对色彩、形式、纵深和移位四个属性以最便捷、快速的方式做出反应。可见研究人的生理特征是包装设计的基本出发点，也是设色的客观依据。由于商品包装展陈在一定距离的货架上，人在行进中视觉像扫描机不断在搜寻，大脑在快速处理信息残像度。而首先映入眼帘的是色彩，极易唤起人的注意力，成为感性催化剂。色彩往往率先将人带入情绪并产生记忆性效果，除去色彩的波长在起作用，还有地域和社会文化的影响。而色彩也被视为理性范畴，设计就是借助人们所独具的判断、推理、演绎等抽象思维能力，将从大自然中直接感受到的纷繁复杂的色彩印象予以规律性的揭示，以此形成指导设计的颜色基础。显而易见，所有的审美方式都在为品牌传播服务，而除去上述的几种基本要素外还有视觉画面中的空，也即为"留白"。美学意义上的视觉节奏，反映出一种心理变化，继而影响到视觉意义的延伸。设计中的空是刻意把辅助的元素和图形进行弱化，留给接受者以更多自我联想，甚至有时还要设计一些图形，引导消费者接续脑补，起到互动目的。这种空是视觉上的"无"，使包装材料质地得以自述，引发有意味的灵动和意境感，让包装上的主题元素更突出，联想更丰富。

现代包装追求设计品质与材质间的组合与对比，有时没有过多的设计语言，完全依靠材质本身的特性及肌理，如木材、皮革、金属、塑料、陶瓷、纸张等通过成型加工方式，简单而直接地呈现材料本我特性。如将纸质包装表面进行质感处理，覆亮膜或亚光膜，做 UV 或机压纹理，也可选择镭射定位纸或特种纸来形成折射光感差异，实现各种设计目的。而多种质感材料组合在一起，也形成材质的对比与协调。这种设计方式于美学角度而言是赋予无机物以生命意义，使人的情感转移到物的视觉材质中，适合相对抽象的设计表达，近年来采用此法提升礼品酒类包装已成为设计风尚。

由此可见现代包装审美特征除去自然美的发现外，创造顺应时代及消费变化的新型审美形式是设计思辨的再思考。由于社会发展，人们追求自我精神满足，欲望更强烈，且更具个性，而艺术审美又在乎风格的鲜明和个性的差异，而这些变化逐渐成为一种发展趋势。这里的"风"是指一种流行的艺术样式。"格"代表着造物活动中的基本架构与特点。而"气"是给予"格"以生命，这种介入是双相的，意在唤起人与物之间生命体的内在逻辑认识，进一步诠释人与物的生命同源性。当然需要阐明的是现代的造物是借助合成材料所造，当再次溯源就会发现世间万物都来自共同的地球家园，相互之间的生命密码及作用是密不可分的依存关系。

就包装的市场意义而言，审美具有普世意义，主要以可见、易懂，且大众喜闻乐见的形式呈现。其特征表现为民俗与传统的再造、新的观念创新以及优秀舶来文化的融合，都是以大众为前提，因此对审美的思辨和创新必定回归到此点上。

一、现代酒器包装的民族性

现代酒器包装的民族性是指在设计中体现特定民族文化及审美元素和风格。由于全世界的文化不是来自同一源头，因而有了民族性的差异。世界上的任何一个民族，由于不同的地域、自然条件和社会条件以及发展变化过程中各种要素的制约，形成了不同于其他民族的独特语言、生活习惯、思维方式、道德伦理、价值观和审美观，也因此就形成了众多不同的民族文化。民族性主要体现在传承文化的意识层面上，特定民族的传统文化元素，如语言文字、传统图案、象征性符号、民族手工艺等，展示出该民族独特的历史和文化以及生活习俗。

各民族对文字的关注度也不尽相同，不同民族使用不同的文字系统，文字的形状、排列方式和书写风格都有不同的特点。在包装设计中，运用特定民族的文字风格，或将文字与图形相结合，容易营造特定民族的识别及身份认同。图形符号代表着意义与解读的双重任务，如图腾中神话传说中的形象、传统艺术元素等，都表达出特定民族的宗教观及精神归属，蕴含着审美和文化内涵，显示出各自喜好与象征意义。不同民族借助民族偏爱的色彩组合，以及与该民族文化相关的象征色彩，来突出民族特色和情感共鸣，这些都是酒器包装设计中常要借助的手段。当然包装设计的民族性特征应当遵循并尊重和体现民族文化的原则，避免对民族文化进行片面夸大或曲解。同时，随着社会文明的进步和文化的广泛交流，现代酒器包装设计也融合多种文化元素，创造出具有跨民族特色和国际视野的作品。由于各民族文化形式的解读和理解有所差异与不同，研究和分析相关的不同要素及成因就非常必要。

　　包装主要服务于人们的日常生活，贴近于人。既满足人的心理需求，同时又默默影响人的价值观和审美选择。因此，日常性的浸润显示出长久性，甚至是决定性，对改变人的意识与观念起着重要作用。这里所说的日常生活包含的内容比我们想象的要有意义得多。格奥尔格·齐美尔说："即使是最为普通、不起眼的生活形态，也是对更为普遍的社会和文化秩序的表达"。[1] 人与动物的区别，就在于动物依靠本能行动，而人不会对特定刺激做出条件反射的行动和反应，而行为是取决于观念和态度，也即文化。就是人们长期在社会生活中接受的特定环境形成的群体文化，意味着不同文化语境中成长的人，对某一特定的事物或情境的反应方式可能会略有不同或者截然相反。它反映的是整个民族的心理共性，特定的群体如何思考或做某一件事情，是由这个群体的文化所决定。我国由于地域辽阔，民族众多，其文化形成也有所不同，生活方式和审美选择也大相径庭，因此在包装设计上反映民族特色就显得尤为重要。

　　从世界范围来看，不同地区包装的民族性更具不同特征。例如日本的设计用了三十余年的时间走完了西方近一个世纪的发展，形成了独特的日本风格，就因他们在吸收外来文化的同时，更加强烈地认识到本民族文化的重要性，在传统与现代、东方与西方之间找到一条适合本国设计文化发展的道路，这也是文化觉醒和自信的表征。这使日本的设计既有强烈的时代特性，又蕴涵深邃的日本文化精神，这对于我国包装设计文化的发展也是很好的启迪。

　　日本酒器包装设计所反映出的民族特质风格迥然，以其独特的风格而闻名于世。日本酒器包装灵巧、精致、质朴、淡雅，充满大和民族自身的文化特征。日本传统本土酒"清酒"，顾名思义是一种非烈性酒，是酒精度不高的发酵酒，但饮后易醉。日本青酒包装大多选择纯净的白或纯色做底，日式书法刚烈组合，单纯直接，一目了然无过多修饰。酒器则多以柴烧陶器居多，浓重的色彩与厚重的质感恰遇清淡的酒水，两者形成强烈对比，极易唤起品饮的情绪。物与人交互为一体，也即"幽玄""境生象外"，意在言外的神秘之美。这种气质的由来可以追溯到日本民族的文化及美学观念。日本的"物哀"所讲到的无常，其实是对常态的肯定和褒奖，在看似无变化之中觅得变与动，坚守最根本和持久的依然是自然与淡

1　［英］戴维·英格利斯. 文化与日常生活［M］. 张秋月，周雷亚，译. 北京：中央编译出版社，2010：4.

泊的一种常态，世界一切都不是绝对的完美。抱着这一审美哲思和信念，必然对造物对象产生依赖和信仰，对自然物怀着一种深深的眷恋。日本酒器包装设计还时常引入"侘寂"[1]思想，刻意在器物完美中追求一点不完美，惯用不对称造型和做旧印记。

在物质世界高度发达的日本，文化现象呈现出的是双轨制发展格局。一方面接受西方文化的影响而全面西化，另一方面则沿着本民族文化脉络不断强化和彰显自身特点。两种截然不同的文化形式在器物与包装设计中碰撞，往往会产生出特有的风格形式。

由于生产制作技术水平一流及艺匠精神的植入，其商品品质在世界范围内当属一流。日本酒器与包装承继了这些特点，完全仰仗和依赖自然之路的恩赐，迎合人这一自然之子的内外之需，势必会受到其他不同民族消费者的喜爱。就器型而言形式多样，以陶制为主，胎体较厚，表面施以釉料，局部刻意留下胎体本色，得窑变多彩。器皿为圆形，宽口、杯浅。储酒器、分酒器、饮酒器都喜用陶瓷材料制作，形成系列感，设色有所区别。日本酒器的材质多以柴烧陶器为上，随着现代技术的介入，加之大批量生产，玻璃酒器占据半壁江山。日本饮酒习惯中有选饮酒器的过程，会将各种材质酒器并置在一起，方便饮者各取所需。部分设计时常会刻意将胚体变形，增加人工手作痕迹，甚至留下一些绳纹印记，具有怀旧感，极为古色、朴素，那种随意、低调、简洁、洒脱尽在其中。日本民族喜品饮传统酿造"清酒"，因而包装设计也多以传统文化式样呈现。为了商业需要日本还演化出"商业书道"，以书法笔墨之趣，演绎商品之名，用意味来表达商品属性，渐渐形成一种特有的风格，常给人一种无法言说的好感，在世界包装设计中独树一帜。（图 3-1）

审视德国的酒器包装，显然是另一种民族气质的演绎，其民族严肃认真的性格在日常生活中体现得尤为明显，留给世界的印象是严谨的逻辑思维特征，冷静而内敛的民族性格，遵守自己制定的各种规章和制度。德国高质量的企业文化是德国制造成为世界第一的基石，注重创新研究开发，双重教育培养动手能力人才。德国诞生的包豪斯对现代主义艺术设计的发展做出了不可磨灭的贡献。其体现在艺术设计思想、艺术设计实践和开创的现代艺术设计教育等方面。这种设计文化和哲思必然影响整个民族的造

1　侘寂是日本美学意识的一个组成部分，一般指的是朴素又安静的事物。它源自小乘佛法中的三法印（诸行无常、诸法无我、涅槃寂静），尤其是无常。

图 3-1　日本"清酒"包装

物思想。强调集体工作方式，集中优势力量研究有限领域，创造出独特性和唯一性。

德国酒器包装同样体现出科学性、逻辑性和严谨的造型设计特点，同时关注材料的环保性和回收再利用，注重健康与安全以及商品辨识度，充分表达产品地域文化特点。例如德国啤酒，闻名世界的品牌和种类众多，口感与特色鲜明，深受广大民众的喜爱，普遍人群饮酒量极大，时常让人瞠目结舌。德国酒容器设计也反映出这一特质，讲究功能性及品质感，酒器造型敦厚、力量、精致，大多采用玻璃材质，追求视觉感官的通透，手感结实可靠，以提升品饮的心理安全状态，同时唤起品饮的渴望。而装饰纹样精细耐看，传统杯型中多用故事情景来叙述，浅浮雕套色工艺提升了高贵性，杯型容量大、壁厚、带把，实用简洁，表面以圆形浅雕布满杯体，使表面强度增高不易碰碎。德国设计师密斯·凡·德·罗提出了"少就是多"的设计理念，摒除一切不必要的要素，以实现使用功能为核心，用最简洁的元素设计出实用美观的作品。包装设计视觉识别度高，清晰、简洁地传达内有物的信息，文字与图形之间呈现出严密的逻辑性，笔画粗细的虚实空间会以视觉距离来设定。包装结构更是非常注重细节，特别是商品与销售包装的安全关系，结构的精准及运输过程中各种受力点都有详细的计算，对一次使用不完的产品也有合理的封口设计。包装的体量绝不夸张和无用，强调实用为最佳，充分考虑到包装的回收便利性，特别注重环保节约，这种设计风格也使得德国酒器包装在全球范围内受到广泛认可与好评。（图 3-2）

图 3-2　德国酒器包装

　　中国酒包装风格凸显出中国传统文化的特质，与历史、文化和道德等关联，构建起精神观念与形态的整体一致，主要由儒、佛、道三家文化为主流影响而成。其文化不仅思想深邃圆融，内容广博，更重要的是儒家、佛家、道家三家文化高扬道德，为国人提供了安身立命的行为规范及最终的精神归宿（图 3-3）。儒家以仁义教化为核心，道家以顺应自然为核心，佛家以慈悲、大爱、解脱为核心，强调诸恶莫作，众善奉行。由此也影响到社会诸多方面，成为一种精神引领，必然产生与之相适应的造物思想与承受心理。中国地广人多，又以多民族组成，历史上各种民族更迭统治，逐渐形成了丰富而多元的民族文化气质，传统文化在发展中既是一脉相承，又不断汇入各民族的智慧，形成了独特且具有强盛生命力的文化体系。我国是以农耕文明为代表的国家，生存繁衍都是靠天吃饭，所以"意向"成为人们的精神栖息地，渴望借助心理愿望来满足现实的缺陷，从古至今这一寄托丝毫不曾减弱，因此集体的价值取向与审美标准具有趋同性特点。

　　包装是文化形态折射的一种形式，具有显著的特征，大多酒器包装追求圆满、形式大于功能并超越现实。选材也极尽豪华奢侈，总希望将美好愿景表达在日常生活中。酒器包装多选择玻璃与陶瓷，造型以圆形和曲线为多，适应流体力学原理，外形也不宜有锐利的尖角，极易导致锐角的碰碎而报废。实际生产中也无法完全做成直线与锐角，可见这是由两种材料的性质及工艺所决定。因此玻璃与陶瓷都不宜设计成方形与直角的形态，

图 3-3　中国酒包装

因其在生产技术环节会受到限制。从文化意义上曲线与自然相吻合，得以体现中国人的圆润自然观，自然界中没有纯直线的自然物形态，直线和锐角都是人造物的特点。而包装则多以方形为主，原因是人造加工直线与平面更具有便利性、经济性、技术性等优点。装饰风格上多以寓意或谐音祥语为首选，荣华富贵、吉祥如意、五福临门等内容被普遍使用，龙凤纹、团花纹、连枝纹、回纹等随处可见。构图讲究平稳、对称、饱满，包装体量喜大结构，变化多且复杂，甚至不惜过度包装，大量采用手工制作，单体包装，多种材质组合。以满足心理层面意义放大之目的，体现形式上的高贵和圆满完整，馈赠之礼显得大气够档次，这些表象都反映出华夏民族心理的意识。

上述特质凸显了儒家、佛家和道家等文化观念对道德、精神和审美的影响。这也就决定了设计风格体现了中国民族文化的丰富性和多元性，将美好愿景与祝福融入酒器包装中，以满足人们对寄托精神的向往。

从人文科学角度来看，人、社会、自然构成一个世界的有机系统。形成了以人为中心的生活环境，任何民族的设计活动都离不开特定的社会文化背景，脱离不了当时社会文化环境中滋生的民族精神。包装设计中的民族性与世界性是相辅相成的，正因为各民族不同的设计风格和民族精神的集合创造，世界性的设计文化才如此丰富多彩。

现代酒器包装设计中，除却概念的建立和明确的定位外，具体容器与销售包装显然是设计的主要对象，包装系统内外的协调统一并组合有机、产品文脉的延续和创新、结构形式与制造工艺、审美价值考量以及市场经济效益必然成为设计研究的重点。酒文化的视觉表征主要集中在此环节，形态的隐喻、象征、工艺、材质分类及各种符号要素汇集，最终将设计概念转化为具体形式，其重要性不言而喻。它是设计价值转换为文化价值和经济价值的直接手段，而这种设计语言的转换最为困难，是抽象的概念和思考直接呈现具象物的形式，可以说是落地的实干。

因此，要更深入地理解酒器包装文化的设计路径，我们需要了解包装与容器塑造的全过程，并将其置于特定的社会文化背景和民族精神的框架中加以分析和研究。这样才能充分把握设计的民族特色和世界性，为酒文化的视觉表征提供丰富多样的设计创意思考。

二、酒器包装的时代意义

包装在漫长历史发展进程中，尤其在不同阶段上会表现出一系列的时代性特征。认识包装的传承和发展，从酒器包装上可以感知到时代性。包装具有设计者主观意识的介入，而且无法摆脱时代特征在图形语言上的投射。这是因为酒器包装首先是历史进程中的一环，以现实物质社会为基础，融合与传承了各民族历史文化。在大多数历史时期，由于社会意识形态笼罩了物质社会的发展，这些意识形态包括政治、宗教、文化等方面的观念，酒器包装也必然反映出不同时期特点。例如，可以看到与当时社会价值观念一致的符号、图案和色彩选择。从技术层面就更具有明显的不同特征，纯自然材料的利用、手工的、半手工、半机械、全机械化、全智能化都给酒器包装刻下时代的技术印痕，对设计本身也产生了明显的影响。随着科技的不断进步，包装行业也发生了革命性的改变。新材料、新工艺和新技术的应用使得酒器包装具备更多的可能性和创新性，如利用数字模板、激光裁切、红外线定位、智能机器人等高科技手段等。新一代的各种肌理特种纸、镭射光纹、密纹、芯片等，都给包装设计带来了新的技术加持和时代烙印。包装设计的历史性主要表现在物质层面，同时也受到时代、社会价值观和审美趋势的影响。经济现象、科技水平、社会结构、价值观念的转变以及环境与生态等问题都在不同程度上塑造了酒器包装发展轨迹，并为酒器包装赋予了特定的时代意义。

中国早期的酒类包装多为说明性包装，色彩和造型都较为单一。当然这与市场环境有关，在物质匮乏的时期，对于消费者而言没有商品选择权，包装也只需要单一的说明功能，很多情况下产品直接裸卖，不需要包装来转化为商品，有些包装连保护的作用也不具备，只成为一种简单形式。随着社会生产力的发展，市场经济的兴起以及人民生活水平的提高，人们对商品的需求也发生了变化。包装作为商品的外在表现形式，开始逐渐变得重要起来，得到了快速发展。特别是社会转型期人们的精神需求、价值观的改变以及环保等问题导致包装的文化诉求越发重要。包装设计活动就增加了更多的内涵及要求，绝非用一个简单标准或者单一思考去面对，需要强调的是不同时代有不同的标准以及时代的局限性。而应根据不同时代的特点和需求来进行思考与创新。包装的发展是与社会、经济、文化等多个因素相互作用的结果，也是时代变迁和发展的直接反映。因此，在理解和评价包装设计时，我们需要考虑到不同时代的特点和背景，以及时代变迁对包装发展的影响。

酒器包装的时代特征和民族性并不矛盾，"现代化"不等于"西方化"。中国包装事业的发展在改革开放后得到了翻天覆地的变化：其一是观念认识上有了根本性的改变；其二是经济发展促进了包装的变革；其三是消费者日益增长的文化需求及消费需要。时代特征随着社会转型而不断演进，它与民族性相互融合并形成本民族自身的特点。当今世界各民族文化互相影响与借鉴已属常态，标志着人类整体文明的一个进步。

这些特征集中表现在文化的自信与技术的进步，特别是对传统文化的再认识，充分意识到造物的精神是顺应人类可持续发展的需要，人与自然是一个整体，包装除了完成其功能外，还需要可循环利用，减少对自然资源的浪费。因此现代包装从结构形式到信息传达图形语言，材质选择与加工工艺都追求恰当与合适。而在视觉艺术的表达中则强调视觉元素的内在逻辑合理性，精准定位目标消费者的心理需求，讲究视觉冲击力，提升自助消费的辨识度。以品味及文化内涵吸引消费者，从而实现包装的附加值功能。包装设计也从过去相对单一的创意模式发展至今天的多元化，在借鉴外来优秀的设计方法的同时又不断接受自身民族文化的浸润，继而创造出更多与世界比肩的优秀作品，充分彰显出民族文化地域特色及文化自信等特点，可以肯定地说，当今中国的包装设计水准完全与世界包装发展水平是一致的。这是中国整体文化在世界面前有力的展示，其时代意义无疑是民族产业的强盛和文化新高度的证明。

随着人们对环境保护和人类发展认识的不断提高，酒器包装也趋于再利用和可持续性，反映出时代对于环境和生态问题的关注，也促使包装设计在材料选择、包装减量化等方面做出相应的调整和创新，以适应人类对环境友好产品的需求。

　　包装设计同时还伴随着创造"世界形象"的文化使命，当然这取决于设计本身的力度，也取决于设计者的选择。这正像世界上最蓝色的河流未必是多瑙河，最美的向日葵未必在梵高的家乡，但艺术家们一点拨，"世界形象"就出现了。[1]这与今日谈中国酒文化道理如出一辙，后来人面对前人留下的文化遗产与传承，应畅想未来而大胆出手。

　　总之，酒器包装在不同的时代背景下，反映了社会、经济、文化和技术等方面的变化。它不仅仅是产品的保护和包装形式，更是一种文化符号和时代的象征。酒器包装设计需要与时俱进，满足人们对于更新更好的商品需求。

　　前述多为近现代包装的社会性、审美性、民族性、时代性，接下来我们深入到酒器包装具体的物质层面来解析形式与内容的辩证转化关系。更深入了解其变化背后的动因。

三、酒器包装与品牌文化

　　酒器包装是将酒与酒器从产品转化为商品的工具手段，保护酒器不受外部各种外力的破坏，减少运输环节的辨识错误，是商品进入市场流通的必要身份和特征，也是产品识别的唯一要素，两者相互作用促成销售，前者完成实体使用价值，后者实现保护和信息传达。简而言之，包装是产品品牌传播的视觉载体，将文化内涵置入其中，为产品赋予文化附加价值。历史上有"买椟还珠"的故事，很多时候消费者购买的就是这一附加值。包装不仅清晰地传达信息和规范标准，还提供审美形式，无形为产品与消费者建立起沟通的桥梁，使企业与社会之间、品牌与消费者之间形成相互依存的关系。良好的容器与包装形象可以促成事半功倍的市场成功率，赢得更多的品牌信赖与美誉度。

　　酒器与包装合二为一是随历史发展逐渐形成的，酒器早于包装出现，这种演变和相互成就是生产力不断提升，自然经济向商品经济转化的结果，是一个较为漫长的过程。商品是人类社会生产力发展到一定历史阶段的产物，商品的诞生得益于商品经济的产生，商人是商品经济重要的媒介。其历史可追溯到农业与手工业分离时期，这一时期逐渐形成独立的手工业生产部门，也即人类历史上第二次社会大分工。商品是用于交换的劳动产品，具有价值与使用价值，发展至今的商品经历了四个阶段，即自然

1　余秋雨. 中国文化课[M]. 北京：中国青年出版社，2019：101.

经济、商品经济、计划经济、市场经济。只有商品经济发展到社会化大生产阶段，才能形成市场经济。当今市场经济环境下，商品已经拥有了更多身份意义，既是物质但同时又包含精神，有实体也有非实体存在，甚至还代表着财富与权力。酒器只有与包装在一体状态下，并以文化的形式引导消费过程，才会被大众所选择，原因是自助式销售模式改变了以往的售卖方式，包装替代了人工售货，完全以自身形象来吸引消费者，通过包装设计创意的巧妙和趣味来赢取消费者的关注和青睐。包装除却告知品牌形象外，还包含内容成分、文化脉络、使用方法、价格条码、执行标准、储存方式、生产日期、溯源方法等。它是品牌推销最直接的工具，更是质量品质的反映，缺失这些要素就像一个人没有身份证明，将是寸步难行。

社会大众消费酒是为了获得生理与心理的愉悦，而酒器包装契合了这种精神需要，常言说"饮酒要的是一种心情，一种氛围，一种文化"，酒器包装就是酒本体另一种形式的演绎，三者之间是不可分割的整体，其中还包含着品牌文化的介入。

品牌初始源于早期人类为了界定自己的私有财产，在家畜身上烙印上符号，以区别于别人家的牲畜，也即古挪威语中"BRANDR"（烙印）的意思。这一词后汇入英语体系，被手工艺人所广泛采用，在自己制造的工艺品上烙上印记，以方便购买者识别，是商标的雏形，也是自我认可与他人识别的视觉对象。

品牌文化是伴随着品牌成长而出现的文化现象，具有情感与价值两方面的意义，代表和凝练着各种精神内核及品质、价值观念、生活态度、审美情趣、个人修为、时尚品位、情感诉求等，其核心是文化内涵。是品牌拥有者、消费者或其他拥护者相互之间共同拥有的一种追求，当然与品牌自身独特信念、价值观、规范及传统整合相关。当今中国众多酒类品牌都在向此进发，建立起自身的核心理念，不但取得骄人的业绩，同时还树立起良好的社会信赖度及美誉度，产生出极强的号召力，从潜意识中唤起消费者的消费欲望。

社会发展各阶段品牌的概念和定义也不完全一致，关注度与市场竞争加剧有关，取决于社会大众观念与社会物质多寡。社会安定祥和及物质富裕时，品牌被注意的程度比较高，反之则无人问津或追求。其实品牌多数时候是消费者心灵的慰藉与寄托，是各自体验差异和价值认同的道具。

品牌特色是在高质量基础上获得的产品特性，品牌文化则指品牌在社会发展和经营中，所沉淀的文化意义及价值观和世界观。品牌以此与消费者产生精神上的共鸣，最终获得更多消费者认同，目的是取得经济效益，同时也获得社会效益。当然，品牌塑造不可一蹴而就，它需要时间的累积，是品牌塑造者一以贯之的坚持，更是社会道德、良知、健康、审美、责任的担当和维护。

"酒"在历史发展进程中由于酿造的个体不同，各自为了区别于他人，都会给各自的产品起一个名称，或者绘制一个图形符号。时间一长便逐渐形成了众多的品牌，后被酒器包装不断销售传播推广。产品名称的符号性就是品牌文化中的重要组成部分，与酒文化相伴而行。当人们意识到酿酒中各自选择材料与工艺不同，其酒的风味也不一样，自然会选择一种区隔方式来明示差异，以宣扬自己的不同及优势，此点就决定了酒酿造者对品牌构建的定位。该如何彰显风格？无疑酒器包装就成了重要的媒介，并确立了在品牌文化中的主导地位，在市场经济环境中扮演着无可替代的角色。它与消费体验相互依存，共同构成了消费者选择酒类商品的整体感受。因此接下来有必要对品牌文化具体构建之要素及形式作一番梳理。

纵观我国近几十年来，酒器包装形式主要体现在以下两个方面。

（一）酒器包装形象系列化

视觉形象系列化是品牌建设的基础，扮演着品牌与消费者之间的界面作用，通过系列酒器包装形象的不断售卖与传播，使消费者逐渐建立起消费认知，进而熟悉和购买。

我国早期酒容器是视觉传达的主体，也被称为裸瓶包装，基本以运输包装为集成方式，裸瓶周围填充自然软性材料来保护，如稻草、纸屑等。随着社会的发展与技术进步，特别是改革开放后，大量的酒产品面对出口需要，原有的包装完全不能适应出口要求。特别是80年代末包装结构、材质、是否耐腐蚀耐冲击等问题成为包装的焦点，一度影响到大量商品的出口，由此引起国家的高度关注，继而加大力度进行改革，包装保护功能及信息传达被视为重要任务。同时期开始大量出现销售包装，当时采用低克重灰底白板纸加工成型，保护的功能极差，仅仅是起到一定的装饰作用。但随着包装意识的提高，特别是我国对外改革开放，受到外来包装的影响，大量进口的各种包装材料及制造设备被大家熟知，技术加工手段也不断更新，单瓶销售包装被重视起来，它直接面对购买者，视觉印象好坏关系到商品销售的提袋率。改进后的包装品质得到市场的积极回应，由此更坚定了企业对包装的重视度。

　　自从销售包装与酒容器成为酒包装的标配后，两者之间就逐渐形成了相对稳定的视觉传达形式，即销售包装与酒容器主视觉的一致，构图及体量产生包装内外呼应的视觉效果。系列设计首先会建立一个符号，不断放置在关联的产品上，引起消费者的系列关注，以此来提升视觉信息接受量，形成感知逻辑秩序。系列酒器包装针对不同容量及规格产品进行分类，方便了消费者的选择，展示上具有节奏感和冲击力。一般情况下销售包装极易让消费者识别，当然有远近之别。由于传达信息量大且内容复杂，因此刻意利用视觉识别及反射机制的原理，依据重要性分主次来排序表达，有些法规及特别警示内容需进行详细说明，使用方法及条码等都需统筹考虑。

　　最早的酒器以装酒液为目的，自斟自饮自藏。后逐渐转化为交换对象，互通有无。简单的产品在互换中就需要有交换物的信息内容，因此必须明确告知，包装就充当了这一角色。进入商业社会后包装华丽转身，担负更多的使命，其内涵产生了变化，至此产品到商品的市场身份由此确立。

　　酒器包装的系列统一是构建品牌文化的一种有效途径，视觉的一致性是感知的关键。只有通过系列统一的视觉形象，才能逐渐产生认知和视觉记忆。而文化则是随着时间的推移不断内化积累和演变，形成产品独特的个性特征。系列化有利于加强不同规格产品之间的互补关系，提供更多的视觉对象，有助于商品展示中的强势阵营，提供多元商品选购概率，满足市场消费多层级的需要。与此同时随着社会发展与进步，年轻一代消费者喜欢尝试多元的包装形式，对破圈的设计感兴趣。由于容器制造受各种工艺限制，造型上难以得到根本突破，因此，利用销售包装的可变性和便利性来改变形式上的单调，同时保证内外一致和统一就考验着设计者的能力水平。

　　酒器包装系列化是当前包装设计的一大特色，也是包装发展的主流趋势，包括高、中、低档酒产品包装成组配套，形成梯次感和家族形象。它是对同一品牌类别而不同酒精度或不同净含量规格的酒进行系列包装分类，目的是形成统一的视觉形象，突出品牌主题，强化视觉记忆度，满足不同消费层次需求。部分设计或稍有不同，适当改变形象的过分划一，增加灵动感。基本上采用统一的创意构思，营造相同的品牌气质。主视面和主题文字及造型一致化、同一文字和图案的构图位置近似，但艺术处理手法、色调和局部元素有所不同，结构形式与材料质感差别很大，制造工艺难易度也有所区别，同时根据不同价位来选择材料和工艺。目的是构成整体形象强大的视觉冲击力，好似一种集团军的感觉，提升产品的市场竞争力和占有量，以此来树立信誉、强化品牌形象。特别是现代大超市、大卖场中，由于展示空间较大，更需研究包装的市场时态和展陈，以创造更加鲜明深刻的印象来吸引消费者。

（二）突破酒器包装同质化

酒器包装早期出现只是一个概念和雏形，不完全具有真正意义上的酒器包装功能属性。原因主要是早期自然经济不成熟，物质交换完全是随意方式。而后期的商品经济不过多考虑商品包装，不管有用的还是没用的，都推向社会，让市场自由去选择商品。计划经济则是按计划来指定产品生产，脱离市场规律，缺失商品意识以及对包装功能的理解，忽视了包装的附加价值。大量的产品还未转化成商品时，已经按计划进行了分配，有无包装无关紧要，而多数被消费的不是商品而是产品，更无从文化到精神的价值可言。酒的售卖方式也主要以散装白酒为主，购买者自己带上包装容器，或瓶、碗、壶、水杯等各种器具，只有少量的瓶装酒需要设计，产品与包装是分离的两种东西。

在现代包装的早期阶段，销售包装忽视了自身属性的作用，加之市场不够成熟，商品意识薄弱，因此无法看到包装所带有的市场功能，商品的所有信息都处于屏蔽状态。在那个时期物质匮乏，市场主要关注人们的基本生活需求，而不是产品信息和审美需求，更无法强调质量和精神之间的双向作用。也不需要市场竞争，即使存在一些销售包装设计，同质化问题也很严重。千人一面而产生无趣，事实形成无区别和个性差异，导致视觉疲劳而厌倦，对审美也产生极大的负面影响。

由于上述原因，从酒瓶的造型到瓶标的设计，销售包装的结构、色彩和制造工艺基本上都与其他同类产品相似。酒容器大多采用共用的瓶型，以降低生产成本，方便批量生产。由于制造设备的落后，从设计到材料选择，从工艺路径到印刷效果都力求从简。这是因为当时还没有建立起市场经济体制，商品销售没有竞争的概念，不存在自由选择商品一说，统一的购买和销售是当时的规则。

另外当时大众普遍收入低，消费能力也较差。无法承担包装的附加成本，一切都是廉价为佳。标贴是唯一的差异识别元素，也是相关信息的告知，通常采用几个大色块加上产品称谓，再添加一些传统纹样进行装潢装饰。容器主要使用普通玻璃、土陶和普通瓷器，造型多以圆柱斜肩为主，这种造型有利于玻璃工艺和瓶体的承受压力，适合大批量生产，成本较低，收成率高。还可用一种瓶型满足多种用途，除去装酒外，酱油、香醋、麻油等都方便使用，瓶盖也统一使用金属压盖。纸质包装主要以灰底白纸板和铜版纸为主，还有大量的再生纸，表面涂有漂白的纸浆制成的纸张。由于纸的密度低、克数轻、强度弱，一旦受潮，包装就会变软，甚至变形和褪色。另外，一些低密度瓦楞纸被用于运输包装，其中大部分用于小体积包装。因此包装上基本的保护功能不完善，更谈不上审美的表达，普遍认为包装美感是无关痛痒的形式。其实这种观念及视觉效果反映了当时生产力低下，人们对精神层面满足的缺失，说明当时消费市场的实际状态。简而言之，包装从结构到材料、从制造生产到市场消费的单一性和低效性，根本问题在于缺乏市场经济意识，缺乏对商品的认识及竞争概念。所有相关酒企和消费者也都缺乏主动性要求，仅局限于物质的简单满足，在精神上的渴望无法得到实现，审美只能成为浮云而不被重视。这就给消费市场带来千篇一律的感受，同质化严重就是当时的包装设计现象。

　　现代商品市场中，酒器包装在观念更新的基础上开始发展，这是在全民无意识状态下启动的，市场经济的确立解放了生产力，逐渐唤醒了潜藏的各种需求。20 世纪 90 年代初，伴随着社会生产力的不断提高，各种商品逐渐发展和丰富，品牌意识也得到了大众的理解。包装与文化的内在逻辑关系被广泛共识。追求差异、强化个性变为品牌塑造的关注焦点，甚至超越容器与包装定义上的局限，延伸至酒企的管理、酒的风格以及对外形象宣传等方面。这些变化还得益于科学技术的突飞猛进，新技术与新材料的开发和利用，国家相关政策的大力扶持。特别是中国的对外开放，受到外来商品包装形式和品质的冲击影响，市场竞争压力直接传导给企业营销策略和品牌形象推广，包装被视为品牌建立和竞争的有力武器，必然引起全社会和企业的高度关注。随着认识和重视程度的提高，加之市场经济的不断发展和成熟，各种新的设计理念、技术和新材料的涌现，市场竞争也变得激烈。针对不同定位的品牌，酒器包装不断创新与迭代，俨然成为品质形象的重要代表，以美誉度和个性化构建起品牌展示的主要特点。现如今没有设计的酒器包装几乎无法进入市场流通。包装设计也从满足基本功能，转化为商品个性化、心理性、交互性、审美性需求并进的发展态势，继而开启了现代酒品牌文化设计的历史新篇章。

四、酒器包装的构成要素及审美特征

(一)容器及形态

"容"有容纳和盛物之意,指容纳的空间和器物能容纳的量。《汉书·律历志上》:"本起于黄钟之龠,用度数审其容。"[1]同时又外延多义内涵,"有容乃大"则指气度与胸怀。《文子·自然》"天道嘿嘿,无容无则"[2],《淮南子·说山训》:"泰山之容,巍巍然高,去之千里,不见埵堁,远之故也。"[3]说的是事物的外观或状态,包含其形式的装饰,也有欢悦之意。可见"容器"在历史岁月中被赋予的含义甚广,常被用于不同场合,外延更多意义。

在中国古代"道器"之说为中国哲学中的一对基本范畴,显然与容器无直接关系。但其宏大的内涵似乎也可以来分别解释何谓"容"与"器"。最为大家所熟知的是"道器"之间常常会相互转换。"形而上者谓之'道',形而下者谓之'器'"[4],这是从宏大宇宙观角度来阐释世间万物的发展规律。"道"超越一切存在,是一切事物的本源且无形。"器"是存在的形式,是"道"的载体、实现技术与工具,而"器术合一"是构建"道"的一种媒介和方式,两者相互融合互动,在现实中又无法割舍。"容"则是事物所呈现的景象,象征盛载、容纳之气度。

"道"决定一切行为的根本思想逻辑,"术"决定做事的行为逻辑,"器"则用具体形式和物来呈现前两者,而"容"还把前述的内涵做了形象化的界定。器以载道,《易·系辞》中提到"形乃谓之器",借助造型方式以形塑器,直白地讲就是具体做事的方式与方法,用技术与工具把概念转化为现实中的物。古人又说:"道非器不形,器非道不立"。[5]一个小小的酒器绵延数千年,没有道理的话是不可见证无数历史风云与社会变迁的,它承载无数欢悦与悲伤,又演绎多少岁月静好的时光,彰显出中国人对酒的喜好和深入骨髓的酒文化 DNA。酒器于诞生之初并非实用物,属"礼器",具有强烈的象征意义。可见中国人历代造物很讲究意与形的存在理

1 (汉)班固,(唐)颜师古注. 汉书 [M]. 北京:中华书局,1962:967.
2 王利器. 文子疏义 [M]. 北京:中华书局,2009:361.
3 (汉)刘安编. 淮南子集释 [M]. 何宁,校注. 北京:中华书局,1996:1111.
4 (清)阮元校刻. 十三经注疏 [M]. 北京:中华书局,2009:16.
5 (明)章懋. 章懋集 [M]. 朱光明,点校. 杭州:浙江古籍出版社,2020:97-98.

由，不经意的酒器可容纳大千世界与人间悲喜，其大道理念对小容器的塑造也有深刻的影响。

这里所讲"容器"是一种有存储功能的器皿，指用以容纳物料并以壳体为主的基本装置，其精神内涵仍然具有前述特点。通俗地讲就是制造有空心可以装任何物体的东西，方便储存和搬运，它是标志人类进步的重要工具行为。把多余的生存食物储存起来调节温饱，平衡"有与无"的状况，由此减少人们对食物的过度关注，腾出时间来思考如何获得更多的食物，制造出狩猎工具，这种造物行为有别于动物的本能，演化成有思考的行为方式，它是物质的"容器"。还有另一种存储思想形态的"容器"就是人类的大脑，也可以是文字或书写，是口头传颂，长时间人类不断沉淀的感受与经验被储存，即便储存的是"物"也包含有思想的意味，继而变成影响他人的思想与观念，指导其行为方式。所以"容器"具有两重属性——有形与无形。这里论述的是前一种，第二种不在此赘述。

酒器可以有各种形状，如圆形、方形、椭圆形、矩形等，其外观形状是最直观的形态特征。形状的选择可以与酒的品牌定位和产品特性相匹配，以突出其独特性和个性化。形状的设计可以通过曲线、棱角、比例等元素来传达酒的品质、风格和文化内涵。

容器功能性是指设计的任何容器形态首先需要具备实际用途，前提是以人的需要出发并符合人机工程学原理而展开形态塑造。对形态与功能的认识早在战国时期就产生了，韩非子就指出"玉卮无当，不如瓦器"[1]，说明再贵重的盛酒玉器，如果没有底连水都不能装，其价值还不如普通的瓦器，可见先祖们早就意识到实用功能在容器造型中的绝对地位，也是决定容器形态的主要因素。由于受功能主义设计哲学观点的影响，包豪斯时期"功能决定形式"的观念为现代设计发展奠定了基础。其时主张设计适应现代大工业生产的需要，从功能、技术、经济三个方面综合考虑，容器设计也顺应这一潮流而改变。

随着社会的发展、科技的进步和物质的丰富，功能性不再仅指使用功能，而是涵盖了使用功能、文化和审美等多个方面的复合功能。容器的形态设计不仅具有美学意义上的形态，还创造了一种设计者与使用者相互认同的结构和机能关系，让使用者在情感上与形态表达产生共鸣。

形态是事物内在本质的外部表现形式，通俗的说法就是用材料或制作

1　（清）王先慎. 韩非子集解 [M]. 钟哲，点校. 北京：中华书局，1998：321.

过程来构建的样貌。它包含了事物的外部物质形状和使人们产生心理感受的情感形式两方面，事物的内在本质决定形态外部变化和发展方向。《说文解字》中提到，"形，象也。态，意也"[1]。形态一般指形象、形式、形状，简单地说，形是能被人所感受到的物体轮廓和样式。通常意义上我们说的"形"是数学几何学的点、直线形、曲线形、三角形、方形、圆形、椭圆形、矩形等。而这些形只是视觉经验判断的形，在其中还隐含着接受者生理和心理的影响。而"态"在《楚辞·大招》则解释为"淖，犹多也，态，姿也"[2]。"态"是物体所蕴含的神态，故谓之"物中之无既物所不见之无"，恰好是视觉不见，而需心悟，这便是物的灵魂所在，它关联到事物的周边。塑型也便是寻找"物灵"和发现周边的过程，是经验视觉记忆的存储与新视觉形象的重叠，并且相互交替，以致形成新的视觉感受，这种物的精神内核便是"态"的含义。魏晋时期孕育出的"以形写神，气韵生动"[3]就是强调创造者要将自己的内在精神气质、格调风度表现于形与色之中。

由此可见，形态是内外相互作用而构成的"形"。单一的形是虚的概念，当有内涵和情感与感知结合的形才成为一种实的形，其外延意义就大于"形"，两者是相辅相成的关系。本雅明认为，占有关系可以说是一个人与占有物品的亲密关系，并不是它活在它们的内部，而是他去活在它们的内部。[4]是人将情感赋予物之中，继而活在自己占有物的内部，物本身未改变。经年累月的时光依附在物之上，又承载无数的故事，使人见物而观心，寻找特殊时代的生活经历，回溯曾经的自己，确立张扬自我的历程。

形态的被感知，首先是通过视觉的直观性引发人们的直觉领悟，并引起系列心理反应，使人产生视觉或触觉的心理感受，如空间、立体、运动、生命和知觉的感受。同时，也使人产生愉悦、愤怒、痛苦、活泼等情绪反应，还能让人产生富贵、崇高、美好及荣誉等情感性的感受。形态作为设计的表达形式之一，成为传达思想情感、传递信息，满足功能需求的

---

1 （汉）许慎. 说文解字 [M]. 北京：中华书局，2013：184，220.

2 （汉）王逸章句，（宋）洪兴祖. 楚辞章句补注 [M]. 夏剑钦，吴广平，校点. 长沙：岳麓书社，2013：220.

3 东晋顾恺之提出"以形写神"，世人将这一理论用于绘画。至宋代，时人把写人之神，扩大到写物之神，使"传神"论发展到绘画的各方面。

4 ［德］瓦尔特·本雅明. 机械复制时代的艺术作品 [M]. 王才勇，译. 北京：中国城市出版社，2001：8.

重要媒介。这些感性的认知形式都指向人的心理活动，把人与物交互中的复杂内容又传递给形态去实现，所以创意与造物就合二为一。

"造物"与"创物"两者存在着明显的差异，前者可以是按照现有样式进行制造，而后者则是从无到有的创造。《考工记》中有论述，"知者创物，巧者述之；守之世，谓之工。百工之事，皆圣之作也"，充分肯定了人的创造力。同时还说到"审曲面执，以饬五材，以辩民器，谓之百工"[1]。审视所造物的曲直以及阴阳向背之势，充分考虑各种材料特性，制造适合民众所需物品。并总结出设计原则："天有时，地有气，材有美，工有巧。合此四者，然后可以为良。"世间一切造物活动都具有思辨的过程，不断地推陈出新，甚至完全颠覆。

巧思与实操都得借助外形来实现，外形一词相对容易被理解，而内敛则需要多做一点阐释。对于人而言，内敛是向内收住，是将一种将精神核质牢牢地控制住，显得平静、深沉，耐人寻味的从容，是一种长时期修为的结果。而物的形态内敛则是一种象征，其实是以物的精神状态反映出来的感觉，人与物往往有无言的对话与互动，此点是造物之要义。人赋予物以内涵，而物又反作用于人，外形与材质就是其转换的具体语言。

中国传统文化中倡导"神宜内敛"[2]，即外形动作规范正确，做到形、劲、意、神高度的协调平衡。在太极拳法中有"鼓荡"之说，"内盈而不外溢"，也就是内气充盈，运气和畅。说到酒容器的外形则需阳刚、饱满，意喻男性之力量，这也吻合了酒的本质属性，把最烈的特质溶于水中，看似无奇平常，内里却盈满魔幻的力量，伺机而燃烧释放。用来表现此物的形神也须是大道至简，简约而又不简单，让人读到一种无法言说的气质，如此才应和了以形写神而达到"传神"之目的。内敛是一种自然流露的才华和气质，一种功到自然成的高度。显然，形式与内涵是相一致的，这就是由内而外的呈现方式。外形是事物外在的物理形状，如方形、圆形、三角形等。而此外型不同于彼外形，它包含有内敛因素传递出的信息，是外形和内敛的统一体。

外形可分为自然形和人造型，前者显然是天地造化的杰作，后者是人类借助工具和技术手段根据需要而创造的一种形态。自然形态是自然和谐的秩序及科学原理所构建，在与人的生活联系中不断被人格化，具有了

1　（清）阮元校刻. 十三经注疏 [M]. 北京：中华书局，2009：1958，1957.

2　（明）张三丰. 太极拳论 [M]. 刘会峙. 武当张三丰三合一太极拳. 西安：陕西科学技术出版社，2010：139.

人的意义。"人"之所以为"人"，是因为人既理性又感性交织地思考问题，崇尚科学依据和逻辑关系。因此，人造物的形态大多遵循这一规律而展开，很多时候是向自然学习的仿生活动。一粒石子投入水中，会产生均匀向外扩散的涟漪，这是波的传播方式，也是物理现象的外在演示。在设计上就可利用这一形式来表达视觉中心，关注视觉动力源。另一个自然现象是雨滴落下：在空气阻力抗拒下，雨滴形状是头大尾小向下，形成空气动力学的流体形态。这些自然形态又不断被演绎成为人造物的形式，其目的明确，烙印上人的主体性特征，而主体性又反映出人的需要、目的、意向等特点，最终通过主体性活动聚合在设计的产品中，转化为一种静态的物质形式。由此可以说世间任何物质都具有形态，大到宇宙，小到细胞。《辞海》中这样注释"形"的定义："形状、形体、样子、势、表现、对照，可以是长、宽、高的具体概念。"而所有外形都依附于构造，即物体的各组成部分及相互关系。了解内部构造以及形态创造的物质技术基础是设计赋形的前提，只有解读清楚了结构的科学合理，才能保持形态赋予的完整性。正如大自然中的所有生物构造一样，是出于内部结构的需要而生长出不同类型的外部特征。

因此我们说酒器设计是"容器造型"，内在的气质通过外形塑造而充分演绎出来。容器的气质注入就是设计者给形态赋予一种视觉感观。我国美学家邓以蛰先生在诠释"术源于器用"时以"体—形—意""生动—神—意韵"来诠释"造作物质以适应器用，而器用又适应以成形体，故艺术为人类美学之表现，同时美感亦因造作而显。"[1]无论是器之体，还是在体上的装饰，构成形意交融后的意蕴，其中蕴涵着设计的脉象和灵魂，无疑这也需要设计者个人禀赋及设计素养的沉淀与流露。

不同需求的容器所表现出来的"形"会有所差异，给人的视觉感受不尽相同。中国酒历来都追求和谐、幽雅、柔和、细腻的审美品格，无疑容器的形也需予人以相同感受。说到感受，人们普遍认为是一种自我感觉，是飘忽不定的东西，很难具体描述，也会因人而异。面对纷繁复杂的大千世界会有各种各样的感觉，这是人类活动表现最为明显的特征之一，但绝不代表应对其全盘接受。设计就是不断激活并延续这种感觉活动的行为过程，借助对生活的感受进而去追寻和创造一种更好和有意义的感觉，把大

---

1 邓以蛰. 画理探微 [A]. 李健，周计武编. 艺术理论基本文献：中国近现代卷，北京：生活·读书·新知三联书店，2014：258.

众普遍能够感受到的感觉信息进行加工，并将此感觉付诸容器形态之上，当然把这种抽象的感觉实施于具体的外形需要有较强转换力，因为感觉是设计者长期对各种关联知识的积累，理性分析普通人群的行为方式，感悟各种心理反应，最终积聚和培养出敏锐的表现能力。只有具备了这种感觉能力的人，在设计过程中才会自然流露出"设计感"，使形态与接受者在心理上实现一致，从而产生对话和互动。

设计艺术与人们的日常生活和生产活动密切相关，它不同于纯精神领域的艺术（如绘画、音乐），它与人的生存物质环境紧密相连，时间渐长便产生出生活美学的文化。被视为一种专业学科，就好比科学技术产生出智能文化，政治与经济相关联又产生出制度文化，宗教、艺术、哲学又形成观念文化。因此，设计的形式不再被称为艺术形象，而被称为"造型设计"，既有主观性又具客观性，尤以客观限制主观为多。

创造性是器物形态存在的基本，其中还包含着美学的意义，因为只有"美"才具有"造型"。创新是把已知的经验和新知识梳理整合，以新的视野审视构想，结合技术的潜在可能和可实现、可实施的具体步骤来完成设计，结果必须是人性化的。无论什么样的"形"都需兼顾创新与实现两种要素。显然设计的本质和内涵就是创新，特别是在当今社会高速发展与变革的时代背景下，设计和创新的精神尤为重要。而创新与设计又离不开技术手段与发现之眼，为了更进一步说明此理，我们引入一个技术进步所带入的美学概念"技术美学"，即容器表面的质感与形态相互作用形成的审美感受。如平滑形体意味着没有否定性的优化状态，这里所指的平滑包含有技术仿真，它使人感受不到疼痛和阻力，几乎无一例外存于被认知为美的物体上。反之棱角或粗糙物会使皮肤产生痛感，引起不愉悦而降低美感。即使是具有"强壮""力量""饱满"等特质，也会由否定性而削弱审美性。能够唤醒爱和满足的美物体，不应该有任何阻抗。一个表面光滑的器物会让消费者产生想去触摸的感受，消除了距离感。正如罗兰·巴特《日常神话》所讲："平滑始终是完美的特征，因为与之对立的是技术和人为加工的痕迹……奇妙地传达出了完美感和轻盈感"。[1] 他认为触觉"与视觉不同，是最能消除神秘感的感官"。视觉保持了距离感，而触觉消除了距离感，神秘性就无从产生。一旦揭开了神秘面纱，一切都变得能够被欣赏和消费，触觉所触及的一切都被世俗化。但它与视觉不同，触觉无法让人

1 [德]韩炳哲. 美的救赎 [M]. 关玉红，译. 北京：中信出版集团，2019：5-6.

惊叹，所以，光滑的触摸也是去神秘化和彻底用于消费的东西，它给人带来心仪的一切。平滑有完全不同的意向性，温顺地迎合观者，诱使他们点赞，讨人喜欢。[1]

常用酒器几乎都以平滑质感而面世，就是为了在无言中讨得一份青睐。酒本无形，借容器而得形，容器是酒的化身，所表现出的生命情感是文字语言无法述说的。因为形态是一种动态形象思维，采用抽象的文字语言就显得力不从心。遇上形象思维对象就该用形象设计语言来对应。因为形态被视作情感符号，而情感有一种演变规律，易产生起伏、快慢、聚散、方向等可被感知的形式，利用和调动这一形态形式，或者说"形式语言"就可以将无形变为有形，把纯粹思考的抽象转换成可视及可触摸的实体造型而充满着情感的内涵。

这里还需提到实用和概念之区别，概念设计是器物形态区别其他形态的关键特征，纯粹的形态存在不需要理由，可以是海阔天空的遐想，而形态一旦与实际器物结合就必须有合理存在的理由，前提是让人来使用，这就要尊重客观规律的决定。例如，树叶是圆形或曲线，水的涟漪是螺旋状。器物形态由于功能需要，不能缺少形成的缘由，需要诠释形态与内容物的特征及内涵，因此，一个有意义的创新概念与合理的逻辑是其必须具有的。

（二）容器的"虚""实"

容器的"虚实"是指容器的内部空间和外部形态之间的关系。容器的初始源于人类早期无意识的行为方式，"掬水而饮"就是容器的雏形，双手合在一起就形成一个围合空间，即古人用于饮水的方式。而动物则用嘴去嗑水，其根本差异在于人知道利用工具服务自己。人类祖先为了生存和繁衍需要，必然向大自然索取食物，利用自然材料打造容器工具，如借用贝壳、树叶、葫芦、竹筒等来满足储物需要。随着社会及生产力的发展，生产资料逐渐增多，继后又出现了陶瓷、青铜器、瓷器、漆器等容器形式。据此可以充分说明容器的发展和进步是人类文明进步的佐证，也是人与物之间密不可分的内在逻辑关系的证明。

随着社会环境与生活方式的变化，容器形态在创制过程中，必然受到自然材料获取方法的限制，同时受造物者的生活环境及条件影响，也在容

1　韩炳哲. 美的救赎 [M]. 关玉红，译. 北京：中信出版集团，2019：9.

器形态中流露出个人情绪和喜好，甚至刻意打造出个人色彩的固有样式，烙印上自己的造物印记。在大量历史文物的发掘物中明显会看见由于时代不同，容器形态也具有不同的表情，各区域分别呈现出不同的样式，由此可见生活习俗造就了容器形态的差异，继而影响人们使用此类容器时心理上的不同反应。这一显著的特征为后来造物者提供了一种参照与范式，不同时代、不同地域、不同生活习俗，甚至不同造物者性格禀赋都会直接改变"物"的精神气质。正是基于此，现代设计中刻意强调设计定位，有对应目标地去展开设计活动。研究容器形态的时代表情，从中可以看到社会变革与材料发展所带来的意义，时代给设计者涂抹了一层底色，有意无意都流露出那个特定时期的痕迹。如当下将容器的内部"空间"演绎为文化意义上的"实物"，让接受者感受到形态内外的功能和意义，既有使用价值又获得一种精神满足。容器形态是传达内有物的信息载体，一个装酒的容器与另一个装药的容器放置在一起，人们几乎都会明确地判断出各自不同的用途。显然这是所盛物质显现的属性外化，也是造型设计必须首先考虑的问题。属性是人们长期视觉积累的经验判断所致。身处同一地域的人会在选择上有趋同性。通过外在的形象及材质唤起接受者心理上的认同，可看成是同一文化影响下的结果。通过造型来外化出内容的特质，不是具体的块面或线形，而是体量的大小和曲直间流露出的"灵"，可以看成是有生命的一种"物"，其设计语言很难以准确的方式到位，"虚"便自然凸显出来。因此充分理解接收者心理感知的变化，借助设计者经验判断，或许可实现"形"与无法言说的意味的有效结合。

容器造型必须明确它的有用性，就是内部空间的"虚"，无用之用的"实"。形体的实是建立"虚"的基本要件。但形态首先要尊重接受者的便利和有效，同时还要方便制造，形式与结构需有助于功能的发挥。如酒瓶是用来分装和计量酒液的容器，有储存液体的空间，有坚实的容器壁，利于相互受力和集成组合。同时方便清洗和灌装，易于封口与贴标，掌控手握倾倒酒液量的尺度，形态就是对实现功能起到补充和完善的积极作用。形态不能孤立存在，它与结构、环境、材料、制造、使用流程等要素密切相关。容器为三维立体造型制造视觉效果，使人对内容物的体积与重量产生印象，使其具有充实和饱满感。"形体"又分为几何体和组合体，几何体主要是人们印象中的圆柱体、立方体、球体、长方体、圆锥体、方锥体、梯形体等。而组合体分单体和多组合体，组合体是用多种结构形式，将单体进行重合、挪移、堆积、分割等重构形成。当物体被施以色彩和不同材质后，会形成丰富的表情，或温润、柔美、阳刚，或饱满、纤细。酒容器除却形态的情绪外，内有空间是三维造型中重要内容，它先于形体存在，关系到酒容器的有用性，即目的性。空间有内空间和外空间之分，外空间呈现出具体的视觉形象效果，而内空间是容器装东西的有用空间，理解和运用空间是造型设计的重要手段。就如同建房首先考虑的是"空"的价值，而不是"实"的形式，室内的空间是可用的，它是建筑最终的目的，具有根本性和必要性。而墙体只是支撑空间的手段，门窗则是采光及人出入的方式。

（三）酒容器材料：玻璃

在日常生活中，玻璃已成为不可或缺的一种物质，所使用的生活器皿中玻璃充当着重要的角色。玻璃具有高度的透明性及抗腐蚀性，与大多数化学品接触都不会发生材料性质的变化，制造工艺简便、造型自由多变、硬度强、透明、耐热、洁净、易清理，具有重复使用的特点。缺点是比重大，运输成本高，不耐冲击，易碎。合理的设计可以提升玻璃耐冲击的能力，并可实现价廉物美的效果。

玻璃最初是由火山喷出的酸性岩凝固而得，公元前 3700 年，古埃及人已制造出玻璃装饰品和简单玻璃器皿，都是有色玻璃，是一种较为透明的固体物质，硬化而不结晶的硅酸盐类非金属材料。公元前 1000 年，中国制造出无色玻璃。到了公元 12 世纪，出现了商品玻璃，并开始成为工业材料，随着玻璃生产工业化的进程，各种用途和各种性能的玻璃相继问世，如今玻璃已成为现实生活中，工业生产和科学技术领域的重要材料。

玻璃的制造工艺包括配料、溶制、成型、退火等环节。玻璃的主要原料有石英砂、长石、纯碱、硼酸等。玻璃是短程有序的非晶体，没有晶界，根据不同的需要进行配方，将各种原料按一定比例进行混料，然后放进料炉中熔化，形成均匀无气泡的玻璃溶液，其过程是一个复杂的物理和化学反应。溶制温度一般都在 1300℃ ~ 1600℃，大多以火焰加热。

1. 成型

成型是将熔化之后的玻璃料液转变成固定形状的过程，然后冷却处理，成型必须在一定温度范围内才能进行。首先由黏性液态转变为可塑态，再转变成脆性固态，其过程又分为人工成型和机械成型两种。

（1）人工成型：有吹制、拉制、压制及自由成型几种成型方式。

吹制，即用一根镍铬合金吹管，挑一团玻璃溶液在模具中一边转动一边用嘴吹气，使吹管中的空气在溶液中形成空间，让流动的溶液贴附模具造型，逐渐冷却成为有形有空间的容器。此类工艺方式目前还大量使用在异形类酒瓶和装饰艺术瓶上，如花瓶、冷水具等。

拉制，是将玻璃溶液吹成小泡之后，一人夹住另一端，另一人边拉边吹制成管状容器。

压制，取一团玻璃溶液放入凹模中，然后再用凸模压下，使溶液在磨具中冷却成模具所需形状。

自由成型，在挑玻璃溶液后用钳子、剪刀、镊子等工具进行创意加工，制作成有艺术感的作品，但无法标准一致。

（2）机械成型：主要采用大型玻璃窑炉熔化玻璃料液，运用全机械化方式进行玻璃容器的大批量生产。成型度精准、成功率高、成本低，比较适合造型简易，瓶型以曲线为主，表面起伏浅的装饰容器，是目前绝大多数酒容器所选用的方式。

退火，在玻璃成型后为了消除玻璃中永久应力和结构不平衡性，专门建立的封闭式传输带退火炉，内部加温接近玻璃成型后的温度，然后容器在炉内逐渐降温，缩小玻璃表层与内层在降温过程中产生温差。反之当表层温差冷却到室温，内层继续降温收缩，受到表层阻碍产生张力，也使表层产生压应力会永久存在。容器各部位由于热过程引起的永久应力不均衡分布，大小有别，因此会影响容器的强度，甚至会因应力收缩不均导致爆裂。退火就是消除内部张力和防止新应力产生，缓慢冷却到自然温度，这样就可避免内外温差所带来的不均衡应力，退火时温度是一个渐变过程。

还有一种相反的退火方式，是通过热处理在玻璃表面造成压应力，提高玻璃的强度，在玻璃加热到接近软化时，立即采用空气或油等冷却介质进行骤冷，使玻璃表面产生均匀的永久压应力，破坏玻璃内部的张力，提高玻璃强度4~5倍，即钢化玻璃。

玻璃抛光处理。玻璃容器在成型过程中由于有模具合缝线以及磨具精度受限，时常会在表面留下一些瑕疵和弧线（凸线），破坏容器表面的美观和手感。因此一般情况下，都需要通过后加工方式进行研磨和抛光，使表面光洁透明。现代高端酒容器在进行表面装饰处理时，大多需要这一种工艺过程，由于多为人工方式，成本也相对较高。

2. 玻璃容器表面装饰方式

（1）表面涂膜工艺方式：利用化学反应将硝酸银还原成银层附着在玻璃表面，如日常生活中所使用的镜子。也可以使用同种方法真空镀铝、锡、铬等金属材料于玻璃表面，增强玻璃的品质感，改变玻璃的使用范围，产生反射光，具有导电等功能，还可以用氧化物趁热喷涂在玻璃表面形成幻彩视觉效果。

在玻璃表面喷涂一层涂料，经过一定温度的烘烤，涂层便会固着于玻璃表面，色彩可以根据设计需要进行调配。

（2）喷釉（仿陶）：是将具有易溶特点的玻璃釉料，通过喷涂或手绘、转移印刷、贴花纸等手段附于玻璃表面，采用低于玻璃软化的温度，使釉料融化并与玻璃表面产生相触熔效果，牢固地形成一体。材料分为水性和油性两种，可调制各种色彩，分哑光和亮光。还有一种透明釉料，透明中见色彩，也可实现色彩渐变，呈现各种肌理效果，这类工艺技术较多使用于现代酒类容器。

（3）化学蚀刻：用氢氟酸融掉玻璃表面的硅氧，根据残留盐类的不同溶解度，清洗掉多余的，便可获得有光泽的或磨砂的玻璃效果。也可以用图案蒙沙、丝印图案蒙沙等手段。

（4）彩色玻璃套色刻花：将不同炉料玻璃溶液调成不同色彩，先用透明玻璃制作成所需容器造型，在一定温度下，给外表面再套上一层彩色玻璃料，使之相互熔为一体，待冷却后可根据设计需要进行手工磨砂刻制各种图案、文字等修饰。被切削和磨掉的部分会呈现出透明色玻璃的晶莹剔透感，留下的彩色部分则显示出套色半透明的奇幻效果。常用于高端酒器定制和纪念版酒容器，由于需要大量人工手刻工艺，而具有高水平的技工已很少，此工艺瓶现在不太多见。

（5）激光雕刻：是一种利用激光技术对玻璃表面进行精确刻划的工艺。通过计算机控制激光束的强度和位置，可以在玻璃表面创建各种图案和文字。激光雕刻可以产生磨砂效果或深浅不一的不透明效果，使玻璃容器呈现出独特的艺术效果，最终形成所设计的各种图案，然而，在酒容器上，激光雕刻的使用相对较少。这可能是因为激光雕刻对于玻璃的加工较为复杂，需要高精度的设备和专业技术，成本相对较高。此外，酒容器通常更注重透明度和光洁度，而激光雕刻会在玻璃表面形成一定的纹理和不透明区域，可能会影响到酒的外观和观赏性。

（四）酒容器材料：陶瓷

陶瓷是陶器和瓷器的总称，是一种以陶土或瓷土为主要原料制成的制品。陶瓷材料的成分主要是氧化硅、氧化铝、氧化钾、氧化钠、氧化钙、氧化镁、氧化铁、氧化钛等多种元素。常见的陶瓷原料有黏土、石英、钾钠长石等，是自然界的硅酸盐矿物，陶瓷是多晶，也即晶体。

中国是陶瓷的发源地，早在公元前 8000 年前（新石器时期）就发明了陶器。用瓷土做原料，经高温烧成精美的硬陶。到商代时又发明了玻璃质釉，从而产生了青釉器皿，被称为"原始瓷器"。随着烧制技术和原料不断改善，瓷器经历了从青到白，又从白到彩瓷的发展，隋唐瓷釉彩和装饰的出现，呈现出瓷器繁荣发展的景象。宋、元、明、清时期制瓷技术又出现了许多创新和进步。

陶瓷是按所用原料及坯体的致密程度来进行分类，从粗陶、细陶、炻器、半瓷器到瓷器。原料是从粗到精，坯体是从粗松多空逐步到达致密，烧结烧成温度也是逐渐从低到高。

粗陶一般用易熔黏土制造，烧成的温度变化很大，烧成后的颜色，决定黏土中着色氧化物的含量和烧成气氛。

精陶按坯体组成不同，分为黏土质、石灰质、长石质、熟料质四种。黏土质所做陶器较普通，石灰质以石灰石为溶剂，不及长石质所制精陶质量，而长石质是精陶制造中最完美和最广泛使用的一种。熟料是为了减少烧制中的窑变收缩，是避免废品增加而采用的一种手段。

炻器在我国又被称为"石胎瓷"，坯胎致密，完全烧结，接近瓷器。但还没有完全玻化，仍有 20% 以下的吸水率，对原料纯度没有瓷器要求严格。

半瓷器的坯料接近瓷器要求，烧后仍有 3%~5% 的吸水率，所以性能不及瓷器。

瓷器是陶器发展的更高阶段，特征是完全烧结，完全玻化和良好的结晶状。致密对液体、气体无渗透性，胎薄半透明状，硬质瓷是陶瓷器中性能最优良的一种。

陶瓷家族中还有一种软质瓷，它的溶剂较多，烧制温度较低，硬度不及硬质瓷，热稳定也较低，但透明度高，富于装饰，多用于艺术造型与陈设品制造。由于坯体塑造性及干燥强度很差，烧制过程易变形，生产成本较高。

　　选用不同的黏土，施以不同的火温，便可获得陶与瓷的器物，其工艺是一个完整又复杂的流程，制作者介入其中既忐忑而又快乐，内心充满着希望和祈祷，甚至默默祈祷上天可使作品更完美。因为窑烧过程中有很多无法人为控制的变数，甚至会出现意想不到的窑变，可能时而有惊喜，时而也有毁于一旦之无奈。

　　陶瓷制作涉及许多步骤，每一道工序都与最终的效果有关。一般的陶瓷制作程序包括选材—研磨—压滤—配料—粗制棒料—熟化后制成棒料—制坯（拉坯）注浆—加热干燥—修坯—划花（刻花、剔花等装饰工艺）挖足—素烧—施釉—装烧—控制火候—出窑—贴花纸（描金）—再次入窑低温定色—出窑完成。由于陶瓷酒容器的密封性不是很好，时间一长会漏掉酒气，丧失酒的风味及香气。特别是瓶口的密封是关键，曾经长时间困扰陶瓷酒容器的生产。现代陶瓷酒容器采用的是瓶口粘接方式，将泥料干粉进行瓶口高压模制成型，然后再用泥浆粘接到瓶身上，使得坯胎进窑烧制过程中减少瓶口窑变，控制批量生产瓶口的标准，使封口盖弥合程度更精准。

　　陶瓷的制作是人类对自然资源最好利用的典型案例，是对土与火的有效控制而进行的创造，它见证了人类文明的每一个阶段。

　　陶瓷酒容器的主要装饰方式有如下几种。

　　（1）贴花：将预先印制好的各种图案或文字的塑膜浸入清水中，然后取出贴于烧好的陶瓷表面，抚平待入窑烧制。

　　（2）彩绘：可在预烧之后的胎体表面绘制花鸟、植物等图案，颜色为彩色釉料，此法非常考究绘者之技巧是否娴熟。

　　（3）模印：采用雕刻有纹样图形的模具在未烧制的胎体上压出整体图案，掌握泥胎湿度非常重要。

　　（4）刻花：采用尖锐利器在未烧制的胎体表面刻画出纹样图案，考验着雕刻者的艺术技巧及实践经验，可错后无法弥补和修正。

　　（5）浮雕：在预烧制后的胎体表面施以浮雕纹样或图案，使容器表面产生凸起的花纹图案，增加立体感。

　　（6）素烧：采用泥胎体直接烧制，不施以釉色，完全保持原有的色彩，古朴、素雅。但有一缺陷是不宜长时间存储酒液，质地中有微小的空隙，易渗漏。

（五）酒容器材料：不锈钢

不锈钢是一种耐酸、碱、盐等化学侵蚀性介质的钢材，常被用作酒的储存容器。不锈钢具有良好的加工性能，可以制作成大容量的容器，但形状变化受材料加工和焊接的影响，不适合制作复杂多样的形状。由于不锈钢材料具有良好的密封性和高耐压性，也可以制作成小型的酒瓶容器，便于携带。然而，由于酒液具有渗透性和分解性，长期存储在不锈钢容器中并不理想。此外，不锈钢中含有铬等重金属，对人体有害，因此高度白酒不适宜长期使用不锈钢容器储存。

（六）销售包装

销售包装是酒类生产企业重要的产品销售媒介，它是产品进入市场的代言者，是使产品转换为商品的重要一环，是企业面对市场的第一形象。特别是在自助式购买环境下，它变为无声的推销员，以新颖的艺术创意效果和强烈的视觉冲击力吸引消费人群，不断传播和塑造产品品牌的文化性和影响力。由于角色的特殊，销售包装备受企业和社会大众的广泛关注。

销售包装中各种材料的相互联结和作用被看成是结构，在一张平面纸上通过巧妙的设计将平面转化为立体，实现保护容器的目的。设计时先考虑的是稳定与坚固，如何成型与减震，压平集成以方便运输。大结构与小结构之间配合并具有层次性、有序性和加工性，需要便捷、轻量、承压、易于表面装饰印刷等。严格来说结构设计是真正的创造性设计，从功能上把有限的实在和无限的潜在，通过短暂的质料和稳固的形式联结起来。

纸质材料是销售包装和运输包装中最常见的材质，是纸的特殊优势所决定的。1800 多年前蔡伦发明造纸术后，用纸来包裹东西已是日常生活常态，标志着纸包装进入人类社会初始。由于造纸的原材料极为丰富，且具有良好的减震和防冲撞能力，尤其是波瓦纸的设计更提高了性能。纸包装能够适应各种不同商品的包裹，灵活构成各种造型的纸容器，具有良好的印刷性及表面特殊的质感处理，可还原内容物真实的形象特征及色彩，是典型无污染包装，而且可以自然降解，是理想的包装材料。特别是当下造纸技术水平达到智能化大工业生产，纸包装工艺水平及成品率高，成本低廉可循环利用，具有材质轻、能折叠、易加工和方便集成运输等优点。缺点是易撕裂、耐水性差、防潮和受重压力弱。但随着各种新材料的诞生，改变纸的弱项已不是什么问题，因此，纸质材料特别适合酒类及日常生活用品的包装。

随着商品自助销售模式的变革和消费观念的转变，消费市场趋向细分化，对应的包装需求也丰富多元，形成了各种差异化的消费趋势。对于酒类包装设计而言也带来了新挑战，大多时候需求常常在不断变化中游离，难以明确界定具体目标，寻找特定对象变得更加困难，就连消费者自己也难以明确想要什么，因此，引导消费潮流和融入更多艺术元素或许是可选择的方向，让销售包装形式特征更具感召力，设计也要更加谨慎和深入。与此同时研究和运用新材料及工艺可帮助唤起消费者的好奇心，稀有的、高贵的、富有的、美好的特点才能得以展示。

同类酒产品品质高低之间有巨大价格差，而高价位选择极易被用来显示自己的身份。尤其是当下大众自我意识觉醒，普遍意义上的价值观和审美观都发生了变化，人们在满足物质使用功能时，更多渴求精神的满足与升华。由于人群的分散与不确定性，促使人们的需求向多样化方向发展，特别是年轻消费群体更乐于追求差异和个性表达，对产品的设计以及包装都提出了更高的要求。而设计者能否适应不断变化的发展？完全取决于设计者对社会整体的理解及自我观念的更新，在日常性中去发现和梳理非日常性设计要素，销售包装才能适应社会发展的需要。

新材料、新技术不断被广泛应用到包装领域，使包装设计面临着前所未有的突破，呈现出丰富多彩的结构与样式。各种奇思妙想都可以得到技术的支持，并极大地拓展了设计的范围，成为商品参与市场竞争的重要手段。由于功能涵盖不断扩大，各种新的观念意识和表现方法介入，包装较之于以往存在的形式发生了根本性的变化。从单一的储藏、运输、保护功能转而向多元和分散化发展，演变成多方位、多功能、传承文化、自我促销、产品溯源、聚合信息的传播载体，甚至成为流行趋势的风向标。伴随着商品经济而产生的文化形式，也凸显出明显的特质，有别于历史上任何一个时期的开放、多元、混搭，包装俨然成为一种新媒介。由于不同地域，不同民族传统文化与现代设计理念的交融，继而展现出别具一格的新舞台。正是这种多样性和差异化，包装设计呈现出丰富多彩的地域风格和表现形式，让设计文化品质和内涵提升到了一个崭新的高度。同时也使大众在消费商品时既享受物质功能，又浸润着多元文化滋养。因此，理解包装设计，就必须跃升到全新视角来重新审视包装设计的现实意义与作用。

众所周知，自然环境正面临巨大的威胁和挑战，人类的生存与未来绝不是无忧无虑，为了可持续发展，追求更美好、更和谐的生存环境，就只能是依靠再设计，转换思维方式，认识自然本质，认识人类自己，重新考虑一切行为开始的理由和方式，通过更科学、合理的途径与方式来重构和改变已有的物质世界，创造无损于环境的生活方式，从而跃升到一个崭新的层面。而包装正是人类日常生活密不可分的一个组成部分，也是资源占有巨大，浪费惊人的领域之一。因此，包装设计的方式及环保理念的根植是一项漫长而艰巨的任务，积极探索可持续的发展，也是更高层次的秩序构建，人类必须面对这一新课题，每一个人都应该承担起责任，从日常生活中的点滴做起，在包装设计和使用过程中积极追求绿色环保的目标。

包装将产品转化成商品，有效传达商品的相关信息，促进商品的销售，帮助产品制造者塑造社会新形象，不断为企业品牌积累更多的资源，创造更大的经济价值。同时包装还潜移默化引领大众的审美趋势，促进消费者归属主流社会伦理道德，丰富社会文化内涵。因此，影响和干预社会生活并承担起责任，是包装设计的基本立场，也是每位设计者需要认真思考的问题。

第三节
酒器包装的演变——茅台、五粮液、剑南春、泸州老窖酒器包装的历史脉络及特征

中国白酒的发展历史中有许多代表性的酒器包装，这些被史书和文献广泛记录和保存的实物，见证了酒与政治、外交、经济、军事、文化和社会阶层等方面的联系。其中唐代又是中国酒史上一个鼎盛的时期，借助酒器包装以物质的形式存留至今，足以见证它所扮演的角色何其重要，文化意义不言而喻。酒不仅代表着民族文化的沉淀与厚重，也见证了社会生活中的烟火气。这种时空的跨越及反映的历史信息，对今日的作用和启迪更是无价之宝。虽然这个话题涉及较大范围，更多是形式上的探讨，但它具有深刻的现实指导意义和价值。

对酒器包装研究，可以更好地理解中国酒文化丰富的内涵和历程变迁，找寻到脉络的由来与发源点。从肇始之初到跨越至今，岁月长河之中多少因酒而起的故事，还有无数风花雪月的浪漫，共同构建起中国酒文化

宏大的物质与精神体系，彪炳中华文明璀璨辉煌的历史篇章。研究酒器包装历史对深刻解读历史文化当下的意义，唤醒民族文化自信，推动酒文化的传承和创新具有重要意义。面对历史的沉淀如今的我们又该如何继承和发展？具体到酒器包装的展开，又怎样服务于今天的大众？显然只有通过对历史缘由的解析才能找到答案。要从中梳理出变迁的内因与外因关系及规律，势必涉及具体的物与事。为了清晰理解演变与转化关系，有必要更翔实剖析一些具体实例，我们不妨以大家耳熟能详的品牌名酒"茅台""五粮液""剑南春""泸州老窖"，也就是过去常说的茅、五、剑、泸为例来做一番探究，以历史过往看今日实态，从宫廷御制到民间日常，对酒与酒器包装的迭代演变进行一番梳理，厘清其成因及现当代酒器包装的嬗变。窥一斑而知全貌，无疑对深入了解酒文化及习俗形成会有所帮助，对当今酒器包装设计带来启迪，对推进酒文化的传承和历史的超越有积极意义。

一、茅台

中国酒史的延绵中，地处夜郎国的茅台镇在秦汉时期酿造出一种果实酒，谓之"枸酱"，是通过自然发酵而成的酒，被视为祭祀之上品。据说早在远古时期当地土著濮人酿酒，在长有茅草的土台上以酒祭献上苍与先祖，祈求风调雨顺、保佑子孙。《遵义府志》载："枸酱，酒之始也。"[1]司马迁在《史记》中记，西汉建元六年（公元前135年）汉武帝刘彻令使臣唐蒙出使南越（今广州一带），为恭迎使臣，南越王取枸酱酒待之，酒后唐蒙称好。为取悦汉武帝高兴，唐蒙专程绕道至褶部（今仁怀一带）取酒，呈酒敬献汉武帝，汉武帝饮后大加赞赏，曰："甘美之"，因而有了"唐蒙饮枸酱而使夜郎"之说[2]。后世唐、宋、元、明、清在此基础上不断更新演变，延续酿造之传统法则至今。

清乾隆四十九年（1784年），当地"偈盛烧坊"酒号正式取名为茅台酒。而清末至民国又相继有"成义""荣和""恒心"等烧坊出现。《遵义府志》载：道光年间"茅台烧坊不下二十家，所费山粮不下二万石"。[3]

---

1 （清）黄乐之，等修，（清）郑珍，等纂.（道光）遵义府志[M]. 清道光二十一年（1841）刻本.

2 （汉）司马迁. 史记[M]. 北京：中华书局，1982：105. 2993-2994.

3 （清）黄乐之，等修，（清）郑珍，等纂.（道光）遵义府志[M]. 清道光二十一年（1841）刻本.

清代诗人郑珍咏赞茅台"酒冠黔人国"[1]，仁怀诗人陈熙晋诗曰："尤物移人付酒杯，荔枝滩上瘴烟开，汉家枸酱知何物，赚得唐蒙褾部来。"[2]酒被尊宠必有美器，表里如一是国人崇尚的品格，无疑这盛酒之器也型制别样。

陶瓶是茅台酒一贯的坚守，酱黄色釉具有时代特点，圆形柱状造型具有饱满感，瓶肩分三级台阶缓缓向上隆起，紧接瓶口，形似储酒大坛微缩版，口沿反唇，以进行封口捆扎固定所需，防止瓶口走漏酒气。整体造型饱满、敦厚、稳重、安静、简约，予人以安全和信赖感，且生产成本较低，表面流釉不均，呈斑驳非规则形，恰是天然成趣，自然而为，与内有酒液相呼应，幻化出酒的纯真，让人欲罢不能。但陶瓷也有一大缺陷，就是瓶口容易窑变，给瓶口密封带来非标准大小，甚至瓶口歪斜等，常常有少量瓶酒渗漏酒液和跑气，继而影响产品品质。

进入20世纪60年代后茅台酒厂与贵州清镇玻璃厂通过联合技术攻关，终于研发出乳白玻璃瓶，解决了陶瓷胎体厚重、瓶型缺乏轻盈感、制造成本高等问题，自此，茅台酒逐步从陶瓷时代转换为玻璃时代。乳白玻璃提高了瓶体的恒温效果，避免光线及紫外线对酒中酸、酯类物质的影响，改变酒体口感，同时还可遮蔽酱酒微黄的感观。

酒器包装的迭代反映出商品在不同时代语境下的生命状态，一个材质的变化折射了技术进步与接收者观念的更新。反映出一切问题不断解决的过程，揭示"道"与"术"相互作用的因果关系，更具体的瓶盖演化就是显著的例证。

瓶盖变化历经四个阶段：第一阶段，油纸＋猪尿脬皮＋封口纸（顶部印有篆字"贵州"）。由于密封效果欠佳，后又增加用软木塞＋猪尿脬皮＋封口纸。第二阶段，红色塑料螺旋盖。第三阶段，防窃险扭断式铝盖。第四阶段，铝塑结合式防盗盖，外加镭射防窃险收缩膜。这一次次迭代是观念的更新，是不断追求更高更优的传承，更是对新技术与新材料不断涌现的接纳，不断满足社会大众对茅台酒新的期望和要求。

再观平面视觉设计，静态瓶型在瓶贴倾斜动感块面的影响下，从左到右、从下向上，清晰地呈现主题品牌名称，明确简练。白底红字更突显文字的识别性，渐变线条的粗细带出了几分灵动和韵味。整个平面黑、

1 钱仲联主编. 清诗纪事[M]. 南京：凤凰出版社，2004：2516.
2 遵义市地方志编纂委员会办公室编. 遵义市志[M]. 北京：方志出版社，2017：926.

白、灰层次分明，大面积红色诠释民族文化中色彩的基调，隐喻酒的属性及绽放的热情，手工修饰的美术字看似有些拙笨，却意外体现了时间的沉淀和岁月的印痕。左上角一枚勋章偏居次位，看似不太协调，其实正是突破常规设计产生的极强的视觉记忆。时间的过往及20世纪的烙印更显酒的陈香，也为品牌形象创造出另一番情趣，至今仍为大家所津津乐道。（图3-4）

图3-4 茅台酒器包装

二、五粮液

两汉时期戎州（今四川宜宾）乃我国酒文化发祥地之一，从出土文物中可见大量酒器包装，陶酒器、铜壶、铜锥斗（温酒器）、铜勺等。同时还有汉画像砖也充分展示出此地酿酒之繁盛，如"酿酒图""酒舍""宴饮""酒庐"等主题形式，真实反映出当时市井生活的状况。一幅浮雕拓片"厨炊宴饮图"生动表现出宴饮时的欢悦场景。还有沽酒的陶俑身着奴仆装，手提陶罐，买酒入市，足可说明生产与销售环节存在，也折射出酒器与消费所构成的市场需求关系。

至盛唐时已有多种酒牌，其一"重碧酒"采多粮酿造，公元765年戎州（今四川宜宾）当地行政官杨使君设宴招待大诗人杜甫饮"重碧酒"后，杜甫大赞并写下《宴戎州杨使君东楼》："胜绝惊身老，情忘发兴奇。座从歌妓密，乐任主人为。重碧拈春酒，轻红擘荔枝。楼高欲愁思，横笛未休吹。"[1]

北宋著名文学家黄庭坚被贬官时任涪州别驾，居戎州，与当地文人雅士相聚把酒言欢，盛赞此地所酿"姚子雪曲"，写下《安乐泉颂》："姚子雪曲，杯色争玉。得汤郁郁，白云生谷。清而不薄，厚而不浊。甘而不哕，辛而不螫。老夫手风，须此晨药。眼花作颂，颠倒淡墨。"[2]

明初陈氏家族融"姚子雪曲"酿造之法，进而改变粮食配比，创立"温得丰"酒坊。清末邓子均承继"温得丰"酒坊后改名"利川永"酒坊。1909 年，当地文人墨客聚会，晚清举人杨惠泉品尝邓子均所携酒后说"如此佳酿，名为杂粮酒，似嫌凡俗，姚子雪曲名雅，但不足以道出其韵味，既五粮之精华，何不谓"五粮液"？言毕，得众人赞许。

"好马配好鞍，好酒需好器"，民间俗语道出酒器包装的相互关系与紧密。五粮液酒器包装经历了不同时期的迭代变化，目前可见的最早器型是诞生于 1909 年的陶瓶，可推测之前容器大致也多为陶器。此款陶瓶为柱状型，瓶肩缓圆弧隆起收口，外表施以青釉，封口为软木塞，外封蜡以防止酒液及酒气渗漏挥发。

1934 年，当时的"利川永酒坊"从日本进口有色玻璃瓶，逐渐放弃陶瓶，在视觉形象上抢占先机，凸显产品的个性及特点，开启了国内玻璃酒瓶的先例。伴随着国内玻璃生产的工业化，玻璃瓶形成一定规模，继而迎来了"五粮液"发展的黄金期，并开始扩展海外市场。

1949 年，新中国成立以来，"五粮液"酒器又一次更迭。瓶型柱状，至肩部缓慢渐变为瓶颈，其造型也被大众俗称为"手榴弹"瓶，呈圆柱形接一段瓶颈。特点是易生产，合格率高，成本较低。这种设计与当时国内玻璃生产技术和国民经济发展水平有直接关系，"多、快、好、省"是创新设计的基本出发点。在平面瓶贴表达上视简洁、明确为原则，手绘黑体字带有强烈个性特征，浅黄底色配以大红文字，更彰显瓶贴与众不同之处。对称的中式构图在边缘饰以卷草纹，纯粹的二维表达、印刷色彩饱和度和套色的瑕疵也都显示当时的技术水平及审美特征。

1　（唐）杜甫,（清）仇兆鳌. 杜诗详注 [M]. 北京, 中华书局, 1979：270.
2　（宋）黄庭坚. 黄庭坚全集 [M]. 刘琳, 等, 点校. 北京：中华书局, 2021：537.

　　1966 年，瓶型在柱状基础上进行了再次更新，形成了上大下小的萝卜形状，试图改变原有直筒的呆板，并将传统梅瓶典雅之意融入其中，以期令瓶型体量增大，予人以瓶大量足之感。由于当时社会氛围影响，瓶贴全采用大红底色，主题品牌文字改为行书，汇集五种粮食图案于画面，使人联想此酒乃粮食精华之酿造。红色热收缩瓶盖套，加强了消费时视觉情绪的调动。

　　20 世纪 80 年代，随着中国改革开放的步伐，"五粮液"也迎来了更大的发展机遇。由于对外贸易的需要，酒器包装成为被关注的焦点，各种形式的酒器造型和包装如雨后春笋，大量涌现于市场。由于晶质玻璃料的出现，酒容器整体品质得以提升，瓶型再次改造无疑成为必然。为了显示玻璃晶质的玲珑剔透感，瓶型上设计有 45° 的大小切面来折光反射，显然柱状的基本形又回到大众视野中来。但这种回归不是简单的形式，而是整体比例精粹的升华，是瓶体气质的拔高。此瓶通常被大家称为晶制圆通瓶，销售包装也与之配套，至此包装两件套由此拉开帷幕，大红的卡纸盒配以长城图案，意为中国白酒，白色的主题文字衬托金色细边突显其高贵醒目。还有防窃险瓶盖也运用于此，强化了产品的信赖度和安全感。

　　2001 年，我国加入了世贸组织，国家经济形势与实力再次提升，国内外市场需求加大。"五粮液"为了抢抓机遇，大胆开发出水晶多棱瓶，再一次提档升级。继续沿袭上代瓶型特点，并将重心向下，加重玻璃料质，尽量增加瓶壁厚度和手感重量，也使瓶体上的切割装饰面产生折光，实现一次性成型，以符合工业化大批量自动化生产。同时这一重心改变也有利于玻瓶生产中退火工艺的稳定传输，避免过程中的倒覆，提高品质与收成率。

　　时至今日伴随着各种新材料、新工艺的研发，"五粮液"的瓶型与包装还在不断地更迭和创新。继续沿着基本定型的形态而展开精细微调，期望获得整体上的品质感，强化品牌身份及美誉度。对于产品防窃险更是不惜代价，投入大量财力物力，为获得更大的市场份额，在酒器包装上的创新指日可待。（图 3-5、图 3-6）

三、剑南春

　　追溯商周时期，由于地理位置的特殊性，背靠龙门山脉，面朝川西大地平原，水源丰沛，清冽甘甜，地下水位高，加之气候适宜，农耕发

图 3-5　早期五粮液酒容器　　　图 3-6　五粮液酒器包装

达，粮食富足，四川恰是酒酿之福地。古代先民在此耕作，以虔诚之心举
觞敬苍天大地，祈风调雨顺、族群繁衍，告慰先人。酒在这片土地上不断
催化和演绎生命的接续，同地域、同信仰、同习俗，又给酒在这一区域不
断更迭交替创造了时机。而三星堆祭祀文物惊世骇俗的出土面世，说明此
地酒文化之渊源久远，谱写出一部精彩绝伦的酒文化史诗。特别是青铜酒
器尊、罍、瓿等大量的出土文物佐证当时此地酒文化的繁荣和辉煌。陶盉
除温酒功能外，线条流畅，展现出独特的审美情趣，彰显了浓厚的地方特
色。而瓶形杯的形态又与今日的市井酒壶有异曲同工之妙，出土酒器的繁
多说明此地酒文化的发达和鼎盛，一脉相承，时至当下。

《唐国史补》载："酒则有郢州之富水，乌程之若下，荥阳之土窟春，
富平之石冻春，剑南之烧春……"[1] "剑南烧春"名列第五。唐人多以"春"
作酒名，唐时绵竹隶属于剑南道，"烧"是指"烧酒"即酒精度数高的酒，
"春"原指饮酒后发热的感受，唐人引之为酒的雅称，《新唐书·德宗本
纪》载："剑南贡生春酒。"[2] 一是酒味浓，二是酒味熟，三是酒名上有一个
"烧"字。剑南，即剑南道，唐太宗贞观年间，在全国分置十道，剑南为
其一。绵竹即剑南道属县之一，自然"剑南烧春"的产地，到了宋代更已

1　（唐）李肇.唐国史补校注 [M].聂清风，校注.北京：中华书局，2021：285.
2　（宋）欧阳修，（宋）宋祁.新唐书 [M].北京：中华书局，1975：184.

位居产酒大县之一。因此唐时"剑南烧春"与当代"剑南春"一脉相承，可谓有据可查，言之成理。

李肇《唐国史补》更将绵竹酒列为当时的天下名酒。相传李白为了喝到此美酒，还曾把皮袄卖掉买酒痛饮，留下"士解金貂""解貂赎酒"的佳话。天宝八载（749 年），李白离开长安后，继续漫游，到了洛阳时见到同时代另一诗人杜甫，并且结下了深厚的情谊，二人同游开封，又遇诗人高适，三人再次结伴云游梁园、济南等地。在同游中李白也用绵竹酒招待杜甫和高适。在这段时间里李白也常想起在绵竹武都山君平庄饮酒论道的情景，特作诗一首怀念好友严君平，诗曰："君平既弃世，世亦弃君平。观变穷太易，探元化群生。寂寞缀道论，空帘闭幽情。驺虞不虚来，鸑鷟有时鸣。安知天汉上，白日悬高名。海客去已久，谁人测沉冥。"[1]

绵竹酒在唐代已名满天下，"剑南烧春"曾列为宫廷酒。至宋，大文学家苏东坡得绵竹道士杨世昌所传"蜜酒"（"剑南烧春"俗称）酿造法并咏以成诗，称赞"三日开瓮香满城……甘露微浊醍醐清"[2]"偶得酒中趣，空杯亦常持"[3]，可见东坡先生爱酒之心。杨世昌善酿"蜜酒"，二人常把酒言欢，苏东坡非常喜欢杨世昌酿的蜜酒，认为它达到了天下无双的醇厚浓郁（"绝醇酽"）。三杯蜜酒就能醉人，由此可说酒的度数不低。"蜜酒"遂与"剑南烧春"同为绵竹酒代表，一直延续到明代，故史称绵竹为"酒城"。宋《太平广记》卷第二百三十三，录天下名酒，有"富平之石冻春，剑南之烧春"[4]。元《酒小史》也记载有"剑南之烧春"[5]，可见在元代仍有拥趸。明《蜀中广记》载："唐书，剑南岁贡春酒十斛……烧春，名酒也，又国史补注，剑南贡烧春，即是物矣。"[6]清《钦定四库全书总目提要》卷一百四十录"剑南烧春之名，可以解李商隐诗"[7]，《绵竹县志》称赞"味醇香，色洁白，状若清露"[8]。当时绵竹酒坊众多，大曲酒已蜚声遐迩，其最

1　（唐）李白，（清）王琦注. 李太白全集 [M]. 北京：中华书局，1977：104.

2　（宋）苏轼，（清）王文诰注. 苏轼诗集 [M]. 北京：中华书局，1982：1116.

3　（宋）苏轼，（清）王文诰注. 苏轼诗集 [M]. 北京：中华书局，1982：1883.

4　（宋）李昉，等. 太平广记 [M]. 北京：中华书局，1961：1785.

5　（明）陶宗仪. 说郛 [M]. 影印文渊阁《四库全书》第 879 册，上海：上海古籍出版社，1987：629.

6　（明）曹学佺. 蜀中广记 [M]. 影印文渊阁《四库全书》第 592 册，上海：上海古籍出版社，1987：96.

7　（清）纪昀总纂. 四库全书总目提要 [M]. 清乾隆五十四年（1789 年）武英殿刻本.

8　（清）王谦言纂修，（清）陆箕永增修.（康熙）绵竹县志 [M]. 清康熙四十四年（1705 年）刻本.

为有名的是蜀中才子李调元所称道的"清露大曲"。到清末，绵竹仅大曲酒作坊即达 18 家，以其产品风味相近，外界统称"绵竹大曲"，直至民国以后。

1913 年，绵竹"义全和"大曲坊进入成都开店，之后陆续又有几家作坊进入成都市场。1922 年，绵竹大曲获四川省劝业会一等奖；1928 年，获四川省国货展览金奖；1929 年，"乾元泰""大道生""瑞昌新""义全和"等 12 家大曲酒作坊产品获四川省优秀酒类奖；1932 年，"恒丰泰"率先被批准使用注册商标，显示出当时品牌保护意识，并在巴拿马国际博览会上获金奖，以崭新的时代风貌引起一番轰动。民国时期，绵竹大曲被称为成都"酒坛一霸"，屡获大奖，天下知名，人称"百里闻香绵竹酒，天下何人不识君"。[1]

而酒器包装形象成为一个带有时代烙印的符号，展示着视觉文化的发展史。它不仅代表着中国白酒包装的历程，也映射出古往今来生活习俗的方方面面。特别是酒与器物之间的联系，从侧面可以感知到人与物之间的精神互动意义，它让"酒"在历史中成为注目的高地，记录着审美形式的变化，代表着大众饮酒的习惯和风俗，显示广大消费者对历史文化名酒情有独钟。

进入 21 世纪后，白酒行业经历"文化营销时代"，在这一历史性嬗变中，剑南春大胆决策以历史文化为抓手，深入挖掘其历史文化底蕴，力求透过一种气势磅礴的文化"复兴"活动，最大限度地弘扬并提升其品牌含金量，成功地排演出《大唐华章》大型歌舞剧，并在全国巡回演出，取得了巨大的成功。这不仅可以说是文化的再次觉醒，更是民族文化宏大构建的具体行动。这种文化的自觉看似为品牌背书，实则对于新文化发展是一种贡献。

剑南春集团董事长乔天明认为，这是一个着眼长远的文化工程，其品牌文化定位准确，使剑南春的影响力随之存留和延伸。同时他谈到成功的文化营销，必须将企业文化、品牌理念与最佳的文化载体有机连接。《大唐华章》使人们感受到恢宏的唐时代文化艺术，也传递了"唐时宫廷酒，盛世剑南春"的企业文化和品牌理念所追求的深刻内涵，进而达到民族理想与企业文化的高度统一。

在新时代、新经济的影响下，全新的网络与电商营销模式日新月异。

1　武占坤主编. 中华风土谚志 [M]. 北京：中国经济出版社，1997：436.

年轻的消费者显现出新的消费意愿，对文化的需求有别于传统的方式。如何与时俱进？融入更多互动的过程，借助新媒体的终端，再造新的文化工程。"大唐风韵"设计大赛的启动，吸引了全国各高校年轻学子们用自己的创造力，穿越时空带来无尽的遐想，构想1400多年前的盛世与今日之盛世对接。唤起更多年轻人去了解历史，思考当下，探索未来，短短的时间收到来自全国近万件设计作品。正如剑南春集团新一代领导人乔愚所言："剑南春是历史的，也是老祖宗留给我们的一笔宝贵财富。企业不仅仅要创造物质价值，还需要为社会奉献精神价值。我们需要不断进取，在前人的基础上创造新的辉煌，服务当今社会，留给未来社会一个更具文化活力和经济效益的剑南春。"这给大赛确立了方向和目标，作品中不乏创意的突破。特别是在年轻一代身上看到了对传统文化的解读，更重要的是对历史文化流露出的热爱与眷恋，倍加珍惜今日社会生活之进步。设计形式多样，构思精巧，在青年一代中引起不小的震动，上网和到展览现场的参观者突破十万人以上，从一个侧面可见文化艺术的魅力。（图3-7）

图3-7　剑南春酒器包装

四、泸州老窖

泸州，故称江阳。据《水经注》记载，江阳县枕带双流，据江（长江）洛（沱江）会（汇流）也，公元前151年，西汉政权在长江与沱江交汇处就设置了江阳侯国，之所以取名"江阳"，按《左传·禧公二十八年》杜预注，"水北曰阳"[1]，因是在长江之北而得名。古时水系发达之地便成交通枢纽，泸州正处在川、渝、黔、滇四地结合部，水网交织的长江、沱江、永宁河、赤水河、濑溪河、龙溪河等江河湖汉，形成了这里得天独厚

1　（清）阮元校刻. 十三经注疏 [M]. 北京：中华书局，2009：3961.

的优势。肥沃的土壤为酿酒提供了丰富粮食资源，通过酿酒，泸州成为当时西南重镇，商贾云集，谓之酒城。北宋诗人、大书法家黄庭坚曾说，泸州境之内，作坊林立，村户百姓都自备糟坊，家家酿酒。[1]可见"酒城"非浪得虚名。

李白夜宿泸州纳溪写就《峨眉山月歌》[2]为世人所传诵。北宋大书法家黄庭坚在《史应之赞》中发出"江安食不足，江阳酒有余"[3]的慨叹。大文豪陆游1178年赴叙州任刺史路经泸州时也曾留下《南定楼遇急雨》[4]等诗篇。后世不少文坛巨匠都曾到过此地，并留下了如"衔杯却爱泸州好"[5]等佳句。

在当地出土有汉代陶角酒杯、饮酒陶俑以及汉代画像砖，宋代"执酒壶男侍"石刻像，明代的麒麟青铜温酒器，清代的"饮酒嬉乐图"等酒文化文物。足以见证历史沉淀中酒器的丰富与奇绝，特别是"麒麟温酒器"更是我国唯一的孤品。

明万历元年（1573年），江阳城外五渡溪黄泥建窖池酿酒，作坊名为"舒聚源"，借龙泉井水清澈甘冽，创研一套纯古法传统酿造技艺，得酒质上乘，广为传颂。至清代，"舒聚源"改为"温永盛"，这便是泸州老窖的前身。（图3-8）

图3-8　泸州老窖酒器包装

1　杨辰. 可以品味的历史 [M].西安：陕西师范大学出版社，2012：351.

2　（唐）李白，（清）王琦注. 李太白全集 [M]. 北京：中华书局，1977：441.

3　（宋）黄庭坚. 黄庭坚全集 [M]. 刘琳，等，点校. 北京：中华书局，2021：512.

4　（宋）陆游. 陆游全集校注 [M]. 钱仲联，马亚中，主编. 杭州：浙江古籍出版社，2015：5.

5　（清）张问陶. 船山诗草 [M]. 北京：中华书局，1986：193.

20 世纪 80 年代，泸州老窖特曲酒器包装选用的陶瓶，简朴直接，瓶型借助陶瓷工艺塑造为曲线收腰，相比早期的坛罐型有了大的突破。主视面采用模板上釉，文字显现出特有的手工痕迹。塑料内插塞封口，外套透明热收缩膜。销售包装黑白分明，红色与金质奖章成为耀眼的视觉中心，强调了"特曲"二字，却忽略了品牌名称的地位，明显带有时代的局限性。

90 年代酒器包装一改素朴风格，以浅色白底印制蓝色装饰纹样，产生强烈的对比，似有青花瓷的风采。容器选用玻璃材质，可见酒液的剔透之感。红黄搭配的主体文字醒目突出，彰显个性化的特点。

进入到当下的酒器包装，更加关注历史与酒文化的融合，注重市场货架展陈效果，迎合消费者对色彩的偏好。历史的厚重用渐变的色明度来隐喻，绘画"江阳图"言说繁华的市井风貌，让爱家一眼相中。

不吝惜大篇幅来细数茅台、五粮液、剑南春、泸州老窖品牌背后的历史成因与过往，实则为揭示酒器包装物质形式所隐含的文化信息及时代烙印。茅台、五粮液、剑南春、泸州老窖品牌历史的厚重为何被大众所熟知与认同，原因就是持之以恒坚守品质和文化，不断更新观念，守旧创新，借助新技术手段服务于传统工艺。酒器包装更是日新月异，分类系列，五彩缤纷。这些酒器包装不仅仅反映出中国白酒的特质，还具有强烈的民族文化色彩，被社会大众所广泛接受并喜爱，帮助今天的人们在看似简单的消费中触摸到历史的经纬，把隐含的文化滋养传达给消费者。除了以上几个名酒外，还有汾酒、西凤酒、郎酒、洋河、沱牌等中国白酒都具有深厚的文化底蕴和悠久的历史文化传承，由于篇幅所限就不一一赘述。通过上述具体案例阐释人与物、物与历史、历史与今天相互作用的关系，从中可以窥见中国传统文化的博大精深，书写今日历史与文化才不至于妄自菲薄，满眼别人的世界。因为中华文明赓续不绝、延绵至今的强大动力就是国民对其最为深厚的历史情感。当今酒器包装客观存在于市场，它以象征或表征的形式，承载着历史情感的寄托，或为钥匙触发人们怀旧情绪的开关，可能是对逝去岁月的寄托，更是对未来的期许。

酒器包装不仅仅关乎酿酒企业在市场竞争中的成败，也是社会文明进步的表征之一，更是大众自身文化及审美的组成部分。只有不断关注日常生活，甚至事无巨细的尽心尽力了解社会文化，才能发展成为民族文化历史的重要组成内容。

这种文化自信不仅源于深刻解读传统文化的内涵，包括了与西方文化的比较研究和理性思考，也来源于生活中不经意的点滴感悟。企业要把传统文化与现代市场相互结合，只有通过高质量的文化活动及文化营销不断激活品牌的文化价值，才能实现企业文化与民族文化的高度统一。茅台、五粮液、剑南春、泸州老窖等众多品牌的成功经验为其他企业提供了一个值得借鉴的范式，企业需要在市场竞争中建立起独特的文化优势，持续为社会贡献物质和精神价值，推动文化建设的传承与发展。

第四节
文化艺术引导下的酒器包装审美追求

一、现当代酒器包装的发展特征

进入 21 世纪，随着改革开放进程的不断深入发展，中国加入了世界贸易组织，成为全球制造中心之一，就制造能力而言，已经位于全球前列。新型的消费项目层出不穷，中国居民的消费水平不断提高，实现了质的飞跃。娱乐和享受性消费在这一时期达到前所未有的高峰。网络的日渐普及拓宽了人们获取信息的渠道，使人们更多了解到外面的世界。2010年至今是消费模式越发多元化的飞速发展时期，现代科技和制造能力的提升为酒器与包装的创新带来了更多可能性。消费者对于独特、创新的设计和个性化的消费体验有着更高的追求，酒器包装也呈现出多样化的趋势。消费者不再满足于传统的酒器包装形式，而是更倾向于根据自身喜好和需求选择定制容器和包装。个性化定制和自定义改造的趋势使得消费者能够展示个人风格，满足特定的心理需求。大众消费不仅要看价格，也看品质。这个多元化消费的时代正从方方面面满足人们多角度、多层次的差异性需求。

消费理念的升级让"绿色消费""健康消费""个性消费"和"新奇消费"等更高层次的消费形式逐渐走入寻常百姓的生活。消费者更加关注产品的质量和安全性，对于使用环保材料、可回收材料或可降解材料制作的酒器包装更感兴趣。绿色有机的理念在酒类商品包装中得到越来越多人的青睐。不少人以个人喜好和创意确定容器包装，用于个人宴请和馈赠亲朋好友，用个性化消费方式来展示自我，满足潜在的心理需要——"有面子"，这种关注和购买也已成为一种趋势。由于网络的普及和电商平台的兴起，消费者购买酒商品更加便捷，网购和团购等流行消费模式为消费者提供了更多便利的消费渠道选择，同时也为酒类生产企业提供了新的销售渠道和营销服务方式。

对于品牌的消费也比之前更为理性自信。如今，随着中国经济总量的攀升、国民收入的增加、消费观念的改变，中国企业不仅在国内站稳脚跟，同时加快国际化步伐，开始以自主品牌的方式走向海外市场。国产品牌世界影响力的不断扩大，也为国人更加自信、理性地进行消费增添了底气。而在形象"亮点"不多的当下，中国品牌则更多是在加速提高质量建设、创新能力等，以求进一步提升品牌建设水平，塑造更多被国人乃至世界认可的中国品牌。在这个过程中，品牌包装的创新与革命显得相当迫切，它是社会大众识别企业与商品的标志，也带着几分对品质与品位优劣的体现。世界级的大品牌如"苹果"就非常注重和讲究包装设计与制造过程的品质严控，细微之处可说是极尽精细，包装上下盒之间严丝合缝，靠盒内的负压自动打开，拿住上盒8秒后，下盒会慢慢自动落下开启，设计与制造的精度令人信服，这就是品质和形象统一的另一种演绎。

随着时代的发展，酒器包装的发展越来越多样化，差异性、独特性、原创性及小众性创意思维不断渗透到当代酒器包装的设计构思中。酒器包装设计是对包装容器、结构、装潢、品牌形象整体塑造而进行系统设计，目的是获得一种符合产品定位、具有创造性和审美功能的，代表产品文化和艺术品位的商品形象。特别是近现代酒器包装被视为商品文化，与经济提升、市场竞争都紧密相连，展现出独有的魅力，备受酒企和广大消费者所关注。

酒器包装是酒的有机组成部分，它不是纯粹的艺术品，但它是具有文化内涵的艺术载体。现如今，随着市场中产品的严重同质化问题，如何吸引消费者的注意力变得越来越重要。著名的"杜邦定律"指明，大约有63%的消费者根据商品包装来决定是否购买商品，包装已经成为消费者购买商品的重要诱发因素。

随着社会经济的发展，人们审美趋势也发生了变化。包装从过去单一保护商品的作用，发展到人为主观的附加精神要素，以致再到今天以文化引领消费。当代酒器包装通过文化来注入价值内核，形式上的标新立异，目的是吸引消费者关注。使其具有个性化、地域化、民族性、人性化的产品包装，才有市场竞争力。随着中国酒业的发展，酒的包装设计已从纯粹、简单的产品保护设计，发展到市场、企业、营销三个坐标共表现的品牌信息设计，扩大了包装设计原有的定义范畴。在酒行业包装日趋近似化的今天，包装设计的突破也成了彰显个性的重要手段之一。

　　酒的外包装一般分为销售包装和运输包装。后者多以瓦楞纸材料为主，这类合成的瓦楞纸是由纸面与曲形波瓦组成，有单层和多层之分，可以降低包装外部的冲击力，防止内有物品的破损。中低档销售包装一般避开制造工艺的局限和技术难度来选择设计路径，而高端和收藏版的包装则需更多考虑工艺上寻找突破，手工或半手工方式制造。前者需要大批量生产和收成率，后者无须过多考虑成本的限制，重点是向艺术品上靠拢。这与商品市场特殊需求是一致的，其一是提升品牌视觉形象，创造产品标杆的示范效应，凸显品牌的文化特质及企业形象；二是随着市场与消费者的不断成熟，高消费层更渴望获得超越一般形式的商品，满足自我的优越感或炫耀心理，另外可增值和收藏也是动因之一。正是在此风潮影响下，对于一般酒器包装的要求也越来越高。

　　当代酒包装中附加了更多的人文因素，即便是再简易的酒包装，也不能忽略精神渴望。简单的定位满足使用功能即可，但是要花费更多的精力去了解和分析消费人群以及消费场所氛围，只有在基本的使用功能和附加的精神功能都得到了充分的满足下，才能说一件精彩的酒器包装作品诞生，形式背后的定位思考才是包装设计的真正核心。

　　随着新技术的不断发展与进步，现代包装呈现出智能化、集成化、可溯源、循环再利用、低成本等趋势。作为主要包材的纸质品类层出不穷，以纸基加工的特种纸及复合瓦楞纸纷繁复杂，肌理效果以假乱真。如全息定位纸具有立体感外，还具有防窃险和金属质感的印刷效果，将过去多次加工流程简化为一次完成。包装纸基层置入芯片可追溯产品从生产到终端消费的全过程，借助后台大数据的统计和分析，完整地研判市场销售与未来数据的趋势，精准地参考提报数据而精准决策。对产品生产实现市场销售的同步化，以销定产，制造包装的零库存，大大减少生产的盲目性，减少库存积压，使资金占有率下降，运营成本降低。另外，当下包装的轻质化、绿色环保可循环、材料多元、结构可折叠都是包装发展的特点。

　　玻璃容器制造的全自动化，各种能耗控制有度，生产效率大大提高。精微之处智能机械手操控，高温加工纠偏方式得到了技术支撑，提高了品质和收成率，节约了生产成本。

包装的各种材料日新月异，制造加工工艺不断研发，更加促进包装设计的创新和实现，当下只有想不到，没有做不到的技术难题。包装设计显现出"数字游牧"的端倪（利用网络把不同国家、地区的设计师组合成研发团队，分别居家设计各自分工内容，然后组装完成提报客户，既工作也可自由生活），显然这是一种未来趋势。

现代社会消费中，酒类除需要有安全容器包装之外，还需要有与促销有关的物料，其中包括运输包装、促销手提袋、商品说明书、封胶带、打包带等。作为系列内容都要涵盖商品属性及产品信息。

酒的属性是酒类包装设计中第一关注要素，无须仔细辨认商品，即可知道大概类别，主要是形与色所产生的感觉记忆有助于在众多商品陈列中迅速识别品类。这一结论主要是人的视觉判断长期沉淀逐渐形成，是大脑处理记忆时对商品形象、色彩、体量、文字等进行归类加以储存，累积量达到一定时而产生直觉反应，当一眼看见这类商品时便迅速做出基本判断。其特点对展现酒的品质、文化意义、建立产品的销售策略、加深产品的广告诉求，最后达成推销产品自身具有相当重要的作用。包装属性与文化意义是在商品消费过程中被逐渐认识，近距离审视及信息的解读，通过整体视觉印象及手拿把玩，从体量、质感、细节、色彩及创意来唤起某种精神意义，继而产生联觉与通感。这一过程中带有审美的成分，因此，设计必须有审美性，包装作为媒介是唤起美感的桥梁。

近现代以来包装材料及设计形式可谓是层出不穷，突飞猛进。这里所指现代，主要是从 20 世纪 80 年代初改革开放以来至今，酒包装的概念已经不再仅限于酒容器的造型和形态，而更多地指向销售包装系列与容器的多样性以及运输形式。由于现代印刷术的发展，快速与精准、高效与低成本，特别是自动化与智能化的广泛介入，使得容器包装制造更为便捷。其中，"纸"材的广泛运用是历史的飞跃，这种可塑性强的材料，除了成本低和原材料获取便利外，用于彩色印刷还原性最好，轻便、易折叠，同时具有可循环利用的优势。据此，在未来相当长时期纸质包装必然占据市场主要需求。销售包装也多以纸质复合为主，并以多种材料组合为趋势。随着新材料的不断涌现，容器和瓶盖已经出现兼有多种材质，玻璃料质进一步提纯，成型模具更精细和便利，玻质与折光厚重晶莹，表面处理也多种多样。电镀及溅射在玻璃瓶体上广泛使用，镭射感光材料替代金卡纸，智能芯片置入瓶盖与包装之中，综合材质的相互组合及借用也呈现在酒器包装上。利用原始材质来表现自然美也变得时尚，甚至让人有"返璞归真"之感，升华到更高的审美境界。酒容器采用玻璃为多，重点放在了仿釉喷涂以及玻璃材质的纯度上。造型设计概括简约，巧用玻璃技术生产的各种特点。玻璃具有回收再利用特点，基于社会环保的需要，玻璃是酒容器未来最理想的选择。而陶瓷瓶则集中在高端酒容器上，利用温润厚重质地、色彩饱满等特点，给予人以怀旧情感。但陶瓷成本相对较高，且无法回收再利用，因此，不宜提倡大批量生产。

相信未来包装会更加注重人文关怀、互动体验、信息有效、艺术审美及文化传承。通过各种技术壁垒的突破，轻质、便捷、安全、环保、高效、成本低、集成化都将是酒器包装发展的趋势及特征。

二、商品意识觉醒带动消费变革

随着 1978 年改革开放的开始，人们的商品意识和观念逐渐发生转变。社会生产力得到空前解放，迅速进入发展阶段。酒器包装也随之迅速发展，朝着更高的目标迈进。

1974 年，中国恢复联合国席位，陆续与日本、美国等国建立外交关系。中国白酒产品开始远销中国香港、澳门地区与日本等国家。茅台、五粮液、剑南春和泸州老窖特曲等产品声誉逐渐提高，销售量大增。特别是党的十一届三中全会后，各酒厂进入了快速发展阶段。

20 世纪 80 年代，现代商品意识催生了品牌意识的觉醒。包装开始受到各企业领导的重视和关注，逐步开始与玻璃厂及包装印刷厂合作进行包装改造。然而，由于缺乏系统和专业的机构介入，大多数改进还是停留在小范围的调整和修改阶段，没有形成完整的品牌形象系统。

酒器包装作为现代商品营销的一部分，特别是在市场经济的影响下，展现出强烈的产品文化特质，可以直接为企业带来巨大的经济效益。随着产品大量出口，外贸系统对产品形象和包装的安全功能提出了要求，必须按照国际出口标准规范产品包装。因此，酒器包装系统设计开始被提上议事日程，酿酒企业开始委托包装供应企业邀请专业的设计研究单位参与产品形象设计，逐步进行系列规划和实施，从而构建起了现代酒器包装的雏形。

在 20 世纪 80 年代和 90 年代初，随着改革开放，计划经济逐步转向社会主义市场经济，消费观念、消费文化、消费心理及消费模式都发生了改变。受计划经济影响下的大众突然面对市场经济，国民收入也大大提

高，市场必然会受到强烈的刺激，观念改变首当其冲，商品的意识也得到
强化。正是在经济发展的前提下，消费者购买力上升，特别是自助式消费
形式的出现，消费者有自我选择的权力，不再受制于计划商品的束缚。在
改革大潮影响下，国外的各种消费品不断涌入我国，国外包装形式、包装
材料、包装技术受到欢迎。它除能够满足实用功能外，兼有较强的审美意
义，大家获得一种愉悦和满足，还体会到异域风情。到这个时期中国包装
受到巨大的冲击，承受着多方面的压力，逐渐开始反思并奋起直追，这种
现象其根源来自消费者对品质与审美的向往，代表着普罗大众商品文化的
觉醒。继而国内包装行业跃跃欲试，在借鉴国外先进的包装技术同时，也
开拓着国内设计与制造市场，90 年代后期逐渐呈现出蓬勃向上之势，市场
上出现各式各样的包装样式。随着整个社会经济进一步发展，许多企业感
受到来自市场的客观需要，包装设计的重要性才被突显出来，并不断加大
设计开发的力度。可以说，正是这一时期，中国的改革开放与商品经济发
展的规律相呼应，中国开始重视出口商品的包装需求，国内包装也进入快
速发展的轨道，从而正式拉开了中国现代包装的序幕。

（一）多元的包装形象设计

20 世纪 90 年代，随着我国白酒市场的快速发展，酒器包装成为产品
品牌形象的核心，也是产品成功进入市场的重要因素之一。其间酒包装设
计及制造技术都取得了巨大的进步和发展，为酒的品牌形象成功塑造提供
了强有力的支持，也注入了更多的文化内涵与活力。无论是结构探索、新
材料尝试，还是设计创意都在探寻多元的形式，将酒的文化脉络、解读历
史的精髓作为首要命题。从另一角度来审视，这种现象无疑是一种新文化
的再生，不打扰、不突兀，以一种普通和日常融入百姓生活中，用文化默
默影响人们的精神质量，反映出社会需求及文化自觉的提升。

包装设计不只是一个创意想法或审美表现，也是一个系统思考并充
分考虑市场需求及技术实现协调的完整过程，要有市场学、设计学、心理
学、材料学、制造学、美学等多学科的知识交叉融合。设计者需要具备较
强的综合素养，特别对市场趋势和需求的洞察力，对新材料和制造工艺的
敏锐反应，以及对用户体验和品牌形象的深入理解。即使是司空见惯的视
觉设计元素，也可以从不同角度来调动与深化，别出心裁选择不同切入
点，结果创新或许不尽相同，但获得成功的概率一定会倍增。

创造既有历史感又与当下生活息息相关的包装形象，是时代赋予的使

命,成为全社会的共识。随着新材料的不断涌现,近十年来利用镭射定位材料的质感及加工特性来免受包装被窃取和伪造的风险,借助高技术手段实现新工艺突破,力求呈现一种新颖独特的视觉效果已蔚然成风,企业、消费者、设计师都热衷于此,从一个侧面反映出品牌酒器包装自我保护意识的增强。

包装的成功并不仅仅依赖于设计师的努力,它需要与企业营销团队之间的互动和共识。设计师和企业营销团队的合作、沟通和共识是包装设计成功的重要因素。这一过程中难免会有磨合、冲突与讨论,甚至观点完全相左。但正是因为不同而通过交流,最后达成共识,这考验着双方的耐心与智慧。只有设计师和企业营销团队建立了信任和默契关系,才可能使包装设计更符合企业目标和市场需求。另一个互信关系是包装与消费者建立认同,它检验着设计师是否理解真正的消费需求,尊重消费者不断变化的愿望,引导和构建新的消费热点。要确保设计真正为市场服务,这种确保与信任也有助于在产品包装的持续优化和升级取得成功。

应对消费分层的高低是包装多元的前提,这是细分市场的需要,多元设计形式也就顺理成章。沿着市场细化营销路径迅速得到市场积极反响,销售业绩也持续攀升。此现象证明历史文化的活化与传承对于市场的影响力,产品品牌形象必须与时俱进,不同消费者所对应的多元包装形式,使得产品与不同消费者分别建立起更深的情感联系,这一动态变化的形式需要持续关注。

包装设计不仅是简单的外观搭配,也是与品牌历史、文化内涵和产品定位相结合的综合体现,尤其是针对高端产品的包装,更要展现品牌的尊贵和美好,从而吸引消费者的眼球,推动销售业绩的不断提升。

(二)当代酒包装分类

由于酒类品种众多,包装分类也比较复杂。在我国酒类大致分五大类:白酒类、黄酒类、药酒类、葡萄酒类、啤酒类,酒器包装也随类别不同而有所差异,依据功能来区分又有容器包装,销售包装,运输包装,集成包装。而饮酒器具有分酒器、饮酒器、调酒器、醒酒器等。不同器物类别的目标市场及作用又决定了包装的简奢、材料及制造工艺。本节研究重点主要集中在论述中国白酒类酒器包装,不详述其他类别的酒器包装。

中国白酒是目前国内最主要的酒类消费品,因消费档次选择的差异,特别是地域差别和习惯及价位不同，类别划分时把酒分为极品（收藏或纪念版）、高、中、低档酒，相应地也把酒包装分为极品（珍藏或纪念版）、高、中、低档的酒器包装。外包装主要根据产品适应需要来确定材质，如木质、金属、塑料、陶瓷等，除部分高档酒类采用木、竹等特殊材质外，大部分还是纸质材料，也有多种材料组合。就大众普遍心理接受程度来看，认同不同档次的酒应该匹配相应档次的包装，已经成为一种默认定式，这与消费者选择该商品的消费场域和购买心理诉求有关。

普通酒一般是指白酒生产中量化出的部分产品，出酒量大而相对价格比较实惠的酒，可以说成是低端酒、"口粮酒"。进行包装设计时由于需要考虑成本因素，在包装材料、制作工艺等方面都会受到限制。如设计一枚瓶标，还要考虑到是印花纸帖还是烤花纸帖等成本问题，当然包装的表现力无疑会受到一定的影响。但是并不代表普通酒的包装就不需要文化表现力、创意的精妙和审美性，往往对这类产品更需奇思妙想来助力销售。好的创意与定位、恰到好处的表现形式，同样可以设计出优秀却成本较低的包装作品。

中档酒包装是较为普遍的包装形式，占据市场份额最大的部分，也是众多酒企中产量最大的主力产品，自然会引起企业和商家高度的关注。市场竞争也十分激烈，其酒器包装设计被视为重要的竞争手段之一。知名品牌酒器包装不轻易改变原有整体形象，但会不断改良固有形式并提升迭代，特别强化品牌名称及标准字体，保持容器的基本造型形式，利用材质变换达到升级目的，色调沿袭传统标准。结构多以翻盖式为主，材质比较讲究，工艺相对复杂，大多是以半手工方式加工包装，常常依据市场审美趋势的变化而调整材质及包装形式。这类包装在横向开发上有不少尝试，不断推出各种目标市场的款式，多用材料与工艺的更新来区隔差异。由于市场展陈环境处于同一平台，视觉特征则一目了然，也促使包装处于高频率的修改变化中。由于包装成本相对较高，但因产量大而相对合理，一般都控制在销售价格的 16% 左右。设计上极为严苛和困难，因为满足的人群较广，要考虑多方面的诉求。除却自身产品特点外还有文化内涵的介入，多数时候要与大众消费者的雅、俗同体，力求被普遍喜欢，并能快速清晰地告知和接受，也就是人们常说的"专家点头，群众鼓掌"的好包装。

高档包装通常是指价格较高、酒水也是储存多年的熟化的好酒，经过精心调制而成的产品的包装。是精美、雅致、讲究、时尚、有文化品位的酒器包装。这类包装多以礼品方式出现，特别张扬个性化。容器多以陶瓷、套色水晶玻璃及手工刻画为主，材质特殊且做工精致。陈列时可开启展现内部结构、体现酒品牌的特性及产品的稀有。包装一般采用多种材料组合而成，如木材、纸张、布料、塑料、皮革、金属、玻璃、陶瓷、合成材料等。大多数选择特种纸，也有用 E 瓦楞纸、G 瓦楞纸对表特种纸等，印刷多用特种油墨，也用环保无铅油墨等。在工艺上更加考究，包装盒造型多样且复杂，几乎全使用纯手工制作，增添了一些附加礼品在包装中，或专门设计一文案说明置于盒中，以此强化产品的服务性及高贵特点。甚至限定生产数量，单盒打码编号，添加防伪工艺手段等。如今这类包装已经成为知名品牌热衷于开发的主要包装类型之一，目的是塑造企业高端品牌形象，提升品牌占位平台。

高档包装的审美特性较为刻意，既不能一味地追求造价昂贵的材料堆砌，忽略复杂工艺和制造的可能，又不能走向另外一种极端——包装简单而毫无性价比，只是一般结构和通俗的外观。高档必有高的立意和表达，设计刻意寻找复杂的思考，而形式则需要简约，背后有故事或典故背书，才能凸显出孤傲或高贵的气质，创造意味空间及音乐韵律，甚至还有一点奢侈。这类设计立意不羁规矩，突破常规但又在情理之中，美的形式在雅俗之间拿捏得当，借助整体艺术气质来宣示独立个性与象征意义。总的来说，高档酒包装汇集优良品质、悠久历史、个性化品牌特征、高附加价值及审美享受等因素，是酒文化中提升品牌含金量和创新性的产物，其中蕴含着"人"给予"物"的情感寄托。

收藏纪念酒包装，又叫极品酒包装，常被称为纪念版酒。一般投入市场数量极少。由于赋予了极重要的意义和特定的主题内容，借时间概念展开将来的价值回归，以物以稀为贵为卖点。从文化情感内涵到酒的品质都无可挑剔，受到收藏市场的强烈关注和热捧。为了提升品牌的影响力，出于高地占领意识，大型酒企都会在重要的时间节点推出纪念版藏酒，一般而言，这种产品主要以品牌知名度高的酒为代表，甚至每年还要举办封藏大典活动来特别推出，泸州老窖就是典型代表。

收藏极品酒有几个重要的特点：第一，系出名门，极品酒都是由著名品牌推出的产品，容量与体量较大；第二，酒质上乘，年代久远，酒体一般用多年陈酿；第三，限量发售，往往只发售几十到几千瓶，几乎每一瓶都有产品编号，专门制作有精美收藏证书；第四，文化内涵是极品酒的发售理由，多为纪念某种活动或是庆祝特殊的日子；第五，包装豪华，创意设计独特，形式极尽奢侈，包装全采用手工制作，选用名贵材料，目的就是突显"极品收藏"的含义和价值；第六，价格昂贵，有了上述特点往往会带动价格上涨；第七，无形带来收藏者个人身份的提高，因为产品稀缺，是不可多得的象征意义产品，具有较强的历史意义，蕴涵着较大的收藏价值和升值空间。

民间也有收藏老酒的传统，不少人以自己能收藏几瓶年代久远的酒为荣。法国著名葡萄酒生产商轩尼诗曾为纪念千禧年的到来，把自己百年来11种不同年代酿造的干邑融合成名为"永恒"的珍藏酒，并全球限量销售2000瓶；国际品牌白兰地人马头，也在千禧年推出2000瓶特别的"路易十三"；为纪念1997年澳门回归，国际知名的苏加比百达利红酒公司，也曾推出72瓶限量发售的珍藏纪念酒……

极品酒一般不以获取最大利润为最终目的，有时会以特殊意义在特殊场合赠给特殊的人物，借此彰显企业品牌实力、提升品牌美誉度、提高品牌影响力，例如剑南春典藏酒馈赠给美国前总统克林顿。极品酒也可以说是特殊身份和地位的象征，它是为成功人士和社会名流单独定制的产品，是一种精神价值需求的物质再现。这不仅仅指拥有者，也指生产企业的高贵地位，使消费者和生产者都产生共同的满足感。

收藏极品酒中比较有代表性的酒商品有"汉帝茅台""秦皇五粮液""典藏剑南春"等。

贵州茅台酒厂于20世纪90年代初推出的极具收藏和品鉴价值的"汉帝茅台"，即为传承茅台酒酿造的悠久历史，弘扬"国酒"的声誉，保持历年全国名酒评比榜首的荣誉，从创意、策划、设计到问世已整整20年。

"汉帝茅台"包装由黄铜整体一次铸造成型，采用象征帝王权力的御玺造型，铜盒上的纹样图案、雕刻极为精美，不论酒的价值还是包装都具有极高的寓意和收藏价值，在目前的酒类包装中独一无二。（图3-9）

"汉帝茅台"一经问世，其新颖的包装、精湛的工艺、独特的寓意、唯我独尊的霸气及制作原材料的考究，无不彰显"国酒"的悠远历史、皇家贡品的高贵、酒中极品与白酒"王中王"的宏大气魄。其无可争议地获得了1992年11月15日在法国巴黎举办的1992年（世界之星）国际博览会大奖。

据相关人士透露，"汉帝茅台"仅生产10瓶，除一瓶留存外，其余9瓶在香港拍卖。贵州茅台酒厂每年的新年挂历中均在首页展示"汉帝茅台"的贵气风采。

"秦皇五粮液"为浓香型白酒的代表，霸居酒业，号"国酒之首"。"其雄才大略，统天下一体乃秦皇之气魄。"容器包装设计以此为创意点，借长城烽火台为基，塑秦皇像至瓶顶之巅，傲视群雄，唯我独尊，雕像采用黄铜铸造，外镀真金，熠熠生辉。金属连接件与瓶颈锁定，配置有密码锁。圆球型酒容器选用水晶玻璃手工挑料刻制，"V"形曲线折射反光，使酒液晶莹剔透。酒器与瓶盖造型曲线柔美，底座则直线刚毅，圆形宫门嵌入其中，曲中带直，直中带曲，可谓相得益彰，巧夺天工。整体宛如天外之物置于长城烽火台上，似有托举呈献之势，足见霸气咄咄逼人。包装盒内附有收藏证书，以编号为序，百瓶绝版，被藏家视为珍品。（图 3–10）

图 3-9　"汉帝茅台"容器及包装

剑南春厚重的历史脉络清晰至今，承继御酒血统，世代被辛宠偏爱，就像一部鉴读不完的书，开启的是人与物的情感，带着浓浓的墨香与酒气绵延千年。"典藏剑南春"其包装设计试图诠释这一主题，具有指向意义的结构形式，似卷轴包裹封面、扉页、封底和封套。镶嵌在盒面的金属匾额，显示出特有的简约不凡、沉稳。典雅高贵的皮纹纸增添了质感的华丽，两种不同质地对比更呈现出"物"的属性特质。内嵌套色水晶玻璃瓶，采用

图 3-10　"秦皇五粮液"容器及包装

手工刻花工艺，多面折光，晶莹剔透，营造出视觉魔幻效果。精雕细节傲显完美品质，美轮美奂，让人爱不释手，被视为馈赠与收藏佳品。盒内附水晶刻花酒杯，装饰考究，让人满心喜欢开启后的展示结构设计为翻阅效果，是一种刻意的互动，颇具仪式感，从鉴品形式而获得酒之外的联想，书卷气徐徐而来。（图3-11）

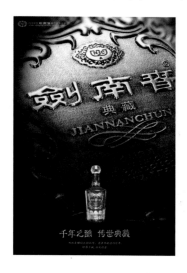

图3-11 "典藏剑南春"容器及包装

上述几个特例说明酒与文化的紧密关系，而酒器包装更是依靠酒文化才具有了感染力，"酒"谓之"酒"，是文化的背书，是赋予灵魂的结果，否则就是物质意义上的水，历史上也不会有那么多惊心动魄的历史典故和轶闻趣事，更不会有无数浪漫情缘的交汇。

（三）酒器包装红色与金色的魅惑

中国人最为喜爱的色彩是红、金两色，传统文化观念中红色代表着吉祥、喜庆、火热、幸福、豪放、斗志、轰轰烈烈、激情澎湃等。在社会生活中，红、金是使用频率最高的两个颜色。酒器包装凝固了这一最明显的心理符号特征。

远古文明祭祀时对太阳顶礼膜拜，认为它是万物生长的根本，带给人类温暖与光明，是力量和希望的象征。由于先祖们对太阳的崇拜，且红色代表着太阳的基色，因此视红色为尊崇，红色也成为人们心中神圣的色彩。血液是红色的，它是生命维系的根本，是生命存在的象征；火焰也是红色，是人类得以进化的主要条件，智力的进化也因吃熟食而加速；火能驱赶野兽，在夜晚带来温暖和安全；红色波长具有 660 纳米的传播距离，是视觉最远能辨识到的色彩。或许正因如此，红色情结深深根植于中国人的文化基因之中。血液代表着激情与生命，凝聚着象征意义的红色被大家所广泛接受。红色成为特殊的符号，这种符号又不断被演绎和认同，最终变成集体精神的图腾，一代代传承下来。

从自然界采集来的原始矿物朱砂、赤铁，还有自然界的红色花汁等被利用来创作岩画和祭祀装饰涂抹，展示了它们在传统文化观念中的特殊地位。最早的红色是天然氧化铁，在自然界中以软质矿石形式存在，具有耐久性、稳定性、染色性、覆盖力强等特点，而且成本低廉。红是可见光谱中长波末端的颜色，也是三原色之一，在众多民族中被象征为精神代表。古希腊神话中的太阳神就是光明、预言、音乐和医药之神，消灾解难之神。出于对红色的特殊情结，原始岩画都采用红色来描摹生活场景，祭祀时巫师也将红色涂抹在脸上或道具上，意为通灵之道。也有"红"可驱邪一说，我国大多宫殿及寺庙墙壁都涂成红色。而"五行"中"火"也是对应红色，可见红色逐渐演变成中国人的一种文化视觉底色。对红色的偏爱是生活在这块土地上的人们幸福与美好的意识象征。酒器包装要迎合社会大众并喜闻乐见，必然要反映其中的多元意义，体现出民族文化的特色和审美观念。以热烈、喜庆和豪放的感官刺激来营造愉悦氛围。

金色是天然矿物质色彩，在色谱系列中属中性色，它与任何色彩都有高匹配性和协调性。黄金是稀有金属，也是全世界货币的代名词，它象征着财富，代表着高贵、光荣、华丽、辉煌、闪耀、光辉、光明等；红与金从色彩属性上讲属于暖色系，具有与人的亲近感，两色组合极易把人世间的美好意味诠释到位。此色系还具有香甜和安全感，被大量运用于温馨氛围营造中，通过视觉唤起心理感受。大多数消费者喜欢选择这类颜色的酒器包装来满足欢悦，调起饮酒过程的热烈场景。因此，它深刻影响着现代酒器包装的基本调性也就不足为奇。

在历史长河中，对色彩的偏好也反映在大众日常生活的心理诉求上，色彩可以说是人对物质环境的第一感受。喜欢的色彩最终变成了个人或者族群的符号，代表着区域人群的审美选择及趋势，演绎出无数的文化艺术作品。

色彩是视觉审美因素中重要的元素，有极强的感召力，是最具冲击力的要素之一。俗话说，"远看色彩近看花"，这句话形象的说明，色彩与图形等与其他元素相比具有更强的直观性和识别性。色温感极易唤起人的情绪。不同色彩组合可以幻化出一年四季的差别，味觉有酸、甜、苦、辣、麻，色彩的温度可用来表示春、夏、秋、冬一年四季。从商业角度而言，色彩作为包装形态整体中是最先传递信息的载体，勾勒出商品的类别属性，具有强烈的吸引力，是在酒器包装设计中最突出敏感的要素之一。

我国乃"礼仪之邦"，礼尚往来已成为习俗。送礼的酒器包装自然需要有礼品和情感寄托的属性，作为礼物的酒器包装应该是热烈、喜庆的，是红色与金色才算靠谱。为此红色与金色又成为主角，逐渐形成了一套几乎固定的消费体系和接受理念，近乎成为不成文的配置规律。这可能与中国白酒自身性格有关，它以烈著称，被人称作拥有"火一般的性格"，所以在整个当代酒器包装上，代表火的红色和金色被应用得最为广泛。

红色是"五行"色之一，可给人以希望和满足，为喜庆热烈之色。在远古时代，人们就用红色来表现美好的事物：从古至今，红妆代表妇女的盛装；明朝送给皇帝的奏章、清朝皇帝批定的章本，都用红色，称为红本；民间更是有尚红的习俗，红被大量用在结婚、做寿及各种喜庆的节日活动中，就连中国的书法、绘画艺术中印章也被谓之"朱印"。而在这些活动中，酒是当然的主角。数千年来，观念之色已经沉淀为民族基因流淌在我们的血液中。所以，当代酒的包装把红色作为主色调也有历史渊源。

金色也即黄色，也是"五行"色之一，"天玄而地黄"，五行色配五行和五方位，土位于中，故黄色为中央正色。《易经》中还说："君子黄中通理，正位居体，美在其中，而畅于四支，发于事业，美之至也。"[1]所以黄色自古以来就当作是居中的正统颜色，为中和之色，居诸色之上，被认为是最美的颜色。成为我国几千年来皇家的专用色彩，在当代酒器包装中，金色在色相辨识上就是黄色，仍然被当作正统、华丽的色彩来应用。

酒器包装中多依据酒的产地和酒精度、香型口味的不同而选用不同明度及纯度的红、黄，以此来丰富变化、多元、浓烈、淡雅、凝重等特点。除此之外，根据产品自身的风格和地域特点，追求色彩上的变化，也传达出独特的个性与魅力，如汾酒、洋河蓝色经典等系列，另辟路径述说着自己的风韵。

酒器包装文化的视觉表征，一般用抽象思考来再造形、色、意，汇集了形态的隐喻、象征、工艺、材质及各种要素，最终用视觉语言完成产品实态，其中重要性与困难度可想而知。它直接将设计价值转换为文化价值

---

1 （清）阮元校刻. 十三经注疏 [M]. 北京：中华书局，2009：34.

和经济价值，而这种设计语言的转换最为不确定，将抽象的概念和思考直接呈现为具体物的形式绝非易事，需要系统而多维的考虑，同时坚实的技能与操作是成功的关键。为了深刻解读酒器包装文化的设计路径，更详尽分析形式如何演绎文化内涵并影响酒器与包装，不妨展开分类论述。

（四）酒容器设计五原则

酒容器分为三种，一是生产储运的大型容器以及销售分装容器，二是饮酒前的醒酒及分酒器，三是饮酒者手执的饮酒器，功能各具，各司其职。容酒之器仅仅就是盛酒液吗？除去功能它还要彰显什么？酒容器的内在精神与气质是什么？又如何在造型上显现出此意？显然这些问题不能三言两语回答清楚。

大型储酒器主要以铝罐、不锈钢罐、酒海等为主，配以大型陶坛组合。造型以稳定、安全、便利、储存量大、经济性能好为原则。多以圆形饱满、敦实厚重为特点。陶坛多数为圆鼓型，口径较小且有翻卷，一是方便密封口沿，二是易捆扎封口材料不脱落，圈足收小是便于部分埋入地下固定不易倒伏。还有直筒状坛型，放置稳定，储存空间大。陶坛是最理想的储酒容器，而生产型酒容器不在这里作为重点论述。

纵观中国白酒历史发展过程，不难看到酒容器初始就是形式大于内容，甚至不为盛酒而生，只为形式而诞，以礼器身份出现，成为祭祀特殊道具。在早期容器塑造时，由于社会生产力及材料和工艺的局限，劳动力需大量投入，甚至有些工匠一生只能造一物，劳动产品极少，能交换之物也不丰富，因此物以稀为贵，容器成了社会意识形态的一种陈设及富裕的表达。最初的陶器承袭了自然的属性，形态多是圆形与鼓腹，是容积量最大的形式，主要原因是制陶工具的稀少且落后。陶泥盘条方式以手臂围合为限制，而后拉坯又以圆为中心旋转而成，因而圆形在当时最多，且烧制中成品率较高，成为陶器的主要特征。

到了青铜饕餮时代，冶炼术、锻造等技术出现，材料的可塑性及强度适合意图表达，造型也趋向人的主观意识方向，形式上浑厚、凝重、尖锐、直线成为造型的主要特征，这种气势与形式带有强烈的目的性，其视觉上的心理反应必然有一种震慑力。"钟鸣鼎食"就是贵族人家击钟列鼎饮食的一种铺排，显示出特有的显赫地位，区别于普通大众的权利与高贵。由此可见容器的体量与造型包含着一定的阶级利益需要，必然成为少数权利者的意志和立场的表现。装饰图案上以鸟兽纹、饕餮纹、雷纹等威严神秘的特征为主，试图给人一种超越世间的权威神力之感。雄健的线条深深嵌刻在器物的表面，铸造的粗糙更增添了原始的野性，在视觉和触觉上让人产生恐惧和敬畏之感，这也是统治者借艺术手段来实现对社会大众的威慑与统治，为本阶级利益服务的一种手段。

酒容器显然具有多重功能与内涵，"水的外形，火的性格"是对酒本质的诠释，要包容这样一种既对立又统一的物质应当是件难事。这种被载入中外史册中的"魔水"与人类相遇时，构建起一部鸿篇巨著都无法细说的天书，而能容下这"魔水"的容器，可想而知又该承载何等重要的使命？搜罗天下的酒容器又该是多么浩大的工程，鉴于此，这里只在力所能及范围内，以玻璃和陶瓷型制酒器为例，窥一斑而知全豹来试探其中规律。

好的酒容器首先应该与人有亲近感，是美的形式，能够让普通大众感知和接受，造型具备功能的同时与酒的精神呼应，体现不同类型酒的个性特征以及文化内涵，给大众带来更多的生活乐趣及意义。恰当的制作成本，容易被消费者广泛接受和喜爱，为酒产品树立品牌形象增添附加价值，进一步促进产品不断成长，为生产企业创造更大的经济效益，这些都是要首先考虑的命题，带着上述任务，酒容器设计就需要遵循下面五个基本原则。

第一，结构原则。决定一个酒容器的基本结构形式，首先考虑的是酒体的类别差异，瓶颈较细，瓶身较粗。横向或纵向、圆形还是方形首先取决于它被使用的方式，按人手把握的方向与功能而展开。一般情况下当左手扶住瓶身，右手旋转瓶盖时，双手应能够完全控制住瓶体并相互反向旋转，瓶盖防爆环的断裂是按一般人的扭矩力来设定并安全可控的。瓶身设计要有足够的空间位置，手能够紧紧把握住。同时瓶盖的尺寸也需在手握力度最佳的长短比例和直径之间，才能有效和省力。当用手握住容器倾倒酒液时，瓶身应该有酒流液缓冲距离，瓶颈长度适宜以方便控制液流量。过长会导致瓶颈成型制造中的坍塌或中心偏移，太短又会使酒液收口时出现滴漏。容器的瓶口还必须设置在瓶身最上部，因自动灌装和储运都需要瓶口向上，防止长时间存储的酒液渗漏。所以结构形态的确立原则上是功能的各种延展和需要，也是酒容器结构的基本要求。

第二，效果原则。容器形状的视觉及手感效果会带给消费者第一印象，包括视觉形态的美与丑，繁杂或简约，直线或曲线，体态的硬朗与柔美，色彩艳丽还是沉稳、厚重或轻薄。酒容器一般不主张造型过于方正，玻璃溶液在制造塑形中的直角转折会带来壁厚均匀的减损，并且外形中的锐角易碰损。陶瓷成型更不能成为直角方形，这也是窑烧工艺的限制。所以在日常生活中很难看到完全直角转折的玻璃和陶瓷容器，即使有也是后加工手工磨制，一般会在转折处理成圆弧形。同时，触感效果多是饱满、力量、阳刚，从质感进而唤起使用者的联想，这一过程是从感知层面跃升到认知层面，马上反映出观者的视觉信息沉淀的寡陋与丰富，效果的植入需按此来平衡多少，它直接影响到消费者的心理感受，令消费者在不经意中被视觉效果所震撼，产生冲动性消费，往往决定促销的提袋率。

第三，功能原则。酒容器具有盛装酒液的空间，方便于灌装，易于封口又方便开启，不渗漏走气，抗外部冲击力强，能够承受竖向力，放置具有稳定性。陶瓷容器需要遵循制造工艺特点，适当增加多余容量空间。玻璃容器则要精算酒液满口线的位置，不能太低也不可满口。容器直径大小需与一般手握尺度相一致，符合人机工学原理，以便倾倒酒液时的微量控制。尽量减少玻璃料重，节约成本，还要利于回收再利用。与此相关材料选择的安全性、耐腐蚀和抗氧化也都属于功能原则。

第四，可实现原则。可实现原则通俗地说就是具有可操作性，在思考逻辑上能够完成，并通过实际操作而得到具体实体的呈现，可证明先期预设的目标是合理有效的。产品设计不是设计者异想天开和天马行空的产物，而是首先要了解所设计对象的功能目的，采用什么技术手段及材料的可行性，继而依据定位目标展开相应的工作，最终以产品所具有的实际功效来整体评估优劣。与此关联的成本、工艺流程、技术手段、管理水平等都是可实现原则的基本要素。

第五，意义原则。通过系统设计，使产品容器形成独有的形态特征，借助造型表现逐步建立象征意义的内涵，提高识别度、美誉度、认同度。

酒容器形态设计应与流通环节相适应，这种适应是指产品销售展示环境和产品被使用的环境，并从这两种环境中获取关联信息，与之对应展开容器设计，检讨符合系列信息的有效内容，同时特别关注所反映出的文化特征。由于不同的时间、使用对象、针对的区域，不同民族的产品还需考虑接受者的民族情感、风俗习惯等因素，使不同时期的产品反映出历史阶段的思想观念和文化内涵。

酒容器在大众印象中已固化为一种特征外形，圆柱形上连接一段小圆柱瓶颈，下部大肚囊，似乎所有的酒瓶型都大同小异归属于此类。特别是酒容器从礼器中逐渐分离出来具有专属使用功能之后，这一造型从古至今形态变化不大，究其原因，三个因素决定了酒容器造型的基本原则。

第一，酒容器材料选择的局限。因为内容物是液体，灌装方式是从上至下进行，而且酒液有较强的腐蚀和挥发性，其酒中的芳香成分极易流失，所以对制造材料有特别要求，瓶口的封闭必须严密结实。显然瓶口的口径越小，封闭就越容易，反之口径大，封闭就更困难，密合度也差，这一要求显然需要一个小口径的灌装封闭口在容器之上，也符合长时间储存和运输时避免酒液外泄的要求。

第二，使用方式决定用手握住瓶体倾倒酒液时，需要有一个倾倒缓冲区，以便控制流量，同时也避免停止倾倒时瓶口大量酒液溢出瓶外，瓶颈的长度就是这一功能需要。瓶体的大小与使用者手的尺度有关，单手能握住瓶体是前提。而容量的多少也是以人的手握力度来决定，普遍的计量是以常规餐饮一桌人来计算，每瓶基本是 500mL，酒精度多以 52%voL 为设定，酒量大者另当别论。

第三，制作成本是容器设计的重要指标，大量的瓶型以圆形为主，是因为圆形在制造过程中具有最容易成型、收成率高、防冲撞力强等特点。而圆形中又以瓶体与瓶颈渐变造型为最好，因为整个瓶体在承受压力上有均匀分散力量的作用，瓶体在吹制中玻璃溶液成型均匀度好，厚薄一致可使退火时冷却玻璃的应力消减，避免日后玻瓶冷炸。

酒容器的选材是设计的重要考虑，有玻璃、陶瓷、不锈钢等（后两者有较大的缺陷，不宜大量制作和推广）。玻璃材料的选择率在 90% 以上，原因是玻璃的特质显示出优越性，玻璃成型精准、不易变形、透明度高、耐腐蚀和易回收再利用。但玻璃又受到成型模具和工艺的限制，使设计造型相对单一。例如，把一个酒瓶的颈部加长，马上就会导致玻瓶成品率的下降，因为玻璃瓶在生产中有一个退火过程，是在不断运动的传输带上，此时玻料还处在软化状态下，极易受到外部的震动或自身瓶颈部分的重量的影响而倾斜，变为废品。再如把瓶体设计成方形，瓶口与瓶颈部分又必须设计成圆形，这是基于瓶口封闭的需要。因此上圆下方就出现结合部，这一部位的玻璃液料在模具中不够流畅，在瓶体肩部易出现锐角，壁薄易碎。一定会有人想为什么不设计成异形，可实现造型的丰富。原因是玻璃加工的方式更多时候受制于玻璃模具开合方式，脱模的流程及难度局限了造型。这里还有一个限制，玻璃瓶的成型过程都是在高温下进行，很难采用辅助手段加以修正。但随着模具技术与智能设备的引入，必然会带来更多形态变化的可能。

选用陶瓷作为酒容器也是传统做法，特别是生产企业长期储存酒液，陶瓷容器有其他材料无法比拟的优点。大型陶坛由于泥土烧制使表面结晶中有很多微小气孔，其粗糙的内壁可以吸附酒液中的杂醇，使酒体更合体醇厚，受到大多酒企的喜爱，成为主要的酒醇化容器。用陶瓷制作饮酒器也广受欢迎，陶瓷的温润质感与酒的酯香合二为一，可谓妙不可言。其作为储运和销售容器则受到一定限制，原因是一次性消费的容器很难进行包装循环利用，陶瓷又无法自然降解，大量的使用会给环保带来巨大的压力，制造成本相较于玻璃要高。而少量且高端，有收藏意义和纪念性的产品多采用陶瓷容器，备受大众喜爱。

正是各种材料的制造工艺局限，造就了瓶体外形的大同小异。玻璃还可以有直线挺阔的形体表达，而陶瓷几乎无法做出有锐度的边线，这与材料及工艺本身限制密切相关。因此，酒容器造型审美首先应该建立在对材料与工艺的了解熟悉基础上，借助其特点而发挥，技术美感的充分调动是其手段之一。

三、当代酒器包装文化及艺术性

俗语说"好水出好酒"，我国优质白酒产地多集中在水质优良的地方。酿酒与当地水资源及气候条件有着密不可分的关系，这与酿造原料在发酵制造中，酒窖微生物催化粮食糖分的湿度、温度、土壤酸碱成分有关，也与各种粮食的配比关联，与地理环境及生活习俗更不可分割。如贵州茅台、四川五粮液、剑南春、泸州老窖、山西汾酒等都是名泉老窖，但各地酒品质和风格口味却大相径庭。

"格"是品评好酒的重要指标，因此知名品牌比较关注风格特点在包装上的反映。而大多品牌则忽视这些，缺乏对自身"格"的关注与梳理，长时间以来，从包装中分辨不出某类酒的独特风格特征，这与众多企业对自身产品"格"的强调不够，甚至对"格"的理解也很肤浅有关，忽略了长期培育市场重要性的考量，同时也反映出向内审视和产品文化自信心不足。包装设计上喜欢跟风，东拼西凑，随意变化包装发展的文化脉络与特点。特别是部分酒企管理者以自我好恶为标准，以庸俗之偏见指导酒器包装的设计，可想而知市场中劣质包装的出现不足为奇，甚至还有抄袭和假冒行为存在，更谈不上酒器包装的个性化和艺术性。随着社会的发展与市场竞争的加剧，特别是产品同质化呈现得愈加强烈，包装的差异和自身风格成为市场竞争的有力武器。利用艺术的感染力来区隔其他同类产品，建立属于自己的格调尤其重要。所以在当代酒器包装中，能将前面提到的个性化、地域化、民族化、人性化、艺术化的特征做得较好，才能够在酒类市场上占有一席之地。

由于白酒分各种香型，有酱香、浓香、清香、药香、兼香型等，因此不同类别的酒本身就具有不同的特质。产地不同、气候不同，甚至酿造的粮食类别和比例也不同，这无疑给设计的个性化和差异性提供了优质的素材。差异化可以是设计创意的、平面的、结构的、材料的、技术的，还可以是特殊工艺的。

艺术感染力是指酒器包装的整体感觉，给人一种态度和情绪并创造愉悦和轻松，是以情感介入，将之转化成视觉语言在包装中的表现，让接收者容易亲近，产生认同和美誉感，实现消费文化上的价值与意义。把人们追求的精神渴望在造物中以艺术形式体现，使物质内涵带有文化艺术气息。好的酒器包装首先表现出设计者的艺术素养，驾轻就熟的设计语言及所掌握的关联技术能力，理解市场营销及市场环境和消费者的需求，这就是设计预设的前提与条件。下面不妨来解析两个具体案例说明此理。

例如，剑南春酒器包装设计之初，明确产品市场等级和中高档价格定位，努力使设计准确有效传达信息并建立普遍好感。为此需要刻意模糊高端与低端包装之间的界限，尽可能让包装物超所值。从盒形结构中找到普通卡盒的痕迹，但又创新使人眼前一亮，即在其中又在其外。瓶型追求个性特征，力争酒类产品中造型的唯一性，让酒器包装能够张扬自我。以期获得商超货架上的展示性、新颖性、视觉聚焦力以及与同类产品中的视觉比较优势。

为实现上述目的，获取市场基础信息就显得尤为重要，进行田园考察是其方法之一。首先梳理剑南春品牌文化脉络及技术特质，收集其他同类竞品信息要点，深入市场前沿与销售人员交流，理解售卖过程中的核心要素，解读消费者购买理由并进行凝练总结，观察商品展陈中的高低位置、灯光照明、周边环境。继而测试包装视距及色彩辨识度，名称、字体、大小、认读性、文字风格选择、创意构思新颖点等。从中分析相关要素之间的逻辑关系，并进行全程数据模拟演算，力求寻找到视距内获得最佳视觉效果的各种比例数据，采用量化手段实现理性分析结论，使设计过程科学有效。同时对新材料进行全范围的寻找和研发，努力使设计建立在可实现基础上，创新突破已有的同类产品形象。

为了延续早期包装的市场认同点，保留主题印象感觉，在主视面上以黄金分割将其分为两部分，金色与红色的上下天地翻盖盒形，相较于普通翻盖盒增加一链接面，上下盒体气运相连，使之更具整体感，明显有别于其他同类盒型。而这一区别是为防伪。工艺利用全纸折叠成型，模切设计，全开纸，防窃险，开定制纸先河，且获得国家专利。主示面上借用唐代宝相花纹，虚化在红色之中，既增加了画面丰富性又统一于整体之中，字体大小和长短求变化中的节奏，添加包装的丰富内涵，力图展现具有唐时代审美意趣的样式。盒子两侧用镭射定位纸将唐代酒器渲染出立体特效，更明确酒器的历史性及唯一性，[1]借此法也让消费者易于识别全息立体防伪符号。包装追求简约、明确、有效的视觉效果，使消费者感觉既有大效果，又有耐看的细节，最终赢得消费者的好评，在市场竞争中持续走红20多年至今，成为中国酒类市场第一大单品销售酒器包装。可见酒器包装的艺术性应该是可感知和具体的，对于普通消费者而言是有效的，用艺术手段来帮助实现多重效益，否则感染力无从谈起。酒器包装展示重要性是远看简约醒目，近观丰富有内涵，制作精细凸显质感，协调各种元素发挥艺术语言的魅力，是把握酒器包装物超所值的关键所在。包装的"简"不是放弃一切，"繁"也不是堆砌更多，其中需要视商品具体环境而寻找一种平衡。商品属性的语义外延往往决定元素多寡，美的调性有时就在"雅"与"俗"之间，由于商品无法选择消费者；反之，消费者可以选择商品，这就让审美要素不得不两者兼顾，以求得到市场的普遍接受。

再如水井坊酒器包装设计。最为突出的就是突破瓶底的内凸，采用低温烧花工艺，将产地锦官城六处景点以帛画形式印制成低温贴花纸，将其烧制在瓶底内凸井台六面，当圆柱瓶盛满酒液后，凸透镜原理将图形放大，清晰的绘画浸润在酒液之中，该效果于当时属国内外首创，形式新颖。消费者眼前一亮，形与意契合在"古井台"上，通过对历史文化的萃取而演绎出水井坊酒器包装。这些做法正是以艺术的创新思维来吸引消费者，创造视觉亮点，使其过目不忘。因此，酒包装上强调艺术性，准确、生动、独特的视觉语言是传达文化主题的有效手段。

酒器包装在市场上除去有辨识度和个性外，还需要有地域特征。我国白酒的销售范围广泛，但是很多酒器包装都缺少明确产地，或者不够明显，体现不了酒文化的地域内涵。这就丧失了酒器包装上最具特色的符号。个性是凸显产品与众不同的地方。产品与包装越具有个性、地域、民

1　产地出土酒器，现藏于剑南春博物馆。

族、人性才更具有国际接受度，因为国际化是多元与差异。使更多的人在消费商品时产生不同的文化感受，扩大对异域文化的比较和接纳，也是地域差别最具吸引力之处。如五粮液酒的广告不断讲"我住长江头，香了一条大江"。而剑南春直指剑门关之南，包装上的器物图形选用来自本厂博物馆（本地出土），汾酒包装盒上"牧童遥指杏花村"的图像，宋河粮液包装上的《清明上河图》，皆有体现地域特色的图形符号，容易被识别记忆。特别在品牌广告传播中，大型酒企也常常使用地域符号来强调产地。茅台酒与郎酒不停地讲述发生在赤水河左右两岸的故事，而苏格兰威士忌则滔滔不绝地述说酒产于苏格兰高地。

　　酒器包装的设计，体现了当代酒类商品的审美水平，也折射出消费市场的大众审美价值取向，它的演变与更迭受社会整体意识观念的影响，其他艺术与风格也会带来冲击，特别是受外来艺术新潮影响至深。当然更普遍的还是基于传统迭代发展而来的文化选择，具有强烈的民族文化色彩。大多数设计简约朴素，构思巧妙，却能让人感知到与众不同的气质。然而有些品质一般的酒器包装，试图以华丽的包装来混淆消费者的判断，这类包装喜欢用各种贵重材料，金银高光、视觉元素混搭、造型浮夸、色彩无序，甚至大量运用塑料电镀工艺，眼见金碧辉煌，但制造工艺粗糙，质感低劣，这也反映出设计与生产者品味的缺失。更有甚者拿市场上几个酒器包装进行组装，一看就知是拼凑，毫无整体之言，更无创新之说，只是仿造和剽窃，其结果肯定会被市场所鄙视。这一现象的普遍存在有其内在原因，多数时候是设计过程缺乏逻辑认识，设计者主观臆断，对设计本质及使命缺乏学习，以所谓的好看来判断，加之对"美"的解读又不够深刻，喜以自我为中心来做出所谓"艺术美"的酒器包装。另外不少酒企负责人肤浅的市场美学认知，对设计学的科学性缺乏了解，内心总放不下权力表达的意愿，往往以自己仅有的审美能力来决定酒器包装的好坏，无疑也迎合了这类设计的产生，其结果必然被市场所拒绝，这就是很多酒器包装叫好不叫座的根本原因所在。

　　其实审美需要有度的把控，而"美"有其自身的标准和理由，不能借口由于市场原因而放弃审美品位，因为设计是为人服务的，而爱美是人的天性。市场需要有品位来推动而改变，设计应该担当和引导审美的责任，用品位及审美去创造新的市场，改变庸俗的酒器包装形象。其实相同的材质与工艺在运用上也大有讲究，完全能够将艳俗改变成雅致，关键是需要设计者的睿智和生产决策者的胆识。简朴的材质也可使包装出彩，20 世纪

90 年代初，三星堆古酒容器就被设计为青铜面具，还原三千多年前的神秘模样，其设计巧妙利用青铜凝重、狰狞、威慑的精神属性，再把先祖们对上苍的虔诚与期许采用传统青瓷工艺烧制，将青铜人面具造型复刻于瓷釉上，温润古朴，形神沉稳。材质也未刻意复杂，朴素的青瓷配以 E 瓦的纸盒，平面视觉还原青铜像实物照，既神秘又唤起探求的欲望。每当人们品饮美酒时总有视觉印象浮想联翩，怀古悠悠之情油然而生，合着思绪品味酒中的奥秘。而饮酒后的容器与包装放入家中酒柜或书架，又走进了现代生活，成为一种闲适的摆件，不失为一种历史回望和雅趣。由于设计为系列包装，各种造型系列将古人的创造——排列，组成了大小、高低有序的阵营。由于创意独特，产品投放市场后颇受欢迎，甚至出现了"买椟还珠"的故事，时至今日还是当地炙手可热的旅游产品。由此可见设计并不以堂皇华丽取胜，而是文化与品位、历史与自然、格调与审美共同兼具才会有生命力。（图 3-12）

图 3-12　三星堆古酒容器

包装上设计除必须的信息内容外，美的形式与内容当为主要考虑因素，应该尽量单纯简洁，不宜元素过多，以便将注意力集中于主题内容。但当下的很多包装效果似布景一般，总有一种装腔态和一股塑料味，缺乏自然生长的结实和原生态感。多数设计缺失原创的文化依据，几度转手，失真、假想、媚态、虚拟、拼凑，不恰当的奢华，甚至极度夸张而显得病态，这些现象应该引起大家的警觉。

　　总之，庄重、朴素、不过多雕琢和粉饰的酒器包装风格为大多数人所欣赏；而珠光宝气、金玉其身的酒器包装，往往因装饰过度，适得其反而不为消费者买单。虽然朴素并不是唯一的审美标准，但一定要有品位格调，这种格调就代表着商品的个性，而艺术性又必须具有个性，两者互为补充和证明。酒器包装虽然看似为商品服务，但接受与使用的对象是人，因此，更应该具有艺术品的气息，满足现代人渴望获得精神意义上的观照。包装应该有鲜明的时代感、市场性、艺术性以符合当代人的审美品位并起到引领作用。

四、酒器包装设计的趋势

　　纵观我国目前酒类市场和酒器包装现状，可以发现酒器包装设计的发展趋势。

（一）包装设计故事化

　　包装不仅需要各种构成元素及色彩，更重要还需建立一个概念，以及诠释概念的故事。人类大脑最容易理解的是有固定形、形象化的信息排列组合，就是为了利用故事来影响他人，而故事又是每个人孩提时认识世界的初始。建立故事内容也是帮助消费者从原初的心理情结开始，让购买者对商品背后的内容溯源，从中获得对应的需要，或唤起对过往岁月的向往，或是一段不能忘却的记忆，总之要考虑给消费者留下点什么东西。当然故事应该真实和吸引人，而且是感情性的，具有普遍性意义，还应该有趣和可延展。故事需要有基本的逻辑关系，才能以理服人而被大众所接受。这种设计绝不是以连环画形式来展示，而是可以贴近大众，使用通俗语言来讲述，插画也是表达形式之一。

（二）新材料复合应用

　　当下的包装材料丰富多彩，琳琅满目。利用材质相互之间质感对比，是提升包装审美性的有效手段，是追求不同变化的有效路径。材料肌理效果强化了设计的语言，此方法有不少成功案例。

　　如"东方红"酒纪念版酒器包装设计，源自特殊的文化价值及内涵，设计从造型、材质、色彩、寓意等方面都有充分考虑，投入较多时间研判其特殊性。为使该品牌设计在同类别知名酒器包装中脱颖而出，独树一帜的风格和卓越品牌价值需被明确展示，设计首先要显示出造型与结构的新颖，让观者眼前一亮，最终变为渴望拥有的情感。面对"东方红"这一主题时，相信经历过特定时期的所有人都会在心里有所指向，一个严肃甚至伟大的概念会自然生成，由此设计创意更需要严谨与时代对应。

旭日东升是大众普遍能感知的，喷薄而出的红日越过万水千山，大气磅礴才够得上"东方红"的气度，酒器包装表达的中心就围绕这一主题展开，整个色彩调性无疑只有红色，其中又需兼顾色彩的不同明度及固有色系的延续。视觉上大红自然渐变至深红，分别出几种不同层次的变化，从柔和到沉稳的渲染，寓意酒的陈化老熟，让时间来见证不言而喻的厚重，给人一种视觉唤醒，让人想要拥有。一幅气势如虹的画卷中，金色的"毛体字"潇洒凸显正面，即在其中又在其外，起到画龙点睛的作用，其意义更胜于画本身，准确、洗练勾勒出不同凡响的文化气场。可见轻奢中的品质与自我。包装的开启采用对角旋转，小角度带有期盼之感，展开后酒瓶端坐于台基之上，稳重而庄严。内环背景采用高反光材料，将瓶型重复投射在盒壁上，幻化出一种多维效果，贵气典雅。

"东方红"酒容器采用喷釉与贴花纸结合工艺，瓶上的日出唤起无限的遐想，瓶盖简约的红旗造型更具时代意义的象征。烫金文字在类比色之间与亚光图形产生质感对比，既突出文字的识别又统一协调，点明品牌称谓外延的意义。放置于光线不强的展示环境，也可借助材质的特性产生的反射光来引起注意。包装整体庄重又不失灵动之感，内凝力聚于中心，围合展陈效果内外呼应，体现出深邃与唯我独尊的霸气，整体调性的融合恰到好处体现了纪念品的属性和价值，一经投放便被销售一空。（图3–13）

从这个案例中不难看出创意的精准定位、主题的有效诠释、色彩的巧用及材质互补相融，才能够完全取得最佳的视觉及市场效果。可以预见随着新消费人群的不断涌现，特别是年轻消费者对新奇创意和色彩更具敏锐和刺激的需要，必然对设计带来新的挑战，如何有创意地使用好色彩及材质是一个可持续研究的课题。

（三）绿色环保再利用

酒器包装除去保护商品及信息传达功能外，还兼具产品的自我促销功能，广告语基本上会出现在包装上，借助展陈的视觉冲击力影响消费者，促进市场更大的消费。但消费的增多也带来负面问题，如加快物质使用循环的周期，对自然资源及能源的耗费也是巨大的。因此，酒器包装整体而言是一把"双刃剑"，正向而言对社会发展及物质生活提升产生积极作用，

图 3-13　东方红酒器包装

不断推动经济发展及科技文明的进步，带给人类更多的物质与文化享受，另一面则大量使用自然资源从而导致资源的减少及浪费，助长市场过度消费，必然影响到人类文明对物质的过分依赖。辩证看待包装对社会的价值与作用需要使用客观与公正的态度，它与可持续社会发展的立场和观点息息相关。充分再生利用酒器包装，用极少的包装材料实现极大的商品功能，将使用后的酒器包装分门别类回收再利用，既是设计者的责任，也是商品生产者的社会担当，更是全人类共同的义务，因此酒器包装未来的发展必须建立在绿色环保和再利用上。

（四）智能与精细化

随着基础材料获取的愈发便利，酒器包装的制造与技术不断进步更新，特别是智能制造在包装产业的广泛运用，使得关联技术齐头并进。从新材料加工到各种印刷工艺更迭，从包装结构到减震功能，从模拟材质感到技术美学都强化了酒器包装的展陈和互动体验效果。智能芯片嵌入包装内提供了自动识别的功能，从单一产品的身份辨识到组合成箱的堆码和储运，完全排除了错码与串货的顽疾。同时溯源及运输的持续跟踪变得易如反掌，生产全程自动化及机械手减少了错误率，同时也降低了生产成本。玻璃容器则从手工吹制转变为行业机械化大规模自动生产，精准恒定温度，智能控制的精准使得容器口模标准，酒液满口线一致，密合严实防窃险。

　　陶瓷酒器也步入全自动化制造流程，烧制温度及标准可准确控制，窑变的概率降低到最低。特别是干膜压瓶口的粘接技术，解决了陶瓷瓶口数千年的窑变，更容易实现与金属和塑料瓶盖的完全密封。瓶盖更是内外二维码对标，不断开发出各种样式，仿制各式材质质感，防盗的创新结构不断涌现。

　　玻璃成分的优选搭配，通透的折光率与无污染环保水性釉料演绎各种色彩和不透明效果。转移印刷及发泡印花纸的微凸，加上各种装饰手法的运用，多种材料的组合会把人与物之间无法言说的感觉联通，找到互为依存的关系。

　　酒器包装从里到外借助科学与技术而变得越来越精细，印制技术上激光定位增强了印刷精度，新型增厚油墨提高了画面饱和度及彩色鲜亮度，触摸手感及视觉张力立刻引起通感联觉，更容易唤起人的情绪与消费欲。包装盒上转折细微的圆弧，使手握有圆润顺滑之感，纸张表面的激凸或哑光膜上的 UV 引出质感对比。让人感受到新技术的力量，同时又为莫名的技术狂热而紧张，或许这就是人类文明前行的兴奋与焦虑，在矛盾中不断求和。

（五）传承与象征

　　传承是人类文明不断发展的重要保证，是社会进步的标志，其意义是传递人类文明的基因，明确自己的社会身份，培养文化自信和民族自豪感，凝聚社会大众的向心力。象征是借用某些具体的形象或事物来暗示特定的人物或事理，以表达真挚的感情和深刻的寓意。酒器包装是大众日常生活中的常见之物，必然需要有特定的意蕴。

　　回溯中国酒器包装设计历史，一直绕不过借鉴，古今中外验证过的好元素与巧思，通过解读、概括、加工、最终凝练成新颖的设计作品。设计师将传统的象征意义与现代审美融合一体，实现消费者的需求愿望，它既要符合现今社会发展的时代审美，又要担负文化传承的历史使命，更是消费者内心渴望的慰藉，这种责任与多维度的关照让设计更加复杂和困难，对设计者素养要求也更高。

　　酒器包装造型在很大程度上受时代潮流影响，随新材料、新工艺、新技术而发展，设计者与消费者共同决定审美的选择。由于传统文化植根于每个人的观念中，无论是有意或无意都会在日常生活中流露出自身文化的烙印，这就逐渐形成对原有传统器型的眷顾，加之器型非功能性特征在演变中被删去，流传下的器型基本无法更改。即使是刻意改变酒器的样貌，也必然会在功能和习俗层面上屈从于原有形式，其中象征内涵占据主要地位。从历史上看，士大夫及文化人渴望有文化气息、浪漫、典雅、曲线柔美的酒器。官宦人家则多选体量大、硬朗、贵气、象征意义浓厚，具有强烈身份感的象征意义酒器。普通百姓大多喜欢高光、繁复、艳丽、寓意丰富、曲直相间且廉价的酒器。这一喜好特征从古至今都可从器物造型体量、材质选择、工艺水平、象征意义等对象上得到印证，在装饰上多以动植物象征、器物象征、图腾象征、神怪象征等为切入点。外观一般借自然之形赋予象征意义，时有利用汉语谐音来祈求吉祥之意，这与当时的生产与生活质量以及精神寄托有关。而今由于生活环境与物质的改变，具有象征意义的物质环境发生了变化，年轻一代生活富足，内心向往不同于先人与前辈，更多时候更关注超现实的寄予，这就必须合理地处理好象征意义与产品内涵之间的直接关系。时代语境发生了变化，如以"玉玺"为造型来象征权威与高贵就显得不那么恰当了。在创新方面，酒器包装设计需要结合现代的设计语言、材料和工艺，注重形式与功能的结合。而容器创新首先是建立在设计与制造工艺的可能性基础上，模具及脱模方式的变化成为先决条件。随着信息技术与智能化的技术手段发展，模具加工的精度与难度大关被双双突破，多瓣模具加工也变成常态，容器的多形态、精巧性、有趣性都是今后一个时期的发展趋势。对于酒容器表面工艺的处理手段和新技术更是层出不穷，今后一个时期具有个性和美感的酒容器将会不断大量涌现。传承与创新，精神寄予和象征都是大众所需，因此酒器包装设计要认真思考此问题。

（六）结构个性化

随着社会经济的不断发展，物质条件的富足，人们的精神需求也越来越高，消费者除对白酒品牌有选择外，对酒精度、容器、容量、产品外观设计（包括质感）甚至口感都有个性化的需求喜好，酒器包装结构设计也更具个性化和风格化。新颖的酒器包装可以创造新的消费文化，而白酒本为情绪化商品，对应消费者的情感诉求具有恰当和适应特征。个性化首先体现在包装结构的外观形式，结构的改变让消费者感受到新奇和趣味，借助包装来达成自我观念主张，暗合消费者内心世界的某些想法。除去结构合理与创新就是整体构思的新颖，相较于一般设计有不一样的深邃和巧妙。创新结构这类设计对于设计者而言是巨大挑战，它检验着设计中对各种材料性能的驾驭，加工技术手段的掌控，酒产品知识的了解以及新技术的运用及巧思应变。优秀的设计必须综合考虑包装实物置于市场环境中的展陈，能够被触摸和检验使用状态，最终创造具体的经济价值，为企业赢得双向效益。而一般设计只是平面的视觉追求，开启方式平淡无趣，创新也只是停留在概念阶段。酒器包装设计是一个系统思考过程，常思其变才能创造视觉亮点。盒形上下结构与翻盖的连接方式，卡口细微的尺度收放以及盒底锁定的强度，结构连接与防伪假冒，盒型整体的紧凑度和结实感等都是检验盒形创新的技术关键。缺少经验者常常不太关注结构，大多数时候是在调整如何好看，如何"酷"。在众多设计创意竞赛中，我们经常看到不少大胆和"炫"的作品，它们在市场中却几乎不见踪影。究其原因此类设计只是一种概念及形式上的设计，有些完全无视制造环节的可能性，异想天开，只适用于纯粹的展览和作业游戏。还有一类设计就是以自我为中心，不考虑设计的利他精神，只把自己的想法宣泄出来，欠缺综合平衡的把握，注定不会被市场所接受，上述设计明显是设计立场出了问题，消费者绝不会为此买单。如果只考虑到"我想怎么设计"，建立自己所谓的风格，忽视了消费者的想法，把一切创意都建立在自恋基础上，一定无法成为真正的设计师。现实中常有"好看不中用"的设计，无法在现有的技术条件下实现，部分材料效果只是概念，设计效果图与具体的产品相去甚远，由此可见设计不是一厢情愿，设计的核心目的是服务。设计的创新谈何容易，"鸟笼子里面开飞机"道出了设计者的根本。在世界范围内常用的酒器包装结构大致也只有十几种。由于材料与加工技术的限制，结构变化很难实现根本性改变。也正因如此，机遇与挑战性共存，一旦突破便是精彩。

　　包装的成型方式是指结构构成与模切，关乎内容物的防震、防潮、防撞击和防承压等。包括盒型结构的开启方式，依据不同类型的瓶型进行各种卡扣锁定结构设计，减少因运输的震动而导致的瓶型移位和破损，同时变换出形式多样的新颖开启，打破常规化的习惯样式，增加消费前的好奇心，助跑并创造消费仪式感。同时使商品展陈更有特色，强化美感。结构还是包装防窃险的重要一环，防止包装假冒和被重复使用等问题都聚焦于此，如锁定结构设计，既可锁住开合之处，又可保证一次性打开且具破坏性。合理的结构可以使包装的外观更坚挺，承重能力增大，运输和存储堆码加高，节约材料，提高储运空间效率。

　　包装内盒附件是不可忽略的组成部分，根据容器形状所增加的固定方式，以防震、防潮、承重等保护功能为主，多采用纸材、塑料、泡沫、珍珠棉等材料。特定的产品设计配有专用开启工具（如陶瓷瓶盖与陶瓷瓶的连接）、使用说明书、品酒所需酒杯等。礼品酒或纪念版产品还配套有馈赠物，包装常常还需留有一定空间放置礼品，形成一整套组合装效果。

（七）简约与空灵

从繁至简已成为包装设计的必然趋势，当然不排除刻意追求繁复的少数现象。人类文明的发展始终以螺旋方式迭代进步，"简"与"繁"是循环的两极。从简到繁是社会物质文明匮乏到丰富过程的写照，开始的"简"从本质上讲是粗陋的。后续的"简"则是丰富到一定程度后产生的一个飞跃，是再次循环往复，质量上发生了很大的变化，多元文化碰撞是其背后的推手。从形式上看"繁"是民族文化及审美长时间沉淀的视觉结果，它与人们生长的自然与人文环境相关，是人们置身于自然环境中对所见所闻做出的一种反应，具有阶段性，是将认知的事物进行筛选后而表达出的方法过程。因为要想表达的东西很多，通常都以感性的方式不断添加符号，使得越来越复杂地来述说自己的理解，甚至通过特殊的符号解释抽象的含义，形成大众可视的精神意义符号。而长时间接受又会使大众产生视觉疲劳，总是渴望不断有更宽泛的创新和形式，经过多轮的反复又会呈现出"简"的形式，当然这种"简"更具有内涵。

从消费心理学角度来看待当下各种物质的诱惑，不同人群会有不同的反应，缺乏物质购买能力者大多会调动心理补偿机制，将对物质的渴望以其他方式来消解，就如普通百姓东西丢掉后，常言"舍财免灾"，甚至放弃某些心念，将复杂不断自我内噬而获得慰藉，这种心理的放弃也反映出精神层面选择"简"的必然，不想和舍弃也是一种"简"的表现。而另一种"简"是因为物质丰富后选择过多，人们渴望简单的生活，希望精神的富有超越物质的拥有，就社会普遍大众而言最好的安慰剂就是追求"简"。

在信息大数据背景下，信息汇聚速度成倍率增长，而人类也必须以固有的肉身来面对，疲惫和劳心成为现代人的基本常态。视觉信息的接受量也在承受着来自高度发达的工业文明所产生的物质世界影响，各种高光材料、电视视频、城市灯光、玻璃幕墙反射、金属折光、霓虹灯广告，还有巨大信息量的手机不断影响，必然就会引起人的自然反应，不同的人群会分层产生心理的拒绝或反感，但普遍具有趋同选择，这也预示社会发展的必然趋势。随着人们意识的改变及消费观念的更新，大多数人渴望追求一种田园式"返璞归真"的生活环境和人文关怀，对现代工业文明产生一种自然抵触。同时社会整体意识到环保的重要性，对过度的创意和表达也开始厌弃，选择合适的方式来构建轻松有质量的生活，追求简约，及时调节人的疲惫之躯，解脱不必要的烦劳。无疑"繁"与"简"在视觉设计中因其内容所需而定，这是一个基于以人为对象的平衡。"简"一定是有内容的形式，其难度往往大于"繁"，原因是精炼和萃取的减法往往比加法做起来难度大。在一个有限的包装平面设计中，"简"与"空"相互之间各自诠释着不同的意味，前者大多数时候是在解释视觉存在，后者则刻意在唤起精神上的空灵。留白的目的是借以提高主题显示度，留给使用者更多的遐想，省掉不必要的多余元素，将主要关联元素相互建立起视觉逻辑关系。所谓"空灵"，是观者自由想象的空间，也是包装设计唤起联觉的目的，是生命存在对视觉意义的介入，可见增减之难往往困住设计表现，更考验着设计者的理性思考与感性表达之功力。当然繁与简不是绝对的，是基于需要和理解、场域和对比后的再思考，不同时期和使用对象不同都会有所选择。"简"不仅是心理与意识的满足，它也直接影响到现代酒器包装设计的当下与未来，因为大众更加关注实用、经济、环保、有品位、体现人文精神，而且包装的体量与内容物之间的尺度也更紧凑，拒绝夸大和过度，这一态势也成为世界范围内的共识。我国 2023 年起实施限制包装过度法案，禁止过分和与社会发展不友好的包装形式出现，"简"将会是未来一个阶段的主旋律，包装强调环保作用是发展趋势。

（八）色彩多元化

色彩在视觉识别上具有明显的优势，远距离的目标主要以色彩辨识来判断，在白酒包装设计上色彩运用也相当重要。包装设计是市场营销的一个重要组成部分，而色彩是商品形象的外在表达，是内有物诱发猜想的引信。色彩设计刻意安排类比关系，让两种以上色彩并置于一个平面中，形成互补和对比，甚至是对抗来达成视觉记忆。利用色相明度、面积大小、饱和纯度、补色交叉等手段来实现整体平衡与协调，进而让消费者找到和谐之美。

色彩对于品牌整体形象提纲挈领，长期固定的标准色是品牌被认知的重要因素，消费者往往通过辨别色彩就大概知道何种品牌，因此大多名牌酒企包装都建立起属于自己的标准色，如五粮液红、茅台金、剑南春红、洋河蓝等。随着社会消费方式与商超模式的不断扩大和发展，自助式消费已成为购买商品的主要形式。包装的自我促销功能就显得尤为重要，使消费者在不经意中被吸引，唤起无意识购买行为。因而在白酒包装设计前，对色彩规律和色彩的信息加工以及色彩的工艺性质应作销售环境测试，熟知光照度、色温等数据，对应和掌握不同材质上变化的规律。酒作为一种特殊商品，有各种角度的意义解读，其中蕴含的色彩表意极其丰富，这给设计者与消费者都提供了一个各解其意的舞台。如若在包装色彩上进行突破并对应需求设色，定会满足求新求异人群的喜爱。市场上有不少酒包装刻意改变传统固有的色彩倾向，收到了一定的效果。这也预示着不断变化的消费人群、商品的跨大区域流通、风俗及气候环境条件不同，势必会影响到人们对色彩的好恶，社会整体文化水准的提高也会影响到色彩的选择，特别是年轻消费群体的形成，更促进色彩选择的丰富与多元。

值得一提的是，无论社会发展到哪个阶段，民族传统文化的烙印是无法更改的，这是民族文化长时间浸润的结果。因此，在包装上红、金搭配是永恒的主题。它反映出中国人对主客观世界的根本认识，代表内心的向往与渴求，也是未来酒包装色彩审美发展的持续趋势。

五、创新酒器包装之文化意义

酒器包装设计属更迭频繁的一种创新活动，无时无刻不融入在文化影响及各种变化的形式中，具有较强的经济属性，服务于市场经营及商品消费。但它又归类于艺术范畴，带有技术与艺术跨界交叉的特点，其优势表现为信息传达与文化审美形式的外在呈现。由于这一特点，它记录着不同时期的文化现象及社会文明实况，甚至包含着各个时期大众日常生活的思辨及习俗。通过对传统酒器包装的解读与研究，可以从一个侧面窥视人类文明原本在地性及延续的缘由，梳理出文化变迁及习俗形成的机制及外部环境影响要素，以此来强化对传统文化传承的自觉，提高对民族文化的自信心。

纵观所有传统艺术特点，都会发现自然流露的脉络特征，历史上的艺匠们有意无意都带着文化浸润之躯进行造物，有无可更改的烙印。其实这也是文化自身的肌理，无法被忽略或刻意来决定，文化就渗透在我们的日常生活中，理解和强化文化内涵以展开酒器包装设计无疑是首要任务。今天看来历史与当下具有跨时空之距，但又互为兼有，先贤们所预言的可能事物，时至今日都逐一呈现，显然历史的发展有其自身的运行规律，它以螺旋方式不断向上生长，谁也无法更改其方向，这也势必直接影响到设计的文化性。因此，要提升酒器包装的文化含量，唯有不断向全人类先进文明学习，扩大设计格局与视野，兼收并蓄各民族文化的精髓，以期获得更多滋养来生发新意，这也是新时代设计者必须面对的课题，它既美好又严谨且充满挑战。

当然设计中会显现出各种交叉复合的式样，甚至会有视觉新旧混搭的效果，既在传统之中又在传统之外，我们无须惊诧与紧张，因它是建构新一代设计文化的开端，是创新的必然尝试，历史所赋予的使命让今人无法回避。为了更进一步阐明此观点，下面有必要对一些具体设计案例展开剖析，实证设计再造可以产生的重要文化意义，同时也可了解酒器包装以传统文化为出发点而进行的艰辛设计旅程。

"水井坊"品牌酒器包装就是一个最好例证，1998 年 8 月，成都全兴酒厂在改建曲酒生产车间时，意外发现地下埋有古代酿酒遗迹，经大量出土文物考证，判定该地为元、明、清三代川酒老烧坊的遗址。据此佐证"前店后坊"样态的历史面貌。该地位于四川省成都市锦江区水井街南侧，成都市府河与南河的交汇点以东，水陆交通便利之处，现为水井坊博物馆。

天赐企业机缘而提供绝佳产品开发文化基因，但如何有效利用和彰显这一历史价值？如何把文化概念转换成视觉形象并塑造为品牌？无疑企业聚焦到了历史文化的激活与包装创意的突破上来，期望借设计来创造品牌形象的全新爆点，实现经济效益与文化意义的双重价值，在激烈市场竞争中独树一帜，将历史文化价值转换为市场的经济效益。

"水井坊"酒容器创意灵感受到传统文化的启迪，以中国传统鼻烟壶的艺术特质为鉴。其材质独特、精巧、通透、可把玩等特点都与酒器有相似之处，而鼻烟壶上的绘画形式转移至玻璃酒器上未有先例，显然这是一个极具创新的构思。古代酿酒场景及市井生活图无疑是最佳主题，提供酒酿工艺内容及环境的联想导图，这种直接的视觉图形最容易被大众所识别接受，产生对酒的更直观感受。

玻璃由于透明折光反射，瓶体构成多个视觉维度，正面与反面转折边界看起来似乎一样，角度不同也易变形幻化，多个面图形易造型混乱不清晰，完全不同于鼻烟壶的单面装饰。于是设计考虑采用线描涂底，遮蔽部分透度来弥补这一缺陷，使画面融于玻璃之中而得到温润厚重的质感，利用玻璃的晶莹剔透提升画面视觉效果。主体画以成都明末清初时府河与南河街市为背景，将历史过往沉淀于酒中，唤起品饮时的怀旧情绪，遥想久远的故事而将情感借助酒液抒发，来一场时空穿越而让酒与精神合

体。这一概念构想正是受传统文化启发而得到结果，也即设计源由本就来
于过去。

　　设计时首先要建立与酒文化相符合的视觉元素，并支持概念形成内在
逻辑关系。查阅相关历史文献，梳理遗址文化脉络，分析出土文物并进行
"水井坊"遗址的田园考查，同时进行更大范围内历史时期的素材收集。
把特定阶段酒文化放入更宏大的历史文化大背景中去考量，借时间轴来判
断对当下的价值和意义，提炼符合产品文化需要的元素，最终实现文化概
念的具体物质转化，并于其中选取容易被理解的信息元素。如此一来，酒
器包装设计基本有了大致方向和抓手。由此看来创意亮点与突破决定整个
设计的成败，但实施的工作也不能小觑，给予酒器神韵之感，使元素具有
显性特征。这种感性神秘与缥缈不确定性，使视觉要点很难准确把握。而
器物的韵味又难以视觉化，似乎近在咫尺又无法具象，设计就需反映出这
似有似无的意象。简单的"物"才会充满灵动而感人，研究消费者的联觉
体会便成为设计的切入点。

　　中国传统文化中代表万物运行的基本思想是"五行"（金、木、水、
火、土），五种基本自然力量彼此存在又相互制约与调节。而酒的衍生过
程正契合了这一哲学思想，酿酒更是遵循了大"道"自然观。这种作用关
系从认识论角度来看，显然是以微观形态在阐释宏观思想的意义，旨在揭
示事物的运行规律以及转化的关系，强调一切事物都在大统一中具有整体
与局部，万事万物都在不变中求变，又万变不离其宗。酒器包装虽小不起
眼，却也是事物发展变化的局部显现，依然蕴涵着启迪人生的朴素哲理。特
别是它时刻伴随着社会大众的日常生活，不经意间却在影响和改变人们的观
念意识，将这一慢浸润方式置入设计中不失为一种策略。随着思考的梳理与
深入，设计创意便从"五行"的内涵意义向酒器包装具体形式而展开。

　　"五行"是指五种状态和运行方式，普通百姓多以具体物质形态理解，
甚至产生联想。大致可为"金"——金属，"木"——植物，"水"——液
体，"火"——热能，"土"——土地，彼此之间又相生相克。这种简单朴
素的理解正适合中国白酒的解读方式，物质与精神属性契合了这一形式与
规律。用实物来解释抽象的概念，使之环环相扣，强调视觉元素所具有的
象征意义，逐一解释并形成一个闭环思考的整体，让普通消费者也能够感
知道理。让这种阐释方式为设计建立起一种理论依据，因为概念是促成消
费的重要推手，酒正应和了上述作用与转换关系，肯定地讲，这是典型中
国式设计构思。

酒器包装上的元素如何与"五行"联系并转化？利用物质的属性与称谓在感知层面达成一致，让普通人群在视觉识别上有感觉，由日常生活中可见可触摸到的物质来解释最为恰当，它传达出一种合情合理的印象。

"金"是高贵与财富的象征，借黄金概念来延伸其所具有的象征意义，设计时容器的瓶盖采用金属材料，瓶体上的文字则用烫金贴花纸烤制。包装上的图形及文字采用金箔工艺，附件锁扣也选择金属材料制造。而"金"的中性色彩易调和与其他色彩的对比关系，金属质感也增加了酒器包装的品质感，艺术感染力得以强化。

"木"，选用天然木质为包装盒基座，上下结构连接更易于开启，纸盒与木材两种材质有着天然同体的关系，相互无生疏感，且金属锁扣与木质具有良好的紧配合及加工性。当然采用天然木材定会造成某种程度的浪费，还需考虑是否可以被转换和再利用。纯木质会让人产生自然珍视，极有可能在消费后带走基座。材料的选择时常与环保之间产生冲突，显然设计之初就应具备环保的理念，找到化解这一问题的方式。

正是基于这一构想，设计师将单一使用改变为多用途，增加附加使用功能，尽可能让消费者自愿接受二次利用。基座设计兼有二次使用功能，在外形不改变的情况下变成精美的木质烟灰缸，内底贴上防火装饰陶瓷，既增加了用途又赋予品牌更好的外延形象，随着消费者带走而持续成为产品形象的传播载体，变废为宝而成为有用之物。烟、酒两者本身就有消费的关联，让人一见到烟缸就能联想到酒品，一举两得。其实设计就是将视觉元素加工并再赋予意义的过程，每一种材质、色彩、形态都可以诉说一种意义，木质基座的确立是再次注入意义的尝试。在尺度上尽量低矮一点，这有助于减少用料，让基座与日常所使用的烟灰缸比例接近，无须过多解释，一眼便知其用途。多维的设计思考对环保贡献是可以作为的，关键是设计者以何种态度去面对。通过现今市场信息回馈，95% 的酒包装木基座被消费者带走，创意构想变为现实。

"水"与"火"是天然的存在，也是酒的主体，世间万物的存在来自水的润泽，人类生命本体也是水占比最大，水至柔之温和，亦有着至刚之凛冽。它不仅成就了酒的诞生，还让它跨越几千年而不失光彩，给酒染上火一样热烈之本性。酒不仅延续了水的秉性，还被赋予了一种"火"的魅力，酒的自述"水的外形，火的性格"，水火不相容的对立者却统一完美融于一体，彰显出刚柔相济的特征，阳光、魅惑、神秘。

"土"乃万物之母，中国白酒酿制过程中，"土"可以说是白酒得以生成的最基本温床，如果缺失土壤中微生物对粮食糖分的催化转变，白酒就无法诞生，它是酒的基础与出发地，更与地理环境和气候有着密切关系。由此可见，以上五种具体的"物"在形式链中代表"五行"，与酒的内在联系似乎充满了对应和玄意，或许是上苍的安排，也或许是巧遇？但无可更改的是"酒"与"五行"完全契合在一起。当然也可解释为中国哲思的包容与豁达，高屋建瓴的概括都是生活现象的直接反映，而酒器包装设计正需要将这种隐含的意义挖掘出来，实现产品的文化表达和意义。如何运用这些文化要素，又能够恰到好处把握好尺度，取舍选择就显得尤为重要。

诠释"五行"概念与酒的关联，最大特征是它们环环相连且互为制约与平衡，而恰当适度也是酒体本身的精妙之处。人们常说的"中庸"是指一种不左不右、不上不下的均衡状态，也指一种互动关系及处事方式。而好酒也同样拥有这种意味和状态，搭口的温润与酯香，收尾的厚重及饱满，微苦后而甘甜，将各种微妙味觉拿捏得恰如其分，是一种对鲜活生命游历状态的描述，实话说并非易事。酒器包装更应如此来捕捉酒的灵性，敏锐地把一种感性直觉通过视觉语言表达出来，且内外协调一致。好设计是理由植入的完美，设计力道就需"取舍、中庸、协调"，当然这种说法是可以被大众普遍体会和感受到的。

将清各种关系逻辑后，一根无形之线便联串于有形之中，把实体与意义连接起来，使得图形语言具有逐渐演进的依据，继而才能将形式转换成被理解的内容。本书接着展开各种材料特点分析和工艺路线选择，其中造型从选择材料入手。

陶瓷：容易给人感受到古朴与文化气息，大众也习惯于这种材质，几千年来酒容器都可见它的身影，是比较理想的盛酒器。陶瓷与产品文化概念搭配顺理成章，应该是不错的选择。但陶瓷一次性消费会造成很多负面问题，使用后的陶瓶无法回收再利用，更无法自然降解，生产量越大造成的固态环境污染也更严重，对社会和环境的友好性是极大的灾难。试想一个产品想赢得长期市场的认同，首先必须具备社会责任的担当，树立良好的品牌信任度及美誉度，其中产品文化代表着企业价值观的取向，肩负引领社会大众建立起环保意识是设计的使命。面对系列问题，设计必须直面回答，它考验企业决策者和设计者的选择及态度。同时从技术层面看，陶瓷瓶封口严密度有较大工艺难度，生产过程中温度时常很难有效控制，极易产生收缩不均匀的窑变，出现尺寸微小偏差，时常出现瓶盖与口模的渗漏。最终经过利弊权衡考虑，决定放弃使用陶瓷做酒容器。

玻璃：酒液与玻璃透明融为一体，表现浓香型白酒质感最佳的是玲珑剔透的玻璃，并且容器生产品质能够确保一致，罐装生产批量也具有较好的工艺优点，玻璃容器成本单价比陶瓷容器要低，也符合初期成本定位目标，玻璃瓶回收再利用可实现环保。从产品生产系统来看，有效控制产品制造成本，是企业获利的有效途径，同时也会给消费者减少不必要的负担。但玻璃也存在诸多弱点，首先是容器外观易受到模具成型的限制，瓶型很难创造出个性化差异，玻璃质感和体量缺少厚重感及历史沉淀。而基于"传统文化概念"的命题，历史文化的彰显传承应该是设计的突出特征，如果放弃这些原则，显然不符合设计概念定位目标，创意就在这种矛盾交织中寻觅着出路。

上述两种材料各自兼具不同的优缺点，显然设计需要客观并负责地综合分析与取舍，一旦确定后就需要采用设计手段来化解问题。通过多种容器成型材料逐一量化比较，玻璃相对其他材料更具优势，无疑选择玻璃材质是合理的。设计重点转移到突破玻璃材质的工艺局限上，在玻璃容器上建立起传统文化意义的形式和特征成为重点。

酒容器基本以三种形态构建，圆柱体、方柱体、异形柱体，哪一种更符合产品内在属性和文化特点？什么样的造型更接近目标定位？设计一时难以下手，所有创意反复循环后又回到了原点。最终转念一想，何不从商品消费行为过程及消费环境中去寻找，从消费者心理变化与瓶形的内在联系或许可以得到解决路径。

中国白酒多以男性消费者为主，阳刚、力量、结实、饱满都是消费者下意识的渴望和需求，它往往潜藏于无意之中，一旦被发掘和激活必定唤起消费者的情绪。而将抽象概念具体转化成有型实体，显然不是容易之事。经过反复技术比对和研讨，最终确定为简约形，在文化视觉符号上去强化特征、坚持合理成本的原则。借助人机工学原理进行各种形态大小测试分析，最终圆柱形为容器定型，这比较符合传统文化的圆满寓意。体量与尺度考虑到一般人握瓶时的感受，饱满与稳定是否合适，从触觉上找到对称和质感。选择圆形另一个原因是圆瓶在制造过程中破损率低，生产效率高且成本容易控制。但圆柱容器太普通且无个性可言，其形态气质与典雅、古朴的内涵不靠边，无创新与突破。设计就在此艰难沮丧间徘徊。

困境之时，设计者通常会动摇前期确立的概念。其实难度越大的设计，创新的机会也越高，它是一种辩证的关系，需要明晰和笃定的态度。

一种思路行不通时可否调整方向，从常态中寻找非常态，思考慢慢聚焦到一般形式上如何获得亮点，重点从"水井坊"三个字上去寻找答案。以文字的意义展开形象联想，以"水"的字形设计一款容器，两个S圆对合为主体，将上下进行错位，正面看似"S"形，反面也是"S"形，把错位凹陷部分进行局部磨砂工艺处理，视觉上形成中国篆书"水"字的形状和意趣。瓶型出来后，大家都给予了肯定，认为其新颖有个性。但由于造型体态气势感过于软柔、精神气质缺少阳刚与霸气，不太符合中国白酒的刚烈性格，而且生产工艺难度也极大。（图3-14）

图 3-14　水井坊"S"瓶型

这一设计显然与定位目标相去甚远，其缺陷难以修正，经过权衡后最终只有放弃，"水"字创意由此作罢。继而从"井"字上来展开构想，一般而言，"井"的造型形象有多种形式，圆形、方形、六边形、多边形等，人们很容易看到的是井台，且上小下大，而六边形最为印象深刻。在圆柱体瓶形中置入六边形井台如何？可以寓意水与酒的关系，也谕示井台是酒源源不断的源泉。由此我似乎又寻找到了合适的形态路径和理由。圆形的瓶与直线的井台曲直关系对比，形成了明确的直观感受，瓶的雏形渐渐开始清晰起来。当一款井台造型瓶模型制作出来后，效果则完全与构想南辕北辙，既无井台形象又无审美性，玻璃材质的透明特点在塑形上无边界线，一片通透和反光，井台形状消失得无影无踪。

　　仔细分析后问题出在材质完全通透上，如将井台改变成不透明或半透明，置于瓶子底部向上，以内凸的造型形成斜六面井台，这一构想通过计算机上的模拟演示，效果比较理想。倾斜的六面有利于成型底部脱模，加大向内凸的工艺空间，创造一种同类圆瓶中未曾有过的底部高内凸形式，更重要的是可以自由处理内凸空间的表面效果，克服玻璃透明的无边界局限。同时内凸空间增大，又使得瓶型的外观体量增加，即视觉形态相较同类容量的瓶型要大，而实际容器的额定标准仍然是 500mL 标准量，手感饱满度也得以实现，瓶型具有了个性特点。

　　方案确立后新的问题随之而来，此前国内没有任何玻璃瓶制造企业，能够制造这种瓶底内凸 2.5cm 高度的瓶型，而且是六面井台突出造型。按原有工艺方式无法达到预想高度，瓶底内凸只能局限在 1cm 以内，如果此点无法突破，设计又将在此搁浅。除却瓶底部内凸外，玻璃瓶其他部分壁厚也不均匀，极易造成玻璃的冷炸，这一系列问题无疑是对制造工艺提出了挑战。合理的设计是系统考量，接下来与制造技术人员沟通就显得非常重要，设计者必须提出明确的技术建议路径，让制造企业采用技术手段来解决。最后经过各方全力配合攻关，内凸效果实现 2.5cm 的高度，瓶型完美展现出来，可见创新设计不仅仅是形式与审美，同时需要制造工艺技术的创新，这一结果就是技术手段辅助容器设计创新解决问题的实例，是技术与艺术相互融合的成功范例。

　　然而瓶型打样出来后却很普通，毫无艺术性和审美可言。经过反复分析后，尝试把内凸井台的六面处理成不同的彩色面，用色彩的易识别性加以区隔，避免因玻璃通透而影响面的形成，强调面与面转折来解决井台透明的问题。经过实验后效果仍然不佳，原因是面与面的转折太显生硬，色块呆板缺失玻璃通透的灵性，井台形与瓶子缺乏整体性。玻璃质感是问题的症结所在，处理成半透明磨砂，结果仍然不理想，瓶型整体平淡无奇。如若缺少前述中国传统鼻烟壶审美亮点，设计创新就无法实现。运用艺术装饰来改变视觉效果或许可行？利用画面不同内容并将其进行面的分割，在井台壁上绘制六幅不同图画，既有井台形又有画面内容连续可读性，对瓶体内凸面反贴低温印花纸进行烤制工艺，六个面分别绘制原产地的文化遗址及古街景，仿古帛画来讲述久远的酿酒故事。经过反复实验后，井台的外形明显地呈现出来，当瓶型打样生产出来后，圆柱形瓶体在酒液灌装之后，瓶型立刻显现出凸镜原理，将瓶内的烤花画图被放大，视觉效果非常清晰。井台转折面由于画面内容的不同，画面构图的场景差异，造成形式上的相互交错，其透视关系也显现出来，酒瓶型与文化终于找到了契合点。看似简单的形式秒变为内涵丰富的容器，观赏性与把玩性两者兼具。一个平淡无奇的瓶型借助文化艺术的介入，迅速变为惊异中国酒业的工艺品。设计原创性与差异性得以成立，视觉效果近乎完美，瓶型的成功突破为后续设计奠定了坚实基础，也巩固了信心。由此不难看出，设计的突破与创新必然伴随着对工艺技术的改进与提升，设计与技术手段关联，相互作用而生。

瓶底井台在正视面上显然只可见三个面，其余三面位于瓶体的背面，利用转动瓶体所带来的视觉记忆变化，自然又产生一种连环图形，全面介绍酿酒作坊遗址及故事，连续一帧帧画面述说着曾经的繁华市井故事，使瓶中之画既在玻璃中又在玻璃外。由于玻璃工艺一次成型，这一构思还将传统绘画引入酒器之中，而凝练于瓶中的画显示出产酒地域的文化景观，更丰富了酒体的精神内涵。选择单线平涂的艺术方式为最佳表现手法，不但具有块面与线的塑形特点，还便于提高视觉识别。当正面观看瓶体时图画凸显于瓶中，瓶的局部在整体的简约中又凝练出复杂的古帛画样式，让瓶体予人一种怀旧感并形成强烈的疏密对比，简与繁构成的形式美再次唤起观者的情绪。而这看似不经意的处理，实则是对历史文化意义的理解和传承的自觉，是设计对社会大众文化责任的担当。对于玻璃容器生产企业而言则是技术上的挑战与进步，更是直面困难的勇气和定力。突破了常规瓶底内凹尺度的技术樊篱，特别是吹制壁厚均匀及脱模锥度的难度。因为瓶体外表形体的标准和精准度可以受到模具的规制，而瓶内的形体更无法约束，它是在空气压缩下自然成型，同时还要保持外部井台六面体的平整与光滑，以方便印画纸的妥帖烤花工艺。由此可见设计与技术的衔接常常是设计者的困惑之处。如果不能有效提出解决问题的技术路径，再优秀的设计创意只能是自恋的产物。生产企业如何根据要求配置技术手段？设计者需要对技术路径提出基本方向，其过程检验着设计者与生产企业间相互理解的程度，也是能力与意志的考验。

将传统瓶内画技艺借鉴到玻璃酒器上，采用新的技术手段来实现，可说是国内首次，此法也开启酒器设计之先河。回溯源头得益于传统文化的启发，这种尝试又是基于新材料和技术而建立。如果直接采用鼻烟壶瓶内绘画手法来表达，采用人工瓶内绘制，工艺复杂耗时费工，无法批量化生产。而且酒液不能与颜料异物接触，酒的可溶性强，容易分解颜料成分，违反食品卫生法规，显然完全照搬原工艺是无法实现的。可见再好的传统文化元素，也必须通过科学合理的萃取，与新材料与新技术共同发力。

圆柱器型在玻璃制造过程中流畅易成型，成品率高且单价合理。采用圆柱器型也是为提升内凸，令井台在酒液灌入后形成凸透镜功能，以放大瓶内图画，把艺术的感染力发挥到极致，让普通玻瓶呈现出非普通的视觉艺术效果。

产品一经投放立刻引起消费者巨大反响，品牌形象迅速爆红，市场销售业绩获得空前成功，特别是对酒类包装设计掀起一股新的创新风潮，引来无数设计效仿者。不难看出文化再造首先是对传统文化的学习与研究，是将奇思妙想利用现代工业生产方式嫁接新文化内容。此款酒器包装充分说明"水井坊"酒的深厚文化底蕴，也反映出工艺技术对再现文化形式的特别作用，完美诠释了传统文化对创新的当代意义，塑造了酒器包装设计的新范式。

酒容器与鼻烟壶是完全不同功能及文化属性的器物，经过萃取和凝练，南辕北辙的元素被巧妙结合起来，建立起既有内在联系又有不同用途的视觉形象，这需要设计者高超的艺术造诣和丰富的艺术想象力。（图 3-15）它不仅吸引消费者的眼球，更把"水井坊"酒的品牌形象推向了市场极致的显示，塑造出一个全新的品牌形象，使其时至今日还占有市场销售的巨大份额，被销往世界各地。由此可以肯定，对传统文化的解析不能只是简单视觉形式的模仿和挪用，而是解读后的再造，唯有真正践行者才会拥有文化自信与新生。

接下来是一体化销售包

图 3-15　水井坊酒包装

装，容器与包装虽是两种不同材质，且功能有所区别，但两者本为一体不分彼此，一个在外，一个居内。

首先接受消费者最挑剔审视和选择的是销售包装，它直接决定商品是否被消费，也是包装价值最大化，市场卖点及同类产品竞争的关键所在。前期酒容器已有创新突破，一体的销售包装也必须具有超凡脱俗的特质。因此不能只停留在原有概念中寻找出路，必须梳理和比较同类商品的视觉特征，并追寻区隔和不同。分析售卖环境及消费规律，在不经意的细节中找出路。

关注目标消费群体大致文化倾向，贴近市场实际需求，用恰如其分的视觉元素解释创意、格局、品位、形式等，设计应该契合社会发展中文明程度愈高，民族文化情感愈加浓烈的心理趋势。

特别是在同质化严重的现今市场环境下，如按常规来展开此设计，必是市场反应一般且被冷落，几乎不可能吸引市场广泛的注目，消费者绝不会为无理由及无趣的商品买单，更不可能赢得市场的喝彩与高热度的消费。所以，切忌传统图形与产品形式简单组合在一起，进行一些视觉装潢表达，这样不可能实现一鸣惊人的品牌形象彰显，也无法在全国已成熟的市场上鹤立鸡群并独树一帜。

设计首先是改变惯常思维路径，先从材料及技术制造角度来反向推进设计构思，采用多材料组合方式，融合金属、玻璃、木材、纸张、陶瓷、电化铝等材质于一体。依据先期预设的文化概念找到恰当的解释，借助各种材质包含的内在意蕴和精神气质，用质地美感及结构来增强感染力。

酒器包装结构上，追求内容器与外形式的呼应，相互成就。力争包装开启与展陈与众不同，让商品主动走近消费者。面对如此要求，设计语言不能是设计者的自恋，必须是市场的接受与成功，才能证明概念转换的合理。如此一来又回到了商品流通的基本规律和原则上，消费者购买的是商品的内有物，孰重孰轻得把握分寸，包装只是商品构成的一部分。结构还得于常态中改良，绝不能做成纯精神意愿的作品，它的任务是保护和服务商品。只有在完成前者后再创造精神愉悦，通俗地说就是概念及审美只有在功能满足前提下才会被认可。物质在前，精神在后，在相互作用下提升双重价值。

什么样的结构才能发挥材质特点及生产工艺？圆柱形的酒容器一般选用长方形包装结构，当然也可用圆柱桶包装，但由于圆柱的主展示面较小，加工便利度不高，正面视觉冲击力欠佳，而长方形结构材料可以得到最大化利用，展示面大但形制普通，较难与同类产品在视觉形象上形成差异，无强力支持市场竞争的视觉优势。可否将方形盒的四个面六等份分切，正六边形的产品包装在市场上已经较多，并且这个分割的缺点是主体展示面还是不够大，视觉传达效果被弱化。继而再将方形分切成三个大面、三个小面，共计六面，如此一来，包装盒体与酒容器底部六面并台产生了形的呼应，六位数也暗合普通消费者喜欢的"六六大顺"吉祥寓意，直线盒形适合标准工装及加工技术需要。

　　销售包装在考虑结构同时，必须对材质进行评估，纸质于回收和再利用时有优势，纸的防潮性与强度又是其弱点。一般纸包装表面都会采用覆膜来增加强度与防潮，但纸质的回收降解又增大了难度。选择纸而不覆膜且还有强度？可以在对比各种纸质特性后尝试选择用工业再生纸板。它成型加工性能好，强度高不易变形，同时工业纸板本身就是一种再生纸，属于环保材料。在纸的表面加工特种肌理，选用表面模压有凹凸纹理的纸裱糊，刻意制造一种肌理质感，增加艺术感染力同时又可避免覆膜之虑，既可显现与其他普通纸质的不同，又使得包装回收后方便降解。由于再生纸板不易折叠，传统模切工艺无法一次成型，为此在纸板内侧折痕处开一"V"形槽折叠成90°角，外表平整不影响视觉效果。由此可见材质的选择及工艺方式，绝对是设计中考虑的重要一环，用巧妙的方式来实现包装再循环利用，设计可以有所作为。

　　盒体下部设计也别出心裁，试图构建一种人与物之间的互动关系，当开启包装盒时就能有别样的感受，顿觉开启不易，犹如一种仪式，唤起自我身份感的认同。

　　"基"从中国传统文化意义上讲，有着强烈的集权意识特点，是统治者与上天对话的基石，也预示着万象更新。"基"具有隆重、神圣、尊贵及重要的含义，在历史的长河中，任何一位新帝王诞生都谓之"登基"，把整个天下事说成"基业"，告知"继位"的宏大及担当。沿袭至今每一处重大工程开工，都会有"奠基"仪式，宣示基本单位主权的运行。就连小孩入学前老师和家长也会告诉孩子一定要打好"基础"，蕴涵人生的起步。中国人对"基"的理解是非常深刻与美好的。将这种心理情结转化到包装结构设计上，是文化的新演绎和升华，更是一种探索与创新的尝试。一瓶蕴含600年历史的佳酿庄重地端坐于台基之上，水晶一般透明的圆柱形瓶体，既是品质的彰显，也无声地表达着权力的象征，这种仪式感把"尊贵好酒"的概念诠释得恰到好处。并且，这种尊贵印象经过品饮者的心智过滤，必将演绎成尊贵的体验，这就是设计与消费者的对话。如果我们再进一步分析，这个"基"的元素不是凭空而来，是源自水井坊"井"字的概念萃取，古水井造型都有"井台基"之说，"基"和"井台"、玻璃瓶内画三个形象元素的有机融合，赋予了这件酒器包装吸引人的个性，并为后续设计的文化延伸提供了多种可能。设计借此在井、台、基三者的关系中挖掘了一系列使人愉悦的创意点，体现出设计的控制力。试想，如果取消了这个台基，这种形式所呈现出来的尊贵身份也就无从谈起。

酒盒开启方式的仪式感，是对消费行为过程解析后的一个创新，"水井坊"问世之前，普通酒类包装大多都是从上面开启，一只手抓住瓶颈往外拽。然而"水井坊"包装要改变这种模式。因文化厚重感和高端品质需要采用别致的开启来点缀。结构分为两段上下组合，盒体相互连接采用金属内插栓锁定。传统铺首图案造型，精细浅浮雕铜质材料制作，既防窃险又通开门之意。一枚小小的铜扣置于空白位置，它与木质基座及特种纸之间对比出繁与简、虚与实、质感与情趣，营造出一种东方审美之蕴。

一瓶好酒是有生命的，酒是最讲究产地身份的商品，一瓶好酒有如天籁，知音者方能领略其妙，抓住脖子往外拽，毫无尊贵可言。这种行为程序要面对"水井坊"这种产品的定位以及消费方式，显然是不恰当的。因而对开启方式进行了全新的设计，把这瓶酒端放在面前时，第一个动作是用一只手压住包装盒的顶部，旋转 3 个不同角度，逐一解开 3 颗铜钉，第二个动作双手向上取出盒套，然后，你才能看见一瓶好酒端坐于台基之上。这种开启方式和开启过程的仪式感，制定了完整的一个消费行为模式，以消费者参与的方式加强了对"水井坊"尊贵品质的心理暗示。这便是设计之外的设计，设计者必须比产品所呈现出来的设计做得更多。其实这种心理引导，是让人进入一种心理场，在分享开启和畅饮过程中，唤起人们更多的心理愉悦，也是商品消费前的心理助跑过程。这种形式的设计，是对消费者欲望及消费过程分析的结果。

包装整体感觉上要力争有格局、独特、简约，强调货架视觉传达效果，细节部分尽力做到可鉴赏、耐人寻味。

最后信息传达有效聚焦到平面设计，遵循简约的原则，除却法定标注的内容外，尽量减少装饰的成分，留给消费者更多的视觉联想。色彩处理单纯明确，避免混色过多引起的视觉混乱。特别是在商品陈列中与同类商品相近或被弱化，放弃明朗的原色对比关系，追求沉稳、厚重、岁月痕迹的印象。刻意选用中性的暖色系列，既尊重国人色彩寓意的习惯，又一改大红大金的传统包装配色。在传递传统文化内涵的同时，重点考虑现代商品的时代性，符合时尚消费的审美趋势。整体构建具有传统审美气质，遵循"少即是多"的美学原则，追求雅致、单纯、简约时尚的风格。

在版面上采用传统书法的竖式构图，品牌名称字体舒展遒劲，笔画轻重穿插张弛有度。印章边缘框线既让文字规整限制，又保持灵动，整体传达出一种内凝力。注册商标和净含量等法定标准内容则为迎首章和压角章，表现出中国书画形意之味。包装盒形上下边缘设计为二方连续图案，运用镂空电化铝，增加哑光纸上精细质感对比。盒型侧面篆书"水井坊"赋，字体明度靠近底色，避免喧宾夺主。烘托历史文化意蕴，更显历史沉淀及岁月的洗礼。

鉴于现代社会的纷繁与复杂，尤其高节奏生活使得大众承受过大的压力和伤害，人们普遍渴望获得一种单纯的精神回归。"水井坊"包装力求引导消费者进入"回归纯粹的本质"，省去多余的装饰，用较少的语言去述说无法言说的意味，将酒属性借助玻璃、纸张、木材、金属等传达出来，让酒文化与材质生命合二为一。

正是基于这一设计理念，芝加哥第30届国际莫比乌斯全球最高创意成就奖及类别金奖两项殊荣被颁发给了此款设计，获奖理由为"该设计创造了巨大的商业成功，充分彰显出地域民族文化精髓，践行了包装环保理念的强化与实施，设计具有原创性特征"。这与设计前的设想与定位惊人地相似，不难看出全人类所面临的问题基本一样，或许说人类追求的共同审美与价值观是一致的。只要每个设计者负有责任心，充分发挥自己的聪明才智，用绿色设计思维去指导设计实践，调动关联的技术手段，就一定会取得成功。

"水井坊"从文化传承到品牌塑造，受到市场的广泛好评和接受，实现企业年销售额几十亿元人民币的增长，品牌从初创到驰名中外，只用了短短20年时间。酒器包装设计过程是艰辛而又复杂的，甚至几度放弃但又顽强坚持下来，可以说是信念的支撑，才在最终带给设计者与社会欣慰和感动。这说明传统文化的魅力依然能够释放出绚丽的色彩，普通大众与年轻的消费者也被感动，"古为今用，洋为中用"是指导设计的真理。

当然新技术与新材料的贡献密不可分，两者有机结合才能创造出奇迹，酒器包装设计无疑是在创造新的文化形式，而这种形式还会影响到其他的行业，它的意义是传统文化价值的再次弘扬，不断影响产业的上下游，继而产生新的文化。

　　酒器包装设计之难是因思考的复杂与多元，它需宽泛的知识系统来支持并实现。真正的设计绝不是纸上谈兵，而是社会责任的担当，是实现人文价值的经济转化，是促进人与物之间的协调关系。其间的交互作用不仅体现在通过设计影响人的购买行为，更意在通过设计使产品与人精神互动，而审美又是设计中不可忽视的主题，这一切必然归结到文化的命题上，为了更进一步阐释其价值和意义，就必须从追求审美高度来诠释。

六、当代酒器包装审美追求

　　审美是一个与人类感知和理解世界相关的主观体验，同时也是一种哲学问题。当代酒器包装作为艺术和文化的表达形式之一，其审美追求涉及哲学思考，包括对美的本质、人类意义和价值观的追问。设计师通过创造性的设计和艺术表达来探索人类存在的意义，是其过程之一，用设计形式与自然对话，传递人与自然和谐共生、生命繁衍、历史传统、文化认同等问题。由于这些主题不断激发人们内心的共鸣与情感的共振，结果显然是人与物相互作用而产生，酒器包装也伴随着这一结果与酒绵延至今。

　　酒从问世那天起，便逐步摆脱了纯粹实体"物"的状态，与人类政治、经济、军事、文化艺术等紧密相连，这种经年累积沉淀而升华为一种精神范畴的"文化"。又与作为游历在物与非物之间的酒合二为一，远远超越了纯粹的实用功能，成为人们情感和文化交流的媒介，交替更换着忧、愁、喜、乐。

　　酒"本身无形而大于形"，其外在之形是借助容器塑形来成就自己。鉴于透明酒液的被欣赏及视觉审美心理的安全性，无论何种酒品，饮者都渴望一睹为快，从外在的形式上预估其样貌和品质，这种心理作用源自人类进化对食物获取的本能反应，显然设计时需充分考虑到此点。因此造型就产生对审美意义与作用的追问。将人的精神意识和观念融入酒的无形之中，再转化表现为外在的样式，从人直觉的味觉、香气、格调、形状、色彩、文字、材料等方面来表达。酒本体具有的文化价值，成就了酒的文化意义，而价值与意义必然蕴涵审美。这种审美体验不仅体现在酒的味觉和香气上，还通过外观的结构、形式、色彩、材料、肌理等要件来传递。设计运用美学的原则和视觉语言，通过点、线、面及三维的构建设计出简约、高贵、优雅的酒器包装造型，使其成为艺术品般的存在。理解和感悟酒美不全在生理上的反应，而在体会酒外延意义以及酒器包装所带来的美感。观赏酒器包装需要沉浸其中，放空自己让"心静"安抚身体而变得澄明，这种审美体验与美学上观物的方式一致，透过浮华虚空静观"物"的本真。这就好比饮酒者在品饮时常会闭着眼喝一口，生理上的反应是一种沉浸，集中注意力去关注和仔细深悟。

从视觉与味觉角度来看似乎过于缥缈，以美学角度观"酒"与"酒器"则可见它阻断了"静"与"动"之态。晶透酒液本是水之活物，带着刚烈却凝固成酒器的曲线与弯折，内在的燃点与爆发顺服于器型的限制。静待饮者演绎人与物的灵性转换，达到心灵与万化融合的境界，在物我两忘的一刹那，让人忘却烦忧，感受到一种超越现实美的境界。这也即美学上的"静照"，其起点在于空诸一切，心无挂碍，和世俗暂时绝缘，空明的觉心能容纳万境。对此的领悟即美感养成之路径，内心"空"与"静"造化出这一切，这是它与物象造成的距离所致。晋人王蕴说"酒正使人人自远"，而"自远"是心灵内部的距离化，"心远地自偏"的陶渊明才能悠然见南山，并体悟到"此中有真意，欲辨已忘言"[1]。酒能"引人著胜地"[2]。美酒不仅仅带来味觉的感受，还有造美的精神催化功能。显然酒之神韵流露的审美觉悟，当以酒器与包装来造，即以俗人之眼也可辩可悟，因为酒器包装与酒融为一体，它是酒的衣钵，更是美酒外化的代言者。由此人们可以更好地欣赏和体验酒的美意与美感。

酒作为一种物质产品，它经历了很多不同历史跨越阶段，从过去民间的"作坊酒"，到工业化生产的"工厂酒"，再到进入品牌经营阶段的"品牌酒"，继而进入了一个全新的历史发展阶段——"文化酒"时代。而文化的外延方式则多以美为特征，美誉度是酒品牌的核心要旨，审美就变得尤其重要，除去视觉形式美，还需将人带入审美路径。由于不同历史时期呈现的审美样式各有不同，酒器包装也伴随着这一文化形式延展并契合变迁，才使今日可见丰富多彩的酒器包装世界。

审美作为一种生产力要素进入到生产领域，在造物过程中以自身规律介入，关注和重视劳动过程的审美关系，弥合了人与物的隔阂，制造之物又拥有了美的功能价值。它直接作用于消费者与市场，这已经泛化为一种普遍现象，趋于物质、通俗、便捷并逐步渗入到大众日常生活中。

中国原生的生活美学传统，带有"忧乐圆融"的生活艺术。"生"则主要指出生、存在。"活"则指生命状态，活泼、有趣、思想、境界。审

1　（东晋）陶渊明.陶渊明集[M].逯钦立，校注.北京：中华书局，1979：89.
2　（南朝宋）刘义庆编.世说新语校笺[M].徐震堮，校注.北京：中华书局，1984：408.

美就是生活理想的反映，"美"是对生命的一种从容、悠闲与豁达。大众有"审美红利"一说，它诠释了一定时期全社会成员对文化艺术的关注和重视，大众普遍拥有了一定的审美品位及水准。由此带动了整个社会产品更进一步发展，直接影响到大众生活品质的提高或降低，成为普遍福利得以实现的重要原因之一。受到社会发展的影响，特别是物质增长及生活富足后，人的精神世界必然产生更多的渴望，追寻心灵寄托和文化的情怀。人性的自由开始走向中心，审美对象也发生了选择性的变化，从神性逐渐转化为人性，从群体的趋势渐变为小众与自我。这也是当今酒器包装呈现多元化的原因，产品文化借助审美的方式来表达产品意义。

产品文化的象征性被视为判断产品优劣的重要指标之一，审美就是其中一个不可忽视的显性指标，它诠释产品物质的精神内核、蕴涵的意义以及与人的亲疏关系，有时它远远超出了商品本身的实用功能，具有强烈的表征功能。法国学者鲍德里亚认为，现代社会的消费实际上已经超出实际需求的满足，变成了符号化的物品、符号化的服务所蕴含"意义"的消费。[1]为了寻找某种"感觉"，体验某种"意境"。简言之就是大众在消费过程中更注重审美的选择。酒器包装形象也如当今世界众多其他品牌形象一样，常常被人们津津乐道，甚至产生众多的粉丝和追随者。文化象征性在很大程度上依赖传播者和接受众之间共同的意义空间，也就是产生共同语言，只有如此才可以实现象征价值的增值。这中间包含了酒与包装的属性以及超越酒的文化意义，而文化的转译最直接的手段就是利用审美的形式来表达，容器的造型和销售包装上的视觉符号就是构成审美形式的元素。

社会文化的进步与发展直接影响到消费者观念与意识的改变，而其中又潜隐个体的差异，即象征意义不可以让所有受众理解一致。因此，设计中的象征意义只能是求大同，由于意义是抽象的概念，理解上自然会有偏颇，无妨判断上的优劣对错。所以图形语言大多将美好的祝福用象征图形来代表，甚至利用谐音来讨好彩头，而审美形式利用可视且具体的图形、文字、色彩来表达。理解此点对酒器的外形及酒包装设计在形式上的研讨就显得非常重要，从审美角度来看它是建立美感与信赖，唤起消费者产生共情的关键，"传情"和"达意"是包装视觉功能的核心，是商品文化的

1　汪海波. 品牌符号学 [M]. 长春：东北师范大学出版社，2018：183.

特征之一，也是"实用理性"的最好诠释。

　　审美受到社会发展的影响，特别随着物质增长后人所产生的精神转移，更多追寻心灵寄托和文化情怀，从纷繁复杂的思考走向精炼简约的表达。其实主要的原因是物质增长有极限，而精神世界是无限的，且可以不断丰富。历史上审美的选择与价值观常受制于上层统治阶级的意愿，并以上天的旨意来决定塑造审美对象，以特定人群的喜好确立社会大众生活样式。显然是充分利用艺术审美为其政治目的服务，形式上刻意用恐吓憎狞构建审美范式，将审美对应为身份等级的固化标签，把大众希望转移至宿命。但随着社会及历史的进程，人的思想观念产生变化与更新。特别是启蒙思潮的兴起，审美文化受到普通大众的关注，并把它推向前所未有的重要地位，同时大众意识到它不仅仅可以娱乐人，还可以感动和鼓舞人，常把人带向理想的彼岸，具有其他方式所不能替代的教化功能。特别是受到西方文化的影响，东西文明相互交融和彼此取长补短，审美出现了新特点，其方式更多元，具有参照和启发价值，超越了社会功利的审美观，对传统美学进行了反思，对近现代审美思潮也是一种纠偏。从另一角度来审视也是时代精神的一种实质反映，是一个阶段集体性精神的密码，整个气度及话语向往都可见可亲，在审美上也反映出大众的趋同性。

　　现代市场经济环境下，各种商品无疑是整个社会中与人交互最密切的物质，不同的商品必然打上各自的属性烙印，正是这种不同才构建起差异的审美特点。酒器包装就是在彰显酒商品的文化脉络、特性、地域以及风情，满足目标人群的喜好。细分的市场又反作用于设计的考量，如稀有高端好酒无疑是高价格的标杆，被赋予较强的文化象征意义，对于审美而言更在乎极致，甚至是引领潮流。相匹配的结构形式也必然是鹤立鸡群，创新别致。随之采用超常规专门定制材质，做工精细讲究，甚至是手工打造而成为孤品。品位雅致，隐含无言的权势或富有之意。这类商品大多非日常消费品，行业内称之为非流量产品，审美趣味与大众选择有所不同，主要满足闲暇精神世界需要，为收藏爱好者购买，用于展陈与增值。

　　现代社会消费中，酒与文化同时被大众所接受和消费。而酒器包装不仅仅是酒产品的承载主体，同时也是文化意义的表现形式，视为判断产品文化与商品优劣的重要指标。审美是一个不可忽视的显性标示，它诠释产品物质的内在精神特质，其蕴涵意义和感染力随时影响着人们的思想，甚至有时远远超出了商品本身的实用功能，具有强烈的表意特点。

　　酒与酒器包装具有紧密的依存关系，借助酒器盛装，才能塑型而实现商品的完整性，进入流通领域方可登大雅之堂与饮者交互心语。酒器造型是将酒性及美学上的"静与动"有机融合于一体，"似水的静，实则为动"这一概念表现在造型之中，这种转化与再造之间微妙的关系拿捏，无疑能窥见酒属性与设计本质的精髓。酒器之美除却曲直形态外，更多是内空意义的外化，也在"空"的最大化及虚实之间。以材料造物为"实"，感知引发的想象是"虚"，形象产生的意向境界就是虚实相合，没有联想的造物，就缺失了"虚"所带来的神游。造型的直线与曲线、柱体与球体、面与线转折、三维立体等都是为了审美而存在的方式。

　　酒器包装审美品位是造型与材质共同发力的结果，交织着理性与感性多种复杂的情绪在其间。从东方审美追寻诗意的角度来看，对意蕴内涵的参悟，并对"虚实"所指向的实体带有具身性的实操和深入，需潜心领会且全身心投入。为了捋清两者的作用关系，感知层面需要提升到认知层面，只有如此文化的承载和格物致知之美才能得以呈现。除此外器型体态大小与容量，增减之间的平衡，精细入微的考究，考验着设计与制作系列匠心的实践，设计美学与技巧介入的帮助不容小觑。纵观古今中外历史，这种手脑协调与转化其实多为艺术家和设计家所具备。手工艺匠人也即技术家，他们本身集各种才能于一体，完成着技术与艺术的融合与交互，追逐和发现主观与客观世界的美。

　　人类历史发展的进程中，各阶段不断累积和沉淀对美的理解和创造，并以视觉图形及文本的方式存留至今福泽后世。当代酒器包装的平面设计要素中，传统文化的图形成了视觉设计的元素，酒原本来自历史的过往，本身就是传统，是历史文化的凝结。酒在酿造中需要时间发酵，产出的酒又需要时间醇化，无疑酒的协调只能交给岁月去处理，酒的符号特征就定格为历史久远，这是酒与酒器包装视觉认知的共同归属。总的来讲，酒器包装创意元素构成大多围绕在时间轴上，这与产品属性及大众对酒的认知有关。还有色彩的运用、图案的选择，甚至包装材质都在试图达成一种历史感，大家习惯沿这条道路寻找对应之策。大多酒企也乐于选择和接受此类创意，消费者也已习惯自然。另一方面，时代发展及文化特征与技术信息必然会反映到酒器包装上，各种新材料的研发及加工技术手段的现代化与智能，更增添了技术美学的特别性，甚至大大超越传统意义上的审美感受，构建起新的审美范式。

　　特别是数字化时代的发展给酒器包装注入了全新的技术，今天的纸质包装大量运用全息定位纸，既是防伪的手段，又增添了五光十色的质感，丰富了彩印的色彩层次，形成三维立体的视觉效果，同时又不影响回收再利用。另外随着信息网络定位系统普及和芯片识别运用的广泛，包装溯源技术也日趋成熟，大数据平台的信息获取变得触手可及。而酒容器的造型与表面处理也变化万千，如玻璃上激光雕刻、仿釉喷涂、高低温发泡贴花纸、瓶体电镀等。瓶盖内外二维码也为防窃险及促销提供了新手段，盖中嵌入芯片为智能物流提供全程监控，这一切都呈现出不同于传统审美的意识。材料技术带来肌理仿真，表面附加 UV 模切与机凸等等。这一切充分说明酒器包装在新的技术背景下，审美的内涵及形式也与时俱进，颠覆着传统的审美判断标准，从过去游离于功能之外的纯象征及装饰逐渐转向依附于功能的技术美学，这一切似乎告诉我们时代发展所带来的变化，正悄然改变着大众审美观念和意识。

由此可见酒器包装，审美元素选择与创造必然需要与功能目的一致，历史过往中大部分视觉元素多选择传统图案或关联符号，主要寄予一种象征意义。部分以文字为主体的表达形式开门见山直述名号，简洁易识别。酒器包装受到时代生产力及技术的限制，必然打上时代烙印而显得相对单一。如今新材料、新技术、新观念直接影响酒器包装的革命，以富有现代感的简洁明快路线展开，全视角地涵盖东西方文化的图形、文字以及 AI、AR 等新潮流。除此之外，酒器包装对传统与现代图形及符号运用也更加丰富多彩，甚至还有不同风格的混搭，使文化内涵直观化、形象化、趣味化、故事化。例如，云纹的运用让我们联想到酒的飘逸和动感。祥云图案代表着两汉时代那浪漫的古风气势，蕴涵着"吉祥如意"的美好祝愿。龙纹唯我独尊承载的是祖先图腾崇拜，今日国人还谓之龙的传人。千年古韵的甲骨文，意境深幽，汉画像砖上酒肆和宴饮图生动再现古时的生活场景，墨色古香的水墨画，简洁洗练的凤凰纹，饱满富贵的连枝团花纹等，都在向人们默默诉说着每一种酒器包装所独有的文化含义，寄予祝福和幸福期盼。久远的美图和意蕴，显现于人们的日常生活之中，润泽大众心田。

种种纹饰图样蕴涵着中国历史文化的密码，只有深解其意继而活化运用，才能续写今日审美的篇章。切记内涵与定位目标的契合关系，传统文化元素应该与现今的生活形态相匹配，而且能够被大众所解读。因为传统文化不都具有优秀意义和内涵，其中还有许多糟粕，甄别与选择也是一门学问，不可知其然而不知所以然，绝非所有传统元素都可以借鉴和采纳。有的酒器包装将传统纹饰无区别对待，将水墨丹青、篆刻照搬于包装上，其结果是视觉识别产生紊乱。水墨画在包装上根本展开不了韵味，其尺度局限了画的意境表现。由于识读环境的不同，墨的"五色"无法取得视觉上的优势，黑白渐变在包装上只有画面被弄脏的感觉。篆刻的刀趣及字的合体往往影响认读与识别，大篆与小篆犹如天书，草书龙飞凤舞都不宜运用于包装（识别性强的书法形式除外），原因是信息的传达需明确认读，在极短时间留下视觉残像，存储于记忆中。显然上述几种艺术形式属于视觉唤醒，观者需要一定的时间来研判和领悟，甚至有大部分普通消费者根本无法识别此类艺术信息。如果让人去揣摩，酒器包装的快速传达功能就丧失殆尽，明白此理才可区隔设计与纯艺术的不同所在。有效传达商品信息，理性研判应用的载体与场域，才能发挥酒器包装效能。反之效果生硬，商品属性脱节，甚至一厢情愿地宣泄，流于表面或形式化的设计都有悖于审美意义。可见酒器包装要拒绝使用此类形式，当然这一观点也非绝对，个别定制包装也有适用之处，要视内容和具体对象而定。

酒器包装的艺术表达需要与接受者在艺术审美中寻找到一个契合点，相互建立起语义上的联系，使通感在艺术审美间自然流动。酒器包装首先就要梳理和确立，大众普遍接受的审美需求和特征是什么？如何构建通感渠道？将不同人群的感觉相互触动、交错，彼此挪移转换，其实就是建立一个大家都能接受的审美样式。

下面就这个话题进一步阐述和梳理，它涉及酒器包装的内容细节，解析审美如何在受限时进行表达。

酒器包装严格意义上讲不应该有任何形式的限制，可是无形中似乎又有一种力量牵制着，放眼整个酒类消费市场，酒器包装基本上都有一种倾向，体量与格式大致相同。除了容量大致相同外，包装体量也受到相关法规的限制，不容许过度包装出现。另外消费习惯选择大致成为定式，此制约现象主要与过去物流运输方式及手段有关。早期的酒容器体量较大，是为了方便运输，从中外古老的酒器型上可以看出，当时饮酒时需要借助其他辅助酒器来转承再消费。而近现代器型变小是为了实现消费的便利，从大容器转到小容器，直接进入消费现场，更适合品饮过程中把握瓶体的手感，增加品种的选择性，所以消费性酒容器就有了趋同特征。由于酒容器只适应竖式灌装与储运，为防止横式放置酒液的渗漏，因此竖式的容器结构也决定了包装的形式。酒容器一般以 500mL 容量为多，圆形瓶形直径大致是 80mm ~90mm 为佳，高度 240mm（瓶身 185mm）左右。原因是这个尺度基本符合中国人手握尺寸的参数，让人有安全感和饱满度，瓶颈与瓶身大致比例是四分之一，立体观看瓶体时横竖的比例关系协调。瓶颈的长度为倾倒酒液提供了便利，瓶盖内径与口模基本以 30mm 直径为佳。玻璃料重也大致在 600 克左右，当然这个参数不是绝对，只是约定俗成的一种规矩。瓶颈长度需受到限制而不能太长，酒液满口线一般在瓶颈与瓶身之间，是由大直径渐变成小直径，必须是两个直径居中。如瓶口直径偏细而长的话，高温下瓶体退火时易导致瓶颈倾斜，降低成品收成率，提高了单位生产成本。正是种种工艺原因，设计的大跨度创新被制约，大量酒容器外形基本趋同。当然异形瓶也有一些，但占比不大，只是一种差异化点缀。

　　酒器包装尺度依据一般由消费者的购买目的及价格来定，自我消费、团体购买、馈赠送礼等理由会影响到包装大小。现今国家有强制性的酒包装法规：毫升数 ×18= 最大限度包装体积（立方厘米），禁止过度酒包装，成为设计者不可随意更改的定律。酒器包装展陈方式受制于容器的竖式与尺度大小，无论是书盒式、天地盖式、翻盖式、抽拉盒等，都要竖式展陈，因此盒子的高度大约 30cm 左右，并且商超中的货架陈列也限制了高度，必须按照标准尺寸考量。除去体量尺度外，净含量、酒精度等字体大小也得按标准比例尺寸来设计，市场上大量酒器包装规格尺寸大致相同，而审美表现在体量和差异化上必然受到影响。

　　为了有效传达产品的信息，主视面品牌称谓及字体需要醒目，注册商标放置于主视面，产品生产企业要居正面。这些内容就是设计的元素，把规定的动作做出不同凡响，着实考验着设计者的素养及创造能力。酒器包装主视面除必要信息内容外，力求单纯简约，以便集中视觉注意力聚焦品牌，明确快速传达内容物信息。竖式包装在大众看来习惯与合理，这些都是长期限制后逐渐产生的视觉记忆，所以常态的形式中审美表达也只能从集中有限的四个柱状面和顶部展开。从结构上看包装六面是一个整体，一般视角只能够看见三个面：主视面、侧面、顶面，面与面相互连接，展开是在一个平面上，因此设计形式及秩序也依次展开。

　　由于主视面在展陈时不能区分正反，所以背面基本相同，底部是盒体固定结构，无须信息展示。所以设计重点在包装整体创意与元素关系的协调上，检验内容多以面与面的信息逻辑是否合理，表达主题是否清晰明确为依据。最终是将美的形式规律植入其中，让大众能感受到。但现实中太多酒器包装的审美表达好似布景，总有一股塑料味，缺少自然生长的结实和原生态的美感，形式上多为模仿与抄袭，近似的造型司空见惯，无序排列与艳俗混搭的包装充斥市场，缺少原创的基本构想和亮点。创意与形式大多几经转手，失真、假象、虚拟、不恰当的奢侈，甚至极度夸张。从来不探究图形的意义，更不思考图与文字之间的形式感，审美上毫无作为。结果无数包装形式大同小异，甚至完全相同。这与众多设计者审美能力缺失，也与少数生产决策者品位不高有直接关系。因此，对于普通大众而言审美需要长期培育，有意识强化自我对美的理解，拒绝庸俗包装形式的影响。当然酒器包装更应该是美的代言者，营造一种日常审美的氛围，促进社会整体审美意识的提升。

材料质感是表达情感的另一条途径，也是审美对象最佳的情感载体，这种理解很难定量或用语言说清楚，只能是一种意味的感悟。材料本身有强烈的本质属性，如木材与自然有着天然的联系，它的肌理质感及年轮图形反映出特有的视觉感受，它深刻沉淀于人们的记忆中，这种独有的属性正可以拿来调动人的情绪，链接人与自然的亲密关系。而它的另一种转换式样则是纸张，一个是母体，一个是被孕育而出的人造物，仍然带着天然的气质和淳朴，除去视觉外主要是手感的体悟。而一个金属罐与之比较就产生明显不同，原因是前者天然的质感还存在于纸中，而后者铁矿石经人工冶炼合成，已经失去自然的气息，完全变成了另外一种物质，用手触摸已感知不到矿石的质料存在。所以各种材质都有自身特点，其中美的要素就蕴涵其中，需要细心辨识和解析。

发现与判断质感的能力是设计者必须拥有的天赋，能够转化和运用到包装之中更是难能可贵。巧妙地利用及选择质感与色彩来营造视觉氛围是设计的重要手段。只有充分理解普通人群的习俗，以及对色彩的偏好与忌讳，才能在审美上找到契合点与广泛性，继而产生共鸣。其实每个人都具备感知能力，只是有强弱差别之分，充分了解此点有助于针对不同酒器包装，为精准选择材料带来帮助。大多数时候人们可以通过视觉感知到色彩情绪和材质性格，也可通过触觉体悟到材料的温度，甚至还可以通过视觉转换成嗅觉而感受到气味。通过视觉精细对比能唤起无数的记忆，触觉的冷与热、柔软与坚硬都可以诱导出曾经的体会。材料是与人类社会发展相伴而行的物质，能够满足诸多人性的包装材料数不胜数，容易让普通消费者产生审美通感的则需要日常发现和沉淀经验，寻找情感与美感的连接点，将设计创意的追求及美学意味带入包装，让消费者在不经意中受到影响和感染，利用选择有意识地加以引导是设计必做的功课。

酒器包装中运用色彩是重要一环，可以强有力地吸引消费者。自然万物中最具魅力的是太阳，太阳给予人类美好的光和温暖，使得人类得以繁衍生息，正是光的作用人类才具备对色彩的发现和认识，色彩的四季和调性都是包装设计中不断被引入的审美要件。色彩设计是理性与感性交织的表达，和谐的色调，强烈的对比，突出整体形象中的视觉次序。鲜明、敏感、热烈、温馨、清爽、甜蜜、冷静、苦涩、厚重等等诠释着色彩不同的情感特征，在表达商品属性方面有着举足轻重的作用，具有明显的表征功能及符号性，能够帮助人们快速识别商品，引发情绪产生而对商品充满好感，刺激消费者购买的欲望。色彩的魅力源于人们在长期劳动生活中对大自然的观察，从感知层面上升到认识层面并不断积累。五味杂色都被沉淀为联觉记忆，逐渐形成对色彩具有的普遍共识和审美习惯，这种认识的共性又反作用于色彩来判断事物的属性和依据。不同地区和不同民族对色彩的偏好也不尽相同，甚至对色彩的偏好完全相反，因此针对不同人群要做不同对待。

酒器包装上文字是信息传达重要的元素。它是最直接快速识别商品属性的符号，也反映出商品的国别及民族特征。最凸显文字的是品牌称谓，占据主导性地位。

文字的诞生使得文化得以发展和延续，它是人类文明的标志，除记录与认读功能外还兼备传达思想与沟通情绪的作用。酒器包装上必须强调文字的识别功能，不清晰的文字无论字体有多么艺术化，也不宜使用。包装上文字内容由主题字和说明字两部分组成，主题字强调醒目度。内有物说明文字重在明确清晰，方便不同人群识别。字体美感是设计应有的基本要求，独树一帜的专用字体为知名品牌所热衷。说明文字则要根据阅读对象和功能要求决定字体与大小，通常是按重要性来编排阅读的顺序，需要特别强调的文字要采用单独区隔来进行设计，字体的性格特点及笔画粗细，字体的虚实空间要因视觉距离决定。整体版面要有统一的秩序，以高低、长短、间距等形成节奏感，调和出一种流动的视觉生命音律，兼具习惯性认读方式。酒容器上的文字则不同于酒包装上的设计，因为容器多为圆柱体，字体的横排受到圆柱直径的约束，形成向后转的视觉效果，由于展示面有限，竖式排列不太适应现代人的阅读习惯，一般酒品牌名多以二个或三个字组成，一是便于阅读与记忆，二是适宜圆面上的横向展示，多增加一个字用竖式排列就极易产生歧义的联想，横版式又让两边文字转向侧视，传达被弱化。总之，视觉识别构建方式是灵活的，也非一成不变，文字与人的有效沟通则是铁律。

中国文字是以"线"为起始而独立存在，一点一划、一撇一捺是意与形相互借助来演绎人与世界之万象，其间的抑扬顿挫又隐含韵律美，字与字的链接组成意义篇章，字被书写并刻意形式和气韵而成艺术，这便有了"书法"，无疑"线"是这一切的成因，而"字"和"线"与酒器包装有着千丝万缕的联系，这一切又是因审美而产生。

数千年前，汉字诞生于中国，它是中华文明延绵不绝的根基所在，随着汉字书写应用的过程，"逐渐产生了在世界上各民族文字中唯一的、可以独立门类的书法艺术，于是书法就具有了实用功能和观赏价值双重性格。书法作为中国艺术的重要组成部分，以其线的艺术在中国艺术范畴中独树一帜。作为一门独特的艺术形式，它首先是交流工具，在当代酒器包装中应用也相当广泛。由于中国书体多种多样并各具风格，笔画间流露出的节奏韵律更是千变万化。赏心悦目的章法布局、结体与力道、疏密虚实与张力、笔触饱满与笔断意连之妙趣、书写内容与字体间的意蕴协调，都让人们意犹未尽，让人感叹美就蕴含其间。

包装上的书体则要特别强调认读性，尤其是在主题品牌称谓上，它局限了书写的飘逸和随性，主要是为了信息传达功能所需，艺术性则次之。在包装中作为传媒和载体，重要的是它那丰富多彩，错综变化的笔意、体势、结构、章法、布白，以及酣畅淋漓的写意效果，寄情于点画之间的形式，最能体现中国文化的生命感，使人领略到文化传统的魅力和生命活力。

康德曾说："线条比色彩更具审美性质。"应该说，中国古代先哲已完全领悟了线的艺术性，"线"正如抒情文学一样，是最为发达和富有民族特征的中国文艺，它是中国民族文化及心理结构的表现。书法是把这种"线的艺术"高度集中化纯粹化的典型，为中国所独有。[1] 酒器包装作为典型且有浓郁民族风格和地方特色的商品，将民族风格与书法神韵的结合，势必形成琴瑟合鸣、相得益彰之感，由此还产生了商业书法或广告书体一说。在日本有"商业书道"一说，指专门书写而成的书法形式。可见书法的笔意，又具易读易懂和规整特点，还有书写工具的特别，除毛笔之外还用软硬不同的工具来书写。笔力深浅、特殊笔痕及材质所留下的笔趣与墨痕，都是酒器包装审美所拥有的独特资源。

现代印刷术的发明，特别是近现代印刷技术不断革命，电子化和智

---

1 李泽厚. 美的历程 [M]. 北京：生活·读书·新知三联书店，2009：104.

能化影响着印刷设备的高精度发展，使当代酒器包装对图像及色彩的运用更加自如，可以任意实现各种色彩还原。玻璃与陶瓷上的转移印刷、柔版印刷，以及各色印花纸都可展现丰富多彩的图形与文字。包装的后加工手段更是层出不穷，仿制各种材料质感易如反掌，惟妙惟肖。加之各种材质相互匹配衬托，更增添了酒器包装的多样性和丰富性，也为审美提供了多元性。

图案与插画在酒器包装中运用较广，对营造视觉美感有其独到之处，常常被作为重要的手段和方法来述说酒故事。以历史文化脉络及典故、酒肆与宴饮、酿造作坊及工艺场景为素材，甚至是幻化的色彩及科幻图形来表现时空穿越与重叠，成为当下年轻人青睐的艺术形式。随着印刷技术的不断进步，发展出丰富的塑形材料及工艺技术，各种表现形式都转化成视觉效果，给酒器包装设计提供了极大的创作空间，可以自由调动想象力，让主观审美介入其中而更具多元化。抽象图形与超写实的绘画或摄影，矢量图的精细及色彩饱和度，手绘插画与电脑混合演绎的奇幻蒙太奇，为设计表现提供了强大的技术支撑。这种复合形态的艺术现象，为酒器包装与消费者之间的沟通建立起良好平台，提升了市场展陈的视觉效果，备受年轻消费者们所喜爱，逐渐成为企业及商家们高度关注的热点。

技术始终贯穿酒器包装设计与制造全过程，技术美学则形影相随，无时无刻不在影响造型与视觉品位与品质。如今，酒器包装的审美除去平面视觉传达外，重要的是借助技术与工艺的突破从质感上来增添亮色，这也成为设计变现的一个关键手段。特别是玻璃喷釉、电镀、低温花纸、纸质表面的热压肌理、温变、UV、镭射全息、冷烫等各种新技术，使得包装材料表面为视觉审美提供了无限的可能。一块简单的塑料板经过电镀再拉丝处理，即可产生不可思议的魔幻效果。它原本是加工过程中机械呈现出的留痕，人们发现并加以利用。技术美学是美学原理在物质生产和生活领域的具体化，又是设计观念在美学上的哲学概括。

基于上述形式内容的构成要素，建立起酒器包装审美的视觉对象，借助感情心理动因，表现和创造主体人格、意绪、心境的统觉性、整体性、创造性合一的审美力，也可被看成多维度对象所形成审美通感交流的桥梁。

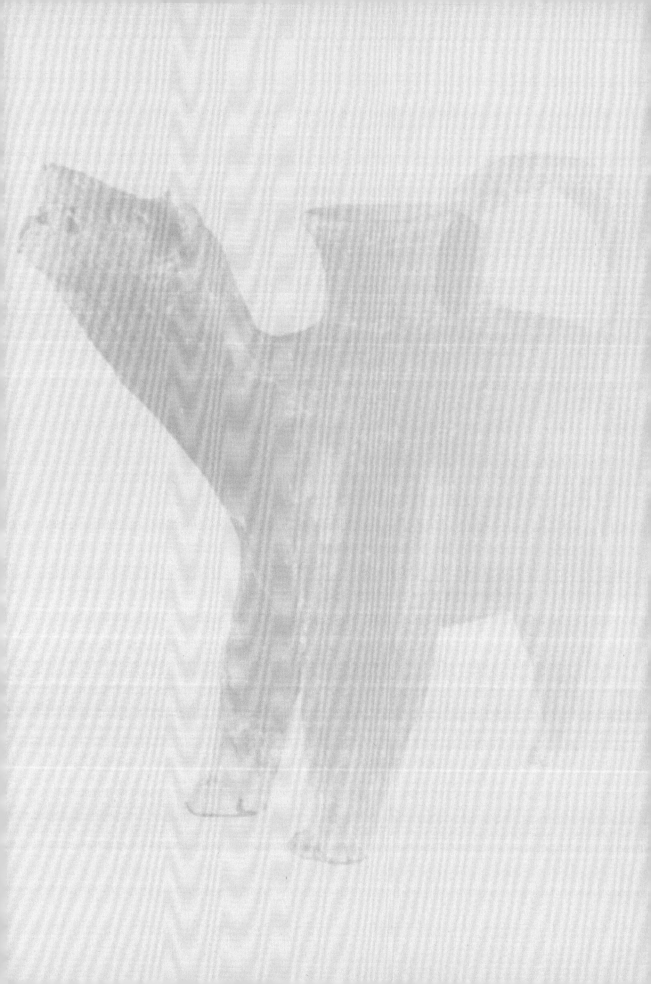

第四章

以酒为媒的文化艺术发展

酒，天之美禄也，杯小乾坤大，壶中日月长。

在人类文化的历史长河中，它已不仅仅是一种客观的物质存在，更是一种文化符号，即酒神精神的象征。不一样的酒，折射出不一样的文化韵味；不一样的酒，承载着不一样的文化内涵。归根结底文化是酒的灵魂，酒是文化的载体。

希腊古文明中的酒神与爱神是人类感官最重要的两个神，可以改变人的感官。对酒神的崇拜、近乎狂热的供奉以及祭祀仪式对希腊文化和人格精神的发展，以及后来的西方文明产生都极具深远的影响。文艺复兴时期，大家第一时间就感知到了这两个神的威力。

尼采认为酒神精神寓示着情绪的发泄，是抛弃传统束缚回归原始状态的生存体验，人类在消失个体与世界合一的绝望痛苦的哀号中获得生的极大快意。同时他还提出艺术分为两种。一种是边界分明，如同光线直接照射般有秩序，庄严、宏大、肃穆等词汇所形容之状，像日神阿波罗的美。另一种是模糊不清，没有边界，又似曾相识，不肯定能把握住稍纵即逝的美，如音乐予人的感受美，或是酒神所代表的美，飘然有意味而赏心悦目。自由、艺术和美是三位一体的，因自由而艺术，因艺术而产生美，这就是人类追求艺术与美的根本所在，他认为最完美的艺术形式只有通过两者有机的结合才能形成。由此可见西方美学也关注到"酒"的神性，将之视为一种精神的演绎。作为一种特殊的载体，酒不仅仅是物质存在，还包含有其他"物"所不具有的特性，它改变人对外部环境的感知观点和认同感，对文化艺术的发展与进步产生了重要而深刻的影响与作用。

人类酿造了酒，而酒创造了丰富多彩的人间生活与历史。翻开一部人类史，没有酒的章节少之又少。酒与人类有着长久而亲密的关系，特别是在中国，人们喜欢在饮酒中寻求精神享受，这与人类繁衍进化喜欢群居有关。人们在一起狩猎和劳作后会一起分享食物，沟通信息，交流感情，共同获得愉悦。从古至今都是如此，陌生人之间只需一杯酒便可交谈甚欢。酒可以活化艺术创作中的意境，而艺术中不可或缺的根本就是意境，两者互通，因此酒中诞生的文化艺术作品鳞次栉比，浩瀚如海。

酒能促使大脑以及全身的神经细胞兴奋活泼，心智焕发，诱导人的灵感和创作欲望，不少优秀的文艺作品都诞生于酒的作用之下。中国文学艺术从先秦的《诗经》《楚辞》开始，就和酒结下了不解之缘，多少诗人、作家、书画家都借酒有感而发，"酒为诗侣，诗见酒魂"，历代诗酒交相辉映，在酒的催化作用下，尽情挥洒、沉醉、天马行空，直抒胸臆，使酒的话题成为中国文化艺术不可替代的重大主题。

酒与文化艺术结缘，形成了独特的风格，便有了深刻的意境。文人墨客以酒作诗、以酒书画、以酒挥毫，诞生出以酒为媒的浪漫诗书画。酒与历代文艺相辅相成，互相成就，毫不夸张地说，没有酒的存在，中国文化艺术的历史会少去大量的精彩篇章。文化艺术伴着酒，酒浸润着文化艺术。在纷繁的生活中酒抚慰着灵魂，激活了生命，微醉微醺中同了天地，合了物我，酽酽酒香酿造出一个神奇迷离的审美境界，正所谓："四时春富贵，万物酒风流。"[1]

文人嗜酒成风，是一种雅趣，更是一种灵感之必须，有时候甚至分不清文人墨客饮酒的终极目的是创作文化艺术作品，还是单纯的口腹之快或精神麻醉，两种诉求经常混沌不清。在此可大致梳理一下中国历代文人对酒的情怀。"腹大如壶，尽日盛酒"[2]的西汉文学家扬雄，虽然写了历史上第一篇《酒赋》，不过他是靠着"时有好事者，载酒肴，从游学"[3]来满足自己的酒瘾。及至魏晋，酒的文学应运而生。先是曹操"对酒当歌"，嗟叹"人生几何"[4]？继而是孔融发"座上客常满，樽中酒不空，吾无忧矣"[5]之叹。再往后是魏晋时的"竹林七贤"，由于当时社会矛盾的空前激化，动荡分裂，政权频繁更替，战乱频发，人的生命脆弱，人们产生了强烈的孤独恐惧和无助感，既然无法保证生命的长度，那就只能尽可能扩充生命的宽度，以饮酒方式，逃避现实的郁闷与苦难，得到暂时的解脱与快乐。如刘伶、阮籍之辈"兀然而醉，豁然而醒"，浑然"不觉寒暑之切肌，利欲之感情"[6]。此二人，前者有多首《饮酒诗》，后者有名作《酒德颂》。而伟岸丽容的嵇康即便是喝醉了也被朋友谓之"醉得壮观"，像挺拔的孤松傲然独立，他的醉态，像高大的玉山快要倾倒。可见当时整个社会蔓延着醉生梦死之气息，而与之相关的文学创作却展现出了超凡脱俗、潇洒自然的精神境界。然而喝酒喝到最高境界的还当推陶渊明。他虽自云"性嗜酒，家贫不能常得"[7]，但时常一副"引壶觞以自酌，眄庭柯以怡颜"[8]的模样，让

1　（元）关汉卿.关汉卿集 [M]. 马欣来，辑校. 太原：三晋出版社，2015：317.

2　（汉）司马迁. 史记 [M]. 北京：中华书局，1982：3203.

3　（汉）班固，（唐）颜师古注. 汉书 [M]. 北京：中华书局，1962：3585

4　（三国魏）曹操.魏武帝诗注 [M]. 黄节，校注. 北京：中华书局，2008：209.

5　（南朝宋）范晔，（唐）李贤，等注. 后汉书 [M]. 北京：中华书局，1965：2277.

6　（宋）窦苹. 酒谱 [M]. 北京：中华书局，2010：65.

7　（东晋）陶渊明.陶渊明集 [M]. 逯钦立，校注. 北京：中华书局，1979：175.

8　（东晋）陶渊明.陶渊明集 [M]. 逯钦立，校注. 北京：中华书局，1979：161.

人一读到他的诗，便在心中勾画他那仙风道骨般的神气。"陶渊明之诗，篇篇有酒"[1]。

公元 353 年，书圣王羲之与一群文人雅士会于绍兴兰亭，醉酒时挥毫而作《兰亭序》，获得了后世"遒媚劲健，绝代更无"[2]的美誉。酒改变了作者情绪，时喜时悲，喜极而泣，内容也随其情感的变化由平静渐进激荡直至癫狂，而后再由激荡而平静，极尽波澜起伏、抑扬顿挫之美。而至酒醒时"更书数十本，终无及者"[3]，留下"王羲之醉书《兰亭序》"的千古佳话，成为古代书法作品中的巅峰之作，后来李世民令善书者冯承素、褚遂良、欧阳询、虞世南等，各临摹数本，以赐近臣。李世民临终前，叮嘱以《兰亭序》真迹殉葬。再后来，赵孟頫、文徵明等均有摹本传世。

唐代文学中，与酒相关的诗作名篇或是咏酒诗就有六千余首。或把酒赋诗，饮尽杯中之酒，或酒后诗兴大发，情感自然流露而吟咏。翻开唐代文学的历史，人们会惊讶地发现酒在其中的重要性，无酒不欢，无酒不乐，在一些人眼里，甚至无酒无好诗，无酒无绝章。酒之于文学，朦朦醉醉，助兴咏怀，美酒百杯诗百篇，无酒何来李太白。

唐宋以来，以酒为媒介的文学艺术在李白、王维、吴道子、怀素、张旭、苏轼等人手中发扬光大。欧阳修自号"醉翁"，李白自称"酒仙"，辛弃疾"总把平生入醉乡"[4]，李杜诗文中，写到酒的，李白有 170 首（篇），占其诗文的百分之十六；杜甫有 300 首（篇），占其诗文的百分之二十一[5]，如果没有酒，中国文学史将会黯然失色。

李白是我国伟大的浪漫主义诗人，他崇尚"清真"，这与其自觉地追求自然美有关。他饮酒后诗作大胆夸张且又不露痕迹，真实可信，形象突出、强化感情，把拟人与比喻巧妙地结合起来，移情于物，将物比人，佳句连连。他嗜酒如命，曾有"李白一斗诗百篇"[6]的佳话，他的诗篇也多与酒有关，诸如"人生得意须尽欢，莫使金樽空对月""古来圣贤皆寂寞，惟有饮者留其名"[7]等，成为千古佳话。李白"尝沉醉于殿上，引足令高力

1 （东晋）陶渊明. 陶渊明集 [M]. 逯钦立，校注. 北京：中华书局，1979：10.
2 （宋）陈元靓. 岁时广记 [M]. 许逸民，点校. 北京：中华书局，2020：357.
3 （清）董诰，等编. 全唐文 [M]. 北京：中华书局，1983：3059.
4 （宋）辛弃疾. 辛弃疾集编年笺注 [M]. 辛更儒，笺注. 北京：中华书局，2015：1385.
5 郭沫若. 李白与杜甫 [M]. 北京：人民文学出版社，1971：196.
6 （唐）杜甫，（清）仇兆鳌. 杜诗详注 [M]. 北京：中华书局，1979：83.
7 （唐）李白，（清）王琦注. 李太白全集 [M]. 北京：中华书局，1977：179.

士脱靴，由是斥去，浪迹江湖，终日沉饮"[1]的事迹，成为饮酒之谈资，最终"竟以饮酒过度，醉死于宣城"[2]，终于随一缕酒香仙去。

王维与友人告别之际"劝君更尽一杯酒，西出阳关无故人"[3]，这杯浸透了诗人全部深挚情谊的琼浆至今令人陶醉。画圣吴道子，作画前必酣饮大醉方可动笔，醉后为画，挥毫立就。草圣张旭，崇尚师法自然的思想，喜借酒兴而书，焕唤飘忽多变的狂草书法神韵。"每大醉，呼叫狂走，乃下笔"[4]，于是有其"挥毫落纸如云烟"的《古诗四帖》。醉僧怀素酒醉泼墨，留下神鬼皆惊的《自叙帖》。李白在《草书歌行》中有表，"吾师醉后倚绳床，须臾扫尽数千张。飘风骤雨惊飒飒，落花飞雪何茫茫"[5]。而博学多才、身通数艺的苏轼，善于玩味酒的意趣，尤喜于见客举杯。《书东皋子传后》有一段自述："予饮酒终日，不过五合，天下之不能饮，无在予下者，然喜人饮酒，见客举杯徐引，则余胸中为之浩浩焉，落落焉，酣适之味，乃过于客，闲居未尝一日无客，客则未尝不置酒，天下之好饮，亦无在予上者。"[6]除了从饮者处获得满足，他也终日饮酒，在高声吟诵"明月几时有？把酒问青天"[7]之余，还写有《东坡酒经》一卷。

酒给文人以创作冲动和创作灵感，"张旭三杯草圣传"[8]。酒后作诗，才思敏捷，妙笔生花、妙语连珠。张说《醉中作》："醉后乐无极，弥胜未醉时。动容皆是舞，出语总成诗。"[9]贺知章《春兴》："杯中不觉老，林下更逢春。"[10]李白《将进酒》："五花马，千金裘，呼儿将出换美酒，与尔同销万古愁。"[11]陆游《江楼吹笛饮酒大醉中》："披裘对酒难为客，长揖北辰相献酬。一饮五百年，一醉三千秋。"[12]在绘画和书法艺术中，酒的功效更是

1 （后晋）刘昫，等. 旧唐书 [M]. 北京：中华书局，1975：5053.
2 （后晋）刘昫，等. 旧唐书 [M]. 北京：中华书局，1975：5054.
3 （唐）王维. 王维集校注 [M]. 陈铁民，校注. 北京：中华书局 1997：408.
4 （宋）欧阳修，（宋）宋祁. 新唐书 [M]. 北京：中华书局，1975：5764.
5 （唐）李白，（清）王琦注. 李太白全集 [M]. 北京：中华书局，1977：456.
6 （宋）苏轼，苏轼文集编年笺注 [M]. 李之亮，笺注. 成都：巴蜀书社，2011：17.
7 （宋）苏轼，苏轼词编年校注 [M]. 邹同庆，王宗堂，校注. 北京：中华书局，2007：173.
8 （唐）杜甫，（清）仇兆鳌. 杜诗详注 [M]. 北京，中华书局，1979：83.
9 （唐）张说，张说集校注 [M]. 熊飞，校注. 北京：中华书局，2013：210.
10 陈尚君辑校. 全唐诗补编 [M]. 北京：中华书局，1992：831.
11 （唐）李白，（清）王琦注. 李太白全集 [M]. 北京：中华书局，1977：179.
12 （宋）陆游，钱仲联，马亚中主编. 陆游全集校注 [M]. 杭州：浙江古籍出版社，2015：288.

奇异。"吴兴八俊"中的钱选"酒不醉，不能画"[1]。

　　明清以来，酒风逐渐衰弱，好饮酒而又才高八斗的文人就更少了，这与社会环境与意识形态有关，从思想文化来看，前朝唐宋具有开放包容的形态，既不妄自尊大，也不盲目排外，文化上兼收并蓄，而明清则缺乏包容之心，自居为天朝上国，以自我为中心，排斥之心作祟，思想与文化相对僵化。唯有吴跰人"纵酒自放，每独酌大醉"。忽一日，他对朋友道："吾殆将死乎？吾向饮汾酒，淡淡有味，今晨饮，顿觉棘喉刺舌，何也？吾禄不永矣。"[2] 果不其然，他回家后便去世了。明清之际创作的许多小说，如《三国演义》《红楼梦》《聊斋志异》等，其中多有关于饮酒的精彩情节，如《三国》中的"曹操煮酒论英雄"、《水浒》中"武松打虎"、《西游记》中"孙悟空大闹天宫"、《红楼梦》中"刘姥姥醉卧怡红院"等都是家喻户晓的借酒说事的经典故事。郑板桥也知道求画者的把戏，但他按捺不住美酒狗肉的诱惑，只好写诗自嘲："看月不妨人去尽，对月只恨酒来迟。笑他缣素求书辈，又要先生烂醉时。"[3]

　　民国胡山源先生，感于好友菩生和惠卿相继贪杯醉死，于是翻遍经史，阅尽子集，辑录古今关于酒的文献，编而成册，取名《古今酒事》，并在扉页题了八个字："埋愁无地，倚醉有缘。"[4] 算作对友人的祭奠。现代作家，喝酒上瘾的，譬如郁达夫，据说写东西时，总是一手把杯，一手执笔，饮了又写，写了又饮，好不畅快。鲁迅先生大概是不嗜酒的，但他笔下的人物，像孔乙己，便是十足的酒鬼。还有吕纬甫、魏连殳等人，也是爱极了这杯中之物。

　　少数民族的歌舞艺术，也常常与酒息息相关。酒助歌舞之兴，歌舞酣畅之时酒兴愈浓。而且少数民族还有大量的吟咏酒的"酒歌"，描述与酒相关的生活，抒发由酒激发的情感。

　　总之，酒启发文化艺术创作的灵感，艺术作品记叙了酒的灵动之力，酒不仅满足人生理上的陶醉，也满足人精神上的超越。难怪爱酒的文人墨客，在作品中寄托了极其微妙的感情，并叙之以文，泼之以墨。诚如胡山源先生所说，"它们都是好文字，我读着它们，真有些口角流涎，在不知不觉间，我就真正知道了酒"[5]。善饮者以实践或寻酒趣，不善者借文艺品

1　（元）戴表元. 剡源集 [M]. 陆晓东，黄天美，点校. 杭州：浙江古籍出版社，2014：372.
2　徐珂. 清稗类钞 [M]. 北京：中华书局，2010：6352.
3　（清）郑燮. 郑板桥全集 [M]. 卞孝萱，卞岐，编. 南京：凤凰出版社，2012：3.
4　胡山源. 古今酒事 [M]. 北京：商务印书馆，2023：1.
5　胡山源. 古今酒事 [M]. 北京：商务印书馆，2023：2.

酒意，各司其道，皆得无穷乐趣。酒后幻觉中人与宇宙万物融为一体，正如庄子"物我两忘，天人合一"，生命得到升华的"超然"境界，也成就了一批中国历史上文学艺术大师的经典之作。今日读古人文章或阅书画作品，自然生出意韵之美，其通感可以跨越时空，根本之源乃人性之根，深究其意则暗含悲色，也因此悲才生出美来。这或许与人对生命的彻悟有关，情至深处是生命的赔付，而生命的介入极易唤起同体共鸣，艺术作品就是将个体感悟释放出来，唤起大众进入情绪的体验，把悲转化为意义，酒恰好在两者之间模糊了界线，继而产生无法言说的意味，可谓东方文化中的朗润格致之美。

第一节
从积极入世到超然物外——酒文化影响下的文学

中国文化根基属农耕文化，粮食酿造醇酒也酿造历史，源远流长。在甲骨文中便有了"酉"[1]的记载。酒所具有的致醉功能使人进入一种独特的感觉世界，由于与文学创作最重要的心境之一"迷狂"和想象、激情等因素相吻合与联系，酒与文学结下了不解之缘。人在获得基本生存物质后，总是寄情于文字来表达各种心绪，把各种思想或感悟记录下来，而酒正好润泽了两者的界限，产生一种融通的默契，使得无法言说的意识被文字牵引出来。

一、酒文化下的诗词歌赋

先民收获了大量谷物时，不仅用谷物来祭祀先祖，也将谷物酿成酒来祭祀，并以诗词方式记录，如《诗经·小雅·信南山》："疆场翼翼，黍稷或或。曾孙之穑，以为酒食。"[2]《诗经·小雅·楚茨》："我黍与与，我稷翼翼。我仓既盈，我庾维亿。以为酒食，以享以祀。"[3]

"将进酒，杯莫停。与君歌　曲，请君为我倾耳听。钟鼓馔玉不足贵，

1　酉，甲骨文之"酒"字。
2　（清）阮元校刻. 十三经注疏 [M]. 北京：中华书局，2009：1011.
3　（清）阮元校刻. 十三经注疏 [M]. 北京：中华书局，2009：1004.

但愿长醉不复醒。古来圣贤皆寂寞，唯有饮者留其名。"[1] 如果没有酒，古时书画大家估计也会失去半壁江山。竹林七贤无酒不成席，山涛"饮酒至八斗方醉"[2]，阮籍"纵酒昏酣，遗落世事"[3]，刘伶"一饮一斛，五斗解酲"[4]，嵇康"嵇叔夜之为人也，岩岩若孤松之独立；其醉也，傀俄若玉山之将崩"[5]，"诸阮皆能饮酒，仲容（阮咸）至宗人间共集，不复用常杯斟酌，以大瓮盛酒，围坐，相同大酌。时有群猪来饮，直接去上，便共饮之"[6]，"秀与吕安灌园于山阳，收其余利，以供酒食之费"[7]。曹丕与"建安七子"徐干、陈琳、刘祯等"每至觞酌流行，丝竹并奏，酒酣耳热，仰而赋诗，当此之时，忽然不自知乐也"[8]，还有陶渊明如若无酒，便没有心中的"桃花源"。难怪晋人王佛大说"三日不饮酒，觉形神不复相亲"[9]，就是说不饮酒，自己的身体跟精神就脱离了。

酒是接通人与自身灵魂深处的桥梁，也是联结悲欢哀乐的秘密精神通道。酒，不仅是人类物质世界需求的一种饮品，更是使人进入奇异精神世界的媒介。没有酒的引导，诗人无法进入到一个神秘的精神境界之中，也就无法写下醇味浓厚的诗篇，杜甫《独酌成诗》云："醉里从为客，诗成觉有神。"[10] 酒这种物质在与人进行互通之后就像召来神灵一般，激发诗人的创作激情。艺术创作需要有一种俯视之角，宽阔的视野与各种意味的勾连，酒促成了知觉的悬空游弋，甚至脱离肉身而漂浮，整个感官及视角都改变了。

据统计，《诗经》有44首涉及酒，在接下来的几千年中，"酒"与文人、文学的关系总是密不可分。《后汉书》载："（孔融）及退闲职，宾客日盈其门。"常叹曰："座上客恒满，樽中酒不空，吾无忧矣。"[11]《古诗十九首》中有生命短促和无常的感叹，魏晋名士的纵情诗酒，"竹林七贤"更

1 （唐）李白，（清）王琦注. 李太白全集 [M]. 北京：中华书局，1977：179.

2 （唐）房玄龄，等. 晋书 [M]. 北京：中华书局，1974：1228.

3 （晋）陈寿，（南朝宋）裴松之注. 三国志 [M]. 陈乃乾，点校. 北京：中华书局，1982：605.

4 （唐）房玄龄，等. 晋书 [M]. 北京：中华书局 1974：1376.

5 （南朝宋）刘义庆编. 世说新语校笺 [M]. 徐震堮，校注. 北京：中华书局，1984：335.

6 （南朝宋）刘义庆编. 世说新语校笺 [M]. 徐震堮，校注. 北京：中华书局，1984：394.

7 （唐）徐坚，等. 初学记 [M]. 北京：中华书局，2004：588.

8 （晋）陈寿，（南朝宋）裴松之注. 三国志 [M]. 陈乃乾，点校. 北京：中华书局，1982：608.

9 （南朝宋）刘义庆编. 世说新语校笺 [M]. 徐震堮，校注. 北京：中华书局，1984：685.

10 （唐）杜甫，（清）仇兆鳌. 杜诗详注 [M]. 北京，中华书局，1979：384.

11 （南朝宋）范晔，（唐）李贤，等注. 后汉书 [M]. 北京：中华书局，1965：2277.

堪称其典范，刘伶《酒德颂》把酒推到了极致，刘义庆在《世说新语·任诞》篇中更引王孝伯之言："名士不必奇才，但使常得无事，痛饮酒，熟读《离骚》便可称名士。"[1] 是对这个时代风气最好的概说。历代如此，而宋代的诗酒酬唱已成为一种风尚，宋代朱冀中《北山酒经》如是说："大哉，酒之于世也，礼天地，事鬼神，射乡之饮，鹿鸣之歌……上至缙绅，下逮闾里，诗人墨客，樵夫渔父，无一缺此也。"[2] 酒在社会中变得越来越普遍，在文学作品中的内涵也越来越丰富，成了文学研究中不可或缺的一环。

《诗经》是东周文学史上最为璀璨的明珠，它不仅记录了民歌与雅乐（《风》与《雅》），还保留了《颂》这种记录周王室及贵族宗庙祭祀的乐歌。而"礼制"作为宗庙祭祀的核心也被完整且忠实地记录在《诗经》所吟唱的辞藻之间。现存宋代《诗经》题材绘画有 16 种 22 件之多，其中多为宋高宗书马和之补图。

在辉煌夺目的中国传统文化宝库中，中国古代文学的丰富精美是举世无双的，古代诗词歌赋更是其中的一朵奇葩。从西周到明、清的历史发展长河中，诗人源源涌现，诗歌风格迥异，此起彼伏，潮落潮生。中国古代诗人"以诗言志"，它是人的生命情感、生命意志的呈现，从深层次上讲是追求一种精神的解脱和超越，以获得精神上的自由。很多古代诗词歌赋中表现出来的物我一体、返璞归真、宁静和谐以及追求精神自由等，于今天的我们仍然具有很好的启示作用。

在这些时代的奇葩中，我们不妨再细细追溯一下极具代表性的一些人物，以更深地体会到酒与中国文化艺术的根深蒂固之关系。

1. 入世之苏轼（东坡）

众所周知，苏轼的诗歌数量巨大，在这数量众多的诗歌中有很多都涉及酒，尤其是他晚年创作了大量的和陶诗，一直都是学术界关注的重点，两大文豪苏东坡和陶渊明在出世入世的状态下，借酒言他的风格对比研究，直至今日也意味深长。

宋代有着极为浓重的饮酒风尚，而这种浓厚的酒风，在苏轼身上表现得更为突出。在《次韵干定国得晋卿酒相留夜饮》一诗中，苏轼曾谓："使我有名全是酒，从他作病且忘忧。"[3] 其《饮酒说》一文也称，"予虽饮酒

1 （南朝宋）刘义庆编. 世说新语校笺 [M]. 徐震堮，校注. 北京：中华书局，1984：1299.
2 （宋）朱肱. 北山酒经 [M]. 任仁仁，点校. 上海：上海书店出版社，2016：13.
3 （宋）苏轼，（清）王文诰注. 苏轼诗集 [M]. 北京：中华书局，1982：1617.

不多，然而日欲把盏为乐，殆不可一日无此君。"可见酒在其生命中的重要地位。甚至可以说，苏轼就是宋代酒文化的集中体现者，从他留下的大量与酒有关的诗词文书画等作品中，我们都可以清楚地看到，苏轼不仅吟咏酒事，抒写酒怀，而且还亲自动手酿酒造酒。

苏轼一生漂泊不定，大起大落，居无定所。他的诗词中反复出现"吾生如寄耳"，据统计，其至少出现过九次。王水照先生把"寄"作为寓居之意，并把苏轼的一生概括为："在朝—外任—贬居。""竹杖芒鞋轻胜马，谁怕，一蓑烟雨任平生。"[1] 而其间，"酒"一直伴随着他到了各个地方，伴随着他走过人生的每一个阶段，他的各类作品中都留下了"酒"的身影，所以，"他的诗、他的词、他的散文都有浓浓的酒味。"《赤壁赋》把酒意与心念巧妙地结合到环境之中，飘飘然如遗弃尘世，超然独立，成为神仙而进入仙境。继而不由自主地叩击船舷和着桨声吐露内心的幽怨。而《后赤壁赋》将待客之际借饮酒来抒发自身境遇"悄然而悲，肃然而恐"[2] 的心情变化，感慨世事无常和前途、理想、追求、抱负的渺茫，亦正如苏轼自己声称的："身外傥来都似梦，醉里无何即是乡。"[3] 醉里的"无何有之乡"成为他文学创作领域的一道独特风景。

苏轼现存诗歌 2300 多首，涉酒诗共有 796 首，占据了总诗词的三分之一，并且贯穿了其诗词创作的整个过程，总体来看，任地方官时期创作数量巨大，而谪居期间又更为丰盛。因此，苏轼涉酒诗词有三个明显的特点：一是数量巨大；二是主题多样；三是内涵丰富。而"酒"对苏轼的意义是巨大的。苏轼的涉酒诗不只是数量巨大，描写的内容丰富多彩，贯穿其创作的每个时期，原因主要包括经历的曲折性，思想的复杂性，性格的多重性等。三起三落所带来的心绪变化，地理上环境习俗不同，年龄的变老都是作品跨越大所带有的必然烙印。

"苏轼在文化史上的意义之大，在于他不曾遁入佛老的出世之路，而寻求到了另一种入世的人生价值。儒家思想是入世的，却以庙堂为价值指归，佛老思想在理论上是肥遁于庙堂之外的，却又走向出世。"[4] 表现在诗

---

1 （宋）苏轼. 苏轼词编年校注 [M]. 邹同庆，王宗堂，校注. 北京：中华书局，2007：356.

2 （宋）苏轼. 苏轼文集编年笺注 [M]. 李之亮，笺注. 成都：巴蜀书社，2011：23.

3 （宋）苏轼. 苏轼词编年校注 [M]. 邹同庆，王宗堂，校注. 北京：中华书局，2007：476.

4 王永照，朱刚. 苏轼评传 [M]. 南京：南京大学出版社，2004：429.

歌创作上，则是把禅、道与诗、酒联系在一起，访禅问道就如同诗酒一样不可荒废。苏轼受佛老思想超越于庙堂，但又不由此从其出世，却仍保持对人生、对世间美好事物的执着与追求。访禅问道与诗酒为乐，表达了其对于美好事物执着追求，但是他既不沉迷于诗酒浅斟低酌，也没有孤注于禅道而逃避现实，而是圆融地平衡于二者之间，具体为对"真"有自己的坚持，《庄子·渔父》云："真者，精诚之至也，不精不诚，不能动人……其用于人理也，事亲则慈孝，事君则忠贞，饮酒则欢乐。"[1]主要指真情流露，自然不矫揉造作，这恰也是所有艺术创作的根本与真谛。

苏轼很多诗歌跟词一样是赞美古代的酒狂，赞美其喝酒态度和生活方式，如"相逢杯酒两忘忧"[2]，或直呼"高会日陪山简醉"[3]，还有"万斛船中著美酒，与君一生长拍浮"[4]，虽言与友人喝酒，但作者也希望像古人喝酒一样。

苏轼有意追求词的豪放风格，词中引入酒狂、酒圣形象，有助于其豪放词风的形成。不管是对词中人物饮酒形象的塑造，还是苏轼塑造自己的饮酒形象，其豪饮的行为都有助于其豪放词风的形成，所以在词中对古代的酒狂形象更多的是肯定。

苏轼对"风流"的追求有自己的标准，从继承传统上，酒确实是名士追求风流的必需之物，在今人看来也属时尚标配。

2. 出世之陶渊明

陶渊明不仅开创了田园诗的新领域，更把饮酒作为主题写入了诗歌，作为中国文学史上第一个开始竭力创作酒诗的诗人，他的酒诗创作取得了巨大成就，并以丰富的内容、深刻的哲理和独特的艺术使得酒诗在魏晋时期走向成熟。

陶诗主题的创新——饮酒主题。在诗中写饮酒，"以致形成一种文学的主题，应当说还是自陶渊明开始。"[5]酒，已经成为陶渊明的生活和文学的标志。饮酒主题的创新始于陶渊明，完全离不开当时的时代风气。

陶渊明在诗歌的创作中写了大量有关酒的诗歌，即使没有明确地写到酒，我们仍然能够从中嗅到酒的味道。陶渊明现存诗歌仅有 125 首，梁

1 （清）郭庆藩. 庄子集释 [M]. 王孝鱼，点校. 北京：中华书局，1961：275.

2 （宋）苏轼，（清）王文诰注. 苏轼诗集 [M]. 北京：中华书局，1982：982.

3 （宋）苏轼，（清）王文诰注. 苏轼诗集 [M]. 北京：中华书局，1982：593.

4 （宋）苏轼，（清）王文诰注. 苏轼诗集 [M]. 北京：中华书局，1982：617.

5 袁行霈. 陶渊明研究 [M]. 北京：北京大学出版社，1997：113.

昭明太子在《陶渊明集·序》中写"有疑陶渊明诗篇篇有酒，吾观其意不在酒，亦寄酒为迹者也。"[1]陶渊明的酒诗特点是将儒玄兼综的玄学思想深解于酒中，追求形神合一的境界，并进而将酒味升华到一种冲和平淡的味道，大大淡化、稀释了魏晋文士的生死痛苦。陶渊明范式的确立反映了从建安、正始到东晋饮酒心态、酒诗创作风貌的变化，对后世影响至深。陶渊明饮酒生活体现出了对"道"味的追求，对"真"的回归，将肉体上的真上升到精神上的真，这种情趣确定了陶酒诗的情感内容体现在对生命的咏叹和对天真的高歌之上，同时也决定了陶酒诗的平淡风格，其诗中的酒味，醉境诗冲和，平淡的一种物我无滞、物我一体的道境与玄意。

历史上酒代表着阳刚与男性，这与性别的社会主体地位有关，但也有个例，宋代著名词作家李清照则另当别论。酒让无数文人墨客忧思长叹，它也承载很多闺幽女子的愁怨婉转。文学婉约派的代表宋代李清照（1084—约1151年），则以好酒女性形象示人，在古代妇女中善饮而善写酒情意的恐怕她是一位代表人物。历史中文人女子饮酒者少，这与古代社会意识形态下的女子地位有关，爱酒而畅怀者更少，李清照就是一个真爱酒的女子。但她嗜酒与一般男子不同，多因思念寂寞所致，借酒浇愁愁更愁，命运多舛，无法排解。她的一些名篇中都写到饮酒，如早期的《如梦令》《醉花阴》等词中有"常记溪亭日暮，沉醉不知归路"[2]"昨夜雨疏风骤，浓睡不消残酒"[3]"东篱把酒黄昏后，有暗香盈袖"[4]等，是一个封建贵族闺秀悠闲、风雅、多愁善感的真实生活写照。南渡以后，国破家亡，境遇孤苦，酒樽也满蘸哀愁凄清。如历来受人称道的《声声慢》中就有"寻寻觅觅，冷冷清清，凄凄惨惨戚戚……三杯两盏淡酒，怎敌他、晚来风急"[5]的句子，更是道出凄苦惆怅的心境。同是饮酒，南渡前后的心情迥然不同，那滋味也别是一番了。《菩萨蛮·风柔日薄春犹早》在早春日子里用醉酒浓睡来开解浓重乡愁的情景，以酒寄情产生的模糊性表达了内心深处的无助。[6]文字往往借助酒力把内心无形的惆怅形象化，而形又似见非见，让人若即若离，只可意会而又不可言传。

1 （东晋）陶渊明.陶渊明集 [M].逯钦立，校注.北京：中华书局，1979：10.
2 （宋）李清照.重辑李清照集 [M].黄墨谷，辑校.北京：中华书局，2009：10.
3 （宋）李清照.重辑李清照集 [M].黄墨谷，辑校.北京：中华书局，2009：10.
4 （宋）李清照.重辑李清照集 [M].黄墨谷，辑校.北京：中华书局，2009：20.
5 （宋）李清照.重辑李清照集 [M].黄墨谷，辑校.北京：中华书局，2009：34.
6 （宋）李清照.重辑李清照集 [M].黄墨谷，辑校.北京：中华书局，2009：42.

酒意与诗意共同具有追求空灵幻化感的特点，不同的诗人风格与其作品也可对应不同的酒水，心中默念着诗词，以诗词下酒想必别有一番快意，可谓慕煞神仙。饮淡酒时宜读李清照，品甜酒时可读柳永，喝烈酒则大歌东坡词。其他如辛弃疾应饮小口高粱酒，读放翁应大口喝大曲酒，读李后主则用妈祖老酒煮姜汁倒出怨苦味时最好。[1] 唐代诗人杜甫也以酒愁见长，"朱门酒肉臭，路有冻死骨"[2]，可见其愁，且带有悲的成分，极易使阅读者产生代入感，融入其意味，酒后更无法控制，直至情绪的不断叠加。至于李白、陶渊明、苏东坡等则浓淡皆可，细品狂饮都适宜。还有一上乘饮法，"举杯邀明月，对影成三人"[3]的独酌，如面对自然之花卉生出一份感慨，春、夏、秋、冬各色各样，均为不同的情感倾诉对象，恋到了无此物不可下酒之境界。这痴花恋酒之态笔者也曾有，一日下榻天目湖宾馆，酒后迷糊双眼被花插所牵引，见红与紫还有黄绿，绽放之花边缘左右交替，刻意模糊观者视野，不让观其魅，只见物灵，似乎有诗情愿诉之。结果不知所云，不说也罢。看来酒力与诗情交织一起喝下，便是那无尽的美意。

二、酒文化浸润下的小说散文

无论是中国古代还是现当代小说，都离不开"酒"这一元素。酒更多地作为小说中的线索元素而出现。它有可能成为人物塑造的重要因素，可能被作为推动故事的重要线索，也有可能成为小说中表现一个时代、社会饮酒风俗和文化的重要表征和线索，当然也有可能成为作者的一个重要灵感来源。

在历史上，有众多与酒文化相关的小说大作，如《封神演义》一书将商纣王的酗酒无度、荒淫暴虐表现得淋漓尽致。《十六国春秋》曾记载，五胡十国时期，秦王苻坚和群臣一起饮酒，饮得高兴，让秘书监朱彤做酒正，命大家必须喝到酩酊大醉为止。侍郎赵整有感于酒的负面作用，就作了一篇《酒德之歌》，讲述了酒对事业的危害。"地列酒泉，天垂酒池。杜康妙识，仪狄先知。纣丧殷邦，桀倾夏国。以次言之，前危后则。"[4] 苻坚听后并未恼怒，让赵整写下并作为饮酒戒。颁布规定，从此以后，每次宴

1　林清玄. 温一壶月光下酒 [A]. 林清玄. 林清玄散文精选，武汉：长江文艺出版社，2016：30.

2　（唐）杜甫，（清）仇兆鳌. 杜诗详注 [M]. 北京：中华书局，1979：270.

3　（唐）李白，（清）王琦注. 李太白全集 [M]. 北京：中华书局，1977：1063.

4　（宋）司马光，（元）胡三省音注. 资治通鉴 [M]. 北京：中华书局，1956：3286-3287.

请群臣，依照礼节最多不得超过三爵。[1]

《金瓶梅》是一部以明代为背景，涉及经济社会生活各方面的世情小说，精彩、细致，带着自然主义倾向的描写，对世情的悲喜乖戾、社会意识形态的表现和透视，达到相当高度和深度。其描写生活的核心，与酒密切相关，在很多时候是酒推动着情节的发展。酒在故事中穿针引线，作品中写饮酒以调情卖相、打嘴犯牙、打情骂俏等情绪宣泄为主导，既表现人物各自的性格，又反映出明代世情、生活的实质。

《红楼梦》全书写酒宴七十多处，酒在贾、史、王、薛四大家族生活的兴衰演变过程中起着极大的表现作用。《红楼梦》的饮酒全在一"乐"字，表现出一种情调、雅趣，尤其是饮酒过程中多有花样百出的"酒令"，更增其雅趣之韵致。酒令乃是一种独特的酒文化内容，富于诗意和情趣，包含着强烈的享乐主义倾向。这是通过诗意与酒精的碰撞，很好地体现着人的大脑与肠胃，心理与生理，情感与物质的奇妙结合。《红楼梦》中的酒令最有特色的是以语言文字为游戏的酒令，或射覆，或联句，或命题赋诗，或即兴笑话，不一而足，将文化娱乐及才情睿智融于聚饮的食文化之中，很好地表达了《礼记·乐记》所谓"酒食者，所以合欢"[2]的认识与肯定。

《儒林外史》用讽刺笔调写了一群知识分子的各种可笑形态，通过对这些人生活的具体描写展开对"博学宏词"的封建科举制度猛烈、辛辣的抨击。在这些封建知识分子的日常生活中，饮酒与"清谈"成为很重要的一种生活方式，借酒消愁解忧是其饮酒的一个主要目的。封建科举制度在其发展、演化的历史中，已经从举贤选士蜕变为一种功名富贵的晋身台阶，其腐朽的八股文取士方式、圣经贤传的出题范围，对个性思维发展和才情发挥有着极大的限制和约束，将封建知识分子赶向精神贫乏的不归路。

书中大量的"清谈"及与酒的关系，显示了酒在作品结构和揭示文人雅士生活、心理等方面的重要作用。他们借饮酒场中倾吐胸中块垒，畅谈人生境遇，以一种至少表面上看是轻松自如的态度品味人生、放松人生，对生活表示出一种带有"宣泄"性质的戏谑态度。这对文化来说，则是一种浅谈的自嘲，对社会历史未必有什么直接的重大作用，却于文化陶冶、社会思潮形成等方面显示出诸多方面不容忽视的力量，粗浅梳理便知酒与历史文化，酒与小说或散文无法言说的紧密关系。而发生在西南一隅的酒与文化间的关联事件，文人雅士对蜀酒的礼赞之多更是不容小觑。

1　文龙主编. 中国酒典 [M]. 长春：吉林出版集团有限责任公司，2010：253.
2　（清）阮元校刻. 十三经注疏 [M]. 北京：中华书局，2009：3326.

三、烧春誉满蜀州道

如前所述，诗词歌赋当中有众多直接描写酒的篇章，由于蜀地酒业历史绵长，酿造酒坊众多，历代文人墨客喜欢浸润酒气之地，陆续来蜀游历且留下大量诗词歌赋。唐时酒被称为"烧春"，与蜀地烧春相关的作品也不在少数。

杜甫笔下的《七绝》有"华轩蔼蔼他年到，绵竹亭亭出县高。江上舍前无此物，幸分苍翠拥波涛。"[1]《闻官军收河南河北》："剑外忽传收蓟北，初闻涕泪满衣裳。却看妻子愁何在，漫卷诗书喜欲狂。白日放歌须纵酒，青春作伴好还乡。即从巴峡穿巫峡，便下襄阳向洛阳。"[2]759—766年，杜甫暂居成都，留下许多对蜀地酒的赞许。"荒村建子月，独树老夫家。雾里江船渡，风前径竹斜。寒鱼依密藻，宿鹭起圆沙。蜀酒禁愁得，无钱何处赊。"[3]"策杖时能出，王门异昔游。已知嗟不起，未许醉相留。蜀酒浓无敌，江鱼美可求。终思一酩酊，净扫雁池头。"[4]《送路六侍御入朝》："童稚情亲四十年，中间消息两茫然。更为后会知何地，忽漫相逢是别筵。不分桃花红胜锦，生憎柳絮白于绵，剑南春色还无赖，触忤愁人到酒边。"[5]

李白笔下经典的《月下独酌·其二》有："天若不爱酒，酒星不在天；地若不爱酒，地应无酒泉。天地既爱酒，爱酒不愧天。已闻清比圣，复道浊如贤。贤圣既已饮，何必求神仙？三杯通大道，一斗合自然。但得酒中趣，勿为醒者传。"[6]

北宋诗人黄庭坚见蜀南遍种高粱酿酒，遂感叹"江安食不足，江阳酒有余"[7]，并说州境之内，作坊林立。官府士人，乃至村户百姓，都自备糟床，家家酿酒，道出了剑门关以南粮食丰盈，酒家酿坊鳞次栉比。

宋代杨万里的《跋陆务观剑南稿》曰："今代诗人后陆云，天将诗本借诗人。重寻子美行程旧，尽拾灵均怨句新。鬼啸狨啼巴峡雨，花红玉白剑南春。锦囊缮罢清风起，吹仄西窗月半轮。"[8]

宋代苏轼《蜜酒歌并序》曰："西蜀道士杨世昌，善作蜜酒，绝醇酽，

1 （唐）杜甫，（清）仇兆鳌. 杜诗详注 [M]. 北京：中华书局，1979：732.
2 （唐）杜甫，（清）仇兆鳌. 杜诗详注 [M]. 北京：中华书局，1979：968.
3 （唐）杜甫，（清）仇兆鳌. 杜诗详注 [M]. 北京：中华书局，1979：860.
4 （唐）杜甫，（清）仇兆鳌. 杜诗详注 [M]. 北京：中华书局，1979：938.
5 （唐）杜甫，（清）仇兆鳌. 杜诗详注 [M]. 北京：中华书局，1979：985.
6 （唐）李白，（清）王琦注. 李太白全集 [M]. 北京：中华书局，1977：1063.
7 （宋）黄庭坚. 黄庭坚全集 [M]. 刘琳，等，点校. 北京：中华书局，2021：512.
8 （宋）杨万里. 杨万里集笺校 [M]. 辛更儒，笺注. 北京：中华书局，2007：1021.

余既得其方，作此歌以遗之。真珠为浆玉为醴，六月田夫汗流沘。不如春瓮自生香，蜂为耕耘花作米。一日小沸鱼吐沫，二日眩转清光活。三日开瓮香满城，快泻银瓶不须拨。百钱一斗浓无声，甘露微浊醒醐清。君不见南园采花蜂似雨，天教酿酒醉先生。先生年来穷到骨，问人乞米何曾得？世间万事真悠悠，蜜蜂大胜监河侯。"[1]

宋代陆游《剑门道中遇微雨》曰："衣上征尘杂酒痕，远游无处不消魂。此身合是诗人未？细雨骑驴入剑门。"[2]《对酒》："新酥鹅儿黄，珍橘金弹香。天公怜寂寞，劳我以一觞。胸中万卷书，老不施毫芒，持酒一浇之，与汝俱深藏。生当老穷巷，死埋南山冈。古来共如此，已矣庸何伤！"[3]《遣兴》："一尊尚有临邛酒，却为无忧得细倾。"[4]《醉歌》："床头有酒敌霜风，诗成老气尚如虹。"[5]还有《蜀酒歌》："汉州鹅黄鸾凤雏，不骛不搏德有余；眉州玻璃天马驹，出门已无万里涂。病夫少年梦清都，曾赐虚皇碧琳腴，文德殿门晨奏书，归局黄封罗百壶。十年流落狂不除，遍走人间寻酒垆，青丝玉瓶到处酤，鹅黄玻璃一滴无。安得豪士致连车，倒瓶不用杯与盂，琵琶如雷聒坐隅，不愁渴死老相如。"[6]

清代李芳谷《诗四首》言："叙州酒有绿荔枝，只因道远少举杯。眉州酒有玻璃春，今日无缘未沾唇。何如绵竹出大曲，美超中江与丰谷。功同人参效益兼，朝饮三杯不厌复。我生斯土十余年，性酷漫酒如青莲。有时飞觞醉明月，恰似长鲸饮百川。况逢佳酿出邑中，岂令金樽日日空。沾来花前相对酌，漫道当时之郫筒。曾访酒家问酿诀，妙造此酒河清洁。佳法不妨仔细谈，彼为余言从头说。水取西门清可用，得水其法任操纵。熟蒸五谷曲蘖和，倾下地窖宜郑重。七日来复酒气香，烤出佳汁似琼浆。出山更比在山好，越境风吹扑鼻香。吁嗟此酒莫与京，愿学酒仙借浇情。古来圣贤皆寂寞，惟有饮者留其名。因思竹林刘阮辈，声华卓卓传

1　（宋）苏轼，（清）王文诰注．苏轼诗集[M]．北京：中华书局，1982：1115-1116.

2　（宋）陆游．陆游全集校注[M]．钱仲联，马亚中，主编．杭州：浙江古籍出版社，2015：239.

3　（宋）陆游．陆游全集校注[M]．钱仲联，马亚中，主编．杭州：浙江古籍出版社，2015：297.

4　（宋）陆游．陆游全集校注[M]．钱仲联，马亚中，主编．杭州：浙江古籍出版社，2015：187.

5　（宋）陆游．陆游全集校注[M]．钱仲联，马亚中，主编．杭州：浙江古籍出版社，2015：206.

6　（宋）陆游．陆游全集校注[M]．钱仲联，马亚中，主编．杭州：浙江古籍出版社，2015：334.

几代。饮酒尚论古之人，举杯当与古人对。对酒高歌聊复尔，醉翁之意不在此。每日昏昏醉梦中，何忍醒眼看俗扉。"[1]他写有竹枝词，又名《竹枝》，原为四川东部一带民歌。"天桥馨香酒可沽，红颜乍看坐当垆。风流绝似文君态，面与桃花一样朱。""大曲酒，帘标绵竹号，水酿墨池良。御麦原名贵，成都味不香。备仪称土物，却病比参强。户独余见小，三焦不敢尝。""射水河泛舟，河源三箭水盈盈，薄暮中流放棹行。斗酒自携鱼自网，坡酒风月共心情。"

现代马识途有《诗成酡红颜》："剑南秋色好，清气满苍穹，骚客来绵竹，墨缘结玉种，乾坤方壶里，日月醉乡中。击著倾杯笑，诗成酡红颜。"[2]萧赛《千杯万盏诗》："千杯万盏剑南春，天下谁人不识君。举杯多劝英雄饮，停盏莫叫醉鬼吞。争名夺利为中国，硬骨柔情留儿孙。风云际会谈何易，写部酒史照酒林。"[3]启功《咏剑南春》："美酒中山逐旧尘，何如今酿剑南春。海棠十万红生颊，都是西川醉后人。"[4]

这些诗词歌赋从盛世唐朝"剑南烧春"记入史册开始，其时巴山蜀地就已经成为酒文化历史中几千年来举足轻重的关键词。令一众诗人、文人为这个地方生产出来的酒而神魂颠倒，从饮此处酒而难忘终身。酒有如此魅力，引得天下好文美诗竞折腰。

四、积极入世与超然物外的"墨客"饮酒

自古以来，酒与书画不分家，文人骚客总是离不开酒，酒对于艺术及生活而言是不可或缺的一部分，艺术的催生和发展都离不开酒的熏陶和渲染，文人生活中也不乏对酒的称赞，历史上众多崇尚美酒的时代。无论朝廷上下，文武百官，或是英雄豪杰，平民百姓，都会把酒当作生活中传递情感的媒介，借此抒发自己的心绪，如唐代刘禹锡一首诗："长安百花时，风景宜轻薄。无人不沽酒，何处不闻乐。"[5]就代表了唐代社会饮酒风俗的典型。

在整个文学史上，文人墨客们饮酒基本上代表了两种心境，一种是积

---

1 李芳谷，本名李德扬，自号香吟，绵竹人，生于清嘉庆年间，由廪贡后补训导，博学多才，尤善吟咏，人称博学诗人。剑南春史话编写组. 剑南春史话 [M]. 成都：巴蜀书社，1987：16.

2 赵志英，郭宗俊主编. 剑南春历史真迹 [M]. 成都：成都科技大学山版社，1999：115.

3 萧赛. 千杯万盏剑南春 [J]. 戏剧家，2004（1）：75.

4 赵志英，郭宗俊主编. 剑南春历史真迹 [M]. 成都：成都科技大学出版社，1999：119−120.

5 （唐）刘禹锡. 刘禹锡全集编年校注 [M]. 陶敏，陶红雨，校注. 北京：中华书局，2019：1364.

极入世的代表，而另一种是消极避世或者超然物外的心境。

积极入世的文人除前文所说苏轼，还有"酒仙"李白，其《明堂赋》的写作目的便是谋求官位，写作时间在开元二十七年（739年）拆毁明堂之前，他赋明堂一是为了谋仕，二是"以大道匡君"[1]，由于家庭的缘故，李白不能应常举和制举以入仕途，只能走献赋之路，这是其献赋谋仕的原因。此赋盛赞明堂之宏大壮丽，写尽开元盛世的雄伟气象以及作者的政治理想。

再如杜甫，尽管个人遭遇了不幸，但杜甫无时无刻不忧国忧民。时值安史之乱，他时刻注视着时局的发展，在此期间写了两篇文章：《为华州郭使君进灭残冠形势图状》和《乾元元年华州试进士策问五首》，为剿灭安史叛军献策，考虑如何减轻人民的负担。当讨伐叛军的劲旅——镇西北庭节度使李嗣业的兵马路过华州时，他写了《观安西兵过赴关中待命二首》，表达了强烈的爱国热情。

此外，还有白居易，任左拾遗时，白居易认为自己受到喜好文学的皇帝赏识提拔，故希望以尽言官之职责报答知遇之恩，因此频繁上书言事，并写下了大量反映社会现实的诗歌，希望以此补察时政。李商隐则与大多数缺乏权势背景的考生一样，并不指望一举成功。他流传下来的诗文中没有提及当时的情形，这多少说明他对于初试的失败不是非常在意。然而，随着失败次数的增多，他渐渐开始不满……

一如烙在所有人脑海中，提及超然物外，或者说稍显有避世倾向的文人，第一就会想到陶渊明。他被称为千古隐逸之宗，甚至后世称其为一种隐逸文化现象。另有商朝的微子，三国的司马徽，魏晋时期的竹林七贤等，众人看透了官场，他们不愿做官，宁愿隐居山林，与青山绿水为伴，超脱尘世的羁绊。

在文人看来，诗酒之间可以互为肌理，振奋人心，因此姚合写诗说道："九寺名卿才思雄，邀欢笔下与杯中。六街鼓绝尘埃息，四座筵开语笑同。"[2]文人敢于把一腔才华洒向酒海，同时在饮酒过程中激发创作的灵感与热情，以至于诗以酒为题，酒以诗为兴，酒中有诗，诗中有酒，展现出了中国酒文化的至上境界。唐代诗人描写饮酒境界，喜欢"醉"的感觉，白居易闲逸之际追求"一壶好酒醉消春"[3]的生活情趣。李白在满腔抱

1　（唐）李白，（清）王琦注. 李太白全集 [M]. 北京：中华书局，1977：58.
2　（清）彭定求，等编. 全唐诗 [M]. 北京：中华书局，1960：5688.
3　（清）白居易. 白居易诗集校注 [M]. 谢思炜，校注. 北京：中华书局，2006：1953.

负难以施展的情况下，也曾以"但愿长醉不复醒"[1]的幻想来麻醉自我。

这些文人雅士，都有着在世俗中的不同心境，或出世或入世，也有可能纠结于其中。在各种心绪的纠缠下，酒可以让他们片刻超然，不问俗世而达到一种理想的精神境界，获得一种自我慰藉。

第二节
现实写照寄情笔墨——酒文化下的书画艺术

在我国，历代文人墨客的恣意挥洒都离不开酒的影子，不单诗坛，书苑大家们更是"雅好山泽嗜杯酒"。绘画必须有娴熟而深厚的技巧和功底才能达到得心应手的程度，并心有所感，而寄于笔墨。

历史上三次著名的"雅集"类似今日的派对。其著名皆因活动中有当时最负盛名的艺术大家参与。第一次是东晋时期的"兰亭雅集"，也是《兰亭集序》的产生地，其中谢安、孙绰等42人在会稽山阴（今浙江绍兴兰亭）参与此活动。第二次是北宋时期苏东坡参加的"西园雅集"，在王诜的邀请下有黄庭坚、苏轼、李公麟、米芾、苏辙、秦观，还有一位日本和尚等共16位当时著名文化明星参与。第三次是元朝时期"玉山雅集"，有元四家的黄公望、王蒙、倪瓒、吴镇等。

三次"雅集"皆由"酒"的穿针引线而勾连唤起每位大家内心的情愫，以文人的气质与才学，通过琴棋书画及各种雅致的行为，传递出极其灿烂的文化风尚和水平，互借有形之酒，表达无形之意。正如本书开篇提到西方著名的一次酒会，也因著名的大学问家相聚而光耀后世，这种聚会释放出巨大的文化能量，其上创作的旷世之作，达到让世人仰望，甚至难以企及的高度。

一、借酒寄情于笔墨

无酒就没有神采飞扬流传千古的《兰亭序》，没有酒亦无故事，也无文会、雅集、夜宴、月下把杯、蕉林独酌、醉眠、醉写，这些古代文人雅士于社交和独自沉醉之中创造了无数脍炙人口的诗、书、画。

---

1 （唐）李白，（清）王琦注. 李太白全集[M]. 北京：中华书局，1977：179.

唐代画圣吴道子，是中国绘画史上的泰山北斗，擅画道释人物、神鬼、山水、鸟兽、草木、楼阁等，又长于壁画创作，是唐玄宗的御用画师，画道释人物有"吴带当风"之妙，被称为"吴家样"。据说，他曾经一天画出嘉陵江三百里山水的风景。其为人旷达不羁，好喝酒，名列"饮中八仙"中，"好酒使气"。在《历代名画记》中有关于吴道子的记载："每欲挥毫，必须酣饮"[1]。有传吴道子跟玄宗出游，到了洛阳，与旧识聚会，一将军舞剑，大名鼎鼎的草书家张旭挥毫泼墨，酒至酣处，吴道子振衣而起，当众画壁，一笔而就，犹若神助。画《天王图》时，喝个半醉，"立笔挥扫，势若旋风"，画佛顶上的圆光时，必须使用规尺，但吴道子却一挥而就。众人认为围观吴道子作画已经是一大乐事。"酿酒百石，列瓶瓮于两庑下，引吴道玄观之。因谓曰：'檀越为我画，以是赏之'。吴生嗜酒，且利其多，欣然而许。"[2]

五代时期被称为"异人"的厉归真平时身穿一袭布裹，出入酒肆就如同出入家门。据载，厉归真经常说："我衣裳单薄，所以爱酒，以酒御寒，用我的画偿还酒钱"[3]。其实，厉归真最善画牛虎鹰雀，而且画得非常生动、传神。传说南昌信果观的雕塑，常有鸟雀栖止，鸟粪污秽塑像，使人犯愁。厉归真知道了以后，在墙壁上画了一只鹞子，从此鸟雀绝迹，塑像得到了妥善的保护，可见其画技高深。

元代喜欢饮酒的画家也很多，最著名的数元四家：黄公望、吴镇、王蒙、倪瓒。其中，吴镇饮酒最甚，其字仲圭，号梅花道人，善画山水、竹石，一般作画多在酒后挥洒。

王蒙字叔明，号黄鹤山樵，传说向他索画往往许他以美酒佳酿，而《海叟诗集》中"王郎王郎莫爱惜，我买私酒润君笔"[4]的王郎就是王蒙。明代画家唐寅，字伯虎，筑室于桃花坞，也是饮酒作画，以卖画为生，求画者往往携酒而来，用酒换画。

写意花鸟画的鼻祖徐渭同样如此，"史甥亲挈八升来，如椽大卷令吾画。小白连浮三十杯，指尖浩气响成雷"[5]，痛饮后挥毫，把草书的宕荡奇肆线条和淋漓酣畅的水墨融为一体。有一个故事说一神仙欲劝徐渭少喝酒无

1　（唐）张彦远.历代名画记校笺[M]. 许逸民，校注. 北京：中华书局，2021：633.
2　（唐）段成式.酉阳杂俎校笺[M]. 许逸民，校注. 北京：中华书局，2015：1844-1845.
3　（宋）佚名. 宣和画谱[M]. 王群栗，点校. 杭州：浙江人民美术出版社，2019：154.
4　李麟主编. 茶酒文化常识[M]. 太原：北岳文艺出版社，2010：190.
5　（明）徐渭. 徐渭集[M]. 北京：中华书局，1983：154.

果，拂袖而去，他还追着神仙非要告诉神仙酒的无限好处，"不羡皇帝不羡仙，喝酒胜过活神仙"[1]。徐渭好酒，却没有买酒钱，常用画来换钱买酒。

另有八大山人，同嗜酒如命。"饮酒不能尽二升，然喜欢。贫士或市人屠沽邀山人饮，辄往。往饮辄醉。醉后墨渖淋漓，亦不甚爱惜。数往来城外僧舍，雏僧争嬲之索画，至牵袂捉衿，山人不拒也。"[2] 世人都知道他好酒，以酒为诱饵，最后挥毫泼墨，作品赠予他人丝毫不吝惜。"皆得其醉后"，便"置酒招之"，将纸墨置于席边，"洋洋洒洒，数十幅立就"，而"醒时，欲觅其片纸只字不可得，虽陈黄金万镒于前弗顾也！"[3] 这世界上，有人喝醉了笑，喝醉了哭，甚至喝醉了闹，八大山人则是"醉则往往唏嘘泣下"[4]，哭家国之失，哭遗老之恨，哭心中之痛。可惜他的酒量实在不行，不能超过两升，"一团辄醉，醉则兴发，濡发献墨，顷刻飘飘可数十幅"[5] 的黄慎，"费翁八十双鬓蟠，饮少辄醉醉辄欢"[6] 的张舜咨好饮酒，却沾酒就醉，大抵也差不多。

"扬州八怪"是清代画坛上的重要流派，而"八怪"中有好几位画家都好饮酒。罗聘，字两峰，以《画趣图》而出名。他死后，吴锡麒写诗悼念他，还提到了他生前的嗜好，"酒杯抛昨日"[7]，其好饮酒的知名度由此可见一斑。

郑燮，字克柔，号板桥，以画竹、兰、石而著称，兼及松、菊、梅。他画的竹清瘦挺拔、墨色淋漓、干湿并兼，兰秀劲坚实、萧散逸宕、妙趣横生，石雄奇秀逸、丑怪苍润、百状千态。曾写过流传千古的"难得糊涂"，可见其与酒结缘的程度了。据说，当时扬州有个盐商向郑板桥求画不得，因见郑板桥往往给送狗肉的人"作一小幅报之"，于是就乘郑板桥出游之际，预先在一个竹林里的大院落中烹好了狗肉等候。郑板桥在饮酒和吃了肉之后，便主动问主人家墙壁上为何不挂字画。主人称"这一代无好的字画，听说郑板桥颇有名望，然老夫未曾见其书画，不知其果佳否？"郑板桥听了，按捺不住，便将盐商早就准备好的纸张"一挥毫竟"。

1 王才编. 酒文化品读：与酒有关的那些事儿 [M]. 呼和浩特：内蒙古人民出版社，2008：114.

2 （清）钱仪吉. 碑传集 [M]. 靳斯，点校. 北京：中华书局，1993：3701.

3 马文龙编著. 中国酒文化图典 [M]. 杭州：西泠印社，2011：338.

4 （清）钱仪吉. 碑传集 [M]. 靳斯，点校. 北京：中华书局，1993：3701.

5 李麟主编. 茶酒文化常识 [M]. 太原：北岳文艺出版社，2010：194.

6 李麟主编. 茶酒文化常识 [M]. 太原：北岳文艺出版社，2010：191.

7 （清）吴锡麒. 有正味斋诗集 [M]. 清嘉庆十三年（1808）刻本.

就这样，一般"富商大贾虽饵以千金"而不可获取郑板桥的字画，这个盐商竟以些许狗肉和酒就轻易地得到了，这里当然不能否认酒肉对郑板桥所起的作用。[1]

"八怪"中最喜欢酒的莫过于黄慎。他字恭懋，号瘦瓢，善画人物、山水、花卉，草书亦精。《听雨轩笔记》中说他："性嗜酒，求画者具良酝款之，举爵无算，纵谈古今，旁若无人。酒酣提笔，挥洒迅疾如风。"[2]《瘦瓢山人小传》中说他"一团辄醉，醉则兴发，濡发献墨，顷刻飘飘可数十幅"[3]。黄慎能以草书的笔意对人物的形象进行高度的提炼和概括，笔不到而意到。在《醉眠图》里，他把铁拐李无拘无束、四海为家的生活习惯，粗犷豪爽的性格，淋漓尽致地画了出来。正如郑板桥所说的那样："画到神情飘没处，更无真相有真魂。"

当然也有酒量很好的画家，如郭畀就有"鲸吸之量"[4]，醉后信笔挥洒，墨神淋漓，尺嫌片楠，得之者如获至宝，"醉倾一斗金壶汁，貌得江心两玉尖"。[5]元代画山水的曹知白也是"消磨岁月书千卷，傲睨乾坤酒一缸"[6]，山水画家商琦"一饮一石酒"[7]。

除有"酒杯抛昨日"的郑板桥，古代书画史上还有搭讪美女喝到凌晨还欲追之的陈洪绶；有"每大醉，呼叫狂走，乃下笔"[8]的"醉墨"张旭，有"醉来信手两三行，醒后却书书不得"[9]的怀素，有"醉极作放歌怪字"[10]的于枢，有酒后作画精妙绝伦无可匹敌的高克恭，有浙派山水、人物画家吴伟……可谓数不胜数。（图4-1）

若论为何酒与诗书画脱不了关系的话，大抵与性情相关，"酒也者，真醇之液也。真不容伪，醇不容糅"[11]，酒能使人放松，放松便性情彰显，掖掖藏藏者不可交。酒还可以暂时阻断大脑的理性思维，释放出无限的感

---

1 （清）孙静庵. 栖霞阁野乘 [M]. 重庆：重庆出版社，1998：41-42.

2 （清）清凉道人. 听雨轩笔记 [M]. 上海：商务印书馆，1936：1-2.

3 李麟主编. 茶酒文化常识 [M]. 太原：北岳文艺出版社，2010：194.

4 （清）端方. 壬寅销夏录 [M]. 清稿本.

5 杨镰主编. 全元诗 [M]. 北京：中华书局，2013：269.

6 杨镰主编. 全元诗 [M]. 北京：中华书局，2013：282.

7 杨镰主编. 全元诗 [M]. 北京：中华书局，2013：159.

8 （宋）欧阳修，（宋）宋祁. 新唐书 [M]. 北京：中华书局，1975：5764.

9 （清）彭定求，等编. 全唐诗 [M]. 北京：中华书局，1960：2136.

10 李修生主编. 全元文 [M]. 南京：江苏古籍出版社，1998：316.

11 艾俊川. 傅山致魏一鳌手札编年 [A]. 艾俊川. 且居且读. 桂林：广西师范大学出版社，2021：77.

性思维和自我潜能，打破常规则标新立异，易将酒的醉意与艺术的无法言说之意融为一体。

愁也喝，乐也喝，自我而忘我，"古来圣贤皆寂寞，惟有饮者留其名。"[1]自古杰出的大家，无不是饮几杯，真性情者，就今日而言也大致相同。

图 4-1　魏园雅集图轴

1　（唐）李白，（清）王琦注. 李太白全集 [M]. 北京：中华书局，1977：179.

二、历史生活的视觉写照

　　绘画与酒的关系，不仅是体现在寄情于笔墨的画家个体身上，从另外一个角度来讲，以"饮酒"为主题的优秀绘画作品也比比皆是。这些作品是古时饮酒生活、饮酒文化、饮酒风俗甚至是社会历史风貌最为直接的表征，是将酒文化视觉化最为形象和艺术化的表达。

　　如汉代酿酒饮酒的历史文物，除各种酒具之外，在四川绵竹、新都、彭州、广汉、彭山等地发现大量的汉代画像砖，涉及酒的内容且丰富多彩，数量众多，古时酿酒、卖酒、饮酒的场景可说是应有尽有。汉代酿酒在古蜀是一门很兴旺的行业，规模较大的酿酒作坊，一般都集中在大中城市。（图4-2）

图4-2　画像砖

　　《史记·货殖列传》里说："通邑大都，酤一岁千酿"[1]，产销量极高。同时一些官僚贵族、地主庄园里也有不少酿酒作坊，所酿之酒多为自用，如成都西郊曾家包汉墓就出土有表现地主庄园酿酒场面的画像石。除此之外，那些自产自销的小作坊、小店铺更是星罗棋布，遍布城乡。画像砖里所反映的大多是这类小作坊、小店铺，如《酿酒》《酒肆》《羊尊酒肆》等。

　　又如，东汉壁画《夫妇宴饮图》也是以饮酒为主题的绘画作品之一，画面中对饮的夫妇看起来比较年轻、男子头戴黑冠，身着红袍，衣领、袖口以黑色相配，他左手持耳杯，右手抬起置于胸前，身向右转，注视女子，好似在说着劝酒的话语。女子眉目清秀，肤质白皙，樱口朱唇，发髻

1　（汉）司马迁. 史记 [M]. 北京：中华书局，1982：3274.

高束。身着白领红花长袍，她表现得有些拘谨，似乎含羞带怯，不好意思

高束。身着白领红花长袍，她表现得有些拘谨，似乎含羞带怯，不好意思正视男子，却又悄悄偷觑对方。两人对坐在榻上，榻前面置一盘，盘中有五个耳杯，圆盘两侧又放两个耳杯，榻后有一屏风，屏风后一侍女正向里面小心地张望，想关注又不敢多看的样子，画面右侧也画一侍女，正从盛酒器添酒到盘中的耳杯里。该图章法铺张宏大，手法细腻写实，色彩也不像以前的多用原色而采用中间色调，笔线流畅，人物形象丰满传神。

汉代厚葬之风盛行，标榜"事死如事生"[1]，东汉王符《潜夫论·浮奢篇》曾经提出"生不极养，死乃崇丧"[2]的批评。于是建造高大深邃的墓室，施之绚丽斑斓的壁画。在东汉墓壁画中，墓主夫妇对饮是比较常见的题材，《夫妇宴饮图》就表现了这个题材。《夫妇宴饮图》绘画技法高超，说明中国绘画发展到东汉晚期，已达相当高度的水平。同时，作为一幅表现家庭生活的图画，也为后人提供了汉代饮酒的生动资料。（图4-3）

图4-3　夫妇宴饮图

《竹林七贤图》：中人物依次为嵇康、阮籍、山涛、王戎、荣启期、阮咸、刘伶、向秀。除荣启期为春秋时期高士，其他七人史称竹林七贤。画中人物格局性格各不相同，手不离杯，各呈醉态，表现出魏晋时期士大夫们饮酒的习性风尚。（图4-4）

1　（清）阮元校刻. 十三经注疏 [M]. 北京：中华书局，2009：4723.

2　（汉）王符，（清）汪继培. 潜夫论笺校正 [M]. 彭铎，校注. 北京：中华书局，1985：137.

五代十国时期南唐画家顾闳中的绘画作品《韩熙载夜宴图》，描绘了官员韩熙载家设夜宴载歌行乐的场面。此画描绘的就是一次完整的韩府夜宴过程，即琵琶演奏、观舞、宴间休息、清吹、欢送宾客五段场景。整幅作品线条遒劲流畅，工整精细，构图富有想象力。作品造型准确精微，线条工细流畅，色彩绚丽清雅。不同物象的笔墨运用又富有变

图 4-4　竹林七贤图（局部）

化，尤其敷色更见丰富、和谐，仕女的素妆艳服与男宾的青黑色衣衫形成鲜明对照。

画中所描绘的韩熙载出身贵族，在动荡社会下，他看透官场的严峻形势，逃避做宰相，以声色为韬晦之略，夜夜笙歌与家中，宾客纵情嬉戏。李煜皇帝派顾闳中去韩府一探究竟，并绘制出来。顾闳中凭着所观察到的景象，加上自己的想象力，再现了一幅宾客满堂的图画。这幅画具有一定的思想深度，不仅体现那个时代的风貌，更真实揭露了政治阶级内部的矛盾。《韩熙载夜宴图》全图可分为五部分，分别是听乐、戏舞、歇宴、清吹，散宴，细致地刻画出当时夜宴生活的场景。据《韩熙载传》介绍，韩熙载虽然属于北方豪族，但因时事日非，故意杯酒间，竭其财，致妓乐殆百数以自行。此图画为作者夜入韩宅，目识心记，将其所见尽绘其中。（图 4-5）

图 4-5　韩熙载夜宴图（局部）

《宴饮图》于 1987 年陕西西安出土，为中唐墓室壁画。画中长方大案杯盘罗列，酒肴丰盛；九人列座，正在执杯畅饮。饮酒者为一群唐朝官员，坐在榻上，排有座次，欢快饮酒，其他人只能站立。[1]（图 4-6）画中描绘宫廷盛行的游玩享宴之风，画面中间置满各种食物、食具的长方形低案为中心，前方有一小方台，安放一多曲形汤盆，内有一曲柄勺。低案后方与两侧分别由三名男子坐于红面连榻上，九名与宴男子神态有别，或为鼓掌、饮食、闲谈等，气氛轻松和谐。多位与会者的目光导向立于两侧的随侍人物，最前方有梳羊角髻的两名捧杯侍童，右侧侍有执鞭车夫、抱婴妇人，左侧则为三名戴风帽、双手作揖侍者，和两个嬉闹的童子。画面上方浮云花草朵朵，下方尚有些许岩石，具有民间画师的质朴之趣。从宣徽饮酒注和宴饮图可知，唐代宫廷饮酒生活十分丰富，宫人们齐聚一堂，歌舞饮酒一同作乐。

图 4-6　宴饮图

《唐人宫乐图》为唐代佚名创作的绢本墨笔画，画面描绘了一群宫中女眷围着桌案宴饮行乐的场面，共画十二位人物，其中贵妇十人，一个个高挽发髻，衣着华丽，姿态雍容，环案而坐，两个侍女则是站立长案边，在旁侍候，她们吹奏畅饮，好不热闹。画面以巨型方桌为中心，从表情上看，该画作仿佛表现了一支曲子演奏得正浓的一刹那。（图 4-7）活动内容可分为品茗、奏乐和行酒令三个部分。

1　陕西省考古研究所. 西安交通大学西汉壁画墓发掘简报 [J]. 考古与文物，1990（4）：57-63.

图 4-7　唐人宫乐图

　　《醉僧图》是中国宋代画家刘松年创作的一幅国画。该画创作于南宋时期，主要描绘一位醉酒后的僧人。《醉僧图》画一枝虬曲古松；一葫芦挂于枝杈。青藤缠绕树身，松下坡石旁坐一僧，袒肩。作奋笔疾书状；僧前一童伸纸，僧左一童捧砚侍候。此《醉僧图》笔法精细秀润，布景极为高古，意境静雅、淡定，人物间呼应关照、贴切妥当，神态呼之欲出、传神入微，把"草圣"怀素以酒助书兴、运笔酣畅的场景描绘得淋漓尽致，是一幅难得的佳作。

　　此图最值得欣赏之处就是淡定、静雅的境界。潘天寿先生在《论画残稿》中曾说道："艺术之高下，终在境界，境界层上，一步一重天，咫尺之隔，往往辛苦一世，未必梦见。"[1]陈子庄先生也言："必须于性灵中发挥笔墨，于学问中培养意境。"[2]南宋的苟安一隅，使当时很多文人多少有些失落与悲观情怀。刘松年的这幅为怀素的写照之作，在笔者看来倒有几分自况之意。心不能畅怀，借酒以发之，身不能居之境，借画以图之，借醉僧之超然境界，表达自己卧游畅神之思。当然，这只是面对这副古人之作，做的一番遐想而已。（图 4-8）

1　潘天寿. 潘天寿写意花鸟画要义 [M]. 上海：上海人民美术出版社，2022：116.
2　陈子庄口述，陈滞冬整理. 石壶论画语要 [M]. 成都：四川美术出版社，1992：5.

南宋马远《月下把杯图》画面上的主人，体态轻盈，举止文雅，面如春风，手中把杯迎友，显得是那么的亲密愉快。旁有四童仆，一侍立待呼，一侍果备用，另一侍酒小童，正在回望另一侍琴上台阶的半隐文童。整幅画面虽只画主仆六人，然内含笔墨神态各异，颇具生动真趣。月下空旷的山林是那么的幽雅静谧，然而月色中，依旧挡不住这欢愉的良辰和美酒。（图 4-9）

图 4-8　醉僧图

两宋时期是公认的中国物质文化又一高峰，一切物象在宋人的眼中皆具有道教的神性与礼制。北宋宋神宗重拾上古三礼，至徽宗则效仿周公，在培养宫廷书画艺术的同时，也用宋室皇家高尚的品位与眼光重新布局礼仪正统。金石学在北宋时期的风靡为李公麟、吕大临等金石学家的出现提供了契机，崇古推礼重新成为文人精神的新追求。徽宗作为一名伟大的艺术家，在参与重新

图 4-9　月下把杯图

修订礼制的同时也注意到这种新的动向，随着北宋"政和鼎"与"大晟编钟"等礼器的出现，绘画中也开始出现大量表现上古礼制郁鬯酒祭的场面。

北宋后期的著名人物鞍马画家李公麟有《孝经图卷》传世，现存美国纽约大都会博物馆。此卷中以《圣治章》《感应章》二段绘宋代礼仪祭祀，尤以《感应章》明确出现了礼仪之酒。（图 4-10）

图 4-10 孝经图卷·感应章（局部）

　　《感应章》中通过对祖庙祭祀的描绘来赞颂孝道的情感力量，北宋后期正值元丰、元祐两党交恶，长期的政治斗争使上古的郊祭转向皇宫之内的宗庙明堂，明堂供奉着作为先祖的上天，并且将"宗庙"明确写入了榜题之中。李公麟在本段绘画中将先祖牌位置于上位，而将身着冕服裳衣的帝后分列两侧，这种对称形式的构图对解读画面近景的酒与乐做了安排。

　　画中帝后面前跪拜的司仪官正端起盛满酒的杯子向祖宗行大礼，在这一场景中酒作为祭品将先祖的灵魂吸引而来，而两侧配置的编钟和编磬则将祭礼中的"乐"提升到"礼"一样的地位。《乐记》曾载："乐者敦和，率神而从天，礼者别宜，居鬼而从地。故圣人作乐以应天，制礼以配地。礼乐明备，天地官矣。"[1]可见礼乐之制在此时的复兴盛况。（图 4-11）

　　另外，在同画《圣治章》中，画家通过对周公文王祭天的描绘来表达君权神授的观念，只不过《圣治章》是发生在郊坛之上的上古祭祀，而《感应章》则将至高无上的礼制放入明堂之中。画家依据《孝经》经义所描绘的长卷，以图说式构图配楷书榜题，这种礼仪制的绘画中，对酒的描绘可谓特别明确地表现出宋代复兴上古三代礼制的决心。

1　（清）阮元校刻. 十三经注疏[M]. 北京：中华书局，2009：3319.

图 4-11 孝经图卷·感应章（局部）

　　《雪夜访普图》是明代画家刘俊创作的绢本淡设色画。此图是一幅历史故事画，描绘的是北宋开国皇帝赵匡胤夜访重臣赵普，询问计谋的史实。图中所画为赵普的宅子，一进门便是二人交谈的堂屋，堂屋的地上铺着红色地毯，上面放着些酒器、碗碟，显然饮酒已成为当时待客之道。其中穿着龙袍坐于正中者为宋太祖赵匡胤，左边身穿便服拱手而坐的是赵普，右边有一位捧着茶盘的妇女是赵普的妻子。此图画的是宋太祖赵匡胤和开国元勋赵普的一个故事。赵普是宋初名相，曾辅佐赵匡胤统一南北，创立帝业，并与太祖密谋

图 4-12 雪夜访普图（局部）

"杯酒释兵权"。主要在于赞美明主忠臣之间的融洽关系，歌颂贤君礼贤下士，勤于政事的美德。（图4-12）

《春夜宴桃李园图》为明代画家仇英所作的带有饮酒题材的人物画，画是以李白的《春夜宴从弟桃花园序》为题材，描写李白与诸从弟于桃花盛开的春天，在桃园中聚会的盛况。诗人们深深地沉醉在春、酒、诗的怀抱中。因为李白深解"古人秉烛夜游"的兴味，所以要在此芳园"序天伦之乐事"，尽情地"高谈""咏歌""开琼筵以坐花，飞羽觞而醉月"。[1]画面下边的石板桥上，还有一个僮仆打着灯，提着酒坛，从园外或宅中急急赶来，给主人添酒。右边三个孩子则正蹲着开槽取酒。这一切都说明了主人们对酒的兴趣，烘托了夜宴的热烈气氛。（图4-13）

图4-13　春夜宴桃李园图

《漉酒图》是明代画家丁云鹏创作的纸本设色画。此图描绘陶渊明归隐田园后漉酒的生活情景。图中一位双颊丰满、满颐髭须、岸然高古的雅士，箕踞席地和童子倾醅漉糟，人物情态生动，清俊可爱；人物身后，黄菊盛开，柳干粗苗，间以湖石，浓荫繁密，清气鉴人，充满冷峻静穆气氛。此图人物，精细入微，须发之间，眉睫意态毕具，衣纹线条转折轻柔飘动；身姿神态，足具飘逸自若的韵味。[2]雅士前方，陈设着古琴图书，文房四宝，文物古玩，如簋、觚、提梁壶及酒壶、食盘等，最下端为遍地盛

1　（唐）李白，（清）王琦注. 李太白全集[M]. 北京：中华书局，1977：1292.

2　张弘主编. 中国人物画名作鉴赏[M]. 呼和浩特：远方出版社，2004：180.

开的黄菊，还有湖石和杂草等。
（图4-14）

　　明代画家陈洪绶《蕉林酌酒图》表现一位高士在蕉林中悠然独酌的情形，人物右手微举杯，"跷二郎腿"，做深沉思索状。人物、石案、假山、蕉林均用线勾勒，染以淡雅色彩。（图4-15）

　　《太白醉酒图》表现太白醉酒于唐太宗的宫殿内，由内侍二人搀扶的情形。图中人物造型准确，李白头戴学士巾，面部工笔细腻。表情生动，高傲神态十分传神。其身穿白色朝袍，朱色靴，色调鲜明。内侍服饰皂帽。青杂色衣履，色调灰暗。以服装色彩明暗不同，烘托李白高昂之气。（图4-16）

三、酒文化与艺术发展的精神内核

　　细究以上描述，几千年来，酒文化的发展与艺术的发展有着太多相似的精神内核。例如，酒与艺术皆具有感性的特质，对酒和艺术有着领悟的人，往往都是性情率真，较为感性的。为什么在历史过往中，酒在文人艺术家中被偏爱，其重要原因就是这一群体需要在现实生活之外寻找精神世界。清代黄周星在《酒社刍言》中说，饮酒"乃学问之

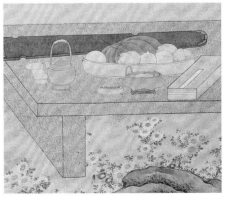

图4-14　漉酒图

图 4-15　蕉林酌酒图　　　　　　图 4-16　太白醉酒图

事，非饮食之事也"[1]，意思是说喝酒与吃饭不应该是一码事，所指更多是由"饮"所带来的精神性作用。追求忘我的境界氛围，实现完全自由之精神，这也是艺术创作需要借助酒的原因：能获得片刻的恍惚与微醺，脱离现实之外的一种放松，一种模糊与暧昧。艺术家就时常行走在"是"与"不是"之间，不可清晰言说之中。艺术形式的存在依托于超脱现实的一种精神状态，是一种创作状态。人们发现，借助酒精之力可以暂时摆脱世俗与习惯的禁锢，是超越自我的一种方式，可令创作更加洒脱、富有激情。

　　酒与艺术都具有一种形而上的特质，内观己心，外察世界是其显性特征。歌德曾经说"除了艺术之外，没有更为妥善的逃世之方，而要与世界联系，也没有一种方法能比艺术更好。"[2]而酒也是与他人联系的介质，它们都非生活必需品，但又发挥着不同寻常的作用。不饮酒不会对生活有任

1　（清）黄周星. 黄周星集 [M]. 谢孝明，点校. 长沙：岳麓书社，2013：114.

2　李国树. 中国当代赏石艺术纲要 [M]. 上海：上海财经大学出版社，2022：426.

何的影响，不创作艺术也不会影响生活中的柴米油盐，但艺术在历史中主导着历代人的精神面貌。酒在人们的物质生活中不是必须的，但却在精神世界中帮助艺术家超越了生理无法逾越的屏障，释放出一种自由，而自由与释放恰恰是艺术创作中的必须状态，只有自由了才能拥抱艺术，而有了艺术才能有美。中国艺术讲从象中求意，到象外求意，从意象而到意境的追求，从无的哲理到物的内美，其"象"与"意"不可量化界定，模糊和不确定占据绝大部分，半醉半醒也可说是为达成这种目的提供了阶梯。它对生命流程有一种超越性"介入"的意识，将精神情感的体验延展到"现实"之外，把一种潜藏心里的视觉演绎幻化而出，并以艺术特有的语言呈现于表象，使纯精神的抽象概念转换成可感知的具体物质形式。

第三节
现代酒文化与艺术发展的关系

一、酒为艺之媒

从古至今，艺术离不开酒。古代是，现代更是。

酒于人的作用从机理上看，主要是酒精与人体内的酶产生反应所致，酒的香气诱人品饮，甚至让爱酒之士无法拒绝。酒中酯类是具有芳香的化合物，而酯又是醇和酸合成，人生理上接受乙醇后，可以提高抗寒能力，刺激荷尔蒙的分泌，带来热量。而酒的另一个作用是对人的大脑神经产生干扰和阻断，使得细胞之间通信不畅，抑制大脑皮层，出现精神松弛感，释放情绪。未饮酒情况下人处于常态，按照一般习惯认知思维行事，对艺术的思考与创作都是在已知能力下展开，具有清醒理智的特征，是自主调动、分析综合材料，使之成为有机表达作品整体的心理能力。而饮酒后这种正常细胞通讯传递被干扰，正常思维时断时续，甚至在饮酒过量时会完全阻断通讯传递，导致记忆丧失。所以适量饮酒可以促成艺术创作的升华，把控度量是关键。

一些作者常常借助酒对思维的阻断性，来减少大脑中的"内存"（惯常记忆量），拒绝专注和集中注意力，从而产生多元、古怪、不确定的想法。这其实是一种扩散、放射、求异，是跳跃散点思维模式，无严密逻辑性。此时相比常态下的认知能力降低，但异想与感性思维被放大，继而改变了习惯性的视野，出现升维或者降维的思维现象。此行为容易产生特殊想法或创作特别的实践作品。此时的作品与处于常态之时具有明显的差异性，无疑是饮酒后所产生的结果，作者的思维活跃性被调动，情绪亢奋，唤起了潜意识功能。

饮酒后人的思维天马行空，不着边际，从平常的认知中解脱出来而无牵挂，完全处在自我中心状态，语言强势，膨胀虚无的自尊心极易被唤醒。半醒半醉时表达常常上句天，下句地，富有想象力和超越感，甚至有着张冠李戴和无厘头的表现，时常为某一个问题纠结而无法释然。也正因此行为，酒者的状态从日常性变成了非日常性，其创造力脱离了自己的常态。酒后人的精神极易产生空灵、音乐性的驰骋，带着节奏而隔空镜像幻影，呈现出多个自己的影像，"对影成三人"便是错觉的真实反映。而艺术创作者由于长期发散思维的积淀，会顺势释放出非习惯性的艺术表现形式，此时，"酒"成为艺术创作的重要推手之一。

酒为艺术创作提供源源不断的灵感。艺术创作归根结底，属感性创作门类，如前所述，没有酒，就没有诗人在酣畅淋漓之时灵感闪现写下的惊世名作，也不会有画家在饮酒微醺之后，对很多事物产生心理视觉，而挥笔画下浓墨重彩。酒追求味真、饱满、和谐、幽雅、柔和、细腻、风格的审美特点，恰巧与艺术创作规律与追求相一致，共同具有节奏与规律的形式。两者的内在诉求是以人为本的意义，一切都以品饮者和观赏者为先，以生理与心理的需要来展开。内外的相向一致，外在形式与节律共同构成了审美的两个要件，外在美与内在美又演示出酒与艺术的本质属性与发展趋势，由此美的灵性被展露无遗，继而达到意蕴和整体美感的效应。

历史上众多文人雅士、画家诗人都与酒有着紧密的关系，时至今日亦如此。只要是艺术创作者，极少有不沾酒者。现实生活过于理性和冷静，在艺术创作中，没有夜幕降临时的黄昏带给人一瞬间的内心感悟，没有一杯酒后的恍惚和真性情，很难构成现代社会如繁星点点般丰富多彩的艺术世界。

酒为艺术创作提供丰富的素材。酒既然与艺术创作关系如此紧密，也必然成为创作者最自然的取材对象。这一题材分布于散文、诗歌、小说、绘画、书法等艺术形式中，或以直接场景的描述，或以饮酒之后带来的感受产生联觉反应，穿插存留在艺术作品中，成为无法忽视的主角和场景。

加上一些由酒而引发的话题、人物、故事、感受等更是鳞次栉比。酒成了一个故事源，围绕其展开的关联题材更是不计其数。

音乐艺术的展开方式与饮酒相类，渐进的方式是三个篇章，酒与音乐的递进关系如出一辙，具有很强的画面感。如斯美塔娜《沃尔塔瓦河》这首曲目，长笛舒缓的音调引出一条小溪的流淌，仿佛是地下泉水喷涌而出，音乐瞬间就像一幅幅画面出现，唤起人们内心情绪的起伏。稍后单簧管加入进来，相互交织好似伴侣携手向前，音乐的调性被逐步提高，节奏稍快，慢慢孕育着高潮的到来。紧接着各路小溪都汇入大河，各种乐器发出有序的共鸣，似江河汹涌奔腾，高低起伏，悠扬跌宕，渲染出一幅宏大场面的欢悦海洋。饮酒似乎也是如此，客人安座后主持小酌三杯浅品，似拉开序幕，如序曲长笛小溪低吟。继而待客左右之邀而互饮，这呼应和言叙伴着饮酒，恰似第二章的溪流汇合，频率略见加快，渐入佳境。少时客主离座一一与宾客举杯寒暄恭贺，吉言高歌，集体大酒畅饮，此为第三章，进入高光时刻。音乐此时也以各种器乐齐鸣合奏，在主旋律的牵引下把情绪宣泄至极致，而后又回到初始状态，慢慢而小心翼翼地结尾。饮酒节奏与音乐旋律相互应和，这种艺术表达的共同性正是人类情绪的三节奏，揭示人的思考方式和习惯性接受的定式，久而久之也成为故事讲述的基本范式。酒与音乐是一对知音，两者相和往往可以让人的灵魂到达平日无法触及的地方。一段优美的曲目加上小酒一杯，在酒的作用下精神的空灵极易产生音乐性的磁场，人被无法抗拒的声响及场域所控制，惬意享受。

二、酒文化下的艺术社交

艺术社交作为社交形式的一种，是以艺术为中心进行的社交活动，包括书画展览、读书会、艺术沙龙、艺术品鉴会、雅集、互动性音乐会等。一般这类艺术社交活动中，都会举办相应的酒会。将酒会置入这类活动中，借酒唤起参与者的心理情绪，放松自己，显然是为了营造氛围，以酒为媒进行人与人之间的交流认识，让社交活动更为活跃与融洽。

当下很多艺术活动或社交活动中酒都是不可或缺的介质之一，中西方皆是如此。仿佛在社交活动的空中，必须飘浮着酒精的分子，既能嗅到气味又能品味到酒液，在觥筹交错中感受到愉悦。在共同的艺术主题下，与会者拥有共同的话题，品酒只是一种借题发挥的方式，其过程才是审美的体验，探讨各自对艺术的感悟和见解，这与酒所带来的愉悦交织形成内心的满足和升华。从服饰的讲究到审美心理助跑，其言行举止被内心约束，变得极为得体，参与者容易被环境情绪所感染，更关注精神层次的极点，形成内心高贵的自我认同。而酒的微醺可以点燃艺术的联觉，使不同五感的信息交叉联动，情绪与感动会被放大，还可以帮助与人交流，淡化陌生感。

　　一个人想获得成功与幸福，重要的心理基础就是建立自我认同，了解自己的生命意义和目标，感知和评价自我身份及价值。而酒的解读是一种感知敏锐性的培养，也是认同感养成的路径之一，长时间浸润在具有艺术氛围的社交活动中，感知的能力会不断提高，自信心满满。进入商业社会后，艺术酒会被染上了商业的气息，商业活动常常引入艺术酒会的形式，巧借艺术与酒的感染力来实现商业目的。可见艺术酒会的魅力与现代人所需的精神世界相契合，会上话题大多以酒而展开，感情的联络始终离不开酒的款待，这已成为人际交往的必然，就连国与国之间沟通联络亦是如此。

三、艺术发展对酒文化的推动

　　各种艺术形式的发展和增长，对酒文化的发展功不可没，不论是在表层促进酒的销量增长，还是内在促进酒文化活动的品位质量，不仅丰富了酒的价值要素，还直接提升酒品牌的文化内涵及意义，两者相互渗透而形影相随。

　　艺术活动促进了社会大众对酒的认识，也帮助酒的销量增长，各种与社会生活相关的活动形式都会以艺术之名来开展，而艺术又与酒存在相互作用的关系，这就给酒的消费带来了极大的市场，大量酒广告不断出现在日常生活中，形式多样，类别繁杂，无一例外地都选择用艺术手段来塑造品牌的文化性和功能性，已成现今助推酒消费的重要手段之一。这是艺术活动对酒最为直接的影响。

　　艺术活动不断提升酒文化活动的品位，以宴请饮酒为主的活动形式并不少见，多为觥筹交错、聊天叙旧的朋友聚会，或者以工作、业务为前提的招待应酬。在这样的活动中，有时候酒充当的角色更加倾向于一种工具和载体，激活的是一种情绪状态。但是在艺术活动中的饮酒交谈，大概率会以文化交流为主题，演绎为艺术感悟的一种切磋，互相交换观点，因此给此类活动赋予了更多文化价值。特别是酒与文化艺术产品相结合（文创酒类），对社会生活的影响至深，它借助文化性和历史性不断提供给大众物质产品的同时也奉献精神食粮，以一种伴随方式渐近人们的日常生活，每时每刻发挥着作用。还有一种是艺术环境的营造，如备受现代年轻人所喜欢的音乐酒吧，古典的、时尚的、摇滚的音乐等，把生命的活力调动起来，让人无法自拔坠入音乐的节奏中，情不自禁地和节奏一起摇摆。人只要活着就在制造节奏，心跳、呼吸、脉搏、迈动双脚走路的频率都是在一定速度下形成韵律的节奏，而饮酒后人自然会加快与音乐之间的融合，获得一种快乐与满足。

艺术发展提升酒品牌的文化定位，随着社会经济的发展，大众除了单纯饮酒外，对酒的审美要求也在快速提升。除了酒的本身品质之外，同时也追求酒品牌的文化和艺术审美，还有品牌背后的故事。现在，越来越多的艺术作品开始运用到酒器包装的设计中，如诗歌、书法、绘画以及动漫插图等，还有部分酒品牌与艺术 IP 的联名限量产品，丰富着社会大众持续性的需求。艺术的赋能必将带给酒品牌及形象更多的文化意义和审美价值。

第五章

宫廷酒到全民普及——酒文化的圈层发展

酒，有人称它为上品，有人称它为妙品，有人称它为珍品，有人称它为贡品，有人称它是带来丰厚利润的商品……随着时代的变迁、社会的进步和人民生活水平的不断提高，我国人民的日常消费已经从延续生命的需要，发展演变为享受生命的过程。

"座上客常满，樽中酒不空"[1]，三国时代孔融的名句，表达了人们对酒文化的依恋和热情。酒在人们的生活和交际中扮演着重要角色，尤其是随着人民生活水平的提高和经济的富裕，大众饮酒的场合与机会日益增多。公务活动需要饮酒、民间百姓的婚丧嫁娶生日宴席上要饮酒、生意业务交际请客时要饮酒、家庭中亲友来访吃饭时更是"有酒没菜不算怠慢"。在人们的生活和人际交往中，酒成为必不可少的一种情感交流的重要载体。"酒逢知己千杯少，话不投机半句多""度尽劫波兄弟在，酒杯一端泯恩仇"等千古佳句更是不胜枚举。

酒可以令人头脑发热、犯糊涂，这种状态似乎对于一个日理万机、胸有丘壑、执掌乾坤的统治者来说是不合适的，昔日周人总结商人亡国的教训，就有"贪杯误国"之说。这么说来，朝堂之上，宫闱之内对酒应有所禁忌。但其实不然，酒与宫廷存在着密切的联系。

酿酒与酒器、饮酒的时机、酒与社会变迁所蕴藏的文化内涵等共同构成了酒文化。作为封建统治的手段之一，酒是不可或缺的东西。最能体现宫廷酒文化的，就是宫廷用酒的制度。什么时候喝什么酒，怎样去喝，用什么样的酒具……无规矩不成方圆，制度之下，才有宫廷的威仪、气氛的和洽。从民间到宫廷，再由宫廷到民间，酒文化不断丰富积累，最终到了中国最后一个封建王朝——清朝达到顶峰。此时酒的品类达到了极致，酒具的精美程度令人惊叹，用酒制度已臻完善，大清帝国的皇帝不仅在节令、大事之时用酒，平日里也饮酒养生、用酒祛病，酒可以说是清代宫廷生活中不可或缺的存在。看着那些琳琅满目的精致酒具、载入典籍的宫廷用酒制度、保留下来的宫廷药酒配方，会发现宫廷用酒的一片天地。

著名学者柳诒徵先生认为："是古代初无尊卑，由种谷作酒之后，始以饮食之礼而分尊卑也。"[2]中国素有"礼仪之邦"之称，而中国的礼制以酒为滥觞，竟可以追溯到距今5000多年以前的大汶口文化。周取代商开国伊始，十分注重政治制度的重建，辅佐成王的周公旦颁布《酒诰》，从

1 （南朝宋）范晔，（唐）李贤，等注. 后汉书 [M]. 北京：中华书局，1965：2277.
2 柳诒徵. 中华文化史 [M]. 北京：中国书籍出版社，2022：23.

酒着手，制定了以维护国家统治为宗旨的礼乐制度，为中国酒文化赋予了特色鲜明的"酒礼""酒德"[1]的文化内涵，引导中国文化走向健康发展的道路。

宋代苏轼曾说："见礼而知俗，闻乐而知政。"这句话是对几千年礼乐制度所产生的社会影响的高度概括，酒与礼从来就有着密不可分的联系。长时间在这种礼乐制度影响下，自然会产生不同人群对酒理解的差异，甚至演变成某些人格与酒格外化的符号。

在中国有饮酒者可划分为酒圣、酒仙、酒士、酒客、酒徒、酒鬼等级之说，而这种称谓是时间过滤出的饮者德行，大多也以饮者的文化品位，艺术修为来评判。有人饮酒半醉时常因一句话而纠结，唠叨且无法释然。甚至无视外部语境并回归当时话题中心，言语过度无序有失常态，此种人则不便归类上述任何一种。古人说"酒后不乱性则为上"，这里的"性"是指一个人的德性，是文化修养和自控能力，更是礼乐制度框规的范畴，也就是饮酒适度，不要借饮酒而生是非，胡言乱语。在酒的作用下与人分享生命的意义与现实的愉悦，同时还可有突破性的艺术创作，这也为饮酒者无形划出一个个圈层，人以群分，道出默契者的聚合。生活中常见志同道合者聚在一起开怀畅饮，意趣相投，品位一致，甚至所喜好话题都近似，这与社会生活及工作性质密切相关，从酒的消费也反映出社会阶层的区分和归类。人无疑是酒的主人，无论何时何地，饮酒呈现出的还是人的秉性。

第一节
人与酒历代的共谋共生

一、礼乐之下，统治阶级与酒的亲疏关系

山东省莒县陵阳河遗址第 19 号墓出土了一个完整的墓室场景，时代为大汶口文化中晚期，距今约 4800 年。墓主身份尊贵，陶制酒器摆满墓室及棺椁上下。可以看出当时不仅酿酒技术有很大发展，而且饮酒已成风气，并成为统治者的特权，甚至将酒器成套地置入墓中。

1　（清）阮元校刻. 十三经注疏 [M]. 北京：中华书局，2009：1440.

在奴隶社会早期，由于大部分统治阶级者嗜酒，自从夏朝统治阶级因嗜酒误国之后，各朝代重新认识到酒对政治影响的重要性，因而产生了各朝代统治阶级与酒忽远忽近的关系，不断试探着酒给国家政治带来的作用与影响。

大禹（约公元前 22 世纪末）饮仪狄所酿之美酒以后，即以政治家的敏感，预言："后世必有以酒亡国者"，因此"疏仪狄而绝旨酒"[1]。

历史上夏桀亡于商汤，商纣亡于周武。西汉刘向《列女传》："（桀）造烂漫之乐，日与末喜及宫女饮酒，无有休时……为酒池，可以运舟，一鼓而牛饮者三千人。"[2] 又有"（纣）流酒为池，悬肉为林，使人裸形相逐期间，为长夜之饮。"[3] 由此可见，酒成为政治腐败的催化剂，是招致亡国的重要原因。

鉴于夏、商亡国的历史教训，周公姬旦（公元前？—前 1095 年）以成王之命颁布《酒诰》，反复申述酗酒之危害，其主要观点是诰告臣民百姓：不要经常饮酒，饮酒只有祭祀时才可以，但应以德行自持，不能饮醉等。这是中国最早的政府禁酒文告，为此后制定商代的"礼乐制度"奠定了社会基础。

酒与礼乐有着千丝万缕的联系，饮酒礼是礼乐文化的重要组成部分，不但具有仪式意义，还蕴含着古人的政治与伦理观念。孔子主张"饮酒以礼""以礼论酒"的理念，其过程太严肃而无轻松之感。极具韵味的另一种饮酒观则是庄子的"饮酒以乐，不选其具"[4]的思想，把饮酒单纯当做一件快乐的事。正因这两种观点的存留，它给社会历史构建起二分法，让酒与礼乐相互交织不分彼此，正因如此酒被解读的方式也不尽相同。

杜康造酒的传说中，杜康为少康，是夏朝的第五代君主，发现了粮食发酵现象，从而发明了粮食酿酒技术，在唐朝就有酿酒师傅将杜康尊为祖师或行业神祇。另有黄帝造酒说，黄帝时代是人类文化空前繁荣的时代，物质文明达到一定程度，传说黄帝发明了酒泉之法，并有汤液酒醪的简介。

千古帝王众目所望，意气风发，有哪朝皇帝不饮酒？夏桀，夏代最

1 （清）阮元校刻. 十三经注疏 [M]. 北京：中华书局，2009：5931.

2 （汉）刘向，（清）王照圆. 列女传补注 [M]. 虞思征，点校. 上海：华东师范大学出版社，2012：281.

3 （汉）司马迁. 史记 [M]. 北京：中华书局，1982：105.

4 （清）郭庆藩. 庄子集释 [M]. 王孝鱼，点校. 北京：中华书局，1961：1032.

后一个暴君，为政残暴，不顾百姓食不果腹，极大破坏了农业生产，加重了百姓负担。其在宫殿内痛饮美酒，荒淫无度，不思政事。殷纣王也曾是一位文武双全的国君，前期也曾励精图治，努力发展生产，统一了东夷和中原，后期逐渐骄傲跋扈，宠爱妲己，每日好酒淫乐，对群臣进谏充耳不闻。《封神演义》就是根据纣王的故事写成的神话小说。

夏商周是奴隶社会的鼎盛时期，酒在社会中得到重视，尤其是统治阶级和贵族对酒十分迷恋。夏朝是中国社会文明发展的重要转折点，农耕技术和生产力的提高使得社会经济发展、酿酒、饮酒已经成为生活的一部分。《战国策》中便有仪狄造酒的传说[1]，商朝甲骨文上也有关于酒的记录。商朝的农业和畜牧业发展较快，手工业的发展通过冶铁技术和制造体现，这一时期的酒器十分精美。商朝还设有掌酒的"酒正"一职，旨在抑制商朝饮酒成癖的风气。还制定了惩治官吏纵酒及臣下不劝谏帝王饮酒的法条："酣歌于室……臣下不匡，其刑墨。"[2]在奴隶社会时期法律约束百姓饮酒。周王朝也以农耕立国，长时间处于社会繁荣，社会制度、道德礼仪得到极大发展，酒是必不可少的用品。

西周时，王室酿酒，贵族一般也有条件酿酒，但平民则主要到市集上买酒。西周初，鉴于商朝因酒败国，规定王公诸侯不准非礼饮酒，并对民众饮酒规定了法令。《酒诰》是最早的禁酒令，对民众也进行了禁酒规定："群饮，汝勿佚。尽执拘以归于周，予其杀！"[3]意思是说，民众群饮，不能轻易放过，统统抓送到京城处以死刑。民众聚饮的酒，当购自酒肆，也很有可能当时民众聚饮的地方在市场上的酒肆。《诗经·小雅》的作者主要是西周的大小贵族，其中很流行的一首宴亲友的诗《伐木》中写道："有酒湑我，无酒酤我。"[4]意思是说，有酒就把酒过滤了斟上来，没有酒就去买来。——从诗意来看，似乎西周时酒随时都可以买到，人们也习惯于到市场上的酒肆买酒来饮。

《周礼》记载周王朝"官设分职"，延续商朝专设的王室酿酒机构和官员。"酒正，中士四人，下士八人，府二人，史八人，胥八人，徒八十人。酒人，奄十人，女酒三十人，奚三百人。"[5]投入如此多的人力，说明当时

1　何建章. 战国策注释 [M]. 北京：中华书局，1990：882.

2　（清）阮元校刻. 十三经注疏 [M]. 北京：中华书局，2009：345.

3　（清）阮元校刻. 十三经注疏 [M]. 北京：中华书局，2009：441.

4　（清）阮元校刻. 十三经注疏 [M]. 北京：中华书局，2009：879.

5　（清）阮元校刻. 十三经注疏 [M]. 北京：中华书局，2009：1378.

王室酿酒的规模之大，再加上贵族的家酿，可以想象当时全国的酒产量一定相当可观。而由于王都镐京、东都洛邑以及数十个封建都邑的营建，包括"酒肆"在内的"市肆"已经普遍出现，更为酒作为商品的交换提供了条件。

《鹿鸣图》是南宋画家马和之根据《诗经·小雅·鹿鸣》诗意所作之画，再现了周代王室贵族举行酒礼的情形。图右为"呦呦鹿鸣""食野之苹"的一群梅花鹿。画中以祥云断开，图左即为"燕群嘉宾"之景。殿前乐师十二人，"鼓瑟吹笙"。殿内王者居中，忠臣嘉宾分四席而坐，"旨酒"佳肴罗列席上。此图反映了"古人宴飨祭祀之仪，礼乐舆马之制"[1]。（图5-1）

图 5-1　鹿鸣图（局部）

春秋战国时期战乱频繁，文化却最是灿烂，涌现出大批思想家、哲学家，如孔子、孟子、老子、庄子、列子、韩非子等。春秋战国经济发展推动科技进步，农民日出暮归，物质财富丰富，为酒的生产奠定了基础，酒渗透到日常生活的方方面面，是社会文化的组成部分。大量书籍都有从不同角度对酒的记载，酒不仅是饮品，还被赋予了更多的文化使命，是宴饮过程中的关键，也是祭祀自然、祖宗及沟通感情的介质，为重要仪式上表达感情必不可少的物品。酒是精神化的抽象，而祭祀神灵与祖先也是抽象精神活动，俨然具有共融性，因为珍贵，所以献给最尊贵的先辈。

随着商业的发展和其他流动人口的增加，战国时饮食服务业得以发展。司马迁《史记·刺客列传》谈到以刺秦王闻名的荆轲："嗜酒，日与

---

1 （清）厉鹗. 南宋院画录 [M]. 张剑，点校. 杭州：浙江古籍出版社，2019：49.

狗屠及高渐离饮于燕市。酒酣以往，高渐离击筑，荆轲和而歌于市中，相乐也。"[1] 战国末年，燕国都市的酒店为客人提供酒具，客人已经不仅可以在买酒后当场饮用，而且可以留作歌于其中，基本上和后世的酒馆没有什么差别了。

秦始皇焚书坑儒，除秦记、医药、卜筮、种树之外皆烧之，酒的制造与使用记述属于医药类，便保存下来。但在秦代有关酒的内容较少，《秦律》中记载禁止用余粮酿酒。[2]

刘邦爱酒，胸怀大志，反抗秦专制，鸿门宴之后不久建立汉朝，汉代休养生息，农业手工业得到大力发展，社会经济的繁荣使得酿酒业自然兴旺，汉高祖爱酒，汉代酒销量大，据《史记》记载，汉代酿酒是可以致富的第一等行业，可见当时酒利之高。张骞出使西域引进葡萄酿酒工艺，《史记·孝文本纪》记载："朕初即位，其赦天下……酺五日。"[3] 汉文帝大赦天下聚饮五天，庆祝其登基之喜。汉武帝设立酒榷，实行酒类专卖制度，由国家统一管理。由官府供给酿酒原料，根据要求酿造并收取原酒，私人不得出售。

《鸿门宴》图，描绘紧张而激烈的场面，却将腾腾杀机预示在一片平和宁静中。汉高祖刘邦嗜酒，常与樊哙、曹参等人饮酒作乐。汉代饮酒心胸开阔不拘小节，高阳酒徒郦食嗜酒，为刘邦出谋划策。刘邦性格中有酒徒的无赖，在鸿门宴中面对项羽咄咄逼人，巧妙周旋，最后借酒逃席，开始了五年之久的楚河汉界。后来楚汉之争，刘邦用四面楚歌之计瓦解了楚军军心，项羽霸王别姬，楚汉之争结束。刘邦晚年返回故乡，与父老子弟饮酒作乐，在席间作《大风歌》："大风起兮云飞扬，威加海内兮归故乡，安得猛士兮守四方。"[4] 成了慷慨悲壮的诗酒英雄。

东汉末年，曹操不仅是军事政治上的人才，还以诗酒之名传世。曹操与刘备饮酒，一起煮酒论英雄，也有孔雀台上把酒感叹："何以解忧，唯有杜康。"[5] 他还曾经把家乡酿酒配方献给汉献帝，也曾与孔融争议禁酒法令的施行。曹操一生喜酒爱酒，也曾借酒杀人。刘备、关羽、张飞三人在

1 （汉）司马迁. 史记 [M]. 北京：中华书局，1982：2528.

2 张朝阳. 出土文献所见秦禁酒律令小考 [J]. 华中国学，2019（2）：166.

3 （汉）司马迁. 史记 [M]. 北京：中华书局，1982：417.

4 （汉）司马迁. 史记 [M]. 北京：中华书局，1982：389.

5 （三国魏）曹操. 魏武帝诗注 [M]. 黄节，校注. 北京：中华书局，2008：209.

桃园把酒结义为兄弟,成为后世义气交友的典范。

刘备爱酒,借酒遮脸,借酒装疯。在小沛时其势单力薄,吕布设酒宴挺身而出为刘备解除兵临城下的危险。后来吕布被曹操所擒,刘备与曹操一同饮酒时嬉笑自若,借醉酒以忘记吕布解围之德,提醒曹操吕布不可留,使其身首异处。依附刘表期间,刘备酒后失言,刘表设酒宴密谋杀掉刘备,刘备发现自己处境危险,偷偷借酒逃席,跃马檀溪。刘备入赘东吴,原是东吴一计,刘备弄假成真,每日美酒女人乐不思蜀,好在有诸葛亮锦囊妙计才可回归军中。刘璋向刘备求救,刘备假意援助,在酒宴上伺机杀掉刘璋。刘备投鼠忌器,制止了宴席上的项庄舞剑。刘备爱酒,以酒为计,关羽爱酒,有英雄气概,张飞爱酒是酒迷心窍,一代代枭雄皆被酒俘,可见酒之魅力。

酒与社会,与权力,与斗争和阴谋紧密捆绑在一起,试想世间无酒会是怎样无趣?酒的意义被权力者演绎到极致,或是莺歌燕舞,转瞬则腥风血雨,两者亲密无间又爱恨交加,正印证了"成也萧何,败也萧何"的俗语。在民间百姓也喜饮酒,特别是红白喜事之日更是不可无酒,只是受制于各类府衙规定和财力所限,无法像王公贵族花天酒地畅饮,常常把一些向往寄托于艺术的创作中,通过技艺表达或给帝王贵族建室筑墓来存留一缕酒文化场景,这也真实反映出中国博大而久远的酒文化,酒饮不仅仅是帝王贵族们的喜好,普通大众也有权分享这世间魔水。也是因此,酒文化留存下大量的图形与实物,如各类酒器包装、宴饮画像砖、舞蹈乐杂技画像砖、投壶图、博弈图、酒令旗和酒纛等。

二、文人士大夫的避世之介

古代文人中有一支始终鄙视功名利禄而淡泊的高人,如上古的许由、务光、巢父和春秋时的荣启期、荷蓧丈人、桀溺、长沮、接舆,都是视爵禄高位为腐鼠者。传说尧欲让天下于许由,许由闻知,便逃至颍水洗耳。适逢巢父饮牛于此,他叩知许由洗耳之故,牵牛至颍水上游,说:"你洗耳之水不要污了我的牛嘴"。[1]隐士接舆见孔子成年累月风尘仆仆地奔走干禄,就在他面前嘲讽而歌:"凤兮!凤兮!何德之衰?往者不可谏,来者

---

1 (清)阮元校刻. 十三经注疏[M]. 北京:中华书局,2009:6106.

犹可追。已而，已而，今之从政者殆而。"[1]

这是一批真正的隐遁高士，后世东汉严光，北宋林逋即为其类。严光辞谢昔日朋友、当时天子光武帝，垂钓于富春江，绝不入仕。林逋隐西湖十几年足不入市，整天吟诵着"鹤闲临水久，蜂懒采花疏"[2]，优哉游哉。古代还有一批文人淡泊名利，不与世游，遁入空门，参禅赋诗而卒岁月，如慧远、康僧渊、王梵志、寒山、拾得、皎然、齐己、贾岛、贯休、慧洪、道潜，成了名噪骚坛的一代诗僧。但这类远离尘嚣的隐士是越来越少了。陆游有诗云："志士山栖恨不深，人知已是负初心。不须先说严光辈，直自巢由错到今。"[3]他说隐士的志趣就是隐姓埋名，不为世人所知。如今隐士既然见之竹帛，便辜负了其最初的"高尚其志"。倘以此论之，则世无隐士，更不要说那些借隐居而博取名声，以待朝廷征召为官的文人。南朝孔稚珪的《北山移文》就对周颙这样的"隐士"作了无情的揭露和辛辣的讽刺："虽假容于江皋，乃缨情于好爵。"[4]唐朝的卢藏用也是此类文人，他与兄假隐终南山，藉此沽名钓誉，终闻达于朝廷。后世遂有"终南捷径"之讥，这是中国古代文人中的另类和隐士群体中的痼疾。

魏晋南北朝酒禁大开，酒业市场活跃。南朝的经济比北朝发达，但是由于北朝没有实行榷酤，民间可以自由酿酒，所以当时北朝市场上酒的买卖也很活跃。特别是其中有几个地方所酿之酒遐迩闻名，成为远销其他地方的畅销商品，名气最大的则是洛阳刘白堕所酿的"鹤觞酒"。[5]

身处乱世感到生命短暂要及时行乐，"何以解忧，唯有杜康。"[6]曹操的诗表达了酒在人们心中的地位。曹丕在《典论·酒诲》里写道："荆州牧刘表跨有南土……并好酒，为三爵，大曰伯雅，次曰中雅，小曰季雅。伯雅受七胜，中雅受六胜，季雅受五胜。"意思是荆州牧刘表喜欢喝酒，专门让人加工了大中小三个酒杯。"（刘表）又设大针于杖端，客有酒洒寝地者，辄以针刺之。"[7]意思是你喝醉了，我就把你扎醒，让你接着再喝。曹操本人饮酒不多，但劝酒却很厉害。曹丕、曹植都曾有诗篇写到与酒相关

1 （清）阮元校刻. 十三经注疏 [M]. 北京：中华书局，2009：5495.

2 （宋）林逋. 林和靖集 [M]. 沈幼征，校注. 杭州：浙江古籍出版社，2012：9.

3 （宋）陆游. 陆游全集校注 [M]. 钱仲联，马亚中，主编. 杭州：浙江古籍出版社，2015：365.

4 （清）严可均. 全上古三代秦汉三国六朝文 [M]. 北京：中华书局，1958：2900.

5 文龙主编. 中国酒典 [M]. 长春：吉林出版集团有限责任公司，2010：45.

6 （三国魏）曹操. 魏武帝诗注 [M]. 黄节，校注. 北京：中华书局，2008：209.

7 （清）严可均编. 全上古三代秦汉三国六朝文 [M]. 北京：中华书局，1958：1095.

的内容。曹植《野田黄雀行》云："置酒高殿上，亲友从我游。中厨办丰膳，烹羊宰肥牛。"[1]《孟冬篇》云："鸣鼓举觞爵，击钟醮无余。"[2] 从这些诗句中可以看出当时上流社会的奢华生活和文人诗酒生活的浪漫。晋朝初年，复杂的政治斗争中，士大夫饮酒成风。竹林七贤纵情诗酒，放浪形骸。据说阮籍因步兵署中有美酒而想做步兵校尉，还曾在家中故意酗酒六十余天，以逃避政治迫害。刘伶出游时车中载酒，随走随饮。他常常借酒消愁，麻痹自己以逃避现实。

唐代是封建社会发展的鼎盛时期，物质财富极大丰富，人民生活水平也极大提高。唐初无酒禁，加上政治稳定及经济发展，酿酒业及相关行业都得到较大发展，大小酒肆、酒店遍布城乡。乾元元年（758 年）以后，虽然由于缺粮或遇灾荒，有几次在局部地区禁酒，甚至"（建中）三年，复禁民酤"，不许民间私人开酒店卖酒，但官司"置肆酿酒，斛收直三千""以佐军费"[3]。所以在唐代，无论是否有酒禁，人们都可以在一般的城乡随时找到酒店。唐制三十里设一驿，全国陆驿 1291 个，水驿 1330 个，水陆相兼之驿 86 个，沿途随处都有酒店等服务设施。"东至宋、汴，西至岐州，夹路列店肆待客，酒馔丰溢，南诸荆襄，北至太原范阳，西至蜀川、凉府，皆有店肆，以供商旅。"[4] 特别是"京师王者都，特免其榷"[5]，长安、洛阳及其附近的酒肆、酒店得到特别的发展。据《开元天宝遗事》记载："自昭应县（今陕西省临潼区）至都门，官道左右村店之民，当大路市酒，量钱数多少饮之，亦有施者，与行人解乏，故路人号为'歇马杯'。"[6]

三、官民同乐，酒与人的融合发展

五代十国结束不久，便出现辽金宋南北对峙局面，宋朝社会总体安定。宋王朝重视对酒务的管理，为此制定了一系列的制度政策，其中有继承前代的，也有自行制定的。在宋代，除了有些地方，如两广路以及费州路、福建路等地区实行"许民般酤"[7]，即将坊场酒税摊入民间，随二税征

1 （三国魏）曹植. 曹植集校注 [M]. 赵幼文，校注. 北京：中华书局，2016：685.
2 （三国魏）曹植. 曹植集校注 [M]. 赵幼文，校注. 北京：中华书局，2016：498.
3 （宋）欧阳修，（宋）宋祁. 新唐书 [M]. 北京：中华书局，1975：1381.
4 （唐）杜佑. 通典 [M]. 王文锦，等，点校. 北京：中华书局，1988：152.
5 （后晋）刘昫，等. 旧唐书 [M]. 北京：中华书局，1975：2130.
6 （五代）王仁裕. 开元天宝遗事 [M]. 曾贻芬，点校. 北京：中华书局，2006：46.
7 （宋）胡榘修，（宋）方万里，（宋）罗濬纂.（宝庆）四明志 [M]. 元至正间（1341—1368 年）真定赡思刻本.

收，允许民间自酿自卖外，酒的榷酤制度主要是"官榷飞酒曲由官府即都曲院制造，从曲值上获取利润；而酒户则购买官曲酿酒沽卖，从卖酒中获得利润"。[1] "都酒务"，是指京以外各州、军的官办卖酒机构，县谓之"酒务"。都酒务和酒务都有造酒的作坊，又直接卖酒，所以宋人或称酒店为"酒务"。

北宋时期经济有了巨大提升。南宋时期文化与科学也加速发展。经济的繁荣为酒业发展提供了条件，在两宋辽金的文献和文学作品中反映了酒文化风采。北宋和南宋官府都曾经组织过评酒促销活动。杨炎正《钱塘官酒》诗云："玛瑙瓮列浮清香，十三库中谁最强……琉璃杯深琥珀浓，新翻曲调声摩空。使君一笑赐金帛，今年酒赛真珠红。"[2] 酒在宋朝历史上也起了很大作用。建隆二年（961年）七月与开宝二年（969年），宋太祖利用"杯酒释兵权"，通过酒宴方式，在大臣将领们酒过三巡后诱其说出想法，威胁利诱，要求高级将领交出兵权，进行了军事改革，以文官带兵，后长治久安。

《辽史·礼志》曰："九月重九日，天子率群臣部族射虎……择高地卓帐，赐番汉臣僚饮菊花酒。"[3] 重阳节日，番汉同帐，君臣同饮。《金史·世祖记》记载金世祖的一个特殊习惯："（世祖）每战，未尝被甲，先以梦兆侯其胜负。尝乘醉骑驴入室中，明日见驴足迹，问而知之，自是不复饮酒。"[4]《金史·太祖诸子传·胙王元传》："皇统七年四月……赐宴便殿，熙宗被酒，酌酒赐元，元不能饮，上怒，仗剑逼之，元逃去。"[5] 由此可见酒喝多了，即便是贵为亲王也有忘形之态。

元代是民族大融合时代，元代私人酿造，实行榷酒制，大都酒店酒肆繁多。

明代不征收酒税，也几乎没有酒禁。酒是民间生活必需品，红白喜事都需要酒来营造氛围，与酒文化有关的书籍也大量涌现，烧酒作坊和烧锅遍及全城，酒的品种空前丰富。明朝建立之初，朱元璋下令禁酒，后又改变主张，"上以海内太平，思欲与民偕乐"，取消酒禁，并设酒肆。"乃命

---

1 贺正柏，祝红文. 酒水知识与酒吧管理 [M]. 北京：旅游教育出版社，2006：236.

2 文龙主编. 中国酒典 [M]. 长春：吉林出版集团有限责任公司，2010：52.

3 （元）脱脱，等. 辽史 [M]. 北京：中华书局，1974：879.

4 （元）脱脱，等. 金史 [M]. 北京：中华书局，1975：10.

5 （元）脱脱，等. 金史 [M]. 北京：中华书局，1975：1609-1610.

工部作十楼于江东诸门外，令民设酒肆其间，以接四方宾旅"[1]。这十座楼分别取名为鹤鸣、醉仙、讴歌、鼓腹、来宾等，但他觉得十楼还不够，于是又命工部增造五楼。由于明王朝政策的允许，南京、北京和各地的酒店、酒楼随着战后经济恢复而发展。特别是明中叶以后，社会经济生活发生了较大的变化。商业，尤其是贩运性商业的发展，促进了城市的发展。大中城市数量增加，不少乡村也因商业的繁荣变成繁华的小市镇。从而引起消费生活的更新、人情风气的改观。所谓"人情以放荡为快，世风以侈靡相高"[2]明朝中晚期追求奢华享乐成为普遍的社会风气，从官绅商贾、到读书士子、厮隶走卒，几乎无不被这种社会风气所濡染。当时不仅经济发达的南方城镇到处是歌楼酒馆，就是北方的小县城，社会风气也发生了巨大的变化。如明正德《博平县志》所记："由嘉靖中叶以抵于今，流风愈趋愈下，惯习骄奢，互尚荒快，以欢宴放饮为豁达，以珍味艳色为盛礼……酒庐茶肆，异调新声，泊泊浸淫，靡焉勿振。"[3]这一说法负面色彩较重。

清代酒政丰富，酒令多样化是显著特征之一，如蔡祖庚在《懒园觞政》中记叙了一种喝酒掷骰子的方法，是以升官图的方式，看骰子的变换来决定升到什么官级，从而决定用多大杯来喝多少酒。据《清史稿》记载："（康熙二十三年十一月）戊寅，上次曲阜……诣孔林墓前醊酒。"[4]这是清朝皇帝在曲阜用美酒祭奠孔子，借以宣示推崇儒家。《清史稿·仁宗纪》记载："二十五年三月乙丑，上诣明成祖、宣宗、孝宗陵、奠酒。"对灭亡的前朝皇帝用酒祭奠，以示承接正统，尊重先朝。司马迁在《史记》中记载，公元前 135 年，唐蒙出使南越，曾取枸酱酒献于武帝饮而甘美之。[5]

清末民初，北京繁华区域，如东四、西单、鼓楼前有许多大的饭庄，这些饭庄有着共同的特点，一般都有宽阔的庭院、幽静的房间，陈设着高档家具，悬挂着名人字画。实用的餐具成桌成套，贵重精致，极其考究。这类饭庄可以同时开出几十桌华宴，也有单间雅座，接待零星客人便酌。甚至各饭庄内还搭有戏台，可以在大摆宴席的同时唱大戏，演曲艺。这些

1 （明）薛应旂. 宪章录校注 [M]. 展龙，耿勇，校注. 南京：凤凰出版社，2014：138.

2 （明）张瀚. 松窗梦语 [M]. 程志兵，点校. 杭州：浙江古籍出版社，2019：121.

3 （明）胡瑾修，（明）葛茂，等纂.（正德）博平县志 [M]. 明正德十三年（1518 年）刻本.

4 （清）赵尔巽. 清史稿 [M]. 北京：中华书局，1977：216.

5 （汉）司马迁. 史记 [M]. 北京：中华书局，1982：105. 2993-2994.

图 5-2　西园雅集图

大饭庄在京城餐饮业中的地位，大概较之两宋作京、临安的豪华酒楼有过之而无不及。

《西园雅集图》为清代画家原济（石涛）依北宋文人雅集西园的历史故事创作。图中执笔而书的是苏东坡，其他如蔡天启、苏子由、秦少观、米元章等连同女仆书僮共二十四人。中间方案上摆放着琴瑟酒器等，以备雅集消遣之用，说饮酒与高雅之事或谈及学养有源远流长的关系，更多所指是由品饮所带来的精神作用。（图 5-2）

第二节
高度精英意识转向大众消费文明

一、呈贡皇酒——唐时"烧春"的特质

唐代统治者把百姓饮酒看成是政和民乐的表现，从宫廷到城乡饮酒之风盛行，酒已成为人们日常生活不可缺少的饮品。公元 627 年，唐太宗李世民分天下为十道，剑阁以南为剑南道，"剑南"地名由此诞生，而绵竹即属于剑南道。此时的绵竹在大唐第一个盛世——"贞观之治"下风调雨顺、百业兴旺，绵竹酒业也得长足发展，声名鹊起，时人因地取名，遂有了"剑南烧春"（又称"烧香春"或"生春"）之美誉。据《绵竹县志》记载，绵竹早在唐高祖武德年（618—626 年）间即以出产美酒闻名[1]，逐渐发展中，其间产生了首位酿酒大师——韦宿。至太宗"分天下十道"后，"剑南烧春酒"蜚声华夏，经历了几代能工巧匠的探索。皇家正史《旧唐书》

1　（清）王谦言纂修，（清）陆箕永增修．（康熙）绵竹县志 [M]．清康熙四十四年（1705年）刻本．

第十二卷《德宗本纪》更记载"剑南岁贡春酒十斛"[1]，德宗皇帝李适为此事而亲谕朝臣。

唐代蜀酒的知名度很高，因而曾被李唐王室列为贡酒。《新唐书》卷四十二《地理志六·剑南道》载："成都府蜀郡，赤。至德二载曰南京，为府，上元元年罢京。土贡：锦、单丝罗、高杼布、麻、蔗糖、梅煎、生春酒。"[2]《新唐书》卷七《德宗纪》载：大历十四年闰五月"癸未，罢梨园乐工三百人，剑南贡生春酒。"[3]《旧唐书》卷十二《德宗本纪上》记德宗李适于大历十四年五月即位，闰五月连发六道诏书，为减民众赋税停罢诸州府岁贡，其中癸未诏："停梨园使及伶官之冗食者三百人，留者皆隶太常。剑南岁贡春酒十斛，罢之。"[4] 这就是说，在大历十四年（779年）以前，剑南道每年要向皇帝进贡十斛春酒。唐量大斛一斛等于今量60升，小斛一斛等于今量20升。按此折合计算，唐代剑南道在德宗以前，每年向中央进贡的春酒为200升（约200公斤）至600升（约600公斤）。新、旧唐书这三条史料，为"剑南烧春"曾是"唐时宫廷酒"提供了历史佐证。

唐代四川的酒肆、酒家多，以成都地区尤多。唐代诗人张籍《成都曲》诗："锦江近西烟水绿，新雨山头荔枝熟。万里桥边多酒家，游人爱向谁家宿。"[5] 王谠《唐语林》卷四载："蜀之士子，莫不沽酒，慕相如涤器之风也。"[6] 认为蜀地酒肆繁多，而且有许多读书人开酒肆，是与西汉司马相如开风气之先有密切关系。据该书记载，唐代成都有一位叫陈会的先生，"家以当垆为业"。后来他考中了进士，宰相李固言看了有关他的"报状"，知道这位新科进士是开酒肆的，便"处分厢界，收下酒旆，阖其户"，但"家人犹拒之"，舍不得撤销这间酒肆。[7] 酒肆酒家多，说明酿酒卖酒的商家多，也证明买酒饮酒的人多。

"剑南烧春"酒出现于中国的盛唐时期，它是唐代剑南烧春酒群体的代名词，剑南烧春酒的特点为浓香味美。在唐德宗以前曾作为贡酒献纳朝廷，每年要向皇帝贡献相当于现在200公斤至600公斤这样的巨量，唐朝

1 （后晋）刘昫，等. 旧唐书 [M]. 北京：中华书局，1975：320.

2 （宋）欧阳修，（宋）宋祁. 新唐书 [M]. 北京：中华书局，1975：1079.

3 （宋）欧阳修，（宋）宋祁. 新唐书 [M]. 北京：中华书局，1975：184.

4 （后晋）刘昫，等. 旧唐书 [M]. 北京：中华书局，1975：320.

5 （唐）张籍. 张籍集注 [M]. 李冬生，校注. 北京：中华书局，1989：76.

6 （宋）王谠. 唐语林校证 [M]. 周勋初，校注. 北京：中华书局，1987：417.

7 （宋）王谠. 唐语林校证 [M]. 周勋初，校注. 北京：中华书局，1987：417.

的皇帝常常用四川进贡的酒大宴新科进士以及赏赐大臣。唐代的剑南烧春酒标志着四川酿酒史上最辉煌的时期。

唐代宫廷饮酒及酿造有较为完备的体系，御酒的酿制设有宣徽院专门负责。宣徽院成立以后专设有宣徽酒坊，负责生产酒，这是由宫廷内作坊发展而来，宣徽院是宦官系统的管制机构。《文献通考》卷五八云"盖因肃代以后，特设此官，以处宦者"[1]。宣徽院何时成立，史载不详。《通典》《唐会要》都没有记录。《通鉴》卷二四三穆宗长庆三年条云"赐宣徽院供奉包钱"，胡三省注云"唐中世以后，置宣徽院"[2]，虽无具体时间，但无疑设在安史之乱后。

二、御酒走出宫廷，进入千家万户

回溯历史的源头，蜀地处华夏西南之隅，由于地理与气候所致，常年云遮雾绕，雨量充沛。粮食富足，有大量余粮用于酿酒，故巴蜀酒坊与酒肆发达。古蜀先民在四川德阳市广汉市鸭子河畔（三星堆遗址）以及成都市的金沙遗址，创造了惊天动地的图腾崇拜以及祭祀上苍祖先的各种活动，铸造了迄今为止世界上最大的青铜面具以及造型各异的青铜人像，同时还有大量陶器、石器、玉器、铜器、金器、象牙、纯金面具等。三星堆被发掘后可谓震惊世界，被称为"20世纪人类最伟大的考古发现之一"，在出土的珍贵文物中，有大量的陶器与青铜酒具，由此可见，在距今4800年前，此地已有酿酒行为存在。酒又被视为祭祀活动上的圣物，备受各族群膜拜。后世的盛唐御酒"剑南烧春"就产自于三星堆同一区域，似乎冥冥之中就注定了这种渊源，为绵延不绝的酒文化繁盛开启了端倪。而今日承继历史文化，尊重脉络曲直，继而发扬光大。从地理文化涵盖圈来判断，酒产地属文化核心圈，地理风貌、物产同种、风俗一致、族群相依，具有鲜明整体的地方文化特征。正是这种文化与习俗的同宗同源，尚自然、顺天意，使三星堆埋下了剑南烧春的历史命运，注定了巴蜀酒业未来的机缘。

唐贞观元年（627年），废除州郡制，改益州为剑南道[3]，因位于剑门关以南，所指为广大蜀国之地，故酒名"剑南烧春"。其作为酒的代称在唐代以宫廷贡酒身份出现，即说明了在中国古代，任何事情包括饮酒，都体

1　（元）马端临. 文献通考 [M]. 北京：中华书局，2011：1723.

2　（宋）司马光，（元）胡三省音注. 资治通鉴 [M]. 北京：中华书局，1956：7825.

3　（后晋）刘昫，等. 旧唐书 [M]. 北京：中华书局，1975：1384.

现着阶级意识，只是程度不同而已。在物资稀缺的年代，特别是粮食不富足的情况下，首先是保证生存之需，优质的美酒存量较少，只能供给社会高度集中的精英人群，如宫廷中的皇帝、朝廷官员等。

从唐代宫廷用酒的品质及身份到沿袭文化脉络的众多现代名酒品牌，剑南烧春经历了几千年的历史，好在美名存世，好酒流传。如今，普通人都可以品鉴到从唐时代承继而来的芬芳美酒。

因为有历代宫廷贡酒的美名，全国各地酒品牌的主要文化诉求是把老祖宗留下的宝贵财富发扬光大，以历史文化为起点。蜀酒得历史机缘为宫廷御酒，奠定了剑门关之南的名酒品牌非常重要的价值起点。虽然当今蜀酒的形态与唐时贡酒有所区别，但其文化脉络及接续是一脉相承，这也为今日川酒正宗血统提供了可稽实证。因有这个被载入史册的强大历史文化背书，当代人在品饮川酒时，潜意识中会被带入到深厚的历史文化之中，正好应验品酒在于精神满足，显然增强了品牌消费的文化升级。

在当代，随着酿酒技术的不断进步，白酒品牌也层出不穷，但酒都采用相近的粮食原料加工酿造，如何获取自己精准的定位和文化，成为白酒品牌核心的价值追求。特别是在产品同质化比较严重的当下，历史名酒很幸运，自带千年的文化内涵，并有史寻迹，可谓是上天的眷顾，这是很多新兴白酒品牌可望而不可即的。

虽然各大名酒的历史文化渊源极为深厚，但产品价格定位却始终与市场发展与普遍消费人群经济收入提高相适应，依市场构建起高、中、低三个层次，让更多的爱酒之人都能够享用。而高端酒则面向市场部分需求群体，他们更多是在选择品质，同时很在乎文化品位的内涵。品饮就是物质与精神的合体，善饮者皆灵魂有趣，大器者亦盎然生趣。品牌把酒的历史厚度与消费者的精神世界以及内心情感巧妙地结合起来，并且赋予品牌定位对象一个性格特征：从容、博大、睿智，是名酒服务思想的追求所在。由此不难看出酒大到国家大事，小到亲朋好友聚会，日常商务接待都可毫无违和感地出现。所以，当宫廷贡酒走向现代消费社会，它已经从小众群体走向了全民皆可品饮的消费时代。

三、跌宕起伏，酒文化拉动消费文明

这里酒文化是指在中国范围内，从历史延绵中产生的与酒有关的人和事。无疑其背后故事惊心动魄，跌宕起伏。正因如此酒的文化魅力才让国人几千年心念不绝，品饮至今且还在不断发扬光大。对今人来说"国酒"是针对国人而言，本国国民是其主要消费者。外来酒的选择相对较少，"国酒"又以国产名酒品牌为主。名酒一般认为是 1979 年第三次全国评酒会上，首次被评为国家名酒的几个品牌。其榜单中有五粮液、茅台、剑南春、泸州老窖、郎酒、杏花村汾酒、西凤酒、古井贡酒、洋河大曲、董酒，被称为十大"国酒"。"名酒"是指获得金质奖章的国家名酒；"国优"酒是指获得银质奖章的国家优质酒。全国名酒评审会的裁定具有较高的权威性，代表着中国白酒的最高荣誉与肯定。由于品质与产量这些酒获得市场的广泛好评，被消费者所接受和喜爱，至今也高居酒类消费前列。除去全国性名酒外，各地还有不少地方名酒，满足着中国庞大的消费市场需求。

消费是人存在的方式之一，是一种人对外部世界的依赖关系，即通过消费生产而维系自己的存在。而消费方式则体现的是人自身存在的样式，它反映出社会整体状况和人与自然之间的关系。当今社会是由消费活动所支配的一个系统，影响着自我需要、实践方式、文化价值，相互之间有着内在的互通关系。人类社会的任何活动只要是建立在与自然平衡基础上，都必然带有文明的因子，这里除了消费物质外，还有与之配套的礼仪与习惯。中国历史上有很多哲人曾说，没有规矩，不成方圆，消费也不例外。消费形式过程中，有很多文明的界定和规矩，甚至不经意的消费环境都在潜移默化产生教化功能。消费对象及形式在被生产中就植入了文明种子。而中国酒本身就带有很强的文化属性，在特定的场域消费又与大众产生共鸣，人与物、人与环境相互作用，必然生出新的文明样式。

将饮酒与外在事物的感悟联系起来，需要十分的天性，它不局限于生理上的直接反映，更多是精神内涵的存储并引发联觉，不关乎学历和年龄，完全来自自我敏锐的心性。前述不少酒的神秘与刚烈，其实酒液背后的文化才是最强大的，历史上无论什么酒都可以被遗忘，但酒所留存的文化却被后世人们所津津乐道，而且会永远流传下去。

这也是今日国酒带有的文化基因，它是基于中国的人文环境与自然生态所产生，其本身就具备民族文化烙印，它是从千百年这块土地上人们生活方式，饮食习惯综合演进而来，整体无法更改。外来酒最多也只是丰富一下品种，点缀和满足一下年轻人的好奇心，不可能撼动国酒的主力消费。以国酒的年度生产量可知市场的接受程度。以剑南春为例，其产量增长是建厂初期的 100 倍，截至 2020 年的数据，年产酒近 30000 吨。虽然在这七十多年的发展过程中，也经历过诸多的苦恼和挫折，但在集团公司的领导，上级组织的关心，全体员工的共同努力下迅速地恢复生产。同时产品形象以崭新面貌出现，立即获得市场的热议并取得良好的绩效。2022 年度上缴国税达 60 亿元人民币，为国家的经济繁荣与发展贡献了不可忽视的力量。

可见一个历史厚重的老牌名酒产业对国家酒业的促进与发展，为满足人民生活水平需要，拉动消费市场以及现代消费文明树立了典型范例。

正是在"文化溯源、文化自信、文化创新"核心理念牵引下，国酒掀起了一股文创酒品牌高潮。不但对经济发展有所贡献，对文化的传承与发展和社会效益也可圈可点。剑南春不断赓续历史文化脉络的传奇故事，通过深入研究市场性与消费性对文化的依存关系，调动产品富卓文化特点来影响社会的进步与发展。以创新的理念去拓展历史文化的新意，唤醒社会大众对自身文明的认同及自信，引领消费者创建新的视觉审美，为日常生活增添更多文化记忆与自觉。

2021 年剑南春与三星堆博物馆深刻审视社会发展与文化的紧密关系，重新梳理产品文化资源后，提出要学习和认识历史的价值，把历史上所眷顾的资源充分调动起来，为当下的社会经济发展服务，这一明确定位给新产品开发确立了方向。剑南春上溯产地远古文化核心区域，联袂三星堆博物馆，大胆创新设计和开发新的文创产品，以商品形式进入千家万户，将中国历史文化的精髓普及到社会大众的日常生活之中。不仅提升品牌知名度，还为今日产品同质化及物欲社会注入一缕文化的清风。既可以是物质的，还应该有精神的伴随，可谓是两全其美，"三星堆＆剑南春文创酒"便由此诞生。一经推向市场，便引起市场巨大的反响，30 秒钟实现网销 2 万瓶的奇迹，一次销售额近 3000 万元人民币的业绩，至今产品仍然供不应求。酒器包装兼顾了三星堆青铜面具的突出特点，同时保持剑南春固有品牌形象。两者有机融合为酒器包装亮点，既有传统文化的深邃，又具今日文化的时尚。特别是那神秘久远的面具造型，来自 3000 多年前的样式，是世界范围内出土的文物中未曾发现的造型，体量巨大及铸造工艺复杂堪称罕见，令世界考古界感到震惊。对其源由至今也无法给出肯定的解答，而不断出土的新发现更是挑逗无数人的敏感神经，留给今人无尽的推断和遐想。可见传统文化与当下消费需求的契合，是文化再造的有机结合点。商业的成功还需反哺于文化的持续研究，企业将每瓶酒收益中提取部分费用返给三星堆文化发展基金，支持更多的文化考古与研究。据市场调查信息回馈，众多消费者不是为饮酒而买，完全是被中国传统文化的惊艳所折服，感受到历史文化的震撼而自豪，主动走近并被深深吸引，足可见历史文化的梳理和深入研究，是全社会国民共同的责任与使命。（图5-3）

图5-3 剑南春&三星堆文创酒

此举充分说明企业不仅是商业文明构建者，更是精神文明的倡导者和践行者。文化是撬动市场售卖的重要资源，更是文化传承得以落地的具体实践，一个民族的文化建设更多来自社会生活中的点点滴滴，当涓涓细流汇聚成河时，便有了这个民族的滋养与依靠。一个酒器包装的设计看似微不足道，但它映射出普通百姓对自我文化的眷恋与自省，也是企业领导与设计者的文化自觉和贡献。文化是一个民族的安身立命之本，它代表了社会发展转型与消费者对更高层次文化的心理需求，是民族文化不断更新和进步的佐证。而设计的现代元素与传统造型有机融合更是活化产品的关键，必然备受广大市场及消费者的欢迎。

中国白酒作为中华传统文化的重要组成部分和载体，应该在新时代中国高雅酒文化的建设中高扬人性的光辉，对中华文明的进程发展有所担当，有所促进。

第三节
集权社会到文化释放

一、古代宫廷酒与皇室权贵

（一）各朝代宫廷造酒

唐代酒的出品渠道有官营酒坊、民营酒坊和家庭自酿。官营酒坊由朝廷或各级官府控制，形成了严密的生产体系。某些时期，官营酒坊造酒垄断着酒类市场，形成一股强行推销和派给的商业势力。何以为官酒述之，原因很简单，史料中所记录的酒事多以宫廷及官宦人群为多，且具有典型性。

官酒大致可以分为御酒和地方官酒，御酒是专供皇族或国事时用的酒，地方官酒是各州镇官营酒坊酿出的酒。唐初，长安城内设置了良酝署，委派了专职酒务官员，负责朝廷及国事用酒。《旧唐书》有记载。良酝署是朝廷直接设置的酿酒机构，受光禄寺管辖，从事酒类生产，其酒主要供朝廷国事祭祀使用，同时储存优质酒，供皇帝日常饮用。称为"御酒"或"圣酒"。[1] 良酝署生产的御酒专供皇帝使用，也用于皇家宴会和赏赐大臣。因此感恩志诗者多。《全唐诗》里有三卷都是对御酒的奉承吟咏。御酒有若多酒，《旧唐书》中的春暴、秋清、酴醾、桑落均是其酒名。[2] 为保证国事用酒，长安城内集中了若干官营酿酒作坊，其中聚集了许多优秀酒匠，博采最先进的酿酒方法进行酿酒。据《唐六典》记载，张去奢任郢州刺史时，曾将当地酿制郢酒的技术进献朝廷。后来朝廷专门派郢州酒匠到京师的官营作坊去操作。[3] 李德裕所说"禁中有郢酒坊"[4] 就指的这个。在考古的唐代酒器铭文中，我们还可以知道唐后期长安酒坊中有"宣徽酒坊"的设置。[5]

唐前期，京师设有明确的官营酒坊之外，地方州县很少见到官营酒业的运作，因而官酒的供应量十分有限。唐德宗时，官府开始垄断酒业，并

1 （后晋）刘昫，等. 旧唐书 [M]. 北京：中华书局，1975：1879–1880.

2 （后晋）刘昫，等. 旧唐书 [M]. 北京：中华书局，1975：1880.

3 （唐）李林甫，等. 唐六典 [M]. 陈仲夫，点校. 北京：中华书局，1992：448.

4 傅璇琮. 李德裕年谱 [M]. 北京：中华书局，2013：105.

5 中国古代掌管内廷事务的机构谓宣徽院，下属设置的专门酿酒作坊称"宣徽酒坊"。

控制全国酒类生产，获取酒的全部利润。据《旧唐书》可知，建中三年（782年）已经开始榷酒制度[1]，但持续时间不久，原因在于榷酒之时出现了十分严重的民间逃酤现象。为了保证朝廷酒税收入，从贞元二年（786年）开放民营酒业，同时又采取"官酤"的形式双管齐下确保酒利收入。元和期间，官营酒坊弊病百出，宪宗把官营酒业规模缩小，以后也未能再度扩大。

在地方郡县级官办驿馆，时常有官酒供应的现象。《全唐诗》中透露了驿馆供应酒的情况。官营酒业起伏不定，酿酒实力并不雄厚，生产的酒类产品较为低劣。白居易任河南尹时，深感官营酒坊酿酒不佳，便亲自指令官署工匠变更工艺，由于质量一直不高，因此在唐代官酒始终没有得到大众的认可。

宋朝官府为了获取酒税利润，实行专卖榷酒制度，导致官营酒业的膨胀。官营酒业在国家扶持下，控制了造曲、酿酒和售卖的渠道，在酿酒业中占有相当大的产业额度。（榷酒制度从西汉已经开始，隋唐时期依然沿用。）

宋代酒作为专卖品，有榷酒制度。宋代专设酒务监官，监管酿酒生产过程并专督酒课。榷酒机构由都曲院、都酒务、酒务、坊场等部门构成，体系完备。据《文献通考》卷十七记载，熙宁十年（1077年）前，全国官属酒务达到1839个，遍及州、府、县甚至乡都有酒务。都酒务和酒务设有造酒作坊，直接参与酒的售卖活动。[2]

宋代国势虚弱，军费紧张，为补充军费财政收入，酒税相当受重视，酒业控制也更加严格，禁止百姓及各级官员脱离酒务控制而私自售卖。除了官榷外，其时还实行"买扑"制度，[3]有大酒户出钱承包酒并售酒，所谓酒税承包。买扑划定地区或时限，有实力的包税人按其交税后便可独占一方售酒权利。称为"正店"，其他小酒户听其限制。有点近似今日各酒企的划区域总经销商，也可是买断品牌经营的专户。北宋时期扑户以豪民大户为主，南宋时期，军队和官府亦以买扑者的身份承包买扑坊场，争夺更多的经济利益。

1　（宋）欧阳修，（宋）宋祁. 新唐书[M]. 北京：中华书局，1975：1381.
2　（元）马端临. 文献通考[M]. 北京：中华书局，2011：490-491.
3　一种包税制度。宋初对酒、醋、陂塘、墟市、渡口等的税收，由官府核计应征数额，招商承包。包商（买扑人）缴保证金于官，取得征税之权。后由承包商自行申报税额，以出价最高者取得包税权。

特许小酒户或小商贩可以在官府设立的酒库酒楼取酒分销，也可以从正店批发，然后零售，被称为"脚店"或"拍户"。由于官控营销网庞大，宋代购买商品酒的人，都不由自主地交了酒税。如今日购买商品时税费已含在其中的道理一样。

宋朝榷酒制采用多渠道手段，在大城镇由官库或正店直接酿造并卖酒，城乡由百姓买扑，或通过官方卖曲控制民营酿酒。酒在宋朝很难自由贸易，南宋时，政府和军队也直接插手酒业，经营酒务并形成了多系统、全方位的榷酒结构。

为保证财政收入，统治者一直刺激酒消费。民间酒肆及乡村酒户购买官曲并向国家交税以后也可以在一定范围内获得酿卖权。无论是官营还是民营，只要不违背国家酒类专卖规定都会受到鼓励。宋代酿酒业在官方直接干预下一直蓬勃发展。

宋人称官营酿酒为"官库"，又叫"公库""公使库"。南宋绍兴年间开始出现以赡军为名目的酒库，名叫赡军酒库，其也有从地方官府扩大到军队的趋势。官库有正库和子库之分，子库一般是正库的分设机构。官属的酒坊隶属于官库的生产单位，如两浙犒赏酒库就曾管辖"诸坊三十二处"，均为造酒作坊。由于国家政策的扶持，通常情况下，市面上供应的大多为官酒。按规定，各级官员均可按月领取一定数量的官酒，在当时算作一种特权待遇。由于榷酤专卖的利润驱使，宋代的官库酿造一直在加大生产规模。无论是制曲还是造酒，产额都很庞大。

光禄寺美酒：北宋立都开封，在京城中设置光禄寺，负责朝廷国事用酒，光禄寺生产的酒叫做"光禄酒"。这种酒具有"国酒"的规格，《宋史》有明确记载，光禄寺下设有法酒库、内酒坊，"掌以式法授酒材，视其厚薄之齐，而谨其出纳之政。若造酒以待供进及祭祀、给赐，则法酒库掌之"。[1] 据《柯山集》云，光禄供酒要根据官场级别，并非人人可以品尝。[2] 黄庭坚有幸得到光禄酒，他又写诗道："翰林来馈光禄酒，两家水鉴共寒光。"[3] 在当时，能够享用光禄贡酒，自然是荣耀的事情。光禄寺内酒坊专门生产供皇帝饮用的酒，叫做御酒，其酒坛要用黄绸封盖，故又称"黄封酒"。宋朝皇帝经常用黄封酒赐予臣下，以示优奖，受赐者常常作诗志庆。有很多诗词都以黄封酒作为描写的对象。并强调了受黄封酒者所具有的上

---

1 （元）脱脱，等. 宋史 [M]. 北京：中华书局，1985：3891.

2 （宋）张耒. 张耒集 [M]. 李逸安，孙通海，等，点校. 北京：中华书局，1990：550.

3 （宋）黄庭坚. 黄庭坚全集 [M]. 刘琳，等，点校. 北京：中华书局，2021：112.

层身份地位。有很多在外地为官的高级别人物，因远离京都，难以享用御赐类酒，还会感到非常遗憾。在通常情况下，朝廷举办公事或国宴时，入席者都能品尝到御用美酒。有时，皇帝还会给某些官员的聚宴送去御酒，表示厚爱。

宋时南渡以后，御用酒的酿造继续保持最高的规格，同时还给御酒取了特殊的名称。其中有一种叫做蔷薇露，赐大臣酒谓之流香酒。蔷薇露仅供皇室饮用，外人品尝者甚少。在诸多御酒之中，蔷薇露供应数量最少，其酒也最为神秘。而流香酒常常用于赏赐臣下，品尝酒者相对多一些。林希逸当年在朝廷任职，亦曾饮用过流香酒，后来出任外职，对此则念念不忘。总体说来，皇家御用酒是官方酿酒所能制造的最高规格酒，其精品则仅供皇室使用。

元朝的御用酒由宣徽院负责酝酿，宣徽院属于蒙古大汗怯薛职能与中原官制相结合的宫廷机构，主要掌管帝王的日常饮食及宴享事务。但兼管之事颇多。宣徽院下设光禄寺，其下又设大都尚饮局，大都尚酝局，负责管理酿酒事务。据《元史》记载，大都尚饮局掌酿造上用细酒，所酿酒品专供帝王享用，大都尚酝局，负责朝廷各部门用酒。光禄寺另设上都尚饮局和上都尚酝局，置机构与陪都，每年夏季帝王巡幸时为之供应酒品。[1] "上用细酒"通称御用酒，品名很多。陶宗仪《元氏掖庭记》有记录，书中说："酒有翠涛饮、露囊饮、琼华汁、玉园春、石冻春、葡萄春、凤子脑、蔷薇露、绿膏浆。"[2] 这些酒都供皇室使用。其中琼华汁即琼华露酒，由光禄寺属下专人负责酝酿，名士王恽与酿造琼华露酒的工匠很熟，这位工匠才送给了王恽一小尊琼华露酒，王恽饮后赞美不绝，并为之写诗记事。通过王恽诗咏的表述，我们可以感觉到琼华露酒的高规格与高品位，诗中用玉色、超绝、湛露、馥烈、冲融等词语来形容酒的色味形态，把这一种完美的御酒呈现在世人面前。[3]

元朝宫廷用酒，还有一种"长生酒"，《紫山大全集》卷七《长生酒》云："光凝仙掌金盘露，色映蟾宫玉桂香。天寿余恩沾八极，百官齐拜万年觞。"[4] 看来这种御酒具有一定的保健功能。

---

1 （明）宋濂等. 元史 [M]. 北京：中华书局，1976：2201.

2 （明）陶宗仪. 说郛 [M]. 影印文渊阁《四库全书》第 881 册，上海：上海古籍出版社，1987：275.

3 （元）王恽. 王恽全集汇校 [M]. 杨亮，钟彦飞，点校. 北京：中华书局，2013：439.

4 杨镰主编. 全元诗 [M]. 北京：中华书局，2013：165.

皇帝有时候会把御酒当做赏赐品，算是对下属臣僚的一种奖赏。万户张柔曾得元世祖皇帝惠识，"数以御坊名酝，亲致劳来"[1]。大都留守郑制宜忠于职责，元成宗为之"屡赐内酝"。[2]

宣徽院及下属光禄寺系统，被称为"官寺"，所造的酒称为"官酒"。官酒或称"光禄酒"，这种叫法沿袭了宋朝的习惯。有元一朝，光禄寺调集了众多的人力物力，一直在高产量地酝酿美酒。

光禄寺产的酒种类多，品质好，同时还从外地征调了各种名酒，总体水平远远高于市场上售卖的酒，所以，有权势的官员经常到光禄寺索取官酒。《朴通事》记载京城官人举办赏花筵席，大家商议："酒京城槽坊虽然多，街市酒打将来怎么吃？咱们闻那光禄寺礼，讨南方来的蜜林檎烧酒一桶、长春酒一桶、苦酒一桶、豆酒一桶。又内府管酒的官人们造的好酒，讨来十瓶如何？"为了保证能够讨得光禄酒，大家决定派"光禄寺里着姓李的馆夫讨去，内府里姓崔的外郎讨去"。在光禄寺取酒，还需要勘合印信，办理手续，最后，"官人门文书分付观酒的署官根底：支与竹叶青酒十五瓶、脑儿酒五桶"。[3] 从这段记述中可知，光禄寺存有蜜林檎烧酒、长春酒、苦酒、豆酒、竹叶青酒、脑儿酒等多种产品。

为了控制官酒的支出，《元史》记载："宣徽所造酒，横索者众，岁废陶瓶甚多。别儿怯不花奏制银瓶以贮，而索者遂止。"[4] 看来，换了值钱的酒器包装，无端索酒的人就少了。如果不是光禄酒品质突出，仅仅为了占便宜，恐怕众官员还不至于屡索官酒。

明朝"御酒坊"酿造皇帝喝的酒是专门的酿酒机构。明朝时，光禄寺按照大内之方酿造内法酒或称"内酒"供于朝廷。此外，明朝又专设掌造御用酒的宦官机构，称之为"御酒房"，与光禄寺八局中的酒醋面局不相统属。这样就有两套系统为皇帝提供酒，即主要是光禄寺和宦官机构。光禄寺所酿制的内法酒除了皇室享用外，朝廷大臣可以按等级凭票领取。顾清《傍秋亭杂记》卷下记载说："内法酒总名长春，有上用甜苦二色，给内阁者以黄票，学士以红票，余白长行。"[5] 不同颜色的票代表了不同官员级别，后来很多官员的领酒特权都被取消。

1　李修生主编. 全元文 [M]. 南京：江苏古籍出版社，1998：32.

2　（明）宋濂，等. 元史 [M]. 北京：中华书局，1976：2201.

3　杨印民. 元大都的槽房和酒肆 [J]. 元史论丛，2010（1）：54.

4　（明）宋濂，等. 元史 [M]. 北京：中华书局，1976：3366.

5　（明）何良俊. 四友斋丛说 [M]. 北京：中华书局，1959：304-305.

御酒房由宫内太监主管，御酒房酿造的酒多为黄酒和露酒，有金茎露、太禧白、满殿香、竹叶青等名号。御酒房酿出的酒，专供应皇室饮用，产量不高，但大部分都属于极品酒。

明朝皇帝经常把内酒赏赐给朝廷重臣，表示优宠。对于受赐者而言，内酒含有珍贵的意义。皇帝颁赐的内法酒多用黄色绸缎封包，故俗称"黄封酒"，这是宋代以来形成的习惯。奸相严嵩屡屡得到皇帝赐予的酒，很是扬扬得意。能够得到御酒的人，总会有一种受宠若惊的感觉。

内酒虽不易得，但其神秘品位经常被评酒家们所推崇。顾起元在《客座赘语》卷九说，他品尝过"大内之满殿香"和"大官之内法酒"[1]，都是最好的酒。小说《金瓶梅》中出现过两次"内酒"内容，都是与大内关系密切的权臣送给西门庆的礼物。如书中第七十一回有刘公公差人送的"一坛自造内酒"[2]。当时能够得到内酒的人，必须与大内权臣或内臣有着特殊关系。

据《明史》载，明太祖朱元璋喜欢唐朝，官员服色制度皆仿唐时，他本人也如李白般善豪饮。明朝酒的生产比较开放，官私兼营并存，除了内廷造酒专供皇家，还有官营作坊、平民私营作坊，富民大户也多有私酿但基本自用。因此，明朝的酒风很盛，洪武五年（1372年）四月，甚至"诏天下行乡饮酒礼"，通过"乡饮"集会"明教化，正风俗"[3]，但也时常发生官员贪杯误政，这使皇帝对酒的心情十分矛盾、复杂。《明史》载，朱元璋曾于建国之初在南京设下豪华酒楼十六座，用以宴会群臣及"待四方之商贾"，但又担心官员贻误政事，下令大小官员"不得挟妓宴饮"[4]。明宣宗时，更多次"谕诫"官员并惩治贪杯误事者，但仍然挡不住酒风日盛。

正德皇帝朱厚照甚至想亲尝当店老板的滋味，开起了他的"天下第一酒馆"[5]。明代学者胡侍更惊叹："今千乘之国，以及十室之邑，无处不有酒肆。"[6]大明第一才子唐伯虎更慕李白《将进酒》之风流余韵，写下了《进酒歌》："劝君一饮尽百斗，富贵文章我何有？空使今人羡古人，总得浮名

1 （明）顾起元. 客座赘语 [M]. 谭棣华，陈嫁禾，点校. 北京：中华书局，1987：304.
2 （清）李渔. 新刻绣像批评金瓶梅 [M]. 黄霖，等，点校. 杭州：浙江古籍出版社，2014：998.
3 （清）张廷玉. 明史 [M]. 北京：中华书局，1974：4002.
4 （明）余继登. 典故纪闻 [M]. 北京：中华书局，1981：167.
5 （清）于敏中. 日下旧闻考 [M]. 影印文渊阁《四库全书》第499册，上海：上海古籍出版社，1987：441.
6 （明）陈继儒. 珍珠船 [M]. 明万历间（1573—1620年）绣水沈氏刊《宝颜堂秘笈》本.

不如酒。"[1] 由此足见明朝酒风超越唐宋，酒业高度发达。

清朝宫廷酿酒管理机构基本上承袭明王朝，在光禄寺下设良酝署，专司朝廷用酒之事。光禄寺的酒一部分来自产造办，另一部分则由外地指贡。其中乳酒即马乳酒，由张家口登出解送提供。所谓甜酒，是指高浓度的甜型黄酒。

清朝皇室也酿出自家名酝，号称"御酒"，其中著名者有万寿酒、玉泉酒等。据说乾隆皇帝曾用银斗盛水，评价天下水质的高下，最后钦定北京玉泉山水为天下第一泉，此后皇宫用水取于玉泉山，而宫中酿造御酒，也使用这第一泉之水，所以酒名"玉泉"。

千年以来，宫廷内法御酒一直为人们所乐道，其神秘之处，还不仅仅在于这种酒属于皇家独自拥有的宫廷用酒，深酿密酝，黄封显贵，更在于有幸饮用者的那种荣耀感觉，以及外界对于它们的种种渲染，这与今日偶得几瓶好酒，急于与人分享是近似的心理状况。皇家用酒在包装上用黄绸封盖，以体现其地位上的显贵和身份的象征，以致后来很多卖酒店铺多有在酒坛上盖黄绸，讨一种高贵与吉利的彩头。这种传统的视觉记忆还影响到现今的酒器包装设色，金黄色占有酒器包装的半壁江山。

（二）宫廷酒与民间酒的区别

宫廷酒的酿造反映出一个时代的物质经济发展程度，也体现出一个时期酿酒技术的进步情况。宫廷酒与非宫廷酒的区别在于品质不同，皇室喝的酒或皇上赏赐的酒，在宫里由专门的酿造机构或监管机构酿造生产，或者精选特别优质的进贡到皇宫里供皇帝享用，不对外销售。历朝历代的宫廷酒都设有专门负责的机构来监管宫酒的品质，其来源主要是民间佳酿或官宦酿造，不同朝代根据酿酒的政策有所不同。有的是单一佳酿，有的是团体作坊组织酿酒，有的形成专门的酿酒机构，因此非宫廷酒的酒体质量多样化。还有酿酒原材料的品质及造酒工艺的差距，必然会有好酒和一般酒之分。酒的容器包装也无形显示出酒的高贵性、稀有性、唯一性，并行饮酒的各种规矩和流程，也助推了酒好坏的主观判断。酿酒的技艺是造好酒的关键，特别是发酵的时间控制与酿造取酒的时间点，酿造者的敏锐度和经验也是依据之一。通常我们说酒是联通精神的物质，具有很强的个人

1　（明）唐寅.唐伯虎集笺注 [M]. 陈书良，周柳燕，笺注. 北京：中华书局，2020：111.

感觉属性，人与人的评判是有差别的，不同区域的人群受各种因素的影响，做出的判断会有所不同。显然宫廷拥有好酿酒工匠的优选权，而酒的好坏都以显贵人群的选择和官方的肯定来区分，继而带来社会大众的趋同性。

宫廷酒针对固定人群，非王公贵族不能享用。非宫廷酒涉及人群广泛，普通老百姓有钱没钱都能喝。

饮用环境不同。宫廷酒通常以皇帝设宴饮用，有特定的饮酒环境，富丽堂皇的场面显示出其地位与身份的富贵，有歌舞伴奏助兴。且对臣下饮酒有管理约束，遵循一定的规矩。还设置酒政管理秩序，若违反规定必定受罚。非宫廷酒一般是平级身份宴席，红白喜事饮酒生活。饮用自由度更高，亲朋好友之间饮酒没有太多讲究，饮酒量高低要视当年禁酒政策情况。饮用环境随机变化朴素无华，有在酒肆或酒店饮用，也有在行路上借一空地饮用。

宫廷酒只限于宫廷内饮用，不对外售卖，不赚取酒利。非宫廷酒不限人群及环境，时间地点多变，对外售卖且酒利丰厚。

饮酒顺序及座次也不相同。宫廷酒宴十分讲究饮酒规矩，座次不能乱，饮酒顺序更须按照等级划分来定先后顺序。非宫廷饮酒讲究不多，大多一起聚饮。但在民间也有年长者及族群辈分排序来定，而现今则多数是以官衔高低，或者是受尊敬程度来排座次，有些地方分主陪、副陪、次陪、顺时针陪、对座陪、隔桌陪等。

（三）宫廷酒的符号象征性

宫廷酒从古至今都背负着一些特殊含义，比如统治阶级权力、身份地位的象征，严格的等级制度。它是礼仪的象征，学礼，施礼，甚至是淳教化、协殊俗、睦四邻的特殊手段，是酒德精神与邦国兴盛的政治教化。

儒家酒文化思想，礼的色彩浓厚，金科玉律，也导致多次酒禁。酒礼代表了统治阶级的礼仪，反映了民风民俗。文人饮酒的酒礼体现士大夫阶层的审美情趣和文化心理，也体现儒家所倡导的"志士仁人"的理想人格，讲究理想的饮酒地点和饮酒对象。

文人一般都尊孔崇儒，中国文人雅士的"雅"，论到极致无非闲云野鹤，归于乡野，隐入山林，与日月相遨游，也就是说要与自然为一体。西方的雅致则是在姿态、礼仪、人群中的相互交往、衣着等。儒家酒德酒礼思想与政治教化相结合，倡导文明礼貌和各阶层的人和谐相处。酒礼是统治阶级推行封建礼教，维护自己统治的一种手段，儒家酒文化有民族及世界意义，以酒涵盖许多礼数。

孔子《论语·乡党》里提出："唯酒无量，不及乱。"[1] 就是说个人饮酒的多少不能有具体的数量限制，以酒后神志清晰、形体稳健、气血安宁、皆如常态为限度。

宴饮活动在严格礼仪制度下进行，餐具和酒菜的摆放及递呈，用饭用酒的过程、座次的排列都需要遵循一定规则和礼仪，与名位、爵衔、尊贵、老幼相关，一切都要遵守礼仪。不同场合，身份地位不同，饮酒礼仪也不同。朝廷有燕礼，"（孟夏之月）天子饮酎，用礼乐。"[2]《礼记·月令》即天子饮酒时，要配以礼乐、非礼乐不饮。祀典中有献酒之礼，初献应该给太祖之灵，也叫"灌"，然后再按照次序祭祀到列祖列宗。场合不同，尊卑不同，所用的酒和酒器就不同。在祭祀中，"五齐"（五种味薄的低度酒）独用于祭祀，"三酒"三种味厚的高度酒供天子和贵族所饮用。[3]

民间礼仪中有乡饮酒礼，乡饮分为四类：宾兴（鹿鸣）、乡饮、射饮、蜡饮。乡饮酒礼是"为国行礼"[4]，意义重大，以乡为单位，由国家供给原料，授以各式酒材，各乡自酿酒，作为"公酒""事酒"，然后由乡逐之吏主持其事。但家族内祭祀祖神，不得用公酒。

百姓饮酒注重酒本身，更接近酒的精神，即追求精神自由。就连文艺作品也隐含着饮酒规矩，李逵在梁山泊大碗喝酒，"杀贪官，夺鸟位"。在民间看似无礼的饮酒方式中其实也不难发现酒礼的影响，譬如对领袖或长者人物的遵从，对饮酒对象的选择等。

二、文化发展带来的饮酒习俗

文化是人类社会特有的现象，也是社会实践的产物，文化发展是通过文化现象反映出来的人们某个阶段的生存方式和生活习惯。文化的实质是创新，文化贯穿于人类社会发展的始终，是实现人的素质发展的决定性因素。

文化发展与进步直接影响到消费文化走向，其现象比之商品象征性消费更为普遍。如何通过购买物品或服务来展现自我形象、内涵或价值观，

---

1 （清）阮元校刻. 十三经注疏 [M]. 北京：中华书局，2009：5419.

2 （清）阮元校刻. 十三经注疏 [M]. 北京：中华书局，2009：2957.

3 （清）阮元校刻. 十三经注疏 [M]. 北京：中华书局，2009：1441.

4 （清）阮元校刻. 十三经注疏 [M]. 北京：中华书局，2009：1439.

以此表达内在价值和社会地位是一种社会更广泛追求的沟通方式，两者相互作用影响。社会消费的变化也折射出社会文化消费的变化，它是由于消费过程形成的一种文化现象。鲍德里亚认为，消费不再是一个被动的隶属过程，而是一个主动积极建立人际关系的模式，这种关系体现了人与物，人与集体和世界的关系。人们消费的也不再仅仅是物品，而是人与物之间的一种结构关系。列斐伏尔则同样认为，日常生活消费中，社会消费不是以消费品的实体意义进行的，而是在社会关系的交往下逐渐形成，物的消费演变成了符号消费。由此可见当今的社会大众消费不仅只是单纯的物质消费，而是为了某一个关系结构和某种意义进行的。[1]

酒是一种中枢神经抑制剂，可抑制大脑皮层的活动，使得皮层下低级中枢脱抑制而产生兴奋，令人话语增多、愉快，消除焦虑作用，正因其这一特点，酒更具社交功能。

大千世界中物质可谓丰裕普遍，而酒这种特殊的物质深受各种历史文化的浸润，于不同国家、不同时代、不同民族都呈现出多姿的风采。纵观中外历史发展都与酒相伴相行。酒文化的发展每个时期都与文化进步紧密相连。酒已从物质层面转化为中华民族的祭祀文化、礼乐文化、器物文化、饮食文化、商品文化、诗歌文化、书画文化、文创文化等，见证了各王朝的兴衰与更迭。中华各民族众多，习俗也各有差异，饮酒习俗也不尽相同。各种节气有饮酒，端午节饮菖蒲酒、薰黄酒，重阳节饮菊花酒，除夕夜饮年夜酒，春季插秧苗饮插秧酒等。而人一生成长也与酒紧密相连，并有很多礼数和讲究。

南方有"女儿红"，《南方草木状》记载，有人家生下女儿数岁，家人便酿酒埋藏于窖中，待女儿长大成人出嫁时取出供宾客饮用。[2]多以土陶坛为盛酒容器，雕刻绘制有各种吉祥图案，以讨彩头（好运之意），代表着人们对美好生活的寄予。

喜酒，是婚礼的代名词，在各民族的民间喜庆婚事过程有很多讲究和仪式。如："交杯酒""谢亲酒""接风酒""出门酒""会亲酒""回门酒"；生孩子后有"满月酒"或"百日酒""寄名酒""成人酒""生日酒""寿酒""拜师酒""谢师酒"，建房有"上梁酒""进屋酒（乔迁酒）"；办企业，开商铺有"开业酒""分红酒"；节假日有"放假酒"；开工前有"收

1　吴琼. 西方消费社会理论的批判与嬗变：列斐伏尔与鲍德里亚之比较 [J]. 深圳大学学报（人文社会科学版），2019（3）：146-147.

2　（晋）嵇含. 南方草木状 [M]. 民国时期武进陶氏景宋咸淳《百川学海》本.

心酒"；送朋友远行要"送行酒"以表达惜别之情。各民族饮酒有不同的方式，饮酒目的，饮酒方式也有所差异。

藏族人的敬酒仪式为如遇喜事或节庆，主人敬酒时客人需双手接杯，然后轻啜一口，再斟满杯，喝一口后又再斟满，第三口需将杯中酒一饮而尽。这三口酒是藏语松折夏达，吃完饭后还有敬一大碗酒的习俗，同时敬酒与唱歌一起进行，有时还有伴舞，祝酒歌结束后要饮完杯中见底。

马背上的蒙古族热情奔放，他们习惯把酒当饮料而饮。好客是其天性，款待客人是以美酒与歌声为主题，在开怀畅饮中，尽展其独特的酒文化魅力，歌声结束后杯中酒须得一饮为乐。

彝族喜饮咂酒，宴请宾客时抬出一坛酒，众人围坐一圈，每人手拿竹管或芦管插入酒坛中，根据酒量自由吸吮酒液，氛围热烈。还有一种转转酒，也是彝族特有的饮酒习俗，不分场所，无宾客之分，大家围坐一起，拿一大碗盛酒，各饮一口，不断互相轮换着传递，量多量少各自把控。饮完后再斟酒，一直喝到满意为止，甚至喝得酩酊大醉，以此来增强情感交流。

我国由于民族众多，地域辽阔，饮酒习俗也不尽相同。上至帝王，下达百姓延绵数千年却不改共同对酒的喜爱。由于医食同源与养生观念对国人的影响，常常以酒会友，共同分享酒中的乐趣和情感，既在欢悦又与健康同行。而与家人共饮成为家庭情感交流的纽带，拉近了亲人之间的距离，俗语说"酒是药，专治心病"，酒后吐真言，便是其疗效。

中国酒业的发展呈多元化，代表着社会中消费人群多元的消费需求。上溯清末北京酒店，主要有黄酒店、烧酒店和药酒店三种，所售酒品及饮酒方式稍有不同。据《陋闻曼志》记载："故都酒肆颇古，颇占有相当之历史，士夫骚人，每以此为流连之乐境。其风清季为尤盛，其别亦有可志纪者；一曰'南酒店'，所售大约为女贞、花雕、绍兴、竹叶青之属；一曰：'京酒店'，所售为白烧、涞酒、木瓜、干榨等；干榨由良乡酒所制，良乡酒止冬月有之，入春则酸，即煮为干榨黄矣。别有药酒店，所售如玫瑰露、茵陈、五加皮、莲花白；此种药酒，皆以花果白酒制成。"[1] 从此开始了类别众多的酿酒时代。

酒业的发展较之以前，已经有了翻天覆地的变化。及至近现代的民国时期，酒类消费场所出现了一些新的变化，旧式的酒店、酒楼、饭馆仍是人们购买或消费酒类的常去之处，除此之外更形成了诸如绍兴酒店、烧

1　侯式亨. 北京老字号 [M]. 北京：中国环境科学出版社，1991：98.

酒店、上海老酒店、北京大酒缸等各地大酒店之流极具特色的酒类消费场所。西式餐厅、夜场、酒吧、舞厅开始在中国大中城市出现，还有路边店，苍蝇馆子等。而今日全国大小城市乃至乡间，不计其数的酒店、饭店、连锁超市及专营的售卖酒店星罗棋布于各地，成为酒类消费中一道靓丽的风景线。

　　酒类消费文化极大的变化，主要表现在饮酒场所、饮用酒品、饮酒诉求等方面。最为重要的是，国门的打开带来了越来越多的外来酒，并让中国酒品类同步变得越加丰富，让近现代的酒业发展品种多样，国产的、进口的、内外合资等兼有，形成完全不同的消费形式与格局。消费人群也逐渐分层，各自选择自身爱好而饮。现如今城市遍布各种专饮酒的酒吧，夜色中霓虹闪烁，一天劳作后的闲暇，约上好友几位路边小酒吧饮酒一盏，天南海北地神侃以放松心情，状态惬意，特别受到年轻人的喜爱。甚至在现代家庭的空间中时常会看到小小的酒吧，它不一定必须具有实际的功能，但它是新青年心理的诉求，有时被看成为一种时尚，现代酒文化已逐渐成为新的生活方式，同时也增加了室内空间的艺术氛围。这种现象的出现显然是受外来文化的影响，它与古老的中国酒文化相遇便升级为一种审美过程。各种琳琅满目的酒瓶造型与包装，变为家庭装饰的艺术语言，特别是不同材质的比较与色彩对比，在专有灯光照射下，营造出一番别有的情趣，极易撩拨人与酒相遇的不舍，常被视为空间设计的元素，其艺术效果想必人人都可以感受到。

　　酒文化的发展还有一个重要的因素，即受到中国各地美食文化发展的影响。酒是餐饮的重要组成部分，"无酒不成席"成为国人的口头禅，酒是美食的伴侣。不同的菜肴与不同的酒品相遇是一种艺术，酒与菜的味觉暗合，产生一种无法言说的美好感，和合之美是中国传统文化的最高审美理想。"中也者，天下之大本也；和也者，天下之达道也。致中和，天地位焉，万物育焉！"[1]《礼记·中庸》"中"指恰到好处，合乎度。菜与酒的味觉协调十分讲究，酱香型、浓香型、清香型、兼香型还是其他香型，黄酒、啤酒、葡萄酒，还有威士忌、白兰地等舶来酒，适合于什么样的菜肴？中国烹饪讲究色、香、味三者合一，有东西南北各类大菜，都讲究相伴的酒水与菜品的对味，人们常说"下酒菜"指的就是酒与菜相互对应的关系。对饮酒而言无所谓菜，但菜的寡淡、浓重、软硬、香气等却直接影

1　（清）阮元校刻. 十三经注疏 [M]. 北京：中华书局，2009：3527.

响到饮酒的口感与品质，两者是相辅相成的，当然再好的酒与菜必须讲究美食美器，提升一种视觉的审美与满足。

品酒讲闻香、品咂、回味、嗝气。酒器则选瓶、壶（分酒器）杯，餐具、酒器是宴饮氛围的助推器。餐具的选择需要风格一致或近似，相互敬酒时有同类、平等之感，产生心理上的统一协调。而且人手各一套，不宜合用。随着时代的发展，宴饮品酒更在乎环境与品饮对象，特别是一些重要宴请还需配置特别的道具和装饰，以利于视觉感官先入为主，提升宴饮的心理助跑，营造一种欢悦氛围与"讲究"。庄重的环境讲究菜品与酒品牌一致，反之随意的环境则可无拘束的混搭。当然不局限于某个具体实物或某一件事，而是系统整体的关注，体现在反复追求完美过程的细节之中，反映出态度与自觉。很多时候为了应时应景也可以创新变法来饮酒。中国南方与北方，东部与西部都有不同的饮食习惯和不同的地方物产，饮食结构也大有差异。南方气候炎热和湿气较重，食海产品多且口味较清淡偏甜，讲究食物原味，相匹配则善饮黄酒、葡萄酒。而北方气候干燥较冷，多以面食为主，肉食类多且味重喜烈酒（白酒）。由此可见由于地域广阔、民族众多、食物千差万别，酒的品类也呈丰富之态。当然，时至今日，饮酒习惯与地方物产和食物结构以及气候有着密切关系这一说法已被动摇，看似不善饮白酒的南方地区饮白酒及舶来烈酒呈蔓延之势，完全变成了白酒的主要消费市场之一。综上所述，美食文化的发展必然带来酒文化及饮酒习俗的变化，两者相互关联又相互作用。

伴随着酒业的发展，中国的酒类消费结构也悄然改变。近代酒业发展基本是白酒为主，黄酒、啤酒、葡萄酒为辅，其他酒种为补充。归根结底，中国酒业的发展以及酒文化的发展，都离不开整体经济与文化发展的影响。在古代，文化属于小众，属官宦人家及士大夫们所拥有。并不是全民接受文化熏陶，大部分普通民众都属于半文盲及文盲的状态，所以，谈不上社会文化的整体发展及文化素养。随着社会的进步与发展，全民文化水平的提升，大众更渴望精神文化，也促进了酒文化的昌盛，大家对酒的理解加深，也对酒所带来的愉悦需求变大，这是顺其自然之事。

三、从饮酒窥见集权社会到现代文化释放的转变

如前文所述，历代不管是酒的酿造、出品渠道、酒的使用，还是酒的身份象征，都有着明确的定义。官营酒坊对整个酿酒市场起着绝对的垄断作用，饮酒者将能饮什么酒视为某种身份的象征。在那个时候，还没有所

谓的自由市场，什么人喝什么酒、能喝多少酒、能不能喝酒，都由官方说了算，所谓的市场，就是计划强行推销和派给。

也可以说，宫墙内外喝的也是截然不同的酒。这道宫墙就像是一道官与民、权与非的分割线。在宫廷内有专职的酒务官员，负责朝廷及国事用酒，还有专门为皇帝所特供的酒，被称为"御酒"或"圣酒"，酒的头道原香肯定都在宫廷中被消耗掉（指固态酿酒时分段截流），其余的则按照社会等级进行分配。历代的酒饮，也是时代阶级划分的缩影。

除了饮酒品质有别，在饮酒器的使用和饮酒礼仪上，也处处体现出尊卑有别。皇室及官宦人家所用酒器，多是以装饰繁复、取材精良、做工考究、用色华丽等为主要特色。在材质的选用以及制造上也有所不同，一般取金、银、青铜、玉、精瓷为多，有专门的御制工坊生产，集全国特优工匠手作。而日常平民所用的酒器主要是以简约、实用为主，以陶制酒器、竹器、木器较多。以上种种，都足以从饮酒之事反映出古代集权社会的现象。主要的权力集中在少部分的皇室族群及官宦人家手中，他们从政治到经济，从人际关系到生活日常，甚至社会习俗，基本处于绝对的控制地位，整个国家的民众必须服从这种统治。

但是到了现当代，大部分的消费者都被一视同仁。随着市场经济的开放和改革，酒这种在历史中特殊的商品在今天已经变得非常普及，以一个开放的市场价提供给所有的消费者。社会大众对酒的消费选择完全是自由的，反映出社会民主的自由性，普通百姓完全有机会品尝到极品美酒。好酒不再是体现权力和身份的象征之物，拥有的美酒多少，最多只能证明此人的经济水平或者爱好而已。

酒器包装也不再有历史过往那样明显的官民差距。过去的主题思想和装饰风格、型制色彩及工艺选择都由宫廷专职决定，一切服务于官僚阶层的需要，如专属图形和色彩非宫廷不得使用，官窑所造酒器包装不得流落民间，未选中的器物则一律毁掉，更不得平民百姓使用，等级森严。如今，决定酒器包装的主要因素来自市场的需求，更多是社会大众的价值取向和审美判断，能够影响酒器包装设计的也仅仅是酒的生产企业和经销商，这种选择同时还受制于社会整体文化素养及习俗的限制。酒桌上的礼仪也不再特意有尊卑之分，只存留有主宾与客宾的座序排列习俗，从这些饮酒的现象可见，古代中国高度集中的权力已然随着社会文明的发展逐渐稀释，阶级的等级区隔也已荡然无存。

第四节
功能庄严到万事之媒

中国白酒数千年来已经渗透到社会各个角落，对社会关系、意识形态等产生了极其重要的影响。同时，人与酒的一些相关文化现象也越来越丰富。可以说，中国的酒文化是一种地地道道的社会文化，酒成了人们表达感情、调节人际关系不可或缺的精神魔水。中国人信奉中庸哲学，"浅斟低唱"是人酒之间的中庸境界，中庸是华夏文化的精魂。儒家酒德酒礼思想的政治教化同历代禁酒政策相结合，使得中国酒文化始终沿着法治化、礼仪化的方向在发展，大大增加了酒的精神文化内涵及价值。

一、宫廷庄严的饮酒氛围

与普通百姓饮酒不同，历代宫廷饮酒都有较为严苛的讲究与规范，以唐代为例：

唐代最为普遍的饮酒场所是各类酒宴。一般说来，宫廷官场的酒宴比较庄重，酒宴只是一种聚合方式，营造氛围和气场，实则是为政治与经济或军事而服务。与宴者拘于礼节和严肃的环境不易开怀畅饮，倒是一般家庭宴欢和亲友聚会的闲适饮酌更宜于尽情尽兴。

唐代酒宴大体可分为三大类。第一类是朝廷因喜庆加冕、册封、庆功、祝圣寿、点元和节日的赐宴，还有臣僚为接驾而举办的宴会，文武百官为公事举办的宴会等。这些宴会规模大，礼仪繁多，谁先举酒都有严格的等级约束。《唐语林》卷七记：唐玄宗"开元中幸丽正殿赐酒，大学士张说、学士副知事徐坚以下十八人，不知先举酒者。说奏：学士以德行相先，非其员吏。遂十八爵一时举酒"[1]。因此类酒宴涉及面不大，这里不再详述。

第二类是官僚缙绅士大夫之间的社交宴会。这类宴会在唐代诗文中多有记述。《开元天宝遗事》记载了三条资料很能说明此。长安富家子"每至暑伏中，各于林亭内植画柱，以锦绮结为凉棚，设座具，召长安名妓间坐，递相延请，为避暑之会""长安进士郑愚、刘参、郭保衡、王冲、张道隐等十数辈，不拘礼节，旁若无人。每春时，选妖妓三五人，乘小犊车，指名园曲沼，籍草裸形，去其巾帽，叫笑喧呼，自谓之颠饮""巨豪王元宝，每至冬月大雪之际，令仆夫自本家坊巷口扫雪为径路，躬亲立於

---

1 （宋）王谠.唐语林校证 [M].周勋初，校注.北京：中华书局，1987：647.

坊巷前，迎揖宾客，就本家具酒炙宴乐之，为暖寒之会"[1]。

唐代文武百官士大夫的社交宴会是受到朝廷赞许的，据《唐会要》卷二十九记载，唐玄宗天宝十载（751 年）下敕："百官等曹务无事之后，任追游宴乐"，唐德宗贞元四年九月二日："正月晦日，三月三日，九月九日，前件三节日，宜任文武百僚，择地追赏为乐。"并规定在每个节日，自宰相以下常参官至诸道奏事官各赐钱五百贯至一百贯不等，"委度支每节前五日，准此数支付……永为定制。"[2]

唐代是中国历史上的一大盛世。高祖李渊争雄之时，以隋晋阳宫的留守库物以供军用。建国之初，"先封府库，赏赐给用，皆有节制。征敛服役，务在宽简"。不逾年，国富民安，内帑丰盈，宫廷筵会为了政治的需要频繁举行。

唐代宫廷每至节日即举行宴会。唐代将正月晦日、三月三日、九月九日定为国家法定节日。此外还有立春、清明、寒食、端午、七夕等传统节日。某些皇帝还把自己的生日定为节日，如唐玄宗将八月五日定为"千秋节"。《唐会要》卷二十九有《节日》一节专门介绍唐代的节日。[3] 唐代宫廷节日宴会繁多，《唐诗纪事》中有材料详细记载了当时宫廷重阳节宴。德宗贞元四年（788 年）重阳宴会，德宗有题诗及序，且有诏书令宰相李晟、马燧、李泌等 35 人的应制诗作进行品定，时宰臣难以取舍，最终由德宗御定上等、次等、下等三个等级。[4]

唐代帝王在国泰民安之时，往往借与民同乐之名，举行各类酺宴。如《唐会要》卷五十六载："先天元年正月，大酺。睿宗御安福门，观百司酺宴，经月不息。"为此，时任左拾遗的严挺之上书具论其非，云："王公大人，各承微旨；州县曲坊，竞为课税。损万民之财，营百戏之资。"[5]（由此可见，皇室飨宴虽冠以"与民同乐"之名，实则统治者自娱，从而给百姓生活带来沉重的负担。）这背后实则是借此粉饰太平，赞美帝王爱抚百姓。

唐代宫廷宴饮常见的类型是朝会和伴随着祭祀封禅而举行的宴会，后者如高宗乾封元年（666 年）封禅泰山后举行宴会："乾封元年正月戊辰朔，有事于泰山。亲祀昊天上帝于封祀之癸酉……帝谓群官曰：'……今大

1　（五代）王仁裕. 开元天宝遗事 [M]. 曾贻芬，点校. 北京：中华书局，2006：42, 27, 13.
2　（宋）王溥. 唐会要 [M]. 北京：中华书局，1960：540-541.
3　（宋）王溥. 唐会要 [M]. 北京：中华书局，1960：541-548.
4　（宋）计有功. 唐诗纪事校笺 [M]. 王仲镛，校笺. 北京：中华书局，2007：40.
5　（宋）王溥. 唐会要 [M]. 北京：中华书局，1960：971.

礼既毕，深以为慰。公等休戚是同，故应共有此庆，欲与公等饮宴尽欢。各宜在外更衣即来相见，仍敕所司撤幄账，施玉床。三品以上升坛，四品以下纵列坐坛下，纵酒设乐。群臣及诸岳牧，竞来上寿起舞，日晏方止。'"[1]

帝王与妃嫔的内廷宴饮活动则是唐代宫廷最常见的宴饮类型，其中最典型的是唐玄宗与杨贵妃的筵会，在唐人笔记《松窗杂录》中留有详细的记载。[2]

为了笼络人心和宣示皇恩浩荡，唐代帝王还常为出任外职的京官和来觐见的诸侯举行饯行宴会和欢迎宴会，以示优渥。玄宗于开元十六年（728年）亲自简拔 11 位刺史，为他们举行赴任前的饯行宴，并作有《赐诸州刺史以题座右》诗。诗前小注曰："开元十六年，帝自择廷臣为诸州刺史。许景先虢州，源光裕郑州，寇泚宋州，郑温琦邻州，袁仁恭杭州，崔志廉襄州，李升期邢州，郑放定州，蒋挺湖州，裴观沧州，崔诚遂州，凡十一人。行，诏宰相诸王御史以上祖道洛滨，盛供具，奏太常乐。帛舫水嬉，赐诗令题座右，且给笔纸，令自赋焉。"[3]

为了避免远离京师的诸侯反叛，唐政府亦规定诸侯定期入朝。据《唐会要》载"贞观元年十一月，梁州都督窦轨请入朝，上曰：'君臣共事，情犹父子，外官久不入朝，情或疑惧。朕亦须数见之，问以人间风俗。'许令入朝。"[4]为示皇恩，诸侯来朝，多在宫廷内设宴款待。元和十四年（819年）八月，魏博节重的接待宴会，甚至演奏九部乐。据《旧唐书·突厥上》载："武德元年，始毕使骨咄禄特勒来朝，宴于太极殿，奏《九部乐》，赍锦彩布绢各有差。"[5]宴饮酒席无疑是最佳的理由，既可安抚人心又彰显帝王权力的至高无上，借酒施恩。

二、民间饮酒的风俗转变

自有宫廷饮酒之时，便有民间饮酒之风俗，历代只有孰重孰轻的区别。纵观中国古代，上至夏商周，下至唐、宋、元、明、清，由于有宫廷以及皇室阶级的存在，才有宫廷饮酒的说法。王公贵族们通过森严、规整、利己的饮酒习惯，向内凸显着自己制造权利的特征，向外展示自己国

1 （宋）王溥. 唐会要 [M]. 北京：中华书局，1960：100.

2 （唐）李濬. 松窗杂录 [M]. 罗宁，点校. 北京：中华书局，2019：91—92.

3 （清）彭定求，等编. 全唐诗 [M]. 北京：中华书局，1960：27.

4 （宋）王溥. 唐会要 [M]. 北京：中华书局，1960：458—459.

5 （后晋）刘昫，等. 旧唐书 [M]. 北京：中华书局，1975：5154.

家的气度风范。

民间饮酒是一种与宫廷饮酒相对平行的发展，没有太大关联的风俗习惯。由于中国地域辽阔，民族众多习俗差异较大，饮酒方式也有所不同，但都有一个共同点，那就是各民族都喜饮酒，特别在中国度过漫长的封建社会，进入到现当代文明之后，更加地被普通人津津乐道，成为一种习以为常的日常生活。

社会发展与进步带来了观念转变，人们对饮酒的态度有根本性改变，百姓日常饮酒多为放松心情，享受幸福时光，独自饮酒成为一种时尚。在家宴上饮酒被视为一种凝聚方式，增进家人和睦并开心交流。另外由于社交活动的频繁，三朋好友小酌也隔三岔五相约，说明人与人交往的密切和融洽。时有商业活动及节假日团建等，也常举行宴请来聚合人气，建立沟通，团结共识。

现代社会生活中随着价值观的转变，人们更愿意享受生活的快乐，无论闲暇还是繁忙，喜欢邀约亲朋好友聚宴欢饮。近年来民间流行一种转转宴，无论大小事都要举行宴请，就连搬家、升学、入职等都要相聚饮酒。朋友不断相互轮流举办，如果不参与似乎不给面子，几乎每周都在应酬。随着经济收入的增加，人们借此来进行消费。对于工作及生活压力，人们也习惯采用饮酒方式来消解，分散对工作的惯性思考，让精神得以放松。特别对于信息时代背景下的工作者，酒无疑是一剂良药。

上述这些变化与历史上的饮酒习俗相比已经明显地发生了转变。

三、酒文化氛围下的圈层发展

现今的宴饮活动多数不是以"饮"为目的，而是寻找聚合、交流、联络感情，其逻辑或与原始人类为了生存安全及族群情感而聚集有关。人类初始面对生存环境的恶劣状况时，需要以群体方式来抗衡，一起抱团取暖，一同分享猎获食物。这种行为溯源应该是人类本质习性的选择，群居是人类得以繁衍的方式，目的是交流信息，集体对抗其他物种和自然的侵害，分工合作又可创造各种工具，进而获得更多的生存资源。长期进化使得这一特质烙刻在人类的 DNA 之中，所以人被称为群居动物。而人类分层是社会诞生后开始，即劳动资源分配与占有的寡劣，逐渐分化出不同等级的人群或部落。小团体中又会产生权力之分，话语权重者肯定会平衡各种资源，借助某种方式联络和宠信亲近者，安抚其他人而巩固自己地位，而"酒"这一物质无疑是最好的选择原因有二：一是稀有珍贵；二是情感的"激活剂",互动性强,达到一定量后会产生忘我之境界,所以常被权力者利用。

而今酬答唱和成为当下社交圈的基本形式,酒是必言之物,常常以"小酌""浅品""酒戏""叙旧"等话题来言说邀约,实则由"酒"为序而引出各自的情愫,继而宾客相互倾诉心中喜乐与惆怅,或语调高昂,或娓娓道来,或带出自己"小酌"的另一层目的。主持宴饮或被邀赴宴都在显示身份的不同,实现内心的愉悦及社会地位的差异区隔,常被权势和财富拥有者用来满足潜在心理需要。这场景其乐融融,欢歌笑语,无形的"线"则持续拱火增加能量,让人有一种不舍和留恋感。随着时间推移便渐渐形成情趣相投且相对固定的人群,工作业务的伙伴、孩提时的发小、亲情家庭成员、共同爱好的朋友等构建起"圈层",也就是常饮酒者。这类"圈层"大致以上述群体为主。除却每次饮酒的理由外,更多是对酒的爱好,喜欢饮酒氛围,享受生活。随着各自圈层的重叠和交叉,其范围也不断扩大,形成新的圈层。而今各种圈层的形成更多是意趣相投,成员受教育程度相当,有共同的话题沟通,通过工作或学习环境的人际关系,还有所需所求的目的而建立。圈层核心的条件,一是经济能力相当,二是观念意识相近且精神上能够互相影响。另有近似的社会地位和可交换的资源关系,缺一则无法形成,或不可能持续发展。

据此可见,世间无缘无故的"小酌"和没有目的的相聚少之又少。酒只是人际关系的隐形媒介,把一些复杂的人情世故及感情交流黏合起来,借酒力达成目的,甚至由于酒后人人情绪亢奋、喜悦,容易冲动、无原则且大胆慷慨,有些无法言说的求助,都以饮酒为借口来暗示。酒后一方面直率和坦诚易巩固亲密关系,另一面则容易草率应诺各种事物。而圈层大多是熟知的朋友,相互可以叠加各自资源,构建起一种无形的资源库,并相互借用。同时饮酒时把不好说的话或观点借酒后表达,也可在酒后反悔。饮酒可以成为一种借口,大家都明白此理。

饮酒时还体现出伦理亲疏关系,一个群体中往往以酒为线串起一个隐形的圈,也可以是密切关系的纽带。特别是小团体或一众人,常常以酒为媒建立起利益相关的各种社会结构。

圈层的形成也是社会发展自然而就,因个人资源力量所限,为了把自己的有限资源进行组合再生,需要利用他人的资源,故而形成各种不同的关系利益群体。此点明显带有人类族群原始本能的痕迹,是借力与共赢的方式,也将会不断延续下去。

后记

近年来稍闲，每日窝床懒睡，有浪费时光之虑。读书品茗又不可时长，似缺氧之困而眼花脑胀。由于缺乏运动，上下车都不如从前身手矫健，自感身心俱疲。

做饭倒是一件快事，择菜洗涤、切丝切片、掌勺用心火候。时日一长，厨艺渐精进而值得一表，虽比不上专业人员，但色、香、味兼有，家人点评称好，实乃鼓励。客观来说，与外卖相比胜出许多，有形塑、摆盘，当属二般手艺，或许与自己专业相关。可见凡俗之事也颇具艰深之道，世人往往只见其表而未深究其理。俗话说"在一英寸宽上做出一英里深，也便是专家了"。此话实乃真理！做饭菜当属此理。

亲手劳作所得佳肴，必是万般品鉴而自得其乐，时常也会萌生犒劳自己之想法。假借好菜、好味道、好心情，好天气等各种理由来奖励自己，便斟"酒"作伴消度时光，美其名曰享受生活。天天如此便被家人戏称为"酒囊"，而"饭袋"省去，只因血糖影响而不食碳水化合物，借口"酒"是粮食精华，此说靠谱。

某日不慎多饮，眼前忽生二人劝酒，滔滔不绝酒话，顿感有太白之意，假打！事后不觉哑然一笑。不过于我而言"说酒"还真不虚狂！与之交际整四十年光景，常以酒代言，发从青丝渐为奶白，还被人误以为漂染，无语，只能自我偷笑了之。

又一日独饮，忽想起母亲，顿觉她已远去四十年，偶有梦里遇见，却不得清晰，梦醒后已泪湿巾。她曾经的告诫铭刻于心，"为妈读完大学，做个对社会有用的人"。不经意间又被酒唤起，内心真是感慨万千……

不能懈怠，更不能躺平，可否利用闲暇之时做点有意义之事以告慰父母的期盼？乘着微醺细想，该把多年对酒文化研究及"品牌设计"的思考梳理一下，呈送给酒企及关联经营者解读中国白酒之源，其中如何看待酒器包装的审美以及对新文化的贡献，特别是品牌建设的当今价值，都是一份难得的资料。当然也送给爱酒之士一份解馋之理，帮助年轻设计师们理解"高设计"为何，切不可只会简单的软件操作，还需要有理论知识来构建思考体系。明白"设计不只有外在形式，还要领悟文化意义背后的创新再造"，方可说继承和发扬中国传统文化。借着酒劲便写下《中国酒器之美》书名，仰仗多年酒文化的浸润，近千件设计作品背书，更有酒液的加持，试图将对中国酒器包装的历史变迁、饮酒习俗、现代酒器包装设计的审美及感悟用文字方式书写出来，让更多人了解中国酒文化与造物审美的由来。结果酒醒后方知是"酒"惹的祸，自己有这文本能力吗？但转念一想，何尝不是借酒胆才发现了潜藏多年的愿望，试试！不过心里还是忐忑不安。

酒乃文化，历史九分皆有酒，此话不是醉言，无妨让我一一道来。真是酒胆包天。非也，难道吾不可论之？四十年与"酒事"交际，胆气陡增，权当一家之言。除去教学工作外，我的寒暑假及周末几乎全用于爬格子，一边品着老酒，一边敲着键盘，结果满纸酒气便呈现在读者眼前。

还记得与酒结缘是 20 世纪 80 年代初大学毕业分配至研究所工作，专业对口自然窃喜，那年月能有如此工作实属不易，感恩祖上积德，喜降我辈铁饭碗。单位为一围合小院，两层老式楼房，看似不大却各路神仙皆有，吃的、喝的、住的、洗的、陶瓷、玻璃，还有烟花爆竹等研究室，但凡日常生活所需几乎应有尽有，当然还有为这些产品形象赋能的包装设计。

工作第一天便是设计一款酒瓶贴，费了九牛二虎之力完成后竟未被采纳，原因很简单，无酒的属性感。何谓属性？全然不知，愣头青满眼不服和委屈无处宣泄。有好事者劝慰："不饮酒何以懂酒？"此话当真！只能将客户送来的样酒喝了个大半，结果可想而知——烂醉如泥。事后终于知道酒是一包药，得对症处方，还需了解药源、药性、药效、作用、禁忌等，事理如出一辙。此番经历至今记忆犹新，也可说是日后对酒既爱又恨的原因。

一段时间后终于明白大学时所掌握的那点知识只是设计表象，纯属花拳绣腿，根本无法解决客户所需。高傲之头颇颓然低下，内心的那一点骄傲和信心荡然无存。茫然无措，如何是好？身边伙伴提醒，不妨再体会一下酒滋味，并告知不要一口闷，先闻香、小酌、咽下，然后感受生理反应——是否顺滑与刺激？最后来一个嗝气。结果慢慢品了二两依然不觉属性，只感觉到比上次提升了少许酒量，浪费了下酒菜，仍然是一无所获。这魔水到底该如何去体会？看来要读懂它绝非易事，只有让时间来沉淀。

半年后在各位前辈的帮助下终于画得几张酒贴，偶有采纳，窃喜！当然也离不开经常与酒家切磋讨教酒艺。常常还借着感悟之名，偷偷酌上几口，渐渐设计还没有做完，样酒已经见底，时常会拿空瓶来分析比较效果。日久，开始领悟到酒为何物，是水？是火？其背后还牵扯到无数的历史、政治、文化、经济、市场、习俗等问题。酒作为一种媒介，把世间万物串联起来。酒容器包装设计看似简单，实际深入其中才觉得并非易事。它把物质与精神之需依靠塑形来完成，使大众能够认知和解读。老子《道德经》云，"治大国若烹小鲜"[1]。治理国家犹如烹煮菜肴，油、盐、酱、醋等佐料应恰到好处，此处烹饪象征的就是一种高超的治国艺术。而设计与此同理，也是一种平衡各种要素的艺术工作。

寒来暑往，其中酸、甜、苦、辣味唯有自知。一年又一年，只有窖藏的那点酒变得醇厚丰满，回味甘甜。侧头一看家中空书架已变成了满墙书，其中有不少还未开启塑封的原装，且大多与酒文化和设计相关。当然有装饰成分，但渴望阅读是一种心愿，拥有书也成为一大爱好，每日进得书房似乎获得了淡定，内心有充盈和丰满之感，与酒的醇化有异曲同工之妙。其实环境的气场具有震慑人心的功能，可以净化和沉淀修为，时间便是始作俑者。

对酒文化的热爱不断催生对问题的思考，常在美酒与美器、包装与文

---

1 （三国魏）王弼．老子道德经注校解 [M]．楼宇烈，校注．北京：中华书局，2008：157.

化、设计与创意、历史与当下之间不断来回解困，试图弄明白这些内在的逻辑关系。为什么相互作用又相互依存，社会变迁中酒与酒器在其间扮演了什么角色？审美该如何理解？甚至有时纠结醉意的奇妙幻化。书稿就在这种求解过程中逐渐形成，因此难免有所不妥或对某些问题触及不深，期待将来有机会更正。

本书撰写得益于本人四十年对酒文化的学习和热爱，其间妻子黄薇为我默默奉献，协助了不少工作，儿子容忍我借书写之名时常把酒言欢，常多饮而醉言。正因有家人的理解和鼓励我才能坚持数年，他们给我提供了淡定心境及动力。四川大学研究生帮助收集和整理了大量文献资料，傅晓霞、王娜娜、蒋晓蕾为此付出辛勤的劳动。清华大学美术学院王红卫教授及团队倾情进行装帧设计，才有如此精彩纷呈的视觉艺术效果。清华大学出版社的各位老师们对此书精心编辑及校对，汉鼎艺术设计工作室小伙伴们也协助不少工作，还有不少老师和朋友们不断鼓励帮助，正因为有大家的辛勤付出与支持，才有该书的问世，在此我一并表示深深的谢意。

书已成型，史料多属引用，论述部分来自笔者的思考与感悟，更多是设计实践中的经验总结，由于文本撰写非我专业所长，还有很多不妥之处，望读者批评指正。

2023 年 11 月 6 日于成都

参考书目

（战国）屈原 . 屈原集校注 [M]. 金开诚，等，校注 . 北京：中华书局，1996.

（汉）班固，（唐）颜师古注 . 汉书 [M]. 北京：中华书局，1962.

（汉）桓宽 . 盐铁论校注 [M]. 王利器，校注 . 北京：中华书局，1992.

（汉）刘安编 . 淮南子集释 [M]. 何宁，校注 . 北京：中华书局，1996.

（汉）刘向，（清）王照圆 . 列女传补注 [M]. 虞思征，点校 . 上海：华东师范大学出版社，2012.

（汉）司马迁 . 史记 [M]. 北京：中华书局，1982.

（汉）宋衷注，（清）秦嘉谟等辑 . 世本八种 [M]. 北京：中华书局，2008.

（汉）王符，（清）汪继培 . 潜夫论笺校正 [M]. 彭铎，校注 . 北京：中华书局，1985.

（汉）王逸章句，（宋）洪兴祖 . 楚辞章句补注 [M]. 夏剑钦，吴广平点校 . 长沙：岳麓书社，2013.

（汉）许慎 . 说文解字 [M]. 北京：中华书局，2013.

（三国魏）曹操 . 魏武帝诗注 [M]. 黄节，校注 . 北京：中华书局，2008.

（三国魏）曹植 . 曹植集校注 [M]. 赵幼文，校注 . 北京：中华书局，2016.

（三国魏）王弼，老子道德经注校解 [M]. 楼宇烈，校注 . 北京：中华书局，2008.

（晋）常璩，华阳图志校补图注 [M]. 任乃强，校注 . 上海：上海古籍出版社，1987.

（晋）陈寿，（南朝宋）裴松之注 . 三国志 [M]. 陈乃乾点校，北京：中华书局，1982.

（晋）葛洪 . 西京杂记 [M]. 周天游，校注 . 西安：三秦出版社，2006.

（晋）嵇含 . 南方草木状 [M]. 民国时期武进陶氏景宋咸淳《百川学海》本 .

（东晋）陶渊明 . 陶渊明集 [M]. 逯钦立，校注 . 北京：中华书局，1979.

（南朝宋）范晔，（唐）李贤，等注 . 后汉书 [M]. 北京：中华书局，1965.

（南朝宋）刘义庆编 . 世说新语校笺 [M]. 徐震堮，校注 . 北京：中华书局，1984.

（北魏）贾思勰 . 齐民要术今释 [M]. 石声汉，校注 . 北京：中华书局，2009.

（北魏）郦道元 . 水经注校注 [M]. 陈桥驿，校注 . 北京：中华书局，2007.

（南朝梁）沈约 . 宋书 [M]. 北京：中华书局，1974.

（南朝梁）宗懔，（隋）杜公瞻 . 荆楚岁时记 [M]. 姜彦稚，辑校 . 北京，中华书局，2018.

（唐）白居易 . 白居易诗集校注 [M]. 谢思炜，校注 . 北京：中华书局，2006.

（唐）陈藏器 . 本草拾遗集释 [M]. 尚志钧，校注 . 合肥：安徽科学技术出版社，2002.

（唐）杜宝 . 大业杂记辑校 [M]. 辛德勇，校注 . 北京：中华书局，2020.

（唐）杜甫，（清）仇兆鳌 . 杜诗详注 [M]. 北京，中华书局，1979.

（唐）杜牧 . 杜牧集系年校注 [M]. 吴再庆，校注 . 北京：中华书局，2008.

（唐）段成式 . 酉阳杂俎校笺 [M]. 许逸民，校注 . 北京：中华书局，2015.

（唐）房玄龄等 . 晋书 [M]. 北京：中华书局，1974.

（唐）韩偓 . 韩偓集系年校注 [M]. 吴在庆，校注 . 北京：中华书局，2015.

（唐）韩愈，（清）方世举 . 韩昌黎诗集编年笺注 [M]. 北京：中华书局，2012.

（唐）李白，（清）王琦注 . 李太白全集 [M]. 北京：中华书局，1977.

（唐）李林甫，等 . 唐六典 [M]. 陈仲夫，点校 . 北京：中华书局，1992.

（唐）李商隐 . 李商隐诗歌集解 [M]. 刘学锴，余恕诚，校注 . 北京：中华书局，2004.

（唐）李濬 . 松窗杂录 [M]. 罗宁，点校 . 北京：中华书局，2019.

（唐）李肇 . 唐国史补校注 [M]. 聂清风，校注 . 北京：中华书局，2021.

（唐）刘餗 . 隋唐嘉话 [M]. 程毅中，点校 . 北京：中华书局，1979.

（唐）刘禹锡 . 刘禹锡全集编年校注 [M]. 陶敏，陶红雨，校注 . 北京：中华书局，2019.

（唐）沈佺期 . 沈佺期集校注 [M]. 陶敏，易淑琼，校注 . 北京：中华书局，2001.

（唐）王维 . 王维集校注 [M]. 陈铁民，校注 . 北京：中华书局，1997.

（唐）韦应物 . 韦应物诗集系年校笺 [M]. 孙望，校注 . 北京：中华书局，2002.

（唐）徐坚，等 . 初学记 [M]. 北京：中华书局，2004.

（唐）元稹 . 元稹集 [M]. 北京：中华书局，2010.

（唐）张籍 . 张籍集注 [M]. 李冬生，校注 . 北京：中华书局，1989.

（唐）张说 . 张说集校注 [M]. 熊飞，校注 . 北京：中华书局，2013.

（唐）张彦远 . 历代名画记校笺 [M]. 许逸民，校注 . 北京：中华书局，2021.

（唐）郑棨 . 开天传信记 [M]. 吴企明，点校 . 北京：中华书局，2012.

（后唐）冯贽 . 云仙散录 [M]. 张力伟，点校 . 北京，中华书局，2008.

（后晋）刘昫，等 . 旧唐书 [M]. 北京：中华书局，1975.

（南唐）李璟，（南唐）李煜. 南唐二主词笺注 [M]. 王仲闻，陈书良，笺注. 北京：中华书局，2013.

（五代）王定保. 唐摭言校证 [M]. 陶绍清，校注. 北京：中华书局，2021.

（五代）王仁裕. 开元天宝遗事 [M]. 曾贻芬，点校. 北京：中华书局，2006.

（宋）陈元靓. 岁时广记 [M]. 许逸民，点校. 北京：中华书局，2020.

（宋）窦苹. 酒谱 [M]. 北京：中华书局，2010.

（宋）高承. 事物纪原 [M]. 影印文渊阁《四库全书》第 920 册，上海：上海古籍出版社，1987.

（宋）郭茂倩编. 乐府诗集 [M]. 北京：中华书局，1979.

（宋）洪迈. 容斋随笔 [M]. 孔凡礼，点校. 北京：中华书局，2005.

（宋）胡榘修，（宋）方万里，（宋）罗濬纂. （宝庆）四明志 [M]. 元至正间（1341—1368 年）真定赡思刻本.

（宋）黄庭坚. 黄庭坚全集 [M]. 刘琳，等，点校. 北京：中华书局，2021.

（宋）计有功. 唐诗纪事校笺 [M]. 王仲镛，校笺. 北京：中华书局，2007.

（宋）李昉，等. 太平广记 [M]. 北京：中华书局，1961.

（宋）李清照. 重辑李清照集 [M]. 黄墨谷，辑校. 北京：中华书局，2009.

（宋）林逋. 林和靖集 [M]. 沈幼征，校注. 杭州：浙江古籍出版社，2012.

（宋）陆游. 陆游全集校注 [M]. 钱仲联，马亚中，主编. 杭州：浙江古籍出版社，2015.

（宋）欧阳修.（宋）宋祁. 新唐书 [M]. 北京：中华书局，1975.

（宋）欧阳修. 欧阳修集编年笺注 [M]. 李之亮，笺注. 成都：巴蜀书社，2007.

（宋）司马光，（元）胡三省音注. 资治通鉴 [M]. 北京：中华书局，1956.

（宋）苏轼，（明）茅维. 苏轼文集 [M]. 孔凡礼，点校. 北京：中华书局，1986.

（宋）苏轼，（清）王文诰注. 苏轼诗集 [M]. 北京：中华书局，1982.

（宋）苏轼. 苏轼文集编年笺注 [M]. 李之亮，笺注. 成都：巴蜀书社，2011.

（宋）苏轼. 苏轼词编年校注 [M]. 邹同庆，王宗堂，校注. 北京：中华书局，2007.

（宋）王安石，（宋）李壁笺注，（宋）刘辰翁评点. 王安石诗笺注 [M]. 董岑仕，点校. 北京：中华书局，2021.

（宋）王谠. 唐语林校证 [M]. 周勋初，校注. 北京：中华书局，1987.

（宋）王溥. 唐会要 [M]. 北京：中华书局，1960.

（宋）王与之. 周礼订义 [M]. 影印文渊阁《四库全书》第 84 册，上海：上海古籍出版社，1987.

（宋）辛弃疾. 辛弃疾集编年笺注 [M]. 辛更儒，笺注. 北京：中华书局，2015.

（宋）杨万里. 杨万里集笺校 [M]. 辛更儒，笺注. 北京：中华书局，2007.

（宋）佚名. 宣和画谱 [M]. 王群栗，点校. 杭州：浙江人民美术出版社，2019.

（宋）张耒. 张耒集 [M]. 李逸安，孙通海，等，点校. 北京：中华书局，1990.

（宋）朱肱. 北山酒经 [M]. 任仁仁，点校. 上海：上海书店出版社，2016.

（元）戴表元. 剡源集 [M]. 陆晓东，黄天美，点校. 杭州：浙江古籍出版社，2014.

（元）关汉卿. 关汉卿集 [M]. 马欣来，辑校. 太原：三晋出版社，2015.

（元）马端临. 文献通考 [M]. 北京：中华书局，2011.

（元）脱脱，等. 金史 [M]. 北京：中华书局，1975.

（元）脱脱，等. 辽史 [M]. 北京：中华书局，1974.

（元）脱脱，等. 宋史 [M]. 北京：中华书局，1985.

（元）王恽. 王恽全集汇校 [M]. 杨亮，钟彦飞，点校. 北京：中华书局，2013.

（明）曹学佺. 蜀中广记 [M]. 影印文渊阁《四库全书》第 592 册，上海：上海古籍出版社，1987.

（明）陈继儒. 珍珠船 [M]. 明万历间（1573—1620）绣水沈氏刊《宝颜堂秘笈》本.

（明）冯梦龙编著. 古今谭概 [M]. 栾保群，点校. 北京：中华书局，2018.

（明）高濂. 遵生八笺 [M]. 王大淳，点校. 杭州：浙江古籍出版社，2015.

（明）顾起元. 客座赘语 [M]. 谭棣华，陈嫁禾，点校. 北京：中华书局，1987.

（明）何良俊. 四友斋丛说 [M]. 北京：中华书局，1959.

（明）何孟春. 余冬录 [M]. 长沙：岳麓书社，2021.

（明）胡瑾修，（明）葛茂等纂.（正德）博平县志 [M]. 明正德十三年（1518 年）刻本.

（明）李时珍. 本草纲目类编临证学 [M]. 黄志杰，胡永年，编. 沈阳：辽宁科学技术出版社，2015.

（明）丘濬. 大学衍义补 [M]. 上海：上海书店出版社，2012.

（明）宋濂，等. 元史 [M]. 北京：中华书局，1976.

（明）唐寅. 唐伯虎集笺注 [M]. 陈书良，周柳燕，笺注. 北京：中华书局，2020.

（明）陶宗仪. 南村辍耕录 [M]. 北京：中华书局，1959.

（明）陶宗仪. 说郛 [M]. 影印文渊阁《四库全书》第 879 册，上海：上海古籍出版社，1987.

（明）田艺蘅. 留青日札 [M]. 朱碧莲，点校. 杭州：浙江古籍出版社，2012.

（明）徐渭. 徐渭集 [M]. 北京：中华书局，1983.

（明）薛应旂. 宪章录校注 [M]. 展龙，耿勇，校注. 南京：凤凰出版社，2014.

（明）杨慎. 升庵集 [M]. 影印文渊阁《四库全书》第 1270 册，上海：上海古籍出版社，1987.

（明）余继登. 典故纪闻 [M]. 北京：中华书局，1981.

（明）张瀚. 松窗梦语 [M]. 程志兵，点校. 杭州：浙江古籍出版社，2019.

（明）张谦德，（明）袁宏道. 瓶花谱 [M]. 北京：中国纺织出版社，2018.

（明）章懋. 章懋集 [M]. 朱光明，点校. 杭州：浙江古籍出版社，2020.

（清）董诰，等编. 全唐文 [M]. 北京：中华书局，1983.

（清）端方. 壬寅销夏录 [M]. 清稿本.

（清）段玉裁. 说文解字注 [M]. 上海：上海古籍出版社，1988.

（清）郭庆藩. 庄子集释 [M]. 王孝鱼，点校. 北京：中华书局，1961.

（清）郝懿行. 山海经笺疏 [M]. 张鼎三，牟通，点校. 济南：齐鲁书社，2010.

（清）黄乐之，等修，（清）郑珍，等纂.（道光）遵义府志 [M]. 清道光二十一年（1841 年）刻本.

（清）黄周星. 黄周星集 [M]. 谢孝明，点校. 长沙：岳麓书社，2013.

（清）纪昀总纂. 四库全书总目提要 [M]. 清乾隆五十四年（1789 年）武英殿刻本.

（清）孔广森. 大戴礼记补注 [M]. 王丰先，点校. 北京：中华书局，2013.

（清）李渔. 新刻绣像批评金瓶梅 [M]. 黄霖，等，点校. 杭州：浙江古籍出版社，2014.

（清）厉鹗. 南宋院画录 [M]. 张剑，点校. 杭州：浙江古籍出版社，2019.

（清）刘坤一，等修，（清）刘绎，等纂.（光绪）江西通志 [M].清光绪七年（1881年）刻本.

（清）彭定求，等编.全唐诗 [M].北京：中华书局，1960.

（清）钱仪吉.碑传集 [M].靳斯，点校.北京：中华书局，1993.

（清）清凉道人.听雨轩笔记 [M].上海：商务印书馆，1936.

（清）阮葵生.茶余客话 [M].清嘉庆间（1796—1820年）南汇吴氏听彝堂刻艺海珠尘本.

（清）阮元校刻.十三经注疏 [M].北京：中华书局，2009.

（清）孙静庵.栖霞阁野乘 [M].重庆：重庆出版社，1998.

（清）王谦言纂修，（清）陆箕永增修.（康熙）绵竹县志 [M].清康熙六十年（1721年）刻本.

（清）王先谦.荀子集解 [M].沈啸寰，王星贤，点校.北京：中华书局，1988.

（清）王先慎.韩非子集解 [M].钟哲，点校.北京：中华书局，1998.

（清）吴锡麒.有正味斋诗集 [M].清嘉庆十三年（1808）刻本.

（清）严可均编.全上古三代秦汉三国六朝文 [M].北京：中华书局，1958.

（清）于敏中.日下旧闻考 [M].影印文渊阁《四库全书》第499册，上海：上海古籍出版社，1987.

（清）张廷玉.明史 [M].北京：中华书局，1974.

（清）张问陶.船山诗草 [M].北京：中华书局，1986.

（清）郑燮.郑板桥全集 [M].卞孝萱，卞岐，编.南京：凤凰出版社，2012.

何建章.战国策注释 [M].北京：中华书局，1990.

田代华，刘更生整理.灵枢经 [M].北京：人民卫生出版社，1989.

杨天宇.仪礼译注 [M].上海：上海古籍出版社，2004.

王利器.文子疏义 [M].北京：中华书局，2009.

丁福保编.全汉三国晋南北朝诗 [M].北京：中华书局，1959.

朱裕平编.中国古瓷铭文 [M].上海：上海科学技术出版社，2018.

项楚.王梵志诗校注 [M].上海：上海古籍出版社，2010.

陈尚君辑校. 全唐诗补编 [M]. 北京：中华书局，1992.

杨镰主编. 全元诗 [M]. 北京：中华书局，2013.

李修生主编. 全元文 [M]. 南京：江苏古籍出版社，1998.

余大均编译. 蒙古秘史 [M]. 石家庄：河北人民出版社，2007.

小说传奇合刊 [M]. 明万历间（1573—1620 年）刻本.

（清）赵尔巽. 清史稿 [M]. 北京：中华书局，1977.

徐珂. 清稗类钞 [M]. 北京：中华书局，2010.

钱仲联主编. 清诗纪事 [M]. 南京：凤凰出版社，2004.

王佐，文显谟等修，黄尚毅等纂. （民国）绵竹县志 [M]. 民国九年（1920 年）刻本.

郭沫若. 李白与杜甫 [M]. 北京：人民文学出版社，1971.

朱光潜. 西方美学史 [M]. 北京：人民文学出版社，1979.

胡经之，张首映主编. 西方二十世纪文论选. 北京：中国社会科学出版社，1989.

侯式亨编著. 北京老字号 [M]. 北京：中国环境科学出版社，1991.

左汉中. 中国民间美术造型 [M]. 长沙：湖南美术出版社，1992.

陈子庄口述，陈滞冬整理. 石壶论画语要 [M]. 成都：四川美术出版社，1992.

屈小强，李殿元，段渝主编. 三星堆文化 [M]. 成都：四川人民出版社，1993.

秦浩编著. 隋唐考古 [M]. 南京：南京大学出版社，1996.

武占坤主编. 中华风土谚志 [M]. 北京：中国经济出版社，1997.

袁行霈. 陶渊明研究 [M]. 北京：北京大学出版社，1997.

赵志英，郭宗俊主编. 剑南春历史真迹 [M]. 成都：成都科技大学出版社，1999.

凌继尧，徐恒醇. 艺术设计学 [M]. 上海：上海人民出版社，2000.

萧放. 岁时传统中国民众的时间生活 [M]. 北京：中华书局，2002.

聂菲. 中国古代漆器鉴赏 [M]. 成都：四川大学出版社，2002.

陈丽华. 漆器鉴识 [M]. 桂林：广西师范大学出版社，2002.

王永照，朱刚. 苏轼评传 [M]. 南京：南京大学出版社，2004.

张弘主编. 中国人物画名作鉴赏 [M]. 呼和浩特：远方出版社，2004.

贺正柏，祝红文编著. 酒水知识与酒吧管理 [M]. 北京：旅游教育出版社，2006.

许倬云. 万古江河：中国历史文化的转折与开展 [M]. 上海：上海文艺出版社，2006.

王才编. 酒文化品读：与酒有关的那些事儿 [M]. 呼和浩特：内蒙古人民出版社，2008.

李泽厚. 美的历程 [M]. 北京：生活·读书·新知三联书店，2009.

文龙主编. 中国酒典 [M]. 长春：吉林出版集团有限责任公司，2010.

刘会峙. 武当张三丰三合一太极拳 [M]. 西安：陕西科学技术出版社，2010.

李麟主编. 茶酒文化常识 [M]. 太原：北岳文艺出版社，2010.

马文龙编著. 中国酒文化图典 [M]. 杭州：西泠印社，2011.

艾俊川. 且居且读 [M]. 桂林：广西师范大学出版社，2021.

杨辰. 可以品味的历史 [M]. 西安：陕西师范大学出版社，2012.

魏华主编. 中国设计史 [M]. 北京：中国传媒大学出版社，2013.

傅璇琮. 李德裕年谱 [M]. 北京：中华书局，2013.

江崖编著. 漆水流觞：中华漆艺导读 [M]. 北京：中国美术出版社，2014.

穆宏燕. 波斯札记 [M]. 郑州：河南大学出版社，2014.

李健，周计武编. 艺术理论基本文献：中国近现代卷 [M]. 北京：生活·读书·新知三联书店，2014.

吕少仿，张艳波. 中国酒文化 [M]. 武汉：华中科技大学出版社，2015.

丁海斌. 中国古代科技文献史 [M]. 上海：上海交通大学出版社，2015.

林清玄. 林清玄散文精选 [M]. 武汉：长江文艺出版社，2016.

西沐. 中国艺术品拍卖市场发展年度研究报告 2014[M]. 北京：中国书店，2017.

遵义市地方志编纂委员会办公室编. 遵义市志 [M]. 北京：方志出版社，2017.

夏燕靖选编. 中国古代设计经典论著选读 [M]. 南京：南京师范大学出版社，2018.

汪海波. 品牌符号学 [M]. 长春：东北师范大学出版社，2018.

余秋雨. 中国文化课 [M]. 北京：中国青年出版社，2019.

黄耀武. 陶瓷造型设计与艺术创作研究 [M]. 长春：吉林人民出版社，2020.

王洪渊，孟宝主编. 中国白酒文化与产业 [M]. 成都：四川大学出版社，2021.

廖国强，王余. 中国白酒老字号 [M]. 成都：四川大学出版社，2021.

曲彦斌. 探古鉴今：社会生活史考辨札记 [M]. 北京：九州出版社，2022.

柳诒徵. 中华文化史 [M]. 北京：中国书籍出版社，2022.

李国树. 中国当代赏石艺术纲要 [M]. 上海：上海财经大学出版社，2022.

潘天寿. 潘天寿写意花鸟画要义 [M]. 上海：上海人民美术出版社，2022.

胡山源编. 古今酒事 [M]. 北京：商务印书馆，2023.

[古希腊] 柏拉图. 会饮篇 [M]. 王太庆，译. 北京：商务印书馆，2013.

[德] 弗里德里希·尼采. 悲剧的诞生 [M]. 孙周兴，译. 北京：商务印书馆，2012.

[德] 歌德. 野蔷薇 [M]. 钱春绮，译. 北京：人民文学出版社，1987.

[德] 瓦尔特·本雅明. 机械复制时代的艺术作品 [M]. 王才勇，译. 北京：中国城市出版社，2001.

[德] 韩炳哲. 美的救赎 [M]. 关玉红，译. 北京：中信出版集团，2019.

[法] 居伊·德波. 景观社会 [M]. 张新木，译. 南京：南京大学出版社，2017.

[日] 柳宗悦. 工艺文化 [M]. 徐艺乙，译. 北京：中国轻工业出版社，1991.

[日] 高阶秀尔. 日本人眼中的美 [M]. 杨玲，译. 长沙：湖南美术出版社出版，2018.

[意] 皮埃尔·鲁基·奈尔维. 建筑的艺术与技术 [M]. 黄运昇，译. 北京：中国建筑工业出版社，1981.

[英] 詹姆斯·苏兹曼. 工作的意义：从史前到未来的人类变革 [M]. 蒋宗强，译. 北京：中信出版社，2013.

[英] 赫伯特·里德. 艺术的真谛 [M]. 王柯平，译. 北京：中国人民大学出版社，2004.

[英] 戴维·英格利斯. 文化与日常生活 [M]. 张秋月，周雷亚，译. 北京：中央编译出版社，2010.

【参考论文】

丁清贤. 仰韶文化后岗类型的来龙去脉 [J]. 中原文物，1981（3）.

陆明华. 刑窑"盈"字及定窑"易定"考 [J]. 上海博物馆馆刊，1987（4）.

王有鹏. 四川绵竹县船棺墓 [J]. 文物，1987（10）.

韩景平. 中国传统包装材料史话 [J]. 中国包装，1987（3）.

廖永民. 大河村遗址的发掘与研究 [J]. 中原文物，1989（3）.

陕西省考古研究所. 西安交通大学西汉壁画墓发掘简报 [J]. 考古与文物, 1990 (4).

马承源. 汉代青铜蒸馏器的考古考察和实验 [J]. 上海博物馆集刊, 1992 (1).

陈靖显. 河姆渡陶盉与长江流域酿酒史. [J]. 酿酒, 1994 (3).

韩锦平, 王渝珠. 中国包装百年辉煌路 [J]. 中国包装, 2001 (6).

张强禄. 马家窑文化与仰韶文化的关系 [J]. 考古, 2002 (1).

哈恩忠. 乾隆朝乡饮酒礼史料 [J]. 历史档案, 2002 (3).

山东省文物考古研究所, 章丘市博物馆. 山东章丘市小荆山后李文化环壕聚落勘探报告 [J]. 华夏考古, 2003 (3).

萧赛. 千杯万盏剑南春 [J]. 戏剧家, 2004 (1).

陈国梁. 二里头文化铜器研究 [A]. 杜金鹏编. 中国早期青铜文化: 二里头文化专题研究, 北京: 科学出版社, 2008.

赵新年. 都兰美酒玉的发现及开发始末 [A]. 柴达木开发研究, 2010 (4).

宋玉立. 试论唐代造物的艺术风格 [J]. 科教导刊, 2012 (2).

袁剑侠. 河南博物馆藏黄釉扁壶的再审视 [J]. 中原文物, 2013 (3).

钱进. 错彩镂金——唐代金银香炉装饰艺术表现形式研究 [D]. 蚌埠: 安徽财经大学硕士学位论文, 2017.

李喜萍. 新莽蒸馏器考释 [J]. 农业考古, 2019 (3).

张朝阳. 出土文献所见秦禁酒律令小考 [J]. 华中国学, 2019 (2).

吴琼. 西方消费社会理论的批判与畸变: 列斐伏尔与鲍德里亚之比较 [J]. 深圳大学学报 (人文社会科学版), 2019 (3).

刘莉, 王佳, 邱楠. 从平底瓶到尖底瓶——黄河中游新石器时期酿酒器的演化和酿酒方法的传承 [J]. 中原文物, 2020 (3).

苏明辰、宋海超、董祖权、樊温泉. 庙底沟遗址陶器制作研究 [J]. 华夏考古, 2021 (5).

Patrick E. McGovern, Donald L. Glusker, Lawrence J. Exner, Mary M.Voigt. Neolithic Resinated Wine[J]. Nature, 1996 381.

Patrick E. McGovern, Juzhong Zhang and Jigen Tang et al. Fermented Beverages of Pre-and Proto-historic China [J]. PNAS, 2004 101(51) .